国家出版基金项目
NATIONAL PUBLICATION FOUNDATION

西北地区自然灾害
应急管理能力评估

牛春华　沙勇忠　著

兰州大学出版社
LANZHOU UNIVERSITY PRESS

图书在版编目（ＣＩＰ）数据

西北地区自然灾害应急管理能力评估 / 牛春华，沙勇忠著. -- 兰州 ：兰州大学出版社，2024.12
（西北地区自然灾害应急管理研究丛书 / 赖远明总主编）
ISBN 978-7-311-06626-0

Ⅰ．①西… Ⅱ．①牛… ②沙… Ⅲ．①自然灾害－灾害管理－西北地区 Ⅳ．①X432.4

中国国家版本馆CIP数据核字(2024)第 023775 号

责任编辑　钟　静　魏春玲
封面设计　汪如祥

丛 书 名　西北地区自然灾害应急管理研究丛书
丛书主编　赖远明　总主编
　　　　　（第一辑共5册）
本册书名　西北地区自然灾害应急管理能力评估
　　　　　XIBEI DIQU ZIRAN ZAIHAI YINGJI GUANLI NENGLI PIANGU
本册作者　牛春华　沙勇忠　著
出版发行　兰州大学出版社　（地址：兰州市天水南路222号　730000）
电　　话　0931-8912613(总编办公室)　0931-8617156(营销中心)
网　　址　http://press.lzu.edu.cn
电子信箱　press@lzu.edu.cn
印　　刷　广西昭泰子隆彩印有限责任公司
开　　本　787 mm×1092 mm　1/16
成品尺寸　185 mm×260 mm
印　　张　25
字　　数　533千
版　　次　2024年12月第1版
印　　次　2024年12月第1次印刷
书　　号　ISBN 978-7-311-06626-0
定　　价　148.00元

（图书若有破损、缺页、掉页，可随时与本社联系）

丛书序言

近年来，在气候变化与地质新构造运动的双重影响下，我国西北地区生态脆性日益突出，山体滑坡、泥石流、地震、沙尘暴等自然灾害时有发生，给当地人民的生命财产和工农业生产带来了严重威胁和危害。西北地区是基础设施建设的重镇，其经济社会发展是国家"十四五"规划战略的重要组成部分，但自然灾害的频发，严重影响和制约了当地国民经济和社会的发展。

《中共中央关于制定国民经济和社会发展第十四个五年规划和二〇三五年远景目标的建议》提出"统筹推进基础设施建设。构建系统完备、高效实用、智能绿色、安全可靠的现代化基础设施体系"的战略要求；党的二十大报告强调了构建国家大安全大应急框架，提升防灾救灾以及重大突发公共事件处置和保障能力；《中共中央关于进一步全面深化改革、推进中国式现代化的决定》对"推进国家安全体系和能力现代化"作出系统部署，提出"强化基层应急基础和力量，提高防灾减灾救灾能力"；国务院发布的《"十四五"国家应急体系规划》，提出了2025年显著提高自然灾害防御能力和社会灾害事故防范及应急能力的具体目标。这些战略目标的制定和推出，对我国尤其是西北地区自然灾害防范及应急管理能力的提升提供了根本遵循。

在全球化背景下，科技创新是当今世界各国综合国力的重要体现，也是各国竞争的主要焦点，科技创新在我国全面进行社会主义现代化建设中具有核心地位。为了顺利实现国家"十四五"规划目标，迫切需要对自然灾害产生的影响因素及发生机理进行研究，创新预防自然灾害的防治技术，以降低自然灾害的发生率；迫切需要构建我国西北地区自然灾害应急管理能力评估的知识框架与指标体系，提高灾后应急管理能力，做到早预防、早处理，以提升人民的幸福感和安全感。

为了呼应和服务西部大开发、西气东输等国家重大战略的实施，为西北地区自然灾害防治提供技术支持，为西北地区的工程建设提供实验数据、理论支持和实践保障，我们在研究防治自然灾害的同时，也重视对自然环境的保护和修复，协调人与自然的关系。基于此，我们以专业学术机构为依托，以研究团队的研究成果为基础，融合自然科学与社会科学、技术与管理多学科交叉成果，策划编写了"西北地区自然灾害应急管理研究丛书"，力图从学理上分析西北地区自然灾害发生的原因和机理，创新西北地区自然灾害的防治技术，提升自然灾害防御的现代化能力和自然灾害的危机管理水平，为国家"十四五"规划中重大工程项目在西北地区的顺利实施提供技术支持。本丛书从科学角度阐释了西北地区自然灾害发生的影响因素和机理，并运用高科技手段提升对自然灾害的防治能力和应急管理水平。

本丛书为开放式系列丛书，按研究成果的进度，分辑陆续出版。

是为序。

中国科学院院士 李远明

2024.11.29

前　言

　　自然灾害作为自然界的不可抗力，始终是人类社会发展过程中不可忽视的挑战。我国西北地区由于独特的地理环境和气候条件，是自然灾害频发的区域，除了海洋灾害，其他类型的灾害均有发生，尤以干旱、沙尘暴、暴雨洪涝、滑坡泥石流以及地震等为甚，对人民生命财产安全和社会经济发展造成影响。因此，提高西北地区自然灾害应急管理能力显得尤为重要。2022年，国务院印发了《"十四五"国家应急体系规划》，对应急管理体系和应急管理能力现代化建设提出了明确的任务和目标。

　　自然灾害应急管理能力本质上就是在应对自然灾害的过程中应急主体对所具备的应急资源的合理配置和有效运用。各类自然灾害考验着国家、应急管理部门和应急管理从业者的应急管理能力，不同层级应急管理主体的管理职能与使命任务有所区别，需要具备与之相适应的应急管理能力。

　　同时，人们对应急管理能力内涵的认知仍处于动态演化与更新过程中。从理念上来看，从以前的"重救轻防"，到关注"预防重于响应"，再到"全过程均衡"的提出，逐步强调了应急管理的每一个阶段都不容忽视，需要以防为主、防抗救结合，坚持常态减灾和非常态救灾相统一。从实践上来看，2018年应急管理部的成立，整合了国家安全生产监督管理、公安部、民政部等多个部门的应急职能，将地质灾害防治、水旱灾害防治、草原防火、森林防火等不同灾种进行统一管理，推动了由"单灾种、分部门"模式转变为"综合减灾"模式。因此，应急管理能力也需要随之动态调整与持续发展，以有效适配应急管理全过程和综合应急实践的需求。

　　加强西北地区自然灾害应急管理能力现代化建设，首先需要厘清应急管理能力的基本内涵、层次体系、发展路径等基本问题，并在此基础上对自然灾害应急管理能力进行全面的评估和研究，以明确当前的不足，提出有针对性的改进措施，探索西北地区应急管理能力现代化的行动逻辑。基于上述思考，《西北地区自然灾害应急管理能力评估》一书首先界定了自然灾害应急管理能力的核心概念，对自然灾害应急管理能力评估相关理论进行梳理；在此基础上，从类型、维度、方法三个层面提出了自然灾害应急管理能力评估框架，分别进行了西北地区自然灾害应急管理能力综合评估、分类评估和案例评估；结合上述分析，回顾了西北地区自然灾害应急管理能力建设历程，并借鉴国外自然灾害应急管理的经验，提出了西北地区自然灾害应急管理能力建设路径和建设对策。

本书由牛春华、沙勇忠提出写作大纲，团队成员分头撰写，最后由牛春华、沙勇忠统稿。各章的写作分工如下，第一章：杨婧、沙勇忠；第二章：傅全宝、魏金涛、沙勇忠；第三章：牛春华、杨颖、李展鹏；第四章：杨颖、牛春华；第五章：程若晨、李潇敏、牛春华；第六章：赫浩然、容金菁、牛春华；第七章：冯鹿方、易嫦、牛春华；第八章：马兆晨、张永宝、沙勇忠；第九章：朱明翔、原瑜宁、牛春华；第十章：魏兴飞、沙勇忠。硕士研究生杨婧承担了全书的技术校对工作。

在本书出版之际，感谢2023年度国家出版基金项目（项目号：2023X-010）对本研究的支持；同时，向我们引用、参考过的文献作者表示由衷的谢意，他们的工作是我们研究的基础和重要的学术资源。在本书编写过程中，我们也得到了众多专家学者和相关部门的大力支持和帮助，他们提出了许多建设性的意见和建议，在此一并向他们表示衷心的感谢和崇高的敬意。书中还存在诸多不足之处，真诚欢迎大家批评指正。

牛春华　沙勇忠

2024年10月1日于兰州大学

目　录

第一章 绪 论

第一节 自然灾害

一、自然灾害的概念和特征

（一）自然灾害的概念

根据联合国国际减灾战略[①]定义，自然灾害是指那些导致社会功能严重受损，进而引发人员、物质、经济或环境损失的自然现象，这些损失超出了受灾区域的应对极限。日本学者金子史郎[②]在其著作《世界大灾害》中将自然灾害描述为与人类生存息息相关，并能对生命和居住环境造成严重威胁的自然事件。尹占娥[③]则将自然灾害视为自然或人为因素引起的生存环境恶化，这种恶化严重破坏了社会结构并对人类社会产生了深远的影响。侯俊东等[④]认为，自然灾害是由自然异常变化引发的，会导致人员伤亡、财产损失、社会动荡和资源破坏等后果，尽管不同机构和学者对自然灾害的定义有所差异，但他们都关注了自然致灾因素、人类社会的影响以及灾害所造成的损失。因此，本书认为自然灾害孕育于由大气圈、岩石圈、水圈和生物圈共同组成的地球表面环境中，是对人类的生产和生活造成不同程度损害的自然现象，如水灾、旱灾、洪涝等。

---

① UNISDR. *Living with Risk: A Global Review of Disaster Reduction Initiatives*（United Nations Publication, 2004），p.37.

② 金子史朗：《世界大灾害》，庞来源译，山东科学技术出版社，1981，第1页。

③ 尹占娥：《城市自然灾害风险评估与实证研究》，博士学位论文，华东师范大学资源与环境学院，2009，第28-53页。

④ 侯俊东、李铭泽：《自然灾害应急管理研究综述与展望》，《防灾科技学院学报》2013年第1期，第48-55页。

其发生必须具备两个条件：一是以自然异变为诱因；二是有受到灾害损失的人、资源等作为承灾体。自然灾害是人与自然矛盾的一种表现形式，具有自然和社会双重属性，是人类过去、现在和未来所面对的最严峻的挑战之一。

（二）自然灾害的特征

根据现有的实践经验和学术研究可以发现，自然灾害具有一些共同的特点，即不可预见性和突发性[1]、广泛性和区域性[2]、破坏性和严重性[3]、连锁性和联系性[4]、多样性和差异性[5]、不可避免性和可减轻性[6]等。

1.自然灾害具有不可预见性和突发性

自然灾害往往是瞬间发生的，虽然现代预测预警技术在不断进步，但对于自然灾害暴发的时间、地点、强度和影响范围，还往往无法实现精准预测。以地震为例，影响地震发生的关键因素如岩体改变、断裂等都发生在地表以下十几千米或更深的地方，很难通过当前的技术进行直接观测，只能使用来自地表的相关数据进行推断。因此，虽然世界上多个组织和国家对于地震都有长期预测的规划，长期预测出现较大偏差的概率并不高，但真正对于减灾最为有效的短期预测的准确率却并不理想。

2.自然灾害具有广泛性和区域性

一方面，从城市到乡村，从海岸到内陆，无论是繁华都市还是偏远乡村，人类的居住地都可能遭受自然灾害的威胁。另一方面，自然灾害的发生又呈现出明显的区域性，这是由各地独特的自然地理环境所决定的。根据应急管理部发布的2023年全国自然灾害基本情况，全国自然灾害呈现出时空分布不均、"北重南轻"格局明显等特点。其中，华北、东北遭受严重暴雨洪涝灾害，西南、西北等局地山洪地质灾害多点散发，而西南、北方、西北等地则出现阶段性干旱[7]。

---

① 张葭伊：《面向自然灾害的城市基层应急能力综合评价研究》，硕士学位论文，首都经济贸易大学管理工程学院，2022，第6页。

② 李子佳：《面对自然灾害要做到"未雨绸缪"》，《防灾博览》2022年第4期，第68-71页。

③《应急管理部发布2023年全国自然灾害基本情况》（2024-01-20），中华人民共和国应急管理部：https://www.mem.gov.cn/xw/yjglbgzdt/202401/t20240120_475697.shtml，访问日期：2024年5月23日。

④ 石兴：《自然灾害风险可保性研究》，《保险研究》2008年第2期，第49-54页。

⑤ 张葭伊：《面向自然灾害的城市基层应急能力综合评价研究》，硕士学位论文，首都经济贸易大学管理工程学院，2022，第6页。

⑥ 李子佳：《面对自然灾害要做到"未雨绸缪"》，《防灾博览》2022年第4期，第68-71页。

⑦ 马恩涛、任海平、孙晓桐：《源于自然灾害的财政风险研究：一个文献综述》，《财政研究》2023年第7期，第46-63页。

3.自然灾害具有破坏性和严重性

自然灾害具有极大的破坏性,如2008年"5·12"汶川大地震造成6.9万余人死亡,37.4万余人受伤[1],51个灾区县总面积13万 km^2[2]。自然灾害不仅造成人员伤亡,更会造成环境资源的破坏与财产损失。根据国家统计局数据,2017年到2022年全国自然灾害直接经济损失分别达到3018.7亿元、2644.6亿元、3270.9亿元、3701.5亿元、3340.2亿元和2386.5亿元[3]。

4.自然灾害具有连锁性和联系性

自然灾害常常引发连锁反应,产生多种次生和衍生灾害,形成复杂的灾害网络。这些灾害相互作用,放大了原有灾害的影响,并可能阻碍救援行动,导致更严重的后果。例如,火山爆发可能会引起雪崩、空气污染及泥石流等一系列的灾害。自然灾害还具有联系性,例如在美国排放的工业废气,会导致加拿大境内形成酸雨灾害[4]。

5.自然灾害具有多样性和差异性

自然灾害有诸多类型,如干旱、洪涝、暴风、火山喷发等,都会对人类活动造成严重的影响。而由于其各自独特的成因、发展过程以及时空分布,所引发的影响和损害程度也不尽相同。

6.自然灾害具有不可避免性和可减轻性

自然界的运行有其客观规律,虽然天灾不可避免,但是人事可尽,人类往往可以通过避害趋利、化害为利、除害兴利、预警预测等措施,最大程度上减轻自然灾害造成的损失。

二、自然灾害的类型

根据自然灾害发生的缓急程度,可以将其分为突发性自然灾害和缓发性自然灾害。如地震、洪水和风暴等是突发性自然灾害,这类灾害发生迅速,对人类社会造成紧迫威胁。而如土地荒漠化和水土流失等是缓发性自然灾害,这类灾害是逐渐发展的,它

---

[1]《截至9月22日12时四川汶川地震已确认69227人遇难》(2008-09-22),中华人民共和国中央人民政府:https://www.gov.cn/jrzg/2008-09/22/content_1102192.htm,访问日期:2024年7月21日。

[2]《5·12汶川地震与灾损评估》(2008-09-04),中华人民共和国国务院新闻办公室:http://www.scio.gov.cn/xwfb/gwyxwbgsxwfbh/wqfbh_2284/2008n_13227/2008n09y04r/202207/t20220715_154469.html,访问日期:2024年5月23日。

[3]《全国年度统计公报》,国家统计局:https://www.stats.gov.cn/sj/tjgb/ndtjgb/,访问日期:2024年5月23日。

[4]《自然灾害的基本特征》(2016-10-24),开源地理空间基金会中文分会:https://www.osgeo.cn/post/93cf1,访问日期:2024年7月21日。

们的影响可能不会立即显现，但长期累积下来却能造成重大的损害。

自然灾害发生后，往往会引发一系列的其他灾害，形成灾害链。根据自然灾害发生的先后顺序，可以将自然灾害分类为原生灾害、次生灾害和衍生灾害。原生灾害是灾害链的起点；次生灾害是原生灾害诱发的其他灾害；衍生灾害则是自然灾害发生后，由于人类生存环境的破坏而引发的一系列其他灾害，比如包括可能导致的健康问题、环境破坏、社会动荡等[①]。以干旱为例，干旱可能造成地表和浅层水源的短缺，迫使人们饮用含氟量高的深层地下水，从而引发地方性氟病等健康问题。这些灾害共同构成了干旱灾害链，对人类社会和自然环境造成了深远的影响。

自然灾害也可以根据成因进行划分。彭珂珊[②]将我国发生的40多种自然灾害按照成因不同划分为6类，分别为地质灾害、气象灾害、环境灾害、火灾、海洋灾害和生物灾害（见表1–1）。

表1–1 按照成因划分的自然灾害类型

类型	种类
地质灾害	地震、崩滑流、水土流失、沙漠化、盐碱化、塌陷、地面沉降、地裂缝、坑道突水、河港淤积、软土变形、湿害、火山、瓦斯、冻融、地方病
气象灾害	干旱、洪涝、干热风、霜冻、台风、雹灾、尘暴、寒潮、白灾
环境灾害	废气污染、废水污染、废渣污染、农用化学物质流失、公害病
火灾	森林火灾、草原火灾、一般火灾
海洋灾害	风暴潮、海浪、海冰、赤潮、海面上升、海水入侵、海啸
生物灾害	病害、虫害、草害、鼠害

注：表中内容根据彭珂珊《我国主要自然灾害的类型及特点分析》一文整理。

此后，在《自然灾害分类与代码》（GB/T 28921-2012）中，将自然灾害划分为气象水文灾害、地质地震灾害、海洋灾害、生物灾害以及生态环境灾害5种类型。具体是将气象灾害和洪涝灾害归纳为气象水文灾害；把地质灾害和地震灾害合并为地质地震灾害；海洋灾害基本保留不变，并在原有基础上加入了其他海洋灾害；将农作物生物灾害和森林灾害合并为生物灾害，并在其中增加了赤潮灾害和草原火灾；新增加了生态环境灾害，并将其作为自然灾害一个大类予以重视和关注（见表1–2）。

---

① 哈斯、张继权、佟斯琴、等：《灾害链研究进展与展望》，《灾害学》2016年第2期，第131–138页。

② 彭珂珊：《我国主要自然灾害的类型及特点分析》，《北京联合大学学报》2000年第3期，第60页。

表1-2 自然灾害分类国家标准

类型	种类
气象水文灾害	干旱灾害、洪涝灾害、台风灾害、暴雨灾害、大风灾害、冰雹灾害、雷电灾害、低温灾害、冰雪灾害、高温灾害、沙尘暴灾害、大雾灾害和其他气象水文灾害
地质地震灾害	地震灾害、火山灾害、崩塌灾害、滑坡灾害、泥石流灾害、地面塌陷灾害、地面沉降灾害、地裂缝灾害和其他地质灾害
海洋灾害	风暴潮灾害、海浪灾害、海冰灾害、海啸灾害、赤潮灾害和其他海洋灾害
生物灾害	植物病虫害、疫病灾害、鼠害、草害、赤潮灾害、森林/草原火灾和其他生物灾害
生态环境灾害	水土流失灾害、风蚀沙化灾害、盐渍化灾害、石漠化灾害和其他生态环境灾害

注：表中内容根据《自然灾害分类与代码》（GB/T 28921-2012）整理。

对自然灾害种类进行统一划分，有利于在自然灾害管理过程中各部门、各行业和各行为主体认识和行动的统一与协调，对于推进自然灾害研究和管理工作具有十分重要的现实意义。

三、我国自然灾害的主要特点

我国是世界上自然灾害最为频发的国家之一，其灾害特点可以概括为四个主要方面。第一，灾害种类繁多，几乎包括了地球上所有的自然灾害类型。以2022年为例，2022年我国的自然灾害以洪涝、干旱、风雹、地震和地质灾害为主，台风、低温冷冻和雪灾、沙尘暴、森林草原火灾及海洋灾害等也有不同程度发生。受极端灾害天气影响，发生了珠江流域性洪水、辽河支流绕阳河决口、青海大通及四川平武和北川山洪灾害、长江流域夏秋冬连旱以及南方地区森林火灾等重大灾害。第二，灾害发生的地点分布广泛，全国超过70%的城市和50%的人口处于易受气候、地质和海洋灾害等影响的高风险区域。在气象灾害方面，我国东部沿海地区频繁遭受台风的侵袭；湖北、山西和甘肃等地由雪灾和低温冷冻导致的受灾面积最大。在地质灾害方面，湖南、江西和四川的滑坡次数最多，湖南、江西和福建的坍塌事件最为频繁；江西、四川和甘肃多发生泥石流灾害。在生物灾害方面，东部地区的病虫害损失高于西部，湖南、江西和四川尤为严重。洪涝灾害在每年的七、八月份发生频率最高，主要集中在我国的东部和南部，如东北平原、华北平原、四川盆地、长江中下游平原、珠江流域等地。第三，灾害的发生频率较高。如区域性的洪涝灾害和干旱等自然灾害每年都有发生；地震灾害的发生频率也相当高，是世界上陆地地震最多的国家。根据《全球自然灾害评估报告》，我国2021年发生了21次自然灾害，位居全球自然灾害发生频次第三位，

2022年发生了12次自然灾害，位居全球自然灾害发生频次第四位。第四，自然灾害带来的损失严重，特别是21世纪以来，我国自然灾害造成的直接经济损失平均每年超过3000亿元。2023年，我国全年各种自然灾害共造成9544.4万人次受灾，因灾死亡失踪691人，紧急转移安置334.4万人次；倒塌房屋20.9万间；农作物受灾面积$1.05393×10^7$ hm²；直接经济损失3454.5亿元[①]。

根据应急管理部发布的全国自然灾害基本情况，本书整理了自2013年至2023年全国自然灾害的主要特点，如表1-3所示。

表1-3　2013—2023年我国自然灾害呈现的主要特点

年份	主要特点
2013年	1.极端天气气候事件频发,汛期呈现南旱北涝格局 2.中强震异常活跃,地质灾害损失较重 3.台风数量偏多,损失集中,风雹灾害影响偏轻 4.低温雪灾总体偏轻,中东部地区雾霾严重 5.林业灾害形势平稳,海洋灾害损失偏重 6.贫困地区灾频灾重,城市灾害影响突出
2014年	1.西部地区强震频发,鲁甸地震损失严重 2.洪涝灾情总体偏轻,南方部分地区受灾严重 3.东北黄淮等地高温少雨,夏伏旱突出 4.台风登陆个数偏少、次数偏多,超强台风历史罕见 5.年初低温雨雪影响春运,风雹灾害损失偏轻
2015年	1.灾害发生频次偏少,灾情总体明显偏轻 2.南涝北旱格局显著,受灾地区较为集中 3.地震活动水平不高,西藏、新疆受灾较重 4.台风登陆强度大,浙江、广东损失严重 5.风雹、低温冷冻和雪灾影响局地
2016年	1.全国灾情时空分布不均 2.暴雨洪涝灾害南北齐发 3.极端强对流天气频发 4.台风登陆强度强、影响大 5.地震活动水平总体较弱 6.干旱、低温冷冻和雪灾影响有限

①《应急管理部发布2023年全国自然灾害基本情况》(2024-01-20),中华人民共和国应急管理部：https://www.mem.gov.cn/xw/yjglbgzdt/202401/t20240120_475697.shtml,访问日期：2024年5月23日。

续表1–3

年份	主要特点
2017年	1.灾害影响范围广,局部损失严重 2.西部地区人员伤亡较重,特困地区灾害救助任务较重 3.主汛期暴雨洪涝集中发生,秋汛灾害影响较重 4.台风登陆集中,部分区域重复受灾 5.高温少雨天气导致北方部分地区春夏连旱 6.地震发生次数偏少,但震级偏高
2018年	1.灾害损失在时空分布上相对集中 2.洪涝灾害呈现"北增南减"态势 3.台风登陆个数明显偏多 4.低温雨雪冰冻和旱灾发生时段相对集中 5.地震活动下半年相对较强
2019年	1.洪涝灾害"南北多、中间少",中南、西南地区地质灾害高发 2.台风生成多、登陆少,超强台风"利奇马"影响大 3.旱情阶段性、区域性发生,南方地区夏秋冬连旱严重 4.西部地区地震活动较为活跃 5.风雹灾害时空分布相对集中,低温冷冻和雪灾显著偏轻 6.森林草原火灾态势总体平稳,发生数量和受害面积实现"双下降"
2020年	1.主汛期南方地区遭遇1998年以来最重汛情,洪涝灾害影响范围广,但人员伤亡较近年显著下降 2.风雹灾害点多面广,南北差异大 3.台风时空分异明显,对华东、东北等地造成一定影响 4.干旱灾害阶段性、区域性特征明显 5.森林草原火灾呈下降趋势,时空分布相对集中 6.地震强度总体偏弱,西部发生多起中强地震 7.低温冷冻和雪灾对部分地区造成一定影响
2021年	1.灾害阶段性、区域性特征明显,全年呈现"上轻下重、南轻北重"的态势 2.极端性强降雨过程频发,华北、西北地区洪涝灾害历史罕见 3.龙卷风等强对流天气突发,风雹灾害点多面广 4.全国旱情总体偏轻,局地发生阶段性旱情 5.台风登陆数量偏少,"烟花"台风对华东地区造成较大影响 6.地震活动强度增强,西部地区发生多起强震 7.寒潮天气集中在年初年末,东北局地雪灾较重 8.森林草原火灾总体平稳,时空分布相对集中

续表1-3

年份	主要特点
2022年	1.全国自然灾害时空分布不均,夏秋季多发,中西部受灾重 2.洪涝灾害"南北重、中间轻",局地山洪灾害频发重发 3.长江流域发生历史罕见夏秋冬连旱,影响范围广,造成损失重 4.森林草原火灾时空分布较为集中 5.强对流天气过程偏少、风雹灾害偏轻,雷击事件相对较突出 6.西部地区中强地震较为活跃,地震灾害损失偏重 7.台风登陆个数少,登陆地点相对集中 8.低温雨雪冰冻影响西南、中南地区,新疆局地雪灾严重
2023年	1.全国自然灾害时空分布不均,"北重南轻"格局明显 2.华北、东北遭受严重暴雨洪涝灾害,局地山洪地质灾害突发 3.台风生成和登陆个数偏少、登陆强度偏强,带来多场极端强降雨 4.我国大陆中强震明显偏弱,甘肃积石山6.2级地震造成重大损失 5.西南、北方、西北等地出现阶段性干旱,灾情总体轻于常年 6.风雹灾害多点散发,江苏等地遭受强对流天气影响 7.东北、华北遭受低温冷冻和雪灾,西藏林芝发生严重雪崩灾害 8.森林草原火灾起数处历史低位,形势总体平稳

四、西北地区的自然灾害

根据地理学划分,我国西北地区位于昆仑山、阿尔金山、祁连山以及长城以北,大兴安岭和乌鞘岭以西,包括新疆维吾尔自治区、宁夏回族自治区、内蒙古自治区的西部和甘肃省的西北部等[①]。在行政区划上,西北地区被称作"西北五省",具体包括陕西省、甘肃省、宁夏回族自治区、青海省和新疆维吾尔自治区[②]。本书在讨论西北地区时,特指这五个省(区)[③]。西北地区地处亚欧大陆中心地带,呈现典型的大陆性气候特征。该地区最显著的自然灾害是干旱,局部地区的水灾也较为严重。降水量在区域内由南至北递减,除了陕西和甘肃东部的陇南地区,其他地方的年降雨量通常低于600 mm。由于所处纬度较高,西北地区日夜温差较大,气候寒冷,这使得西北地区频繁出现雪霜天气和暴风,频繁的风沙灾害也对交通运输和农业、林业及牧业造成了严重影响。

旱灾已成为西北地区最严重的自然灾害。干旱通常由高温天气引发,不仅会导致

---

① 《中华人民共和国年鉴·区域地理》,中华人民共和国中央人民政府:https://www.gov.cn/guoqing/2005-09/13/content_2582640.htm,访问日期:2024年5月26日。

② 贾慧聪、王静爱、杨洋,等:《关于西北地区的自然灾害链》,《灾害学》2016年第1期,第72-77页。

③ 为了行文的方便,本书中提到这五个省区时,简称"西北五省(区)"。

农作物产量下降，而且也会对区域社会经济发展产生深远影响。例如，2005年7月至9月，西北地区东北部持续少雨，部分地区还出现了持续高温天气，其中宁夏中北部等地旱情严重，农作物受旱面积达$4×10^5 hm^2$。2021年，甘肃中东部出现较为区域性伏旱过程，多地的干旱程度接近甚至超过1961年以来的历史记录[①]。

西北地区位于中亚沙尘暴区，是世界上沙尘天气的高发区之一。沙尘暴灾害会造成自然环境恶化、影响交通安全、危害人体健康等。西北地区有五个沙尘暴高值区，分别是南疆盆地南缘、柯坪盆地、河西走廊的民勤、内蒙古拐子湖和宁夏盐池[②]。春季是西北地区沙尘暴高发季节，例如，2010年3月12日，新疆和田地区发生强烈沙尘暴，部分县市出现黑风[③]。同年4月24日，甘肃民勤出现强沙尘暴和特强沙尘暴，当天能见度接近0 m[④]。2021年3月14日至15日，西北地区和华北部分地区遭受了近十年来最为严重和影响最为广泛的沙尘暴天气，这场沙尘暴导致内蒙古、甘肃、宁夏和新疆等地区的蔬菜大棚、牲口棚以及房屋受到严重损坏，直接经济损失超过了3000万元[⑤]。

雪灾在冬春季节严重影响了西北地区草地畜牧业经济的发展。在西北地区，雪灾多集中发生在新疆地区天山以北的塔城、阿勒泰、伊宁等地。2018年冬到2019年春，青海称多县、杂多县出现降雪天气，造成特重度雪灾，导致数万牲畜受灾和严重的经济损失。雪灾往往会引发多条灾害链，如暴风雪-寒潮-大风灾害链，暴风雪-低温-冻灾灾害链，此外暴风雪会导致牲畜棚圈垮塌、大量牲畜因冻饿而死，造成"白灾"这种自然灾害[⑥]。

西北地区地势以高原和山地为主，海拔较高，其地壳活动较为剧烈，虽然地震并不频繁，但一旦发生，其破坏力极大。西北地区的地震活动主要集中在甘肃的河西走廊一带、宁夏、青海及天山山脉的南北麓。例如，2010年4月14日，青海玉树发生6

---

① 杨志娟：《近代西北地区自然灾害特点规律初探——自然灾害与近代西北社会研究之一》，《西北民族大学学报》(哲学社会科学版)2008年第4期，第34-41页。

② 秦豪君、杨晓军、马莉，等：《2000—2020年中国西北地区区域性沙尘暴特征及成因》，《中国沙漠》2022年第6期，第53-64页。

③ 古扎丽奴尔·艾尼瓦尔、玛伊莱·艾力、刘沈芳：《南疆和田地区"3·12"强沙尘暴天气过程诊断分析》，《自然科学》2021年第2期，第218-233页。

④ 《甘肃民勤遭遇"黑风"袭击》(2010-04-25)，中华人民共和国中央人民政府：https://www.gov.cn/jrzg/2010-04/25/content_1591879.htm，访问日期：2024年5月23日。

⑤ 《我国出现近10年来最强沙尘天气过程 影响范围超380万平方公里》(2021-03-16)，中国气象局：https://www.cma.gov.cn/2011xwzx/2011qxxw/2011qxxy/202103/t20210316_573617.html，访问日期：2024年5月23日。

⑥ 贾慧聪、王静爱、杨洋，等：《关于西北地区的自然灾害链》，《灾害学》2016年第1期，第72-77页。

次地震，最高震级为7.1级①。2013年7月22日，甘肃定西发生6.6级地震，造成甘肃13个县受灾②。2014年2月12日，新疆于田发生7.3级地震③。2016年1月21日，青海门源发生6.4级地震④。2021年5月21日，青海玛多发生7.4级地震，造成3.9万人受灾⑤。2022年1月8日，青海门源发生6.9级地震，造成青海、甘肃、宁夏、内蒙古4个省（区）17.1万人受灾⑥。2023年，甘肃积石山发生6.2级地震，波及甘肃3个市（州）9个县（市、区）88个乡镇（街道）以及太子山天然林保护区、盖新坪林场，青海省2个市（州）4个县（市）30个乡镇⑦。

西北地区自然灾害频繁且多样，除了海洋灾害，其他类型的灾害均有发生，对社会生产生活造成了极大的破坏。

（一）西北地区自然灾害危险性分析

本书根据《自然灾害分类与代码》（GB/T 28921-2012）⑧中对自然灾害的描述和分类，结合上述西北地区常见灾害，以地质地震灾害、气象水文灾害、生物灾害和生态环境灾害四大类自然灾害作为一级指标来分析西北地区的自然灾害危险性（见表1-4）。

表1-4 西北地区自然灾害危险性评价指标

一级指标	二级指标
地质地震灾害危险性	地震频次
	地震伤亡人数

①《地震局专家对玉树地震的成因、特点做出全面解析》（2010-04-16），中华人民共和国中央人民政府：https://www.gov.cn/wszb/zhibo380/content_1583368.htm，访问日期：2024年5月23日。
②《6.6级！定西地震撼动大西北》（2013-07-23），人民网：http://politics.people.com.cn/n/2013/0723/c70731-22288461.html，访问日期：2024年5月23日。
③《新疆和田发生7.3级地震》（2014-02-13），人民网：http://www.people.com.cn/24hour/n/2014/0213/c25408-24341889.html，访问日期：2024年5月23日。
④《中国地震局发布青海门源6.4级地震烈度图》（2016-01-14），中华人民共和国中央人民政府：https://www.gov.cn/xinwen/2016-01/24/content_5035693.htm，访问日期：2024年5月23日。
⑤《青海玛多7.4级地震：3万余人受灾，通往灾区国省干线抢通》（2021-05-24），中国新闻网：https://www.chinanews.com.cn/sh/2021/05-24/9484432.shtml，访问日期：2024年5月23日。
⑥《应急管理部发布2022年全国十大自然灾害》（2023-01-12），中华人民共和国应急管理部：https://www.mem.gov.cn/xw/yjglbgzdt/202301/t20230112_440396.shtml，访问日期：2024年5月23日。
⑦《应急管理部发布甘肃积石山6.2级地震烈度图》（2023-12-22），中华人民共和国应急管理部：https://www.mem.gov.cn/xw/yjglbgzdt/202312/t20231222_472849.shtml，访问日期：2024年7月22日。
⑧中华人民共和国国家质量监督检验检疫总局、中国国家标准化管理委员会：《自然灾害分类与代码》（GB/T 28921-2012），2012-10-12。

续表1-4

一级指标	二级指标
	地震直接经济损失
	地质灾害频次
	地质灾害伤亡人数
	地质灾害直接经济损失
气象水文灾害危险性	旱灾受灾面积
	洪灾受灾面积
	风雹灾害受灾面积
	低温冷冻和雪灾受灾面积
生物灾害危险性	森林火灾频次
	受害森林面积
	林业有害生物发生面积
	草原火灾受害面积
	草原虫鼠害发生面积
生态环境灾害危险性	水土流失面积
	沙化土地面积

根据上述指标，运用层次分析法，邀请应急管理、资源环境等领域专家学者及实践领域一线工作者进行指标两两比较赋分，从《中国统计年鉴2021》《中国环境年鉴2021》《中国水利统计年鉴2021》等文献中获取定量数据，对其进行无量纲化处理后，结合指标权重进行加权计算，并以可视化形式呈现最终结果（见图1-1）。从图1-1中可以明显看出，新疆的自然灾害危险性水平最高，陕西次之，甘肃、青海、宁夏的自然灾害危险性水平相对较低。

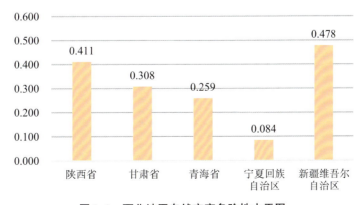

图1-1 西北地区自然灾害危险性水平图

（二）西北地区自然灾害易损性分析

易损性是通过对地区规模、发展状况的评价，来反映地区在遇到灾害时可能受到的损失程度[①]。易损性的高低受到多个因素的综合影响。对一个区域而言，人口数量越多，发展水平越高，当出现灾害时，其所遭受的损失往往也越大。而社会易损性和生态环境易损性则和基础设施建设水平、资源禀赋等相关，反映的是地区在遭受灾害之后的恢复能力。借鉴唐波等人[②]和李辉霞等人[③]的灾害易损性评价指标，从人口、经济、社会和生态环境四个方面来分析西北地区的易损性（见表1-5）。

根据上述指标，同样运用层次分析法，邀请应急管理、资源环境、灾害学、社会学等领域专家学者及实践领域一线工作者进行指标两两比较赋分，从《中国统计年鉴2021》《中国城乡建设统计年鉴2021》等文献中获取定量数据，按照相同的方式进行无量纲化处理后，结合指标权重加权计算，并以可视化形式呈现最终结果（见图1-2）。

表1-5　西北地区自然灾害易损性评价体系

一级指标	二级指标
人口易损性	人口密度
	弱势群体比重
	人口受教育程度
经济易损性	人均GDP
	经济密度
社会易损性	公路密度
	建筑密度
	全年单位面积用电量
	建成区供水管道密度
	建成区排水管道密度
生态环境易损性	森林覆盖率
	水域及水利设施用地比例
	人均耕地面积

[①] 冯百侠：《城市灾害应急能力评价的基本框架》，《河北理工学院学报》（社会科学版）2006年第4期，第210-212页。

[②] 唐波、刘希林、尚志海：《城市灾害易损性及其评价指标》，《灾害学》2012年第4期，第6-11页。

[③] 李辉霞、陈国阶：《可拓方法在区域易损性评判中的应用——以四川省为例》，《地理科学》2003年第3期，第335-340页。

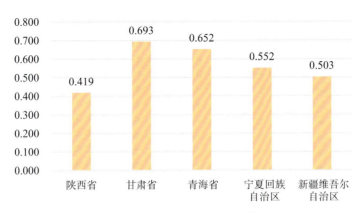

图1-2 西北地区自然灾害易损性状况

从图1-2可以看出，甘肃、青海的易损性水平相对较高，宁夏、新疆次之，陕西最低。显而易见，西北五省（区）的自然灾害易损性与其自然环境和经济社会发展状况密切相关。

第二节 应急管理

一、应急管理的兴起

人类社会的发展史本质上是对抗自然灾害的历史，这一历程反映了人类从被动承受灾害向主动防灾减灾的转变。这种转变体现在人类对灾害管理的认知和响应上，经历了从简单的躲避灾害到复杂的预防和综合治理的演变。在全球化的风险社会中，因各国的历史文化、自然环境、经济状况和政治结构的不同，应急管理的策略和实践也呈现出多样性。

（一）现实背景

应急管理兴起的现实背景是全球灾害频发。根据灾害流行病学研究中心（The Centre for Research on the Epidemiology of Disasters，简称CRED）的紧急事件数据库（Emergency Events Database，简称EM-DAT）和联合国减少灾害风险办公室（United Nations Office for Disaster Risk Reduction，简称UNDRR）联合发布的《灾害造成的人类

损失：过去20年概述（2000—2019）》①，从2000年到2019年，全球共记录了7348起灾难事件，约123万人在灾难中失去生命，平均每年有6万人在灾难中丧生，全球因灾难事件受影响的人数达40多亿人次，造成约2.97万亿美元的经济损失。与1980年至1999年相比，2000年至2019年灾难事件数量以及经济损失几乎翻倍。其中很大一部分原因是与气候相关的灾害数量大幅增加，2000年到2019年，约39亿人受到6681起气候相关灾害的影响。2019年，全球平均气温比工业化前时期高1.1℃，热浪、干旱、洪水、冬季风暴、飓风和野火等极端天气事件的发生频率增加。同时，灾害风险的系统性越来越强，各种灾害事件的重叠、气候变化、空气污染和生物多样性丧失等风险驱动因素之间相互作用，对灾害应急管理能力提出了更高的要求。

（二）理论背景

风险社会的提出为应急管理的兴起提供了理论背景。自古以来，风险一直伴随着人类的生活。在现代社会，人们曾认为通过科学技术和逻辑思维就能有效地管理风险灾害，但自20世纪以来，西方环境恶化引发的生态主义运动、苏联切尔诺贝利核事故引发的核恐慌、英国疯牛病带来的食品安全信任危机等一系列事件，警示人们现代风险和过去的风险已经有本质的不同，必须对现代社会所面临的各种风险灾害进行更为深入和全面的思考。

现代风险具有更高的不确定性和不可感知性，如放射性物质、水和空气中的污染物等对人和自然界的影响是潜在的、不确定的。现代风险还具有整体性、全球性和平等性，如果说在传统社会，财富或权力还可以帮助某些社会群体绕过一些风险（如饥荒），那么在现代风险社会，面对灾难性后果时，没有哪个群体或个人可以独善其身。现代风险具有更强的主观性和建构性，人们对于风险的感知、情绪和行动在相当程度上受制于他们对风险后果的想象，只要人们在主观上相信风险的存在，风险就是真实而有效的。此外，现代风险还具有自反性和内生性，工业化、现代化和科技的快速发展在给人类带来长足的社会进步和生活的极大改善的同时，也给环境和人类自身带来了种种不可预计的风险。一方面，科学技术是定义和解决现代风险的手段，人们需要应用科学技术来解决风险问题，但另一方面，科学技术同时也是现代风险的重要源泉之一②。

由于风险的不断涌现和日益普遍，使得现代社会进入了一个新的阶段。德国社会

---

① "Human Cost of Disasters：An Overview of the Last 20 Years（2000-2019）"，UNDRR，accessed May 23，2024，https://www.preventionweb.net/files/74124_humancostofdisasters20002019reportu.pdf?startDownload =true.

② 张文霞、赵延东:《风险社会:概念的提出及研究进展》,《科学与社会》2011年第2期,第53-63页.

学家乌尔里希·贝克（Ulrich Beck）特别指出，对现代风险的研究是现代性反思的重要组成部分。1986年，贝克在德国出版了《风险社会》一书，1992年该书被马克·里特（Mark Ritter）译成英文后，"风险社会"作为一个概念和理论被更多的西方学者以及公众所接受。安东尼·吉登斯（Anthony Giddens）的著作《现代性的后果》在这个理论的推广过程中起到推波助澜的作用。贝克和吉登斯对于风险社会的阐述具有高度互补性，贝克在他的早期作品中更突出技术风险，而吉登斯则更加关注制度风险；从理论角度来看，贝克的观点偏向于生态主义，而吉登斯则从社会政治理论的角度叙述①。

随着现代风险的影响逐渐扩大，风险研究从理论上日益丰富，在研究领域和研究主题方面出现了跨学科、跨文化、多视角、综合性的研究趋势，产生了经济学分析视角、心理学分析视角、政治学分析视角、社会学和文化学分析视角等。特别是在风险感知、风险评估等领域涌现出卓越的成果，对这些领域的研究已经成为风险社会研究的重要组成部分，从各种角度丰富和提高了人们关于风险和风险社会的知识和理解。

（三）实践背景

灾害频发，各种灾害交织叠加等现实背景催生了应急管理的实践。美国作为当前世界上安全应急体制较为成熟的国家，其改革发展历程不但受到各国政府的关注，也是学术界重点研究的对象②。美国最早的联邦级应急响应行动可追溯至1803年。1802年12月26日，新罕布什尔州（New Hampshire）的朴次茅斯市（Portsmouth）遭遇了一场灾难性的火灾③，造成了一半以上建筑物的损毁，商业运营也随之停滞，这场火灾甚至波及了整个美国北部地区的经济。这场灾难损失过大，超出了州的应对能力，但要想获得联邦政府的援助需要一系列烦琐的程序。于是，有人把这个问题提呈美国政府，引起了人们对联邦政府行动的期待，联邦政府如果对此视而不见，可能会削弱公众对它的信赖，但如果采取援助措施，则需要先例，并通过立法手段授权。经过长达19天的国会讨论，最终通过了一项法案，允许联邦政府对受火灾影响的商家提供债务延期支付援助，这是美国历史上第一次由联邦政府直接参与灾难救济。

1950年，美国国会通过了《灾难救济法》，首次授权总统可以宣布灾难状态，同时授权联邦政府对受灾的州和地方政府提供直接援助，这是美国应急管理的制度性立法。此后，美国于1961年成立了紧急事态办公室。1968年，颁布了《美国洪水保险法》，同年成立了联邦救灾援助署，成为联邦政府直接帮助灾民个人的开端。1970年，美国

---

① 杨雪冬：《风险社会理论述评》，《国家行政学院学报》2005年第1期，第87-90页。

② 汪波、樊冰：《美国安全应急体制的改革与启示》，《国际安全研究》2013年3期，第139-154页。

③ 李明国、孟春：《美国综合防灾减灾救灾体制变迁的启示》，《政策瞭望》2017年第7期，第48-50页。

政府修订了《灾难救济法》，授权对受灾的个人提供联邦贷款和税收优惠，联邦政府开始投资建设减灾工程。

虽然有了相关法律和具有救助职能的机构，但没有一个统领的部门或机构，因此在几次重大灾难的救助过程中，各个机构之间的权限不明，相互争权扯皮，造成救灾工作的诸多不便。为了改变这种局面，美国各州的民防主任联合起来，通过全国州长联合会，要求联邦政府整合与应急相关的管理机构。1978年6月19日，吉米·卡特（Jimmy Carter）总统向国会提交了一份提案，建议成立一个专门的联邦机构来处理紧急事务。该提案在国会获得通过后，卡特总统于1979年3月31日签署了第12127号行政命令，正式成立了联邦应急管理局（Federal Emergency Management Agency，简称FEMA）。联邦应急管理局涵盖了原商业部下的消防管理局、住房与城市发展部的联邦保险公司和联邦灾害救助署、总统行政办公室的联邦广播系统、国防部的民防准备局以及联邦准备局等部门的职责。此外，还被赋予了监督地震风险减轻计划、协调大坝安全问题、协助社区制定应对重大气候灾难预案、协调自然和核灾难预警系统以及编制减轻重大恐怖主义事件后果的准备和预案等任务。联邦应急管理局的成立标志着美国联邦层面应急管理顶层设计的开始。

美国联邦应急管理局的成立，为提高美国的应急管理水平起到了积极的作用。2002年，美国国土安全部成立；2003年3月，联邦应急管理局与其他22个联邦机构合并，成为美国国土安全部的一部分，主要任务是为全美应急事务提供管理指导和支持。此后，美国国家安全委员会和国土安全部先后发布了3个序列性的文件，分别是《国家预案编制情景》《通用任务清单》和《目标能力清单》，至此，美国全国性应急管理系统的顶层设计已经基本完成①。任何国家的应急管理体系都需要依据本国国情和特定阶段的需求建立、发展和提升。美国应急管理体系的演化过程对其他国家的应急管理体系建设具有相当的借鉴意义。

二、应急管理的模型和阶段

自20世纪四五十年代开始，学术界就已经展开对应急管理过程的研究②。在其后几十年的发展过程中，不同学者对应急管理阶段的研究逐渐分化出二阶段、三阶段、四阶段等不同的理论表达（见表1-6）。

---

① 夏保成：《美国应急管理的顶层设计及对我国的启示》，《安全》2021年第8期，第1-9页。

② 陈振明：《中国应急管理的兴起——理论与实践的进展》，《东南学术》2010年第1期，第41-47页。

表1-6　应急管理阶段的不同划分

应急管理的模型	代表学者	模型阶段划分
二阶段	薛澜	风险管理、危机管理
三阶段	伯奇（Birch）、古斯（Guth）等	事件前、事件期间、事件后
四阶段	罗伯特·希斯（Robert Heiss）	风险缩减、应急准备、应急响应、恢复阶段
五阶段	帕特里克（Patrick）	准备、预防、保护、响应、恢复
	米托罗夫（Mitroff）	信号侦测、监测与预防、损害控制、恢复、学习
六阶段	奥古斯丁（Augustine）	避免危机、准备管理危机、察觉危机、抑制危机、解决危机、从危机中获利
	特纳（Turner）	观念上的正常状态、孵化时期、诱发事件、事件肇始、救援与补救、文化的充分调整
	张海波	准备、预防、减缓、响应、恢复以及学习

薛澜提出关口前移，发展风险管理，从而将应急管理划分为风险管理和危机管理两个大的阶段[1]。伯奇（Birch）和古斯（Guth）等研究者将应急管理划分为三个主要阶段：事件前、事件期间和事件后，这种分类强调了从风险预防到危机处理，再到恢复阶段的连贯性[2]。罗伯特·希斯（Robert Heiss）则提出了更为具体的四阶段模型，包括风险缩减、应急准备、应急响应以及恢复阶段，每个阶段都对突发事件的整体管理至关重要[3]。帕特里克（Patrick）提出的应急管理模型包括准备、预防、保护、响应和恢复在内的五个阶段[4]。米托罗夫（Mitroff）将应急管理全过程划分为信号侦测、监测与预防、损害控制、恢复、学习五个阶段[5]。奥古斯丁（Augustine）将应急管理全过程划分为六个阶段：避免危机、准备管理危机、察觉危机、抑制危机、解决危机、从危机中获利[6]。特纳

---

① 薛澜、周玲：《风险管理：“关口再前移”的有力保障》，《中国应急管理》2007年第11期，第12-15页。

② 转引自晏远春：《道路运输危险品企业应急能力作用机理与提升对策研究》，博士学位论文，长安大学运输工程学院，2013，第10页。

③ 罗伯特·希斯：《危机管理》，王成等译，中信出版社，2004，第21-22页。

④ Patricks R.，"A Capacity for Mitigation as the Next Frontier in Homeland Security，"*Political Science Quarterly* 124，no.1（2009）：127-142.

⑤ Mitroff I. I.，*Managing Crisis before Happened*（New York：American Management Association，2001），p.75.

⑥ 诺曼·R.奥古斯丁，等：《危机管理》，中国人民大学出版社，2001.

（Turner）和我国学者张海波虽然同样将应急管理过程划分为六个阶段，但前者认为观念上的正常状态、孵化时期、诱发事件、事件肇始、救援与补救和文化的充分调整才是其具体内容①，后者则强调了准备、预防、减缓、响应、恢复以及学习六个部分②。

尽管这些模型不尽相同，但它们均强调了一个共同的逻辑链：预防、预警、处置和恢复③，这一链条为应对突发事件提供了一个系统性框架，从风险降低、应急准备、及时响应，到灾后恢复，每一步都是构建应急管理体系的重要环节。

值得关注的是，美国联邦应急管理局在罗伯特·希斯提出的四阶段模型的基础上进行了修正，将应急管理的四个阶段具体表述为减缓、准备、响应和恢复（见图1-3）④。

图1-3　FEMA的应急管理四阶段模型

减缓阶段（Mitigation）的主要目标是采取管理、技术、教育的手段减少突发事件发生的可能性，降低不可避免的突发事件造成的影响。这些减缓活动可以发生在灾害前、灾害中或者灾害后。例如，为了减轻火灾造成的影响，在选择建筑材料、电线和电器等方面应遵循安全标准；此外，购买火灾保险也是可以采取的减缓措施。

准备阶段（Preparedness）的主要目标是在突发事件发生之前采取相应的应急措施。包括为拯救生命、快速响应、及时救援等行动制定的计划或准备，提高危机应对和运作能力，减轻灾害造成的影响。例如，制定应急预案和提前储备食物和水都是准备阶段的具体行动。

---

① Turner, Barry A., "The Organizational and Interorganizational Development of Disasters," *Administrative Science Quarterly* 21, no.3(1976):378-397.

② 张海波：《应急管理的全过程均衡：一个新议题》，《中国行政管理》2020年第3期，第123-130页。

③ 梁承刚：《上海港危险货物码头环境应急能力评估研究》，硕士学位论文，华东理工大学资源与环境工程学院，2011，第15-17页。

④ "Livestock in Disasters·Emergency Management in the United States", FEMA, accessed July 30, 2024, https://training.fema.gov/emiweb/downloads/is111_unit%204.pdf.

　　响应阶段（Response）的主要目标是在突发事件中采取挽救生命和防止进一步财产损失的行动，主要发生在突发事件期间，为受灾人员提供必要的救援服务，同时降低次生灾害的风险，并加速灾后恢复进程[①]。响应阶段的主要问题是各个部门之间协调联动，主要任务是初级响应、受害者处理和参与者管理等三个方面，其中包括危机识别、响应、报警、避难、救助照顾、捐赠管理和志愿者管理等内容。例如，在地震中寻找掩护物体，组织救援队伍进行搜救排查等都是响应的例子。

　　恢复阶段（Recovery）的主要目标是从突发事件中恢复，直到所有受影响的系统恢复至其正常运作或达到更佳状态。包括短期恢复措施，旨在保障关键的生存基础设施达到最低运作要求，以及长期的恢复工作，可能会跨越数年时间，目的是实现生活水平回归常态或达到灾前水平之上。恢复阶段主要包括物资恢复、经济恢复、业务恢复和心理恢复四个方面[②]。例如，在恢复期间，需要对受灾群众及时进行心理治疗，避免或减轻灾害给其带来的心理创伤。

　　上述四个阶段并不是时间意义上的生命周期，这些阶段的许多活动是相互交叠的，如响应阶段尚未结束，为支持恢复重建的活动就已经可以开始了，而恢复阶段的重建规划也应该考虑危机减缓的需求。四阶段模型能够帮助人们全面考量应急管理的全过程，因此在应急管理研究和实践中被广泛应用。

三、应急管理体系

　　应急管理是一个要素众多、过程复杂的体系[③]。目前，理论界和实务部门尚未对"应急管理体系"的内涵和外延形成统一的认识。高小平[④]认为应急管理体系是指应对突发公共事件时的组织、制度、行为、资源等相关应急要素及要素间关系的总和。薛澜[⑤]认为，应急管理体系是一个由政府和其他各类社会组织构成的一个应对突发事件的整合网络，涉及法律法规、体制机构（包括公共和私人的部门）、机制与规则、能力与技术、环境与文化。而钟开斌[⑥]则认为，应急管理体系是指与突发事件应对相关的领导

　　① 卢文刚、舒迪远：《基于突发事件生命周期理论视角的城市公交应急管理研究——以广州"7·15"公交纵火案为例》，《广州大学学报》（社会科学版）2016年第4期，第19-27页。

　　② 李湖生：《应急管理阶段理论新模型研究》，《中国安全生产科学技术》2010年第5期，第18-22页。

　　③ 童星：《应急管理研究的理论模型构建方法》，《阅江学刊》2023年第1期，第171-172页。

　　④ 高小平：《中国特色应急管理体系建设的成就和发展》，《中国行政管理》2008年第11期，第18-24页。

　　⑤ 薛澜：《中国应急管理系统的演变》，《行政管理改革》2010年第8期，第22-24页。

　　⑥ 钟开斌：《国家应急管理体系：框架构建、演进历程与完善策略》，《改革》2020年第6期，第5-18页。

体制、价值目标、制度规范、资源保障、技术方法、运行环境等若干要素相互联系、相互制约而构成的一个整体。

本书认为，应急管理体系结构是由相关要素及其之间的关系构成的，在应对各种突发事件的过程中，需要三类要素共同发挥作用，如图1-4所示。

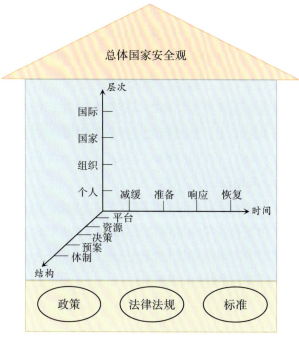

图1-4　应急管理体系结构

一是统领要素，即总体国家安全观，是我国应急管理体系建设的指导思想、行动理念。尽管在内容上应急管理的对象只是总体国家安全的子集，但总体国家安全观蕴含的人本要义、发展与安全同构、多种安全议题相关联等思想，为应急管理的制度变革与发展指明了方向。总体国家安全观从发展的全视角认知公共安全，为应急管理体系的变革提供了新的安全哲学与价值尺度；而应急管理的机构改革，以科层体系重塑的方式回应了公共安全的治理需求①。

二是基础要素，处在承上启下的地位，具有实体性、能动性的作用。基础要素可以从三个维度上展开。时间维度主要是减缓、准备、响应和恢复四个阶段。结构维度则涉及应急管理体制、应急预案、应急决策、应急资源、应急平台等方面。我国构建了以国务院应急平台为中心，以省级部门应急平台为节点，互联互通的国家应急平台体系，和结构维度的其他要素共同作用，实现对突发事件的监测监控、预测预警、信

---

① 朱正威、吴佳：《中国应急管理的理念重塑与制度变革——基于总体国家安全观与应急管理机构改革的探讨》，《中国行政管理》2019年第6期，第130-134页。

息报告、综合研判、辅助决策、指挥调度等功能[1]。层次维度包括个人、组织、国家、国际四个层面。个人是应对灾害风险的最小主体；组织如学校、社团、企业、社区等可以在科普宣传、救灾等工作的自组织方面发挥重要作用[2]；国家承担防灾减灾的主体责任；而在国际层面，国际社会可以建立紧密的合作机制，通过信息共享、资源互助和技术支持等，更好地应对跨国界的灾害挑战。

三是支撑要素，具体包括政策、法律法规和标准建设。其中，法律法规较为刚性、相对稳定，而政策和标准则较为弹性，易随情势变化而调整。它们的有效配合，可以保障应急管理工作得以科学、合理的开展[3]。当前，我国应急法律法规体系的核心为《中华人民共和国突发事件应对法》[4]。而应急管理相关的政策为应急处置工作的开展提供了依据和制度保障，如《"十四五"国家应急体系规划》，对"十四五"时期安全生产、防灾减灾救灾等工作进行了全面部署[5]。此外，《"十四五"推动高质量发展的国家标准体系建设规划》中提出[6]，要完善应急物资分类编码、应急物资筹措与采购、应急物资储备等方面的相关标准，以提高应急物资管理的科学化、规范化水平，满足突发公共安全事件应急管理需求。

第三节　自然灾害应急管理

一、自然灾害应急管理的特征

自然灾害是对人类社会造成危害和损失的事件，是自然和社会综合作用的产物，

---

① 张辉、刘奕：《基于"情景-应对"的国家应急平台体系基础科学问题与集成平台》，《系统工程理论与实践》2012年第5期，第947-953页。

② 葛懿夫、翟国方、何仲禹，等：《韧性视角下的综合防灾减灾规划研究》，《灾害学》2022年第1期，第229-234页。

③ 童星：《应急管理研究的理论模型构建方法》，《阅江学刊》2023年第1期，第171-172页。

④《中华人民共和国突发事件应对法》(2024-06-29)，中华人民共和国中央人民政府：https://www.gov.cn/yaowen/liebiao/202406/content_6960130.htm，访问日期：2024年8月4日。

⑤《国务院关于印发"十四五"国家应急体系规划的通知》(2022-02-14)，中华人民共和国中央人民政府：https://www.gov.cn/zhengce/content/2022-02/14/content_5673424.htm，访问日期：2024年5月27日。

⑥《关于印发〈"十四五"推动高质量发展的国家标准体系建设规划〉的通知》(2021-12-06)，中华人民共和国中央人民政府：https://www.sac.gov.cn/xxgk/zcwj/art/2021/art_51ab9411394a44d78985f6f5efdc80a7.html，访问日期：2024年5月27日。

具有自然属性，也具有社会属性。应急管理是对突然发生、造成或可能造成严重社会危害的突发事件，采取措施予以应对，旨在高效地遏制、应对和解决突发事件的管理活动[①]。而自然灾害应急管理，可以理解为以政府为主导的，协调社会公众以及除政府之外的社会组织等，为应对自然灾害事件而进行的一系列有计划、有组织的管理活动的总和，包括判断事件危险等级、减轻灾害损失、恢复社会秩序、查清灾害发生原因、制定并实施新的灾害防范措施等[②]。自然灾害应急管理是一个广义的概念，包括预防、准备、应对、善后、改进等多个方面，既包括总体上的全面推进，也包括分地区、分部门和分类别的有重点、有针对性的管理，既可以基于不同的自然灾害类别进行管理，也可以基于自然灾害发生演变的过程进行管理。由于自然灾害的复杂性，自然灾害应急管理面临着诸多挑战。

1.自然灾害的不确定性与紧迫性

自然灾害的突发性特征使得人们无法准确预测自然灾害的发生，从而无法得出确切的结果，在面对自然灾害的管理活动时也存在一定的不确定性。此外，自然灾害的突发性和破坏性特征决定了人们在自然灾害暴发时必须立刻响应，以免延迟造成次生灾害的发生，灾害的暴发往往会引起公众和社会的混乱和恐慌，所以处理灾害的时间十分紧迫[③]。

2.公众的灾害意识薄弱

在自然灾害风险日益增大的同时，公众对于防灾减灾知识匮乏，公众的个人生活、行为习惯和自救互救等能力与防灾减灾的要求相距甚远[④]。同时，自然灾害的暴发往往容易引起公众和社会的恐慌和混乱，灾害的发生会对人们的生活和社会经济的正常发展造成影响，在此情况下，灾害会成为人们谈论的热点和媒体报道的焦点。

3.自然灾害应急反应和快速处置能力有待提高

由于灾害的突发性和处理灾害的紧迫性，较短时间内很难取得真实有用的信息，不能满足自然灾害应急管理对信息及时、准确的要求；此外，自然灾害的多元化和复杂性要求管理者和救援人员均应拥有相应的专业素养，以便快速有效地作出应急响应。专业性是管理工作效率提升的关键，如果缺乏专业知识，救援工作将是低效的，花费的成本也会更高。

---

① 童星、张海波：《基于中国问题的灾害管理分析框架》，《中国社会科学》2010年第1期，第132-146页。

② 张乃平、夏东海：《自然灾害应急管理》，中国经济出版社，2009。

③ 杨杰：《我国地方政府自然灾害应急管理的能力建设研究》，硕士学位论文，西南交通大学公共管理学院，2015，第26-27页。

④ 李学举：《中国的自然灾害与灾害管理》，《中国行政管理》2004年第8期，第23-26页。

4.自然灾害的管理体制和法规建设尚不完善

面对各种各样的自然灾害，相关应急管理部门往往是被动反应，效率较低、效果欠佳[1]，缺乏细致和操作性强的指导标准、程序和规则，灾害管理领域的法律法规尚不完善[2]。

5.需要跨学科跨部门的协作

自然灾害风险由单一因素的事件逐渐转变为复合型事件，由偶发事件转变为频发事件，因此，自然灾害的应对管理是一个跨学科、跨部门的复杂任务，它要求全面的协调和资源整合。在灾害发生时，必须从整体出发，整合资源，以政府主导，多方联动，形成一个系统性工程[3]。

二、自然灾害应急管理的理念转变与策略演进

高效的自然灾害应急管理能够防止灾害演变为灾难。每一次重大的自然灾害往往既是人类社会的危机，也是社会发展的契机。灾害作为自然界的有机组成部分无法避免，关键是人类对自然灾害的态度需要不断修正，同时配合现代科技发展进行有效的管理，才能将灾害损失降到最低。

（一）自然灾害应急管理理念的转变

自然灾害应急管理理念自20世纪以来发生了重要的转变，由最初的军事、自然灾害应变向社会、环境和公共管理等理念转变[4]。第一阶段是准军事理念。冷战时期，国际上对于自然灾害应急管理关注的重点在于民防和避难所的修建，后来逐渐转变为国土安全和民事突发事件管理，关注对受灾群众的救济、军事和准军事力量在自然灾害中的参与程度[5]。第二阶段是自然灾害应变理念，重点转向自然灾害应变及其行为的研究。这个阶段主要是关注由专业人士与政府合作制定减灾规划，不太重视政府和民众的合作。第三阶段是灾害管理周期理念。灾害管理周期的起源可以追溯到人们对灾害的早期研究，这些早期研究以线性的方式描述了人类对灾害事件的反应阶段，同时还

---

① 张继权、张会、冈田宪夫：《综合城市灾害风险管理：创新的途径和新世纪的挑战》，《人文地理》2007年第5期，第19-23页。

② 李学举：《中国的自然灾害与灾害管理》，《中国行政管理》2004年第8期，第23-26页。

③ 张继权、张会、冈田宪夫：《综合城市灾害风险管理：创新的途径和新世纪的挑战》，《人文地理》2007年第5期，第19-23页。

④ 周利敏：《灾害管理：国际前沿及理论综述》，《云南社会科学》2018年第5期，第17-26页。

⑤ Alexander David，"Disaster management：From theory to implementation"，*Journal of Seismology and Earthquake Engineering* 9，no.1-2(2007)：49-59.

建立了一些基本概念如紧急情况、救济、康复等，这些概念在灾害管理周期的制定中得到了广泛的使用[①]。第四阶段是环境安全管理理念。起初环境安全概念关注的是保护自然环境，防止自然环境受到破坏。随着人类活动对环境的影响日益显著，人们开始转而关注环境变化可能会引发的社会后果[②]。第五阶段是公共安全管理理念。自然灾害应急管理成为公共安全的重要组成部分，这一阶段更为注重公共安全的治理能力，探索建立在复杂系统中共享公共安全信息的运行机制。

（二）自然灾害应急管理策略的转变

与自然灾害应急管理理念相对应的是管理策略的转变，随着个人角色的不同、气候改变、全球相关性、技术发展、信息发展等，自然灾害应急管理的策略也发生了转变[③]。第一，从朴素主义转向工程技术。在18世纪以前，人类将自然灾害的发生视为"上帝的行为"，随着工业革命和自然科学的发展，自然灾害应急管理将工程技术作为主要策略，试图寻找自然灾害形成的自然致灾因子。第二，从结构式转向非结构式减灾。工程技术一直是近代以来长期秉承的理念，但是没有绝对安全结构性的防灾技术。复合灾害理论认为，由于人类与科技、人类与环境的互动使得自然灾害对于人类生命财产的影响进一步加深，因此，以美国为代表的西方国家将自然灾害应急管理的重点转移到社会、经济、政治等层面，进而发展出非结构式减灾策略。第三，从防灾转向减灾。人类对自然环境的自信和过度开发造成了难以计数的惨痛教训，因此与灾害共存等理念应运而生，重点是从灾中响应和灾后恢复转为灾前预防与减少灾害。减少自然灾害风险的能力建设已被确定为大幅减少自然灾害损失的主要途径之一[④]。第四，从技术管理转向自然灾害管理。基于非结构式减灾基础之上的灾难管理系统（Disaster Management System，简称DMS）被证明为减少自然灾害损失的重要方法，从而出现了注重技术到注重管理的变化，通过技术、管理或运营解决方案最大限度地减少风险，

---

① Coetzee Christo, Dewald Van Niekerk, "Tracking the Evolution of the Disaster Management Cycle: A General System Theory Approach," *Jàmbá: Journal of Disaster Risk Studies*, no.1（2012）: 1–9.

② Dalby Simon, "Anthropocene Formations: Environmental Security, Geopolitics and Disaster", *Theory, Culture & Society* 34, no.2–3（2017）: 233–252.

③ 周利敏：《灾害管理：国际前沿及理论综述》，《云南社会科学》2018年第5期，第17–26页。

④ Hagelsteen Magnus, Joanne Burke, "Practical Aspects of Capacity Development in the Context of Disaster Risk Reduction", *International Journal of Disaster Risk Reduction* 16（2016）: 43–52.

在某些情况下甚至可以消除风险[1]。第五，从危机转向机会。传统的自然灾害应急管理应对是及时提供救济，不考虑灾后重建如何成为变革的积极机会，忽视了自然灾害带来的潜在机会的窗口效应。

（三）自然灾害应急管理决策工具的演进

自然灾害应急管理决策者的不当决策是灾害造成重大损失的重要原因，不论是建筑、公共设施还是公共工程，在减灾、评估、选址和规划阶段均需作出明智决策。周利敏[2]整理了国际自然灾害应急管理领域广泛采用的8种具有代表性的决策工具，如图1-5所示。

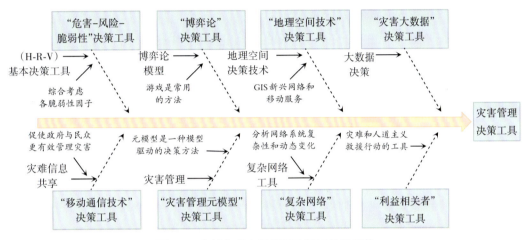

图1-5 自然灾害应急管理决策工具的趋势

"危害-风险-脆弱性"（H-R-V）决策工具，综合考虑了地方特定危害、环境及社会脆弱性因子，既关注经济发展，又重视环境保护，同时纳入风险分析。"博弈论"决策工具，其中游戏是最常用的方法，即政府机构和私人公司在救灾游戏中作为参与者进行互动，以便在自然灾难发生时提供防御性投资和建立最佳公私伙伴关系。"地理空间技术"决策工具基于网络的地理信息系统，促进自然灾害空间数据的共享、获取和使用，同时结合移动服务提供从应用程序到开发的全用户视图。在"灾害大数据"决策工具中，主要关注各种来源的大数据如何在应急管理中辅助决策，例如，社交媒体

---

① Sarwar D., Ramachandran M., Hosseinian-Far A., "Disaster Management System as an Element of Risk Management for Natural Disaster Systems Using the PESTLE Framework"（Global Security, Safety and Sustainability-The Security Challenges of the Connected World: 11th International Conference, London, UK, January 18-20, 2017）.

② 周利敏：《灾害管理：国际前沿及理论综述》，《云南社会科学》2018年第5期，第17-26页。

能够共享个人信息、更新状态和标记位置，为防灾救灾信息化数字化提供了可行性[1]。"移动通信技术"决策工具则通过提供迅速准确的信息，极大地增强了对自然灾害的适应性和响应能力。信息的快速获取和反馈及公众的积极参与，共同作用于降低社会的脆弱性[2]。"灾害管理元模型"决策工具采用模型驱动的方式指导决策，涉及将语义域模型融入元模型的过程。自然灾害应急管理是一个包含众多复杂要素的广泛领域，通过元模型，可以构建一个统一的自然灾害应急管理视图，不仅促进知识的标准化和共享，还允许在不同灾害情况下，灵活地组合和匹配相应的管理活动，将现实世界的物质方面与社会的视角紧密结合起来[3]。复杂网络理论在分析网络系统的复杂性和动态变化方面具有很强的能力，"复杂网络"决策工具可以提高灾害发生后的态势感知能力，帮助感知其动态过程，对于高质量决策非常重要[4]。更好的利益相关者管理可以提高灾难中人道主义救援行动的有效性，"利益相关者"决策工具支持对利益相关者相互关系的理解、增强利益相关者管理在人道主义救援行动中的应用，可以适用于不同的灾难管理场景，正成为应急管理的重要决策工具[5]。

三、自然灾害应急管理中政府的角色与职责

政府作为公共服务的供给者，在有关公众利益和生命安全的问题上，应该提供其应有的价值。自然灾害应急管理工作关系社会公共秩序和人民的根本利益，政府在应对危机事件时，应持有"以人为本"的价值目标，把人民的权利放在首要位置。

政府应对自然灾害的能力反映了其自身的工作能力和执政水平，自然灾害的应对与管理依赖于政府的精准指挥与高效治理能力以及政府部门间的协同合作。此外，先进的科学技术手段也为灾害管理提供了有力支撑，构建一个全面的自然灾害应急管理体系，是确保减灾与救援行动有序且高效展开的关键基础。在自然灾害的应急管理过

① 周利敏、龙智光:《大数据时代的灾害预警创新——以阳江市突发事件预警信息发布中心为案例》,《武汉大学学报》(哲学社会科学版)2017年第3期,第121-132页。

② Houston J. B.,Hawthorne J.,Perreault M. F.,et al.,"Social Media and Disasters:a Functional Framework for Social Media Use in Disaster Planning,Response and Research,"*Disasters* 39,no.1(2015):1-22.

③ Othman,Siti Hajar,Ghassan Beydoun, et al.,"Development and Validation of a Disaster Management Metamodel(DMM)",*Information Processing & Management* 50,no.2(2014):235-271.

④ Jin Li,et al,"A Simulation Study for Emergency/Disaster Management by Applying Complex Networks Theory",*Journal of applied research and technology* 12,no.2(2014):223-229.

⑤ Fontainha T. C.,Leiras A.,de Mello Bandeira R. A.,et al.,"Public-Private-People Relationship Stakeholder Model for Disaster and Humanitarian Operations",*International journal of disaster risk reduction* 22(2017):371-386.

程中，政府扮演着至关重要的领导角色。

　　崔珂、沈文伟等人[①]通过整理滕五晓、童星等人的阐述，展示了政府在自然灾害应急管理的不同阶段中相应的职责（见图1-6）。

图1-6　自然灾害应急管理各阶段政府的职责

　　注：图片源于崔珂、沈文伟：《基层政府自然灾害应急管理与社会工作介入》。

　　在危机前阶段，政府要做好灾害的风险评估工作，识别可能发生的灾害和灾害可能造成的危险，以及当地的自然灾害防御应对能力。同时，政府应在风险评估的基础上制定详细、有效的灾害应急预案和政策，并建立一套权责分明的法律法规制度来规范和约束灾害防范和救助工作。政府的应急管理部门应当建立全面、完善的预测预警体系来监测和预报自然灾害，并针对具体的地区制定详细的预防规划，通过硬件、软件的建设来提高地区抵御灾害的能力[②]。在风险评估的基础上，还要对应急救援物资和生活物资的需求进行预测，规划和建立有效的应急资源保障网络体系以确保资源的及时供给，同时要对应急管理所需的各种资源包括人力资源进行整合[③④]。政府还应该通过宣传和文化教育体系对个人安全文化、组织风险文化、社会风险文化进行干预与引导，通过培训和演练来切实提高个人和组织的灾害应对能力，也借此发现现行预案和

　　① 崔珂、沈文伟：《基层政府自然灾害应急管理与社会工作介入》，社会科学文献出版社，2015，第36-63页。

　　② 滕五晓、夏剑霞：《基于危机管理模式的政府应急管理体制研究》，《北京行政学院学报》2010年第2期，第22-26页。

　　③ 滕五晓、夏剑霞：《基于危机管理模式的政府应急管理体制研究》，《北京行政学院学报》2010年第2期，第22-26页。

　　④ 童星、陶鹏：《论我国应急管理机制的创新——基于源头治理、动态管理、应急处置相结合的理念》，《江海学刊》2013年第2期，第111-117页。

应急机制存在的问题①。

在危机中阶段，政府的主要职责是进行应急处置与救援②。其工作包括灾情评估和信息报送，根据灾害分级方法确定响应方式，在相应的层级上启动应急指挥和协调联动机制，以及保障政府内部和政府与民众之间及时、有效的沟通③。此外，李虹、王志章④还指出政府在救灾工作中应当维护灾后社会秩序，采取坦诚的态度确保信息的公开和有效的沟通，并在参与救援的社会工作组织中扮演联络者和监督者的角色，使资源得到优化配置，提高救援效率。张新文、罗倩倩⑤也提到，政府应该鼓励和发动各类社会工作组织配合政府的大规模紧急救助活动，使救灾工作由单一向综合转变。

在危机后的管理阶段，政府的首要职责是进行恢复重建，而重建既包括物质的重建，也包括制度的重建和精神的重建⑥⑦。具体来说，政府在重建中应该扮演以下几种角色：一是制定灾后重建的基本方针，长远地、根本地提高地区的防灾能力；二是制定具体的重建规划方案，并根据灾害状况选择最适合的方案以尽快帮助灾民过上安定的生活；三是制定灾害心理咨询和治疗规划，包括咨询专家的聘请、咨询场所的联系和咨询内容的准备，帮助灾民尽快摆脱灾害的阴影，使其生活和生产走上正轨；四是制定灾民生活重建的支援规划，包括救灾物资的发放和灾民的生活补助等相关的方针、政策以及法律制度，保证重建的顺利进行⑧。除此之外，李虹、王志章⑨认为政府在灾后恢复工作中还要注意重建灾区文化生活，尤其注重价值观和人际关系的重建，并为社会公众创造公共倾诉空间，通过一定的纪念活动使公众寄托对遇难人员的哀思和怀

---

① 童星、陶鹏：《论我国应急管理机制的创新——基于源头治理、动态管理、应急处置相结合的理念》，《江海学刊》2013年第2期，第111-117页。

② 滕五晓、夏剑霙：《基于危机管理模式的政府应急管理体制研究》，《北京行政学院学报》2010年第2期，第22-26页。

③ 童星、陶鹏：《论我国应急管理机制的创新——基于源头治理、动态管理、应急处置相结合的理念》，《江海学刊》2013年第2期，第111-117页。

④ 李虹、王志章：《地震灾害救助中的地方政府角色定位探究》，《科学决策》2010年第10期，第39-46页。

⑤ 张新文、罗倩倩：《自然灾害救助中政府职能探讨》，《郑州航空工业管理学院学报》2011年第4期，第115-120页。

⑥ 滕五晓、夏剑霙：《基于危机管理模式的政府应急管理体制研究》，《北京行政学院学报》2010年第2期，第22-26页。

⑦ 童星、陶鹏：《论我国应急管理机制的创新——基于源头治理、动态管理、应急处置相结合的理念》，《江海学刊》2013年第2期，第111-117页。

⑧ 滕五晓：《试论防灾规划与灾害管理体制的建立》，《自然灾害学报》2004年第3期，第1-7页。

⑨ 李虹、王志章：《地震灾害救助中的地方政府角色定位探究》，《科学决策》2010年第10期，第39-46页。

念。此外，对灾害事件的调查与反思也同等重要，应当客观评价现有应急管理体制的有效性，追究相关人员的责任以及反思相关政策、制度、机构等方面存在的问题，进行官员问责和风险问责，在总结经验和教训的基础上进一步调整和完善应急管理体制①。

第四节 自然灾害应急管理能力

应急管理能力建设是国家治理能力的重要内容，直接影响一个国家的总体安全和永续发展。党的十九届四中全会提出要优化国家应急管理能力体系建设，提高防灾减灾救灾的整体能力。国务院发布的《"十四五"国家应急体系规划》从应急管理体系和能力现代化的角度出发，设立了到2025年显著提高自然灾害防御水平和社会灾害事故防范及应对能力的具体目标②。党的二十大报告中也强调了构建大安全大应急框架，提升防灾减灾救灾以及重大突发公共事件处置和保障能力，为新时代新征程的应急管理指明了方向③。

一、自然灾害应急管理能力的内涵

关于应急管理能力，目前没有统一的定义，其中"能力"一词，是指在一定水平上主体为了实现目标或完成任务所表现的综合水平和素质④。对应急管理能力的定义，当前的研究中还存在"应急能力"的概念，并且经常将这两个概念替代使用，就研究内容方面二者也没有本质上的区别，本书统一使用"应急管理能力"一词。在国际应急管理领域，美国北卡罗来纳州的应急管理分局对应急管理能力的定义具有一定的代表性。该定义指出，应急管理能力涉及地方政府采取的有效行动，以减轻自然灾害造

① 童星、陶鹏：《论我国应急管理机制的创新——基于源头治理、动态管理、应急处置相结合的理念》，《江海学刊》2013年第2期，第111-117页。

②《国务院关于印发〈"十四五"国家应急体系规划〉的通知》(2022-02-14)，中华人民共和国中央人民政府：https://www.gov.cn/zhengce/content/2022-02/14/content_5673424.htm，访问日期：2024年5月27日。

③ 习近平：《高举中国特色社会主义伟大旗帜 为全面建设社会主义现代化国家而团结奋斗——在中国共产党第二十次全国代表大会上的报告》，《党建》2022年第11期，第4-28页。

④ 高奇琦：《国家数字能力：数字革命中的国家治理能力建设》，《中国社会科学》2023年1期，第44-61页。

成的人员伤亡和经济损失，并确保对灾害的适当应对[1]。此外，应急管理能力不仅限于地方政府，还延伸至公众、非政府组织以及企业等各个利益相关方的应急管理能力。如卡（Col）通过对不同国家的灾难事故分析，认为应急管理能力主要包括应急参与人员的能力、国家政策、应急培训、基础设施四个方面[2]。随着应急管理的兴起，国内有学者认为应急管理能力是为了减轻灾害损失在各个方面表现出的综合能力。王绍玉[3]将应急管理能力视为一个多维度概念，在特定区域内，通过人力资源、科技、组织结构、机构框架以及资源的整合与提升实现防灾减灾的目标，这一定义综合了自然和社会要素、硬件与软件条件、人力资源与体制资源，以及工程能力与组织能力。陈新平[4]提出，应急管理能力体现在能够减轻灾害所造成的人员伤亡和经济损失，在应急预案、体制机制、救援现场指挥、人财物的保障、积极动员社会力量等方面所实施的应急管理工作所表现出的综合能力。也有学者从管理的内涵角度理解应急管理能力，如顾建华[5]认为应急管理能力体现在依靠法制、科技、公众，运用行政手段对突发事件进行干预来降低人员伤亡和财产损失，确保社会的平稳与有序。陈国华等[6]认为应急管理能力是对突发事件的控制能力，从管理的内涵视角将应急管理分为知识能力、专业能力和保障能力。基于上述学者的观点，本书结合应急管理的四阶段模型，认为应急管理能力是在应急管理减缓、准备、响应和恢复过程中，为了避免或减轻人员伤亡和经济损失，体现在能够及时感知化解危机、合理配置资源、快速响应危机及灾后保障恢复等方面的综合能力。

由于自然灾害的突发性、难预测性、破坏性、连锁性等特征，自然灾害的发生对社会公共能力是一项严峻的挑战和考验，也是对应急管理能力的一项重要挑战。在自然灾害突发事件中，应急管理工作的效果取决于受灾地区的损失程度、自然状况、社会状况、基础设施以及人员和相关机构的能力等多方面的因素。根据上述对应急管理能力的定义，本书认为自然灾害应急管理能力是为了减轻自然灾害事件造成的人员伤亡和经济损失，尽量避免次生灾害对人和经济的影响，体现在应急管理主体对自然灾

---

① Brice J. H., Alson R. L., "Emergency Preparedness in North Carolina: Leading the Way", *North Carolina medical journal* 68, no.4(2007):276-278.

② Col J., "Managing Disasters: The Role of Local Government," *Public Administration Review*, no.67 (2007):114-124.

③ 王绍玉：《城市灾害应急管理能力建设》，《城市与减灾》2003年第3期，第4-6页。

④ 陈新平：《社区应急能力评价指标体系研究》，《中国管理信息化》2018年第7期，第166-171页。

⑤ 顾建华、邹其嘉：《加强城市灾害应急管理能力建设 确保城市的可持续发展》，《防灾技术高等专科学校学报》2005年第2期，第1-4页。

⑥ 陈国华、张新梅、金强：《区域应急管理实务——预案、演练及绩效》，化学工业出版社，2008，第162页。

害事件的监测预警、资源配置、快速响应和灾后保障恢复等方面所实施的应急管理工作的综合能力。自然灾害应急管理能力不仅包含自然方面的客观因素，还包含社会方面的主观因素，要求社会具备良好的硬件和软件条件，不仅包含应对自然灾害所需要的人力资源和与之密切相关的体制资源，还包含应对自然灾害工程建设的能力和应对组织建设的能力等多个方面[①]。

二、自然灾害应急管理能力的类型

自然灾害应急管理能力涉及从微观到宏观不同层次的主体协同，也涵盖了预防准备、响应恢复的全过程。本书将分别从主体的角度和过程的角度对自然灾害应急管理能力展开阐述。

（一）从主体角度划分

从主体角度来说，自然灾害应急管理能力可以从宏观层面的国家、中观层面的组织和微观层面的个人三个不同方面进行理解[②]。

在宏观层面，自然灾害应急管理能力体现为国家预防和应对危机的全面能力。随着应急管理体系和能力现代化被确立为国家治理体系的重要组成部分，常态管理与应急管理之间的相互转化成为可能，常态管理能力在一定条件下可以转化为应急管理能力，反之亦然。因此，国家自然灾害应急管理能力涵盖了国家治理能力，以及在紧急状态下表现出的特定能力。例如，社会动员能力，这一能力决定了在突发事件应对中能否做到多主体协同，共渡难关；应急资源储备和生产能力，先进的装备和科研水平能够在最大程度上减少损失，是应急救援过程中的重要基础；危机学习能力，一个国家只有从危机中不断学习和改进才能不断调试以适应新的挑战。

在中观层面，应急管理部门的能力主要集中在自然灾害风险防范和应对方面，涉及风险治理、应急准备和应急响应等关键环节。这些能力包括参与式规划与预案制定、信息开放共享与沟通、协同合作意识与能力等。

在微观层面，应急管理人员个体的职业素养构成了应急管理能力的重要部分，涵盖了个人能力、知识素养以及对外关系建立与维护的能力等方面。其中，个人能力包括对应急管理理论和知识的掌握、批判性思维、职业道德和持续学习的能力；知识素养包括科学素养、地理信息技术素养、社会文化知识素养、技术导向素养和系统思维

[①] 王绍玉：《城市灾害应急管理能力建设》，《城市与减灾》2003年第3期，第4-6页。

[②] 韩自强：《应急管理能力：多层次结构与发展路径》，《中国行政管理》2020年第3期，第137-142页。

素养等；对外关系建立与维护的能力则涉及动员参与、协作治理、领导力和沟通互动等方面。

（二）从过程角度划分

根据应急管理过程的四个不同阶段，相应地将自然灾害应急管理能力划分为四个类型[1]，每个类型都有其侧重的主体和作用内容[2]。

1.应急管理减缓能力

在应急管理减缓能力中，最为重要的是强化对自然灾害的感知化解能力。应急管理减缓能力是为了预防自然灾害的发生对人们生命财产造成的危害，真正把问题解决在萌芽之时、成灾之前，而采取的一系列防御措施的综合能力。

构建智能精准的监测预警体系是提高感知化解能力的基础。可以根据不同类型自然灾害呈现的灾前征兆进行风险源识别，优化监测站点布局，迭代升级监测系统，利用各种信息技术对危险要素进行追踪，并收集相关数据。

在此基础上，针对不同类型自然灾害的组成要素，完善灾害事故分类监测数据的交换共享机制，实现监测数据多部门、多层级互通，利用各种评估方法进一步确定灾害可能发生的时间、地点和规模与程度，并对灾害对人们的生产生活、生命和财产等方面造成的影响和损失的可能性进行量化估计，以便提前做好准备。

灾害信息预警则将风险评估之后的结果进行等级划分，并及时有效地传递给相关主体。需要建立统一、规范的预警信息发布系统和标准体系，强化针对重点区域、特定人群的精准、靶向发布能力。预警信息要简短清晰，便于接收者理解，也便于管理者采取针对性措施。建立突发事件预警信息发布标准体系。

2.应急管理准备能力

在应急管理准备能力中，核心在于自然灾害资源配置和预案与演练。应急管理准备能力是对现有资源进行合理分配和调用所采取行动的综合能力，能够在自然灾害发生后提高资源的有效配置，为应对自然灾害做好准备。应急物资的配置虽然贯穿于整个应急管理的过程，但是需要在自然灾害发生前做好资源配置，以备在自然灾害发生后能够快速调配。应急资源的配置主要包括对资源的空间、时间、数量、种类和用途等方面的合理规划，需要充分考虑当地的地理位置、交通条件和城市规划等方面的因素，以及当地的居住人口、经济发展规模和社会发展情况。对于人口密集区域、自然

---

[1] 张乃平、夏东海：《自然灾害应急管理》，中国经济出版社，2009，第27-38页。

[2]《国务院关于印发〈"十四五"国家应急体系规划〉的通知》(2022-02-14)，中华人民共和国中央人民政府：https://www.gov.cn/zhengce/content/2022-02/14/content_5673424.htm，访问日期：2024年5月24日。

灾害高风险区域、交通不便区域应进行重点倾斜。

除了常规的物资资源以外，科技、人力、信息和产业等资源的配置也同样重要。科技资源的配置旨在通过整合和优化应急领域的共性技术平台，促进科技创新资源的开放共享，并实施应急科技支撑平台的综合布局，以信息科技的力量简化应急管理工作流程。人力资源的优化配置需要依托于高等教育机构、科研机构、医疗机构以及志愿服务组织等，构建专业化的应急服务队伍；此外，建立常态化的培训和继续教育体系，以提升应急管理干部和救援人员的专业技能与政治素养。信息资源的配置侧重于构建信息基础设施和信息系统，推动跨部门、跨层级、跨区域的信息互联互通、共享以及业务协同，增强数字技术在自然灾害事故应对中的应用，从而全面提升监测预警和应急处置的能力。同时，加强空、天、地、海一体化应急通信网络的建设，以增强极端条件下的应急通信保障能力。在产业资源的配置上，选择合适的企业纳入产能储备范围，并建立动态的更新调整机制，以鼓励和引导应急物资产能储备企业扩大产能，持续优化应急物资产业链。此外，还要加强对重大灾害事故物资需求的预判和研判，完善应急物资的储备和集中生产调度机制。

应急管理准备能力还需重点加强应急预案的统一规划、衔接协调和分级分类管理，完善应急预案定期评估和动态修订机制，制定突发事件应急预案编制指南，加强预案制修订过程中的风险评估、情景构建和应急资源调查。此外，对照预案加强队伍力量、装备物资、保障措施等检查评估，确保应急响应启动后预案规定任务措施能够迅速执行到位。重点加强针对重大灾害事故的应急演练，根据演练情况及时修订完善应急预案。

3.应急管理响应能力

应急管理响应能力是对发生的自然灾害快速作出反应和采取一系列行动的综合能力，目的是保证自然灾害发生后能够短时间内作出回应，有效缩短救援时间，保障生命的存活时间和减少经济损失，同时也能够有效避免次生灾害造成的损失和破坏。快速响应能力一般体现在当地的应急设备设施的建设情况、急难险重任务的处置能力、统一指挥调度等方面。

在自然灾害中，应急资源设施设备建设体现在物质装备、交通设备、医疗设备、专业救援队伍等方面，为了提升应急响应能力，应急管理部门需要加强各类资源设施设备的配置与管理。

为了适应"全灾种、大应急"的综合救援需要，需要加强应急力量建设，提高急难险重任务的处置能力。特别是在自然灾害导致的极端环境下，应当加强多灾种的专业培训，加快推进应急救援基地和省级专业应急救援骨干队伍建设，并结合先进的适用装备，以提高救援队伍的综合救援效能。此外，相关部门与消防救援机构之间应建立一种应急协商、联合处置以及信息共享的机制，统筹本地区专业应急力量建设，调整优化现有队伍，整合集成关键应急队伍，并鼓励邻近的同类型行业企业组建应急救援互助联盟，推动医院、学校、养老机构等人员密集场所的管理单位增强防灾救灾能力，以实现救援能力和资源设备的高效运用。

对于应急管理部门，需要建立完善的应急指挥部体系，发挥各级应急管理委员会等议事协调作用，推动统一指挥、现场指挥、专业指挥等衔接融合。在信息技术现代化的背景下，迫切需要通过信息化的手段，实现政府机构、关键行业管理部门、重点区域及单位，以及主要应急救援队伍之间的互联、互操作性和协调一致性。此外，应致力于加强应急指挥中心的规范化与标准化建设，确保应急通信装备在不同层级中得到充分配备，从而提升应急指挥与联动响应的效率。应急管理等部门系统推进应急指挥平台建设，开发指挥调度、协同会商、预案管理和一图研判等功能，运用信息化手段实现政府与相关行业主管部门、重点区域和单位、重点应急救援队伍的互联互通、协调联动。加强应急指挥中心的规范化、标准化建设，推动各层级应急通信装备应配尽配。

4.应急管理恢复能力

在应急管理恢复能力中，重在关注自然灾害发生后的保障恢复。应急管理恢复能力是为了使受灾地区快速恢复生产生活和社会经济发展，减少自然灾害带来的损失所采取行动的能力。保障恢复能力不仅要尽快满足灾民基本生活、教育和医疗的需要，还要对受灾群众的精神和心理进行援助和重建。恢复能力分为两个阶段：短期恢复和长期恢复。短期恢复指的是危机发生后立即启动，与应急响应活动同时进行，主要涵盖维持现场秩序，提供紧急公共安全和卫生服务，恢复中断的公共服务及其他必要服务，以及为灾民提供食物和临时住所等。长期恢复可能包含与短期恢复相似的措施，但其持续时间取决于自然灾害的严重性、破坏范围和受影响对象等因素，可能延续数月乃至数年。

自然灾害会对人们的心理和精神健康造成巨大的影响，有必要对受灾群众进行适度合理的心理干预，使其快速从灾害中恢复情绪，建立信念。对受灾群众的灾后心理和精神援助需要细化执行，建立现场心理救助机构，将情绪和行为失控的受灾群众转移到专业心理救助机构进行专业疏导；还要提高救援队伍的心理承受能力，在救援过程中通过必要的信息传递和心理强化训练，提高救援人员的素质。此外，在长期恢复过程中，要建立心理干预的动态跟踪长效机制，掌握受灾群众的个性心理变化历程，推进与受灾者的长期对话，这也有助于对灾害心理学的研究，同时将其研究成果转化为实用性资源，运用到灾后救援的心理恢复过程中①。

政府作为自然灾害保障恢复的主体，发挥着主导作用。在灾害恢复阶段，政府通常需要组织专业技术人员，并调动装备和器材，科学开展灾害损失评估，完善评估标准和评估流程，科学制定灾后恢复重建规划。还需要提供金融和财政支持，引导国内外贷款、对口支援资金、社会捐赠资金等参与灾后恢复重建。此外，政府在协调灾害恢复工作时，不仅要高效地处理其内部横向部门之间的合作，还要确保纵向上下层级之间的协调一致。同时，政府需建立与相关组织的互动和协同机制，以促进企业、非政府组织以及志愿者在恢复过程中的有序参与。

企业在自然灾害的恢复过程中扮演着至关重要的角色。部分企业通过提供资金和物资捐助来支持灾后重建，有的企业则通过开展商业保险业务，为受灾群众提供经济补偿。保险业务可分为以市场机制为主导的商业保险和以社会福利为主导的社会保险，两者均为应急管理恢复阶段的关键工具。

非政府组织（Non-Governmental Organization，简称NGOs）和志愿者的参与对于推动自然灾害的恢复工作也至关重要。他们通过社会募捐和宣传活动，对受灾个体和社会群体提供援助，从而直接促进恢复工作的顺利进行。随着时代的发展，非政府组织和志愿者在灾后重建中的作用越来越受到国际社会的重视②。

第五节　自然灾害应急管理能力评估

一、自然灾害应急管理能力评估的概念

我国是全球范围内自然灾害种类最多、受灾最严重的国家之一③，自然灾害产生的威胁对应急管理工作提出了更高的要求。自然灾害应急管理能力评估是衡量应急管理水平的重要手段，研究自然灾害应急管理能力评估体系，科学准确地评价应急管理能力，对于提升自然灾害应急管理能力具有重要的理论意义和现实意义。自2018年应急管理部成立以来，出现了由单灾种向综合灾害的风险排查、监测、预警、应急准备及

---

① 张乘祎:《关于我国灾后心理干预问题的研究》,《前沿》2012年第17期,第124-126页。

② 游志斌、包欣欣、叶乐锋:《应急管理恢复阶段工作研究》,《公安学刊》(浙江警察学院学报)2010年第2期,第25-29页。

③ 郑国光:《深入学习贯彻习近平总书记防灾减灾救灾重要论述 全面提高我国自然灾害防治能力》,《旗帜》2020年第5期,第14-16页。

救援能力建设的新趋势，风险评估和应急管理能力评估受到各界重视。提升应急管理指挥的整体效能，关键在于构建一个精确、合理且高效的灾害应急管理能力评估体系，确保评估体系能够定期审视应急准备状态，从而在灾害发生后减少救援工作的盲目性，提升应对效率。此外，应急管理评估体系还有助于规范和增强灾害应急管理的标准化与有效性，提高救援组织的专业水平。通过评估过程，可以将被动响应转变为主动准备，明确在自然灾害应对中的优势与不足，为高效合理地应对灾害提供依据。

"评估"一词，是测量行为效果的重要手段，广义而言，评估是对评估对象的价值进行评价、判断和预测的过程，反映了人们对于特定事物或活动价值的理解和衡量。狭义上的评估则指在特定时间段内，对项目、计划或政策的设计、实施及结果的有效性、效率等方面进行的系统的和目的性强的评价[①]。能力评估的目的是清楚地了解一个国家或一个部门的能力，是一种结构化的方法，用于分析个人、组织和有利环境三个维度的能力，具体表现为优势、不足之处和可用资产，将有助于找出评估对象能力上的差距，突出导致不足和差距的原因。张海波等[②]提到，应急管理能力评估需要以风险识别和脆弱性分析为基础，风险识别和脆弱性分析必须服务于应急管理能力评估。其中，风险识别评估是人类社会预防自然灾害、控制和降低自然灾害风险的重要基础性研究，是一项复杂而又具有综合性的研究工作，包括对自然环境数据、空间地理数据、人口分布数据、土地利用与规划数据、经济和社会统计数据的评估，需要地理学、社会学、经济学、城市规划等多学科综合研究。脆弱性分析的目的是了解不同地区薄弱环节的差异，人口集中度、产业集中度、城市生命线的可靠性和系统之间的相互依存度。自然灾害应急管理能力评估是为了评估各级、各地政府在应对自然灾害时的应急能力、财政实力、资源投入、制度建设、组织培育、应对经验、行政文化等方面的差异。自然灾害应急管理能力评估是将自然灾害应急管理体系作为评价的焦点，遵循全面的应急管理原则，运用科学方法构建评价指标框架，并在此基础上建立评估模型。该过程旨在通过定期的评估活动，识别并解析自然灾害应急管理流程中的缺陷与不足，进而实现对该体系的有效优化与持续改进。

二、自然灾害应急管理能力评估的理念与目的

（一）自然灾害应急管理能力评估的理念

自然灾害应急管理能力评估是指对一个组织、机构或个体在应对自然灾害时的准

---

① 滕五晓:《应急管理能力评估:基于案例分析的研究》,社会科学文献出版社,2014,第1~14页。

② 张海波、童星:《应急能力评估的理论框架》,《中国行政管理》2009年第4期,第33~37页。

备程度和能力进行系统评估和量化分析。其理念是通过全面了解和评估相关主体的应急管理体系、资源配置、预警响应、危机处理、恢复重建等方面的能力，以提供科学依据和参考，帮助改进和加强应急管理工作，提高应对突发事件的效率和效果。自然灾害应急管理能力评估的理念涵盖了一系列原则和观念，旨在为评估过程提供指导并确保评估的全面性、客观性和实用性。

1.目的性与实用性相结合

进行自然灾害应急管理能力评估，需要全面了解政府应对自然灾害的整体能力状况，深入剖析影响政府自然灾害应急管理能力的关键因素，分析当前政府应对自然灾害的现实情况，并准确定位政府应对自然灾害能力的薄弱环节，为提高其能力提出科学、合理、有针对性的策略。因此，自然灾害应急管理能力的评估必须准确而全面地反映当地的实际情况[①]，在自然灾害应急管理能力指标体系评估方面，自然灾害应急管理能力评估的每一项指标都应具有明确可靠、便于统计计算等特点，并且为了保证评估工作高效率完成，测算评估指标必须准确、方便，每个指标还需要具有易测算的特性，同时还需要保证各个指标的公正性。在自然灾害应急管理能力案例评估方面，通过有目的地分析具体案例，可以识别实际表现中的优势和不足之处。这有助于深入了解如何更好地应对未来的紧急情况，并制定改进策略，为制定决策提供有力的支持。

2.针对性与最小性相结合

自然灾害应急管理能力评估具有特定的应用范围，旨在科学地评价不同主体在自然灾害应急管理方面的能力水平。鉴于不同地区的发展情况与地理环境存在异质性，不同地区在自然灾害的致灾因子、承灾体和孕灾环境等方面存在较为显著的差异。因此，在确立自然灾害应急管理能力评估指标体系和进行自然灾害应急管理能力案例分析时，不仅要考虑适应中国整体情况的一般性指标，还需因地制宜，关注不同区域的特殊性[②]。这种差异化的考虑有助于更准确地理解和评估地方政府在面对自然灾害时的应对能力。一方面，体现自然灾害应急管理能力评估的指标数量较为庞大，但很多指标具有一定的相关性，是可以代替的，因此这些指标对准确评估县级政府应对群体性突发事件能力的作用和意义较小，所以剔除这些指标对评估较为有利。精简后的自然灾害应急管理能力评估指标，能准确、客观地评估出地区自然灾害应急管理能力。另一方面，在自然灾害应急管理能力案例评估上，最小性要求自然灾害应急管理能力案例评估侧重于一个或少数几个特定的自然灾害应急管理事件，这有助于深入研究和分

---

① 尹梅梅:《基于风险的我国北方草原火灾应急管理能力评价体系研究》,硕士学位论文,东北师范大学地理科学学院,2009,第1—2页。

② 唐桂娟:《城市自然灾害应急能力综合评价研究》,博士学位论文,哈尔滨工业大学管理学院,2011,第52—53页。

析特定情境，而不是泛泛而谈。尽管其范围有限，但自然灾害应急管理能力案例分析要求深入剖析所选案例，这包括对案例的详细描述、背景信息、干预措施、结果和教训的深入研究。

3.完备性与代表性相结合

探讨自然灾害应急管理能力问题时，必将涉及应对自然灾害的应急管理全周期，其涉及法律基础、应急预案、资源保障和工程防御等多种有形要素和无形要素。因此，在自然灾害应急管理能力指标评估方面，需要根据地区应对自然灾害事件的实际情况来设计与之相匹配的评估指标，并由这些指标组建成一个完整的指标有机整体。如果该指标不能客观地反映出其应急能力的某一具体方面，则需要剔除掉，仅仅保留一些能够反映地区自然灾害应急管理能力实际情况的指标，这有利于减少自然灾害应急管理能力评估的工作量，降低评估所带来的误差，提高评估结果的准确性。在自然灾害应急管理能力案例评估方面，在考虑多个方面的同时，力求选择有代表性案例来进行深入研究，以此确保提供全面且有代表性的见解，以帮助决策者和应急管理人员更好地理解和应对各种自然灾害情境，提高应急管理的有效性和准备程度①。

（二）自然灾害应急管理能力评估的功能和目的

应急管理作为一项复杂的管理活动，其目的是最大限度地减少突发事件造成的危害，最大限度地保障人民生命财产安全。进行应急管理的前提是建立完善的应急管理系统，以实现协调统一、合理配置的高效管理②。评估是手段，开发建设才是目的③，只有将评估与建设有机结合，以评促建，才能真正发挥自然灾害应急管理能力的作用。建立科学、合理的自然灾害应急管理能力评价体系，进行高效的应急管理能力评价，成为改进和完善应急管理体系，进而提高我国政府应对自然灾害应急管理能力的紧迫课题。开展自然灾害应急管理能力评估的功能和目的体现在如下几个方面。

1.加强自然灾害应急管理工作的规范性和有效性

加强自然灾害应急管理工作的规范性和有效性，提高应急组织机构的专业化水平④。自然灾害应急管理能力评估可以提供一个通用的准则，以识别自然灾害应急管理

① 谢振华：《县级政府应对群体性突发事件能力的评估与提升策略研究》，博士学位论文，湘潭大学公共管理学院，2015，第56-67页。

② 汪寿阳：《突发性灾害对我国经济影响与应急管理研究：以2008年雪灾和地震为例》，科学出版社，2010，第334-335页。

③ 邓云峰、郑双忠、刘功智，等：《城市应急能力评估体系研究》，《中国安全生产科学技术》2005年第6期，第33-36页。

④ 邓云峰、郑双忠、刘功智，等：《城市应急能力评估体系研究》，《中国安全生产科学技术》2005年第6期，第33-36页。

工作中较为满意和需要改进之处，为管理机构的合作与对话创造机会。比如，由于财政资金的有限性和多方面的竞争性需求，确定投入差异化的标准，优先确保那些应急能力较弱的区域和机构得到更多的资金支持，以实现效益的最大化。开展自然灾害应急管理能力评估也便于持续改进自然灾害应急管理工作，确保应急管理工作的有效性。自然灾害应急管理能力评估可以为组织、团体或个人提供一个参考标准，帮助与其他同行进行比较和交流，了解自身在自然灾害应急管理方面的优势和劣势，从而借鉴和学习其他组织、团体或个人的经验和做法，提高自身的自然灾害应急管理能力。此外，通过定期进行评估，可检验自然灾害应急管理方案的有效性和可行性，及时发现和解决存在的问题，为组织、团体或个人提供一个持续改进的机制。

2.优化自然灾害应急管理各阶段工作

自然灾害应急管理能力评估可以为组织、团体或个人提供一个全面的视角，帮助其了解自身在自然灾害应急管理方面的整体情况，通过对各个环节进行评估，可以揭示出可能存在的薄弱环节和潜在问题，及时查漏补缺，不断完善应急准备系统。提高自然灾害应急响应效率，帮助自然灾害应急管理工作适应各类变化，包括地方行政领导、应急管理体制和组织机构的变化等[1]；此外，通过评估得出的结果可以帮助他们了解自身在自然灾害应急管理方面的配合和协调情况，从而促进不同部门、组织和个人之间的沟通和合作，提高应对自然灾害的协同能力。应急能力作为一项包含多个维度的综合素质，依据评估结果进行有针对性的建设，应当重点识别与关注在评估中显现出的关键性且能力不足的方面，实行优先发展和强化。

3.强化自然灾害应急管理责任意识

自然灾害应急管理能力评估可以提高各级各类自然灾害应急组织机构的应急责任意识，明确自身在应对自然灾害时的优势和弱势，做好心理准备，保证应急响应效率。同时，还可以改变自然灾害应急管理工作的重点，从消极被动接受自然灾害，转变为主动防治自然灾害[2]，积极组织各级政府机构、社区和群众抗灾自救，以保护人民群众的生命财产安全。此外，强化应急文化建设的驱动力，将应急能力的评估纳入到政府的能力建设和绩效考核体系中，以此促进形成一个强调风险管理和预防的行政文化[3]。

合理的自然灾害应急能力评估有利于自然灾害应急能力建设，可以确定自然灾害的危险性，进一步确定自然灾害造成的严重程度，计算自然灾害的危害等级，进而为应急管理资源的配置和风险缓解策略的制定提供科学依据，以确保资源投入与可能产

① 邓云峰、郑双忠：《城市突发公共事件应急能力评估——以南方某市为例》，《中国安全生产科学技术》2006年第2期，第9-13页。

② 李明：《突发事件治理话语体系变迁与建构》，《中国行政管理》2017年第8期，第139-144页。

③ 张海波、童星：《应急能力评估的理论框架》，《中国行政管理》2009年第4期，第33-37页。

生的负面影响之间达到一种适当的均衡。此外，有效的评估能有助于对政府和应急管理部门的设备、设施和系统应急状况进行评价，通过深入分析应急管理领域的技术能力、知识库、教育培训以及应对突发事件的实际操作能力等关键要素，可以对应急管理机构的响应能力进行客观评估，有助于明确指出应急管理能力的不足之处，并制定相应的改进策略以促进能力的提升。

第二章　自然灾害应急管理能力评估理论

第一节　总体国家安全观

"国家安全是民族复兴的根基，社会稳定是国家强盛的前提。"①党的十八大以来，党中央将国家安全置于极端重要的地位，立足全球百年未有之大变局这一历史背景提出了一系列新的理论思想和战略方针，创造性地提出了总体国家安全观，开启了中国特色的国家安全发展新道路，为新时代的国家治理提供了全新的战略指导。

一、从"传统安全"到"总体国家安全"

任何理论的形成和发展都不是一蹴而就的，都要经过长期的探索和积淀，总体国家安全观的提出也是如此。1949年新中国成立初期，面对异常严峻的国内外安全环境，我国逐步探索出一种以"维护政权稳定"为核心的传统安全道路，一方面重在解决国内的阶级矛盾，另一方面重点关照我国和帝国主义之间的矛盾②。相应地，"战争"与"革命"被认为是这一时期应对内忧外患局面的国家安全行动纲领。通过抗美援朝、研制核武器、三线建设及一系列的国防建设，保障国家主权和领土完整的能力得到空前提高，新生的社会主义政权得以稳固发展。

1978年改革开放以后，国际局势得到好转，和平与发展逐渐成为世界的两大主题，在此背景下的国家安全战略得到逐步调整。1983年，"国家安全"一词首次出现在我国的官方文件中。据一些学者考证，彼时的国家安全主要指国际安全或国家对外的安全，但也涉及公共安全③。相应地，对安全议题的讨论逐渐由传统的领土主权问题转移到经

---

① 习近平：《高举中国特色社会主义伟大旗帜　为全面建设社会主义现代化国家而团结奋斗》，人民出版社，2022，第52页。

②《毛泽东选集》第4卷，人民出版社，1991，第1433页。

③ 薛澜等：《总体国家安全观研究》，社会科学文献出版社，2024，第12-13页。

济社会发展等方面，金融安全、能源安全、社会安全等非传统安全得到关注。当然，这一时期在和平与发展的主题下也是暗流涌动，苏联解体、东欧剧变，如何维护社会主义政体和意识形态安全也逐渐成为国家安全的重要考量。此外，伴随新一轮技术革命和全球化的发展，技术风险、恐怖主义、贫困失业、跨国犯罪、环境问题等大量涌现，国家安全的内涵外延迅速延展[1]。

2012年以来，世界问题的核心逐渐由和平与发展拓展为安全与发展，百年未有之大变局开始出现，美国亚太再平衡战略、南海争端及中东、朝韩关系等敏感性问题对我国国家安全提出严重挑战。同时，环境问题、能源危机、网络安全、生物安全、腐败问题等新老问题也交替出现，各类风险挑战比历史上任何时期都要丰富、宽广和复杂，改革逐渐进入深水区和攻坚区。对此，2014年4月15日，习近平总书记在中央国家安全委员会第一次会议上提出了"总体国家安全观"，即以人民安全为宗旨，以政治安全为根本，以经济安全为基础，以军事、文化、社会安全为保障，以促进国际安全为依托，走出一条中国特色国家安全道路。相应地，落实好这"五个要素"还必须统筹好"五对关系"，分别是既重视外部安全，又重视内部安全；既重视国土安全，又重视国民安全；既重视传统安全，又重视非传统安全；既重视发展问题，又重视安全问题；既重视自身安全，又重视共同安全[2]。

当今时代，此起彼伏的地缘冲突、生态危机及各类"黑天鹅""灰犀牛"事件的涌现，将个体安全、国家安全及人类安全全部串联在一起，安全问题正在走向一种统合形态。对此，既要高度警惕"黑天鹅"事件，也要防范"灰犀牛"事件，既要有防范风险的先手，也要有应对和化解风险的高招；既要打好防范和抵御风险的有准备之战，也要打好化险为夷、转危为机的战略主动战[3]。总体来看，总体国家安全观的提出丰富和发展了传统的国家安全理论，也赋予国家安全一种全新的理解：一方面，安全与"总体""整体""系统"等概念相关联，真正走向了以人民为中心的本质安全道路；另一方面，安全又与具体领域的安全相结合，如公共安全、政治安全及2020年以来被反复提及的生物安全等，对安全的主张逐步走向一条"精控"之道。至此，我国的国家安全战略也从传统国家安全全面转向了总体国家安全[4]。

①凌胜利、杨帆：《新中国70年国家安全观的演变：认知、内涵与应对》，《国际安全研究》2019年第6期，第3-29页。

②《习近平谈治国理政》，外文出版社，2014，第201页。

③《习近平谈治国理政》第3卷，外文出版社，2020，第223页。

④王明生：《从传统安全观到总体国家安全观：中国安全观的演变、成就及世界议程》，《亚太安全与海洋研究》2024年第3期，第36-54页。

二、总体国家安全观的主要内容

"五个要素""五对关系"充分论述了总体国家观的主要内容，体现了当代国家安全工作的"总体性""系统性"及"大安全观"的基本思路。总体国家安全观所强调的安全涉及人民安全、政治安全、经济安全、军事安全、文化安全、社会安全及国际安全等，其本质就在于各种安全问题的统筹兼顾，以走出一条中国特色国家安全道路。

（一）以人民安全为宗旨

作为总体国家安全观的总目标，以人民安全为宗旨构成了总体国家安全这一复杂系统的根本功能，以目的牵引的形式辐射到各个安全要素之中。人民安全高于一切，是总体国家安全观的本质要义，也是总体国家安全观和西方国家安全理论相区别的本质所在。正如2016年首个全民国家安全教育日到来之际，习近平总书记所强调的，要坚持国家安全一切为了人民、一切依靠人民，动员全党全社会共同努力，汇聚起维护国家安全的强大力量，夯实国家安全的社会基础，防范化解各类安全风险，不断提高人民群众的安全感、幸福感[①]。作为总体国家安全系统的总目标，人民安全呈现为系统的整体功能，并以其目的牵引功能带动系统的运动发展。

（二）以政治安全为根本

政治安全，特别是政权安全问题，向来都是国家安全的根本问题。历史经验反复证明，政治安全从根本上影响国家的安全状况，是一国之根本，其他安全问题的实现都以政治安全为前提。具体来看，国家政治安全包括国家政治思想安全、国家政治制度安全和国家政治活动安全三个部分[②]，在不同的历史时期，政治安全的侧重点或者具体内容又各有不同。现阶段，我国政治安全的根本在于维护中国特色社会主义民主政治制度；此外，还要维护中国共产党的领导和执政地位，党带领全国人民进行伟大斗争、建设伟大工程、推进伟大事业、实现伟大梦想；保证马克思主义指导思想不被削弱和动摇，始终坚持马克思主义在意识形态领域的指导地位。

（三）以经济安全为基础

马克思主义的一条基本原理就是"经济基础决定上层建筑"。把这一原理运用到国

---

① 《习近平关于社会主义社会建设论述摘编》，中央文献出版社，2017，第181页。

② 李营辉、毕颖：《新时代总体国家安全观的理论逻辑与现实意蕴》，《人民论坛·学术前沿》2018年第17期，第84—87页。

家安全领域，必然得出经济安全是整个国家安全的基础的结论。现阶段，维护我国经济安全，最基本的就是要维护公有制为主体、多种所有制经济共同发展的经济制度。同时，还要进一步搞好社会主义市场经济，保持经济健康稳健发展。此外，面对波谲云诡的国际形势、复杂敏感的周边环境、艰巨繁重的改革发展稳定任务，还要警惕防范"黑天鹅""灰犀牛"事件，具备预防和化解风险的策略，确保在风险挑战中赢得主动。

（四）以军事、文化、社会安全为保障

"军事安全是国家的领土、领海、领空及国家的军事人员和力量不受威胁、打击及破坏的状态"[1]，军事安全涉及军队安全、军人安全、军纪安全、军备安全、军事设施安全等。文化安全则是一国发展到一定程度才会出现的安全问题[2]，通常涉及国家意识形态安全、民族精神及民众身心健康等。社会安全是人民群众幸福感与满意度的直接表现，涵盖居民安全、住宅安全、社区安全、学校安全、市场安全、交通安全，是与人民群众日常生活联系最为紧密的部分。这三类安全以系统核心安全问题为中心运转，服务于系统核心要素的功能表达[3]，具体呈现为军事、文化、社会为人民安全、政治安全以及经济安全的实现提供环境。

（五）以促进国际安全为依托

国际安全是把本国安全与他国安全、国际安全联系起来，打造命运共同体，推动各方朝着互惠互利、共同安全的目标相向而行[4]，也是我国作为国际社会重要主体所应尽的大国责任与大国愿景。国际安全强调了四种新安全理念：一是共同安全，即国际社会需要确立的共同的安全目标；二是综合安全，即立足当代复杂多样的安全问题而提出的综合性、总体性；三是合作安全，即各方通过合作的方式达致安全；四是可持续安全，即面向未来的非传统思维方式和非传统理念[5]。

---

① 姚晗：《习近平总体国家安全观的系统原理》，《中国政法大学学报》2022年第2期，第77-88页。
② 薛澜等：《总体国家安全观研究》，社会科学文献出版社，2024，第69页。
③ 李建伟：《总体国家安全观的理论要义阐释》，《政治与法律》2021年第10期，第65-78页。
④《习近平关于社会主义社会建设论述摘编》，中央文献出版社，2017，第171页。
⑤ 薛澜等：《总体国家安全观研究》，社会科学文献出版社，2024，第119-123页。

三、总体国家安全观的基本特征

(一) 总体国家安全观的"人民性"

人民安全是国家安全工作的宗旨，并被置于各项安全工作之前，继而明确国家安全工作的价值所在。事实上，保障国家安全的最终目的在于人民幸福，而确保国家安全也必须依靠人民群众的力量。人民群众的幸福感是衡量一个国家、一个制度是否安全、是否具有效力的最有效标准。在总体国家安全观的五大问题中，首要关注的是人民安全，这是所有国家安全工作的核心起点和基石。一切为了人民、一切依靠人民，是中国共产党在百余年奋斗征程中带领人民攻坚克难、不断前进的一大法宝，也是中国特色社会主义国家制度的重要优势。实现总体国家安全，也必然意味着安全为了人民，同时以人民群众的力量为中心建构安全[①]。习近平总书记指出：国家安全工作的根本目标是保障人民利益，这一论断体现了人民安全与国家安全之间的紧密联系和共生特性，换句话说，国家安全脱离了人民安全，国家安全便失去了意义。

总体国家安全观中的"第二对关系"，强调了既重视国土安全，又重视国民安全，坚持以民为本、以人为本，坚持国家安全一切为了人民、一切依靠人民，真正夯实国家安全的群众基础[②]，阐述了国土安全与国民安全之间的关系，突出人本身在国家安全体系中的重要地位及主体作用，确立了人民安全、国民安全、个人安全在整个国家安全工作的至上性，旗帜鲜明地彰显了总体国家安全观的人民性。当然，国家安全的人民性从另一方面也意味着国家安全工作必须依靠人民群众才能完成，从基层信息员到驻守边疆的战士，每一个平凡英雄都在为国家的总体安全贡献力量。

(二) 总体国家安全观的"总体性"

总体国家安全观注重"大安全"理念，体现的是国家安全工作中的全局思维、系统思维，其理论范畴覆盖政治、经济、社会及军事等多个领域，并在社会发展中不断拓展。"总体"二字是总体国家安全观的精髓所在，也是总体国家安全观和其他安全管理理论相区别之处。"总体性"一词最早来源于德国哲学家黑格尔，曾被用于解释哲学基本问题中的思维和存在之间的关系问题。但令人遗憾的是，黑格尔主张思维压倒存在，并且提倡绝对精神力量的存在，继而彻底地陷入了唯心主义的历史泥沼。马克思对此进行了批评，并主张用辩证法来看待思维和存在的问题，认为"总体性"是事物

---

① 刘跃:《非传统的总体国家安全观》,《国际安全研究》2014年第6期,第3-25页。

②《习近平关于总体国家安全观论述摘编》,中央文献出版社,2018,第5页。

的不同方面相互依存、相互联系及相互作用所导致的事物间的普遍联系。在这种认识论的指导下，物质世界、人类社会都普遍被认为是相互联系的，借此可以用系统概念加以厘清。

安全问题同样可以用总体性原理加以阐释，如国际安全和国内安全、国家安全和社会安全，实际上都是相互关联的，各种安全力量共同综合为"总体安全"。总体国家观继承了马克思总体性思想，并创造性地应用到了国家安全领域。总体国家安全观的本质是对"五大要素"和"五对关系"的阐述。从整体上来看，总体国家安全观是对我国面临的安全威胁的总体陈述，是对当下我国安全情势的准确判断，也是未来我国安全管理工作的重要理论指导，是马克思总体性思想在当代的具体呈现[①]。总体国家安全观是以系统为导向的，是对国家安全形势的系统性判断，具有"一加一大于二"的功效。总体国家安全观不仅强调了要重视对某类风险的研判应对，也强调了不同风险之间的耦合叠加、级联并发，对此总体国家安全观提供了系统性风险应对的总体思路，即既关注重点领域风险，又关注风险危机之间的联系转化，整体施策，各个击破。于个体而言，总体国家安全观提供了一种认识安全的思路和方法，有助于个体认识风险、感知风险、把握风险、应对风险。可见，总体国家安全观并不遵循风险相加逻辑，相反它从系统角度考虑风险之间的相互作用关系。总体国家安全并不是全体安全，而是系统安全[②]。

四、安全治理与应急管理在总体国家安全观视域下的统合

传统观念认为，国家安全不等于应急管理，且两者之间并没有太多关联。这种割裂现象是因为上述两个概念在实践和理论中分属于不同的领域，二者之间鲜有交集。而在全球百年未有之大变局背景下，贯彻落实总体国家安全观，必须既重视外部安全，又重视内部安全，对内求发展、求变革、求稳定、建设平安中国，对外求和平、求合作、求共赢、建设和谐世界。在总体国家安全观的系统思维模式下，国家安全和应急管理的界限逐渐被打破。应急管理的本质就是公共安全治理，总体国家安全观为应急管理指明了方向，确立了"生命至上、安全第一"的原则，从而为应急管理提供了评价和检验效果的标准[③]。

---

① 中共中央宣传部:《习近平新时代中国特色社会主义思想学习纲要》,学习出版社、人民出版社,2019,第178页。

② 姚晗:《习近平总体国家安全观的系统原理》,《中国政法大学学报》2022年第2期,第77-88页。

③ 童星:《中国应急管理的演化历程与当前趋势》,《公共管理与政策评论》2018年第7期,第11-20页。

（一）安全治理的理论发展

"安全"一词最早来源于冷战时期美苏争霸导致的国家安全困局。1952年，沃尔弗斯（Wolfers）的文章《国家安全：一个模糊的概念》被视作关于安全研究的开端。沃尔弗斯认为安全既可被视为客观事物，也可被看作建构出来的概念。它客观上体现为不受现存价值的威胁，主观上体现为对目标价值不会遭到损害的信心。20世纪70年代，安全问题主要涉及国家军事安全和政治安全。美苏冷战期间，有关"安全"一词的定义带有明显的意识形态特征，成为霸权国家损害公民权利、发动战争的理论工具。

从20世纪80年代开始，受此起彼伏的灾难性事件（如切尔诺贝利事故等）的困扰，安全问题重新进入各领域研究的视野。理查德·乌尔曼（Richard Ullman）认为，安全状态不能只停留在国家安全或国家的领土、领海、领空及军事力量不受侵犯的状态，而应当根据国家所面临的真实威胁来界定[1]。该解释意味着安全问题的视野逐渐得到扩张，"安全"一词也从国际关系领域扩展到社会治理领域。巴里·布赞（Barry Buzan）同样认为，安全问题影响的不仅是国家，还包括共同体及个体，他指出国家安全有时并不等于个体安全，反而在一定条件下很可能导致个体的不安全状态。有鉴于此，若想理解安全概念，必先将其置于不同的概念层次进行分析，个体、组织、国家及国际是理解安全概念的几个基本层次。根据巴里·布赞的研究，当前我们所经历的经济安全、环境安全、食品安全等问题也都是广义安全的研究议题[2]。

苏联的解体是新旧国家安全研究的分水岭，这一历史性事件推翻了传统国家安全研究的理论预设，即外部威胁大于内部威胁的假设。在此之后，"安全管理"相关的概念理论相继提出，并逐渐成为安全研究的重要分支。安全治理研究的议题在地理界限、概念内涵及治理策略等方面较之传统的国家安全管理有明显不同，其也代表了一种新范式的兴起。

（二）应急管理的理论发展

国家安全不是应急管理，但应急管理的成功与否关乎国家安全。前者指向一国之根本制度或利益，其通常是政治化的产物。导致国家不安全的因素通常来自以下几个方面：一是战争；二是国家主权受到威胁，即亟须进行国防全国总动员或局部动员的危机；三是紧急状态，即公共危机。国家安全危机是公共危机的最极端状态，属于超级公共危机。而应急管理主要指向社会安全、公众安全，其最终目的是要保障公众的

---

① Ullman R. H., "Redefining Security," *International security* 8, no.3(1983): 129-153.

② Buzan B., *People, States and Fear: an Agenda for International Security Studies in the Post-Cold War Era* (New York: Harvester Wheatsheaf: ECPR press, 1991), pp.195-208.

生命财产安全。根据《中华人民共和国突发事件应对法》，突发事件可以划分为自然灾害、事故灾难、公共卫生事件和社会安全事件四类，按照社会危害程度、影响范围等因素，突发自然灾害、事故灾难、公共卫生事件可划分为特别重大、重大、较大和一般四级。

应急管理又称公共危机管理，其概念和范畴最早形成于20世纪80年代各国开展的应急管理实践，尤其是美国联邦应急管理局成立之后，美国的灾害社会学逐渐兴起，并成为应急管理研究的重要流派，其间，以特拉华大学为代表的学术共同体开始成长，应急管理和灾害社会学也逐渐发展成为安全研究的重要方向[1]。在"9·11"事件及卡特里娜飓风之后，很多理论诸如"复杂适应系统理论""危机网络治理理论"等开始得到研究，应急管理在社会科学领域的重要地位也逐渐得到承认[2]。

目前，应急管理理论已得到充分发展，其中应急管理生命周期理论关于减缓、准备、响应及恢复等过程的讨论已经成为专业工作人员的现实实践。2003年之后，我国开始以"一案三制"为核心构建应急管理体系，"5·12"汶川地震等大事件随即考验了我国应急管理体系的成效。党的十八大以来，我国高度重视公共安全体系建设，尤其在社会安全、安全生产及自然灾害应对等方面进行了多次战略部署，极大程度上提升了我国的应急管理能力[3]。

（三）安全治理与应急管理的理论趋同

安全治理和应急管理的概念内涵、范畴指向等正在趋同。首先是研究对象的趋同，如传统的恐怖袭击，其不仅是安全治理的关注对象，也是政府应急管理所研究的重要内容。其次表现为治理主体的衍生，当前所有的安全问题都将"治理"作为危机管控的重要路径，普遍强调多元主体的共同参与。与之相伴的是行动者行动机制的拓展，从这一视角来看，安全治理行动也面临预算压力、认识威胁及新兴风险的持续威胁等[4]。

近年来，面对全球安全困局与发展难题，习近平总书记强调要统筹发展和安全，

---

① Quarantelli E. L., "Disaster Studies: an Analysis of the Social Historical Factors Affecting the Development of Research in the Area," *International Journal of Mass Emergencies & Disasters* 5, no.3(1987):285-310.

② Drabek T. L., McEntire D. A., "Emergent Phenomena and Multiorganizational Coordination in Disasters: Lessons from the Research Literature," *International Journal of Mass Emergencies & Disasters* 20, no.2 (2002):197-224.

③ 张海波:《中国总体国家安全观下的安全治理与应急管理》,《中国行政管理》2016年第4期,第126-132页。

④ 王宏伟:《总体国家安全观视角下公共危机管理模式的变革》,《行政论坛》2018年第4期,第18-24页。

并要求"以安全格局保障新发展格局"，进一步加快了安全治理与应急管理的趋同。从关系视角出发，习近平总书记提出："安全和发展是一体之两翼、驱动之双轮。安全是发展的保障，发展是安全的目的"，这段话也成为各种阐述发展和安全关系的出发点。从历史角度出发，有学者认为国家安全观是一个动态发展的过程，自新中国成立以来，我国先后经历了传统国家安全观、转型国家安全观、总体国家安全观三个阶段。

在总体国家安全观的统领之下，国内学者广泛意识到国家安全与应急管理并不是割裂的，而相互嵌套的复杂系统，只有两个分系统相互协同，才能真正为高质量发展保驾护航[①]。从历时性角度来看，统筹上述两个分系统，还需要处理好安全与发展之间的关系问题，只有高质量的发展才能源源不断地为安全管理提供支撑，同样只有安全的持续发力才能真正保证社会的持续发展。

整体来看，总体国家安全观是习近平新时代中国特色社会主义思想的重要内容，是对国家安全实践这一复杂系统的认识，是具备系统性特征的科学理论。在统筹安全和发展的时代背景下，公共危机管理已成为维护国家安全与公共安全的重要手段，公共组织也亟须在大安全的框架下发展应急管理能力，以实现"安全"和"应急"的统合。

我国西北地区面临多重危机考验，其区域内不仅自然灾害频发，如地震、滑坡、泥石流等，给当地人民的生产生活带来多重威胁，而且也存在严重的生态安全、边防安全及恐怖主义威胁等问题。"牵一发而动全身"，西北地区的自然灾害危机很容易引发其他安全问题，因此必须从国家安全的框架下考虑西北地区的自然灾害危机应对能力，这既是级联灾害理论的启示，也是履行总体国家安全观的必然要求，同时也是客观准确衡量西北地区自然灾害应急管理能力的前提框架。

第二节　韧性理论

自然灾害，无论是由气候变化引起的极端天气事件，还是地震和洪水等突发性灾害，都对人类社会的生活方式和生存环境构成了严峻挑战。在这种背景下，韧性的概念应运而生，它不仅关乎如何在灾害发生后迅速恢复，更涉及如何在灾害面前保持功能、减少损失，并最终实现更可持续和安全的发展。韧性是一个多维度的概念，涵盖了从个体到社会、从组织到系统的各个层面。在应对自然灾害的能力评估中，韧性体现为一个系统在面对压力和冲击时，能够适应、恢复并从中学习的能力。韧性越来越

---

① 钟开斌:《统筹发展和安全:理论框架与核心思想》,《行政管理改革》2021年第7期,第59-67页。

受到人们的关注，被广泛运用于灾害和气候变化、城市和区域经济韧性、城市基础设施韧性、城市恐怖袭击韧性、空间和城市规划等领域[1]。确保城市的包容性、安全性和韧性，是联合国在2030年可持续发展议程中明确定义的一个重要目标。在我国，这一理念已被提升至国家战略的高度，并纳入了"十四五"规划纲要，国家市场监督管理总局也于2021年11月26日发布《安全韧性城市评价指南》。该指南对于识别城市系统脆弱性，提升城市应对突发事件的紧急救援能力、抵御风险能力和高效恢复能力，进而增强城市发展韧性具有重要意义。

一、韧性的概念与理论演进

"韧性（resilience）"一词最早来源于拉丁语中的"resilio"，意为"恢复到原始状态"[2]，后经演化成为"resile"被广泛使用。1950年左右，物理学领域最早使用韧性进行了相关的研究，物理学中的韧性是指系统受到干扰后恢复到以前状态的能力。随着系统论的兴起与发展，韧性被运用到不同的学科并有了新的内涵。20世纪下半叶，韧性研究的领域从物体拓展至人类心理健康，并被引入心理学和健康科学领域。在这些领域中，韧性被视为社会主体应对逆境的能力，创新性地关注儿童心理成长过程中的韧性和应对突发事件冲击的能力。尽管此阶段的韧性研究范围扩大，但其核心仍然是研究对象的恢复速度和程度，其思维模式仍然受到物理学研究的影响。1973年，加拿大生态学家霍林（Holling）在研究自然界的不稳定性和动态性时引入了韧性的概念[3]，并与物理学中的韧性概念做了区分，这一引入正式开启了现代韧性理论的研究之路。

霍林提出，在生态学领域，韧性主要关注在灾难中吸收和适应变化的能力，重视非线性、持久性、变化性和不可预测性等特征。后来，他进一步将生态学韧性概念引入社会生态系统。社会系统和生态系统对于外界压力和挑战的应对能力被视为韧性的体现。生态学家关注生态系统对于环境变化的适应能力和自然灾害后的恢复能力，而城市规划者则考虑城市系统在面对危机时的应变能力。更进一步地，韧性的研究对象也扩展到了气候变化和社会安全保障等其他方面。在2001年的"9·11"事件和2005年的卡特里娜飓风等灾难后，韧性的概念也进入社会政策制定的考量中。这种趋势可以在联合国开展的"使城市具有韧性的运动"（the UN's Making Cities Resilent-campaign）、澳大利亚政府

---

① 李彤玥：《韧性城市研究新进展》，《国际城市规划》2017年第5期，第15-25页。

② 戴慎志：《增强城市韧性的安全防灾策略》，《北京规划建设》2018年第2期，第14-17页。

③ Holling C. S., "Resilience and Stability of Ecological Systems," *Annual Review of Ecology and Systematics*, no.4(1973):1-23.

制定的国家抗灾战略（the Australian Government's National Strategy for Disaster Resilience）和第二届世界减灾大会通过的《2005—2015年联合国国际减灾战略兵库行动框架》（the UNISDR Hyogo Framework for Action 2005—2015）等中看出。因此，韧性这一概念的演变过程是多方面因素共同作用的结果。总体来说，韧性的概念经历了工程韧性、生态韧性和演进韧性（部分学者称其为"社会-生态韧性"）三个阶段。表2-1总结了韧性概念演变的过程以及各阶段的不同特征。

表2-1 韧性概念演变过程及各阶段特征

韧性概念	平衡状态	本质目标	理论支撑	系统特征	韧性内涵
工程韧性	单一稳态	恢复初始稳态，强调恢复速度	工程理论	有序的、线性的	指系统受到扰动偏离既定稳态后，恢复到初始状态的速度
生态韧性	多个稳态	塑造新的稳态，强调缓冲能力	生态学理论	复杂的、非线性的	指系统改变自身结构和功能之前所能够吸收的扰动的量
演进韧性（社会、生态韧性）	不再追求稳态	强调持续适应能力以及学习反思能力与创新能力	系统论、适应性循环理论、生态流效应	混沌的	韧性与持续调整的能力息息相关，是动态的系统属性

韧性的概念经历了以上三个阶段的发展，不同领域的学者对韧性的定义也不尽相同，在应急管理领域更是如此，本书整理了在应急管理领域不同学者和机构对韧性概念的定义，如表2-2所示。尽管如此，学术界普遍将韧性理论视为一个综合性的理论体系，主要包括维持力、恢复力和适应力这三个方面[①]。具体来说，韧性表现为一个动态过程：当系统受到外部干扰时，其维持力有助于提高系统对干扰的抵抗力，从而降低受灾程度；同时，恢复力帮助系统迅速恢复正常；而适应力则让系统在恢复过程中总结经验，以便更好地应对未来可能出现的干扰。借鉴联合国减灾署（UNISDR）的韧性定义，可以将韧性理解为是"暴露于危险中的系统或组织具有的一种可以抵御、吸收、适应和及时高效地从危险中恢复的能力"。

---

① 田丽：《基于韧性理论的老旧社区空间改造策略研究——以北京市为例》，硕士学位论文，北京建筑大学建筑与城市规划学院，2020，第21-22页。

表2-2 韧性的概念

提出者	时间	概念
米莱蒂（Mileti）	1999年	韧性指"某个地区受极端自然事件冲击而不遭受毁灭性损失、破坏、生产力下降，正常生活且不需要大量地区外援助的能力"
托宾（Tobin）	1999年	韧性指"一种社会组织结构，能够尽量减少灾害的影响，同时有能力迅速恢复社会经济活力的能力"
阿杰（Adger）	2000年	韧性指"社区公共基础设施抵御外部冲击的能力"
派顿（Poton）等人	2001年	韧性指"利用物质或经济资源有效地帮助承灾体从危险中恢复原状的能力"
戈德沙尔克（Godschalk）	2002年	韧性城市指"一个可持续的物质系统或人类社区，其具备应对极端事件的能力，包括极端压力下具备生存和功能运转的能力"
布鲁诺（Bruneau）等人	2003年	韧性指"社会单元具备减轻灾害危险性，包括灾害发生的影响，并且可以采用对社会影响最小和减轻未来地震影响的恢复活动的一种能力"
美国国土安全部（U.S.Department of Homeland Security）	2006年	韧性指"一种资产、系统或网络，在发生某一特定的突发事件时，系统能够在设定的目标功能水平下，高效地减轻灾害（或突发事件）对系统损伤程度和持续时间的能力"
蒂尔尼（Tierney）、布鲁诺（Bruneau）	2007年	韧性指"环境突变或破坏性事件发生后系统潜在灵活的和自适应的能力"
特威格（Twigg）	2007年	韧性指"在灾难性事件中管理、保持某些概念和结构的能力"
美国国土安全部风险指导委员会（U.S.Department of Homeland Security Risk Steering Committee）	2008年	韧性指"某个系统、基础设施、政府、商业或公民对灾害发生导致显著损伤、破坏或损失而具有的抵御、吸收、恢复或适应的能力"
卡特（Cutter）等人	2008年	韧性指"一个社会系统对灾害响应和恢复的能力，包括系统本身具备的吸收事件影响和应对的能力"
联合国减灾署	2009年	韧性指"暴露于危险中的系统、社区或社会，具有抵御、吸收、适应和及时高效地从危险中恢复的能力，包括保护和恢复其重要基本功能"
沃德克（Wardekker）等人	2010年	韧性指"系统能够通过其自身的特点及采取措施对干扰或扰动迅速作出反应，以减少损害和破坏，并能够快速适应干扰，获得恢复的能力"
贝伦（Brown）等人	2012年	韧性指"城市对灾害的抵抗和承受能力，以及城市为使得灾难性损失最小化，应具备的恢复和重新组织的能力"
洛姆（Lhomme）等人	2012年	韧性指"城市系统吸收和灾后功能迅速恢复的能力"
阿斯多恩（Asprone）等人	2014年	韧性指"系统能够适应和处理具有根本性破坏的事件的能力"

二、韧性的理论基础

本书所讨论的韧性概念主要是指演进韧性，演进韧性主要是基于霍林和冈德森（Gunderson）提出的适应性循环理论和多尺度嵌套适应性循环理论而产生的[1]。以演进韧性为主的研究关注社会系统在面对风险时适应、调整和恢复系统的可持续能力，强调随着系统的适应和变化，韧性也会不断发生变化。

（一）适应性循环理论

适应性循环理论关注社会生态系统如何进行自我组织以及环境适应，其将社会生态系统的韧性发展分为四个阶段：利用、保存、释放和重组。面对不稳定性影响，系统在这四个时期中持续交替成长，构成一个完整的生命周期。如图2-1所示，在利用阶段，系统内各要素开始交互并建立联系，同时通过与外部环境的互动适应来提升适应能力。在该阶段，系统要素间的联系普遍较弱，因之系统的可塑性较强，继而具有较高的韧性潜力。之后，当系统要素间的联系相对变得紧密时，系统进入保存阶段，此时系统逐渐趋于稳定，抗干扰能力逐渐降低，韧性潜力也随之降低。在释放阶段，外部威胁超出了系统的承受能力水平，系统内部的关系逐渐破裂，这种结构性关系的破裂也为新的韧性增长提供了空间。在重组阶段，系统可通过适应和学习能力来实现重组继而增强韧性，实现进一步发展，而适应能力较弱的系统则可能难以实现有效的威胁应对，只能任凭系统崩溃。

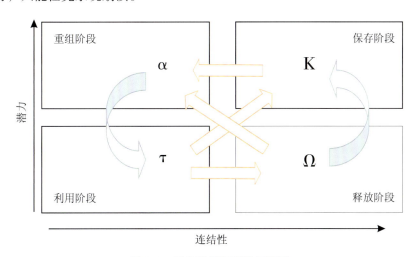

图2-1　适应性循环理论示意图

---

[1] Gunderson L., Holling C. S., *Panarchy Understanding Transformations in Human and Natural Systems* (Washington, DC: Island Press, 2002), pp.25-102.

（二）多尺度嵌套适应性循环理论

多尺度嵌套适应性循环理论，又称扰沌理论，是适应性循环理论的重要拓展。如图2-2所示，多尺度嵌套适应性循环理论认为系统在遭受外部干扰或威胁时，其一方面在利用、保存、释放、重组四个阶段中循环变化并据此建立新的状态表征，另一方面会通过各种自组织或学习增强系统的适应能力，进而导致循环尺度和速度发生变化。多尺度嵌套适应性循环的关键节点在于"反抗"和"学习"。系统在遭受干扰后，内部要素会对干扰产生反馈，并在变化过程中学习经验、发展自身，从而使小尺度、高速循环的系统逐渐演变为中等尺度、较高速循环的系统，最终发展为大尺度、慢速循环的系统。因此，该理论强调系统的韧性不仅是面对干扰时所表现出来的持久性和稳定性，也是系统利用干扰实现转型和升级的能力。

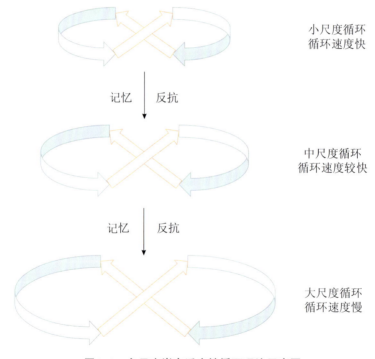

图2-2　多尺度嵌套适应性循环理论示意图

显然，适应性循环理论和多尺度嵌套适应性循环理论都注重主动应对外部干扰，提供了一种韧性是不断变化的演化观点。对于日趋复杂和多变的自然灾害治理而言，从韧性角度进行治理和防范是一个不错的角度。

鲁棒性、冗余性、智慧性和快速性是韧性的核心属性特征，其既是对韧性的本质和特点的全面描述，也是衡量系统在面对威胁时系统韧性水平的重要标度。

（1）鲁棒性（Robustness）：鲁棒性是指系统在遭受外部干扰或内部变化时，仍能维持稳定的运行和性能。对于韧性系统来说，鲁棒性至关重要，因为它使得系统在面对灾害或危机时，依然能够保持基本运作，防止崩溃。举例来说，在面对自然灾害时，具有鲁棒性的基础设施和公共设施能够最大限度地减少损失，为灾后恢复提供有力保障。

（2）冗余性（Redundancy）：冗余性是指在系统中存在多个能够完成相同功能的部分。这种冗余性赋予了系统容错能力，在一个组件出现故障时，其他组件可以接管并执行相应功能，确保系统的连续性和稳定性。在韧性系统中，冗余性有助于提高系统的可靠性和抗扰动能力，使得系统在面临灾害或危机时，能够迅速适应并恢复。

（3）智慧性（Resourcefulness）：智慧性是指系统具备自我学习、自我调整和自我优化的能力。韧性系统通过智慧性可以有效应对复杂多变的环境和条件，提前预测和规避潜在风险，从而降低系统在灾害或危机面前的脆弱性。例如，借助大数据、人工智能等技术手段，韧性系统可以实现实时监控和预警，有针对性地制定和调整应对策略。

（4）快速性（Rapidity）：快速性是指系统在面临灾害或危机时，能够迅速响应、适应和恢复的能力。韧性系统通过提高反应速度和执行效率，可以在最短时间内采取有效措施，减轻灾害或危机带来的损失。此外，快速性还体现在系统在灾后恢复过程中的高效运作，以便尽快恢复正常生产和生活秩序。

三、韧性的评估模型

如前所述，自韧性的概念被引入城市领域后，有关"韧性城市"的研究开始蓬勃发展，随之出现"社区韧性"的概念。这一概念的出现是对城市系统风险不断增加，人们开始寻求主动适应灾害的回应。所谓"社区韧性"，学界对其的定义并不统一，但基本形成了两种观点[①]：一是"能力观"，即将社区韧性视为一系列能力的集合，是社区对灾害的适应表现和恢复的结果；二是"过程观"，该观点将社区韧性视为一个动态的灾害管理过程。在关于社区韧性的研究中，有学者提出了研究社区韧性的相关模型，在该领域具有一定的代表性。通过梳理相关文献资料，本书整理了有关韧性评价的相关模型，以此考察韧性的核心内涵和作用机制。

（一）压力抵抗和韧性模型

压力抵抗和韧性模型（Model of stress resistance and resilience）由诺里斯（Norris）

---

① 张晓杰、韩欣宏：《社区复原力理论：基于稳态维持的社区抗灾应急治理框架》，《华侨大学学报》（哲学社会科学版）2021年第3期，第59-70页。

西北地区自然灾害应急管理能力评估

等人于2008年提出①。在该模型中（见图2-3），诺里斯将韧性定义为"将一组适应能力与干扰后的积极功能和适应轨迹联系起来的过程"。外部压力与内部资源的共同作用是产生社区危机的原因。

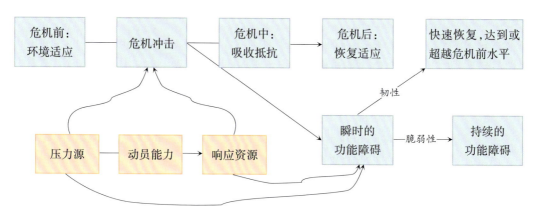

图2-3 压力抵抗和韧性模型

该模型认为，当遭遇干扰时，如果系统的资源足够强大、冗余或能够快速地缓冲或抵消压力源的直接影响，从而不发生功能障碍，社区就会具备抵抗性；如果系统面对的干扰较为严重、持久，或社区自身的资源系统比较薄弱，系统就会陷入短暂的功能障碍。若系统具有韧性，就会适应新环境，这种适应性也表现为健康的；若系统是脆弱的，则会导致持续的功能障碍。压力源越严重、越持久，资源就必须越强大，以创造韧性。

基于以上分析，诺里斯认为系统的韧性取决于系统拥有的资源的大小。由此，他们确定了四组主要的资源：经济发展、社会资本、信息和通信以及社区能力。经济发展可分为公平风险和易受危害性、经济资源的层次性和多样性以及资源分配的公平性三个维度。社会资本是社区内居民或组织间促进社区集体发展的行为意识和社会关系等。信息和沟通为社区公众参与提供了便利和有效的途径。社区能力则包括灵活性、创造性、社区活动、评判性反思与问题解决能力、集体效能与赋权以及政治伙伴关系等②。

（二）实地灾害韧性模型

实地灾害韧性模型（Disaster resilience of place model，简称DROP模型）由美国学

---

① Norris F. H., Stevens S. P., Pfefferbaum B., et al., "Community Resilience as a Metaphor, Theory, Set of Capacities, and Strategy for Disaster Readiness," *American journal of community psychology*, no.41（2008）: 127-150.

② 张晓杰、韩欣宏:《社区复原力理论:基于稳态维持的社区抗灾应急治理框架》,《华侨大学学报》(哲学社会科学版)2021年第3期,第59-70页。

者卡特（Cutter）提出[①]，又称韧性基线模型（the Baseline Resilience Indicators for Communities，简称BRIC）。该模型旨在揭示脆弱性和韧性之间的关系，帮助社区识别和提升应对灾害和危机的能力。该模型认为，社区的固有韧性是自然系统、社会系统与建筑环境相互作用的结果，是灾前的先决条件。这些固有韧性与灾害事件特征（如频率、持续时间、强度）相互作用产生即时效应，进而产生灾害或灾害影响（见图2-4）。

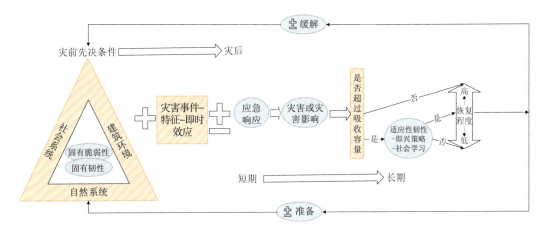

图2-4 实地灾害韧性模型

面对威胁时，社区有效应对措施的采取会降低灾害事件对社区的影响。相应地，可以认为社区有能力吸收扰动、积极适应，并从中迅速恢复。然而，随着威胁的破坏性逐渐超出社区的吸收能力，系统的适应过程将发生中断，导致社区在恢复过程中难以达到之前的水准。值得注意的是，从恢复过程中获取的潜在知识将对社会、自然及建筑环境系统的状态产生影响。这些知识将转化为下一次灾害事件冲击社区时的基础储备，为社区应对灾害提供有力支持。这样，社区在经历灾害事件后能够不断学习和成长，提高自身的韧性。通过这种方式，该韧性模型在实地灾害场景中得到应用，形成了一个循环过程。在这个过程中，社区不仅需要在灾害发生时采取有效的应对措施，还需要不断积累和运用从灾害恢复过程中获得的知识，以提高自身面对灾害时的适应能力和恢复速度[②]。

（三）"WISC"韧性框架

"WISC（Wealth，Institutions，Social networks，Collective action）"韧性框架由迈

---

① Cutter S. L., Barnes L., Berry M., et al.,"A Place-based Model for Understanding Community Resilience to Natural Disasters,"*Global Environmental Change* 18,no.4（2008）:598-606.

② 杨丽娇、蒋新宇、张继权:《自然灾害情景下社区韧性研究评述》,《灾害学》2019年第4期,第159-164页。

尔斯（Miles）于2015年提出①。该框架主要用于研究社区对灾害的韧性，它对社区进行了定义，即自称为"我们"或"成员"的任何社会团体。社区不仅是可用于对个人进行分类的社会人口群体列表，还可以表现为家人和朋友、工作和宗教团体等。

如表2-3所示，"WISC"韧性框架是一个用于评估和提升城市韧性的理论模型，其中"WISC"代表了四个关键要素：wealth（财富）、institutions（制度）、social networks（社会网络）和collective action（集体行动）。社区位于基础设施之上，社区的福祉取决于其资本，身份和服务在其中起到调解作用。该模型认为，财富、制度、社会网络和集体行动是提高城市韧性的关键要素，只有当这四个要素得到充分的考虑和发展，城市才能具有真正的韧性。

表2-3　"WISC"框架

人类居住区	社区	福祉：归属；满足；自治；物质需要；健康、安全
		身份：平等；尊重；赋权；多样性；连续性；效能；特殊性；适应性
	基础设施	服务：竞争性；集中性；排他性；冗余；稳健性；重力；市场性；可持续性；连通性
		资本：文化；社会；政治；人力；建筑；经济；自然

（四）朗斯塔的韧性评估框架

该模型由朗斯塔（Longstaff）等人于2010年提出②，在五个关键社区子系统（生态、经济、基础设施、公民社会和治理）的背景下总结了弹性系统的核心属性：资源性能、资源多样性、资源冗余、机构记忆、创新学习和连通性。通过该模型，社区可以根据对生态系统的稳健性分析来评估和规划其韧性或复原力（见图2-5）。

该模型认为，一个具有高度强大资源池和高度适应能力的社区是最有韧性的，但是同时具备这两个条件的社区很少存在。社区的韧性取决于资源的稳健性（资源性能、资源冗余、资源多样性）和适应能力（机构记忆、创新学习、连通性）。当一个社区拥有高水平的所有三个特征——机构记忆、创新学习和连通性，它反过来就拥有适应环境变化的高能力。如果它的一个性状水平相对较低，通常可以通过直接解决它或提高其他两个性状的水平来弥补这一不足。

---

① Miles S. B., "Foundations of Community Disaster Resilience: Well-being, Identity, Services, and Capitals," *Environmental Hazards* 14, no.2 (2015): 103-121.

② Longstaff P. H., Armstrong N. J., Perrin K., et al., "Building Resilient Communities: A Preliminary Framework for Assessment," *Homeland Security Affairs* 6, no.6 (2010): 1-23.

图2-5　朗斯塔的韧性评估框架

第三节　公共安全三角形理论

风险社会的到来使得公共安全成为人们关注的重点议题，从前工业时代的城市化到后工业时代的全球化，公共安全的领域和范围不断扩展，面临巨大的治理挑战。公共安全关注的核心是保护人民的生命、健康和财产免受各种威胁，是风险社会的治理目标之一。公共安全是指通过政府和社会所提供的各种预防以及减少各类重大突发事件的发生和造成损失的措施，从而保护社会公众的生命与财产安全，是一个国家经济社会良性发展和正常运行的重要保障[①]。它是维系国家发展和社会稳定所必需的外部环境和秩序。公共安全的含义和范围随着时间而变化。在"十一五"规划中，公共安全首次被单独列出，成为国家科技发展计划的一部分，重点是预防为主、综合治理，完善保障措施，建立统一领导、功能完备、反应迅速、高效运行的应急机制，增强了处理突发事件和保障公共安全的能力。同时，强调利用科技提升应对突发公共事件的能力，加强应急管理科学研究，提升装备和技术水平，构建起支持国家公共安全和应急

---

① 王小娟：《基于三角形理论区域公共安全规划若干问题研究》，硕士学位论文，青岛理工大学环境与市政工程学院，2013，第7页。

管理体系的科技力量[1]。范维澄院士提出的公共安全三角形理论涵盖了事故风险、触发和预防，是一个综合性理论模型，为公共安全决策提供了整体考量，也为公共安全治理体系的构建提供了理论支持。

一、公共安全三角形理论的主要内容

突发事件从发生、发展到造成灾害作用直至采取应急措施的全过程存在着三条主线：一是灾害事故本身，即突发事件；二是突发事件作用的对象，即承灾载体；三是采取应对措施的过程，即应急管理。公共安全三角形理论将三者视为相互作用和影响的三个主体，形成了一个三角形的闭环框架，如图2-6所示。

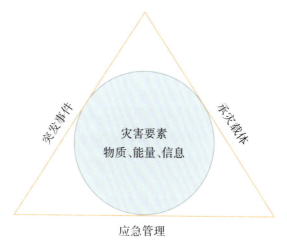

图2-6　公共安全三角形理论

（一）灾害要素

灾害要素是可能导致突发事件发生的因素，包括物质、能量和信息等形式，具有高危害性的特征。物质类灾害要素的高危害性体现在物质本身的核生化等作用方面；能量类灾害要素的高危害性体现在其能量释放的超时空强度方面；而信息类灾害要素的高危害性则体现在可能对人的心理产生紧张、恐慌、焦虑、不安、急躁等负面影响方面。灾害要素本质上客观存在，在未超过临界值或者未触发前不会造成影响，但是这些灾害要素一旦遇到一定的触发条件就可能会导致突发事件[2]。因此，灾害要素导致

---

① 张维平：《突发公共事件应急机制的体系构建》，《中共天津市委党校学报》2006年第3期，第84-88页。

② 范维澄、刘奕、翁文国：《公共安全科技的"三角形"框架与"4+1"方法学》，《科技导报》2009年第6期，第3页。

突发事件的方式主要有两种：一是灾害要素本身超过临界值；二是被非常规触发。

（二）突发事件

突发事件是指可能对人、物或社会系统造成灾难性破坏的事件，涉及自然灾害、事故灾难、公共卫生事件和社会安全事件等不同类型。突发事件本质上是一种过程，它在发展过程中通常存在若干关键或特殊的状态，这些状态往往标志着突发事件发展的重要转折或趋势。因此，研究突发事件的重点在于理解其形成、发生、发展以及突变的演化规律。突发事件的作用有三种类型：物质、能量和信息。能量作用如火灾，通过燃烧释放热能，造成各种破坏；物质作用如病毒、细菌，可能对人体造成伤害；信息作用如谣言等不实言论在人群中传播，引发恐慌和群体事件，造成次级伤害。理解突发事件作用的类型、强度和时空分布特征，可预防突发事件的发生，阻断其多级突变成灾的过程，减轻其作用。这些研究结果为突发事件的监测、预测预警，以及掌握正确的应急处理方法和时机提供了科学依据。

（三）承灾载体

承灾载体是突发事件影响的对象，主要包括人、物、系统三个方面。承灾载体是人类社会和自然环境和谐发展的功能载体，是突发事件应急保护的主要对象。致灾因素和承载灾体相互作用后，可能产生三种结果：（1）原致灾因素发生改变，如作用时间、空间、强度等；（2）原承灾载体发生改变，如承灾载体受损、变异等；（3）新的致灾因素产生，作用于新的承灾载体，从而导致新的次生、衍生灾害发生[①]。承灾载体的损失反映了灾害的后果。在突发事件影响下，承灾载体可能遭受本体破坏和功能破坏，这两种破坏形式有各自的机制。研究承灾载体有助于明确应急管理的目标体系，从战略层面有效预防和减轻灾害；分析承灾载体的破坏机制和脆弱性等则有助于在灾害发生前预防、发生时救援、发生后恢复等，为全过程应急管理做好准备；探讨承灾载体对突发事件影响的承受能力和极限、损毁方式和程度，可以科学预警和有效预测突发事件；研究承灾载体损毁与社会、自然系统的相互作用及承灾载体中灾害要素被激发或触发的规律，可以预测预警突发事件链，并采取适当方法阻止突发灾害链的扩展[②]。

---

① 刘爱华：《城市灾害链动力学演变模型与灾害链风险评估方法的研究》，博士学位论文，中南大学资源与安全工程学院，2013，第28-29页。

② 范维澄、晓讷：《公共安全的研究领域与方法》，《劳动保护》2012年第12期，第70-71页。

（四）应急管理

应急管理是指在突发事件和承灾载体构成的灾害体系中，可以预防和减轻突发事件及其后果的各种人为干预措施。应急管理既可以针对突发事件，降低其时空强度，如通过早期探测、报警等手段减少火灾发生；也可以针对承灾载体，提高其抵御能力，如加固桥梁、建设消防安全建筑等，减轻或避免承灾载体的损坏。应急管理的目的在于：首先，认识在突发事件的孕育、发生、发展到突变成灾的过程中灾害要素的发展演化规律及其产生的作用；其次，认识承灾载体在突发事件产生的能量、物质和信息等作用下的状态及变化，可能产生的本体和/或功能破坏及其可能发生的次生、衍生事件；最后，掌握在上述过程中如何施加人为干预，从而预防或减少突发事件的发生，弱化其作用，并增强承灾载体的抵御能力，阻断次生事件的链生，减少损失。因此，应急管理是对突发事件和承灾载体中的物质要素、能量要素和信息要素的综合应对[1]。

总之，公共安全研究的重点是灾害要素的演变行为和规律，探讨灾害要素从常态转为突发事件，以及突发事件产生、释放或携带的灾害要素类型、强度随时间和空间的变化。还需研究灾害对承灾载体的影响，承灾载体的破坏模式以及是否会导致链式灾害发生的伴生灾害要素，进而明确应急管理的关键目标，加强防护，实现有效的预防和减灾。总之，根据公共安全三角形理论，分析相关要素，可以掌握突发事件从发生到处置的全过程，进而采取更有针对性的应急措施。

二、城市安全韧性三角形模型

公共安全三角形理论自提出以来得到了学界的广泛认可，为认识灾害风险的本质、特征、演变规律提供了科学理论基础和实践指导，并在不同的领域进行了应用。例如，黄弘等人基于此将公共安全三角形理论应用到安全韧性城市的研究中，并提出了城市安全韧性三角形模型[2]。

所谓安全韧性城市，是指在变化环境中具备承受、适应和快速恢复能力的城市，重视城市应对不确定性的能力。安全韧性城市是我国城镇化建设的重大战略需求，而城市安全韧性三角形模型是在公共安全三角形模型理论基础上的新形势下公共安全基础理论研究的创新与发展。如图2-7所示，城市安全韧性三角形模型认为，公共安全

---

[1] 林东香：《广州市自然灾害测绘应急保障研究》，硕士学位论文，华南理工大学公共管理学院，2018，第19—20页。

[2] 黄弘、李瑞奇、范维澄，等：《安全韧性城市特征分析及对雄安新区安全发展的启示》，《中国安全生产科学技术》2018年第7期，第5—11页。

事件具有突发性、不确定性、连锁性、耦合性等特征，是影响城市正常运行的直接因素；而城市承灾系统则是公共安全事件的作用载体，包括城市物理实体以及经济社会和信息社会，城市承灾系统具有冗余性、多样性、多网络连通性以及适应性等特征；安全韧性管理是对由公共安全事件和城市承灾系统构成的城市灾害体系施加的人为干预措施，响应过程贯穿整个城市安全韧性构建与提升的阶段，包括抵御、吸收、恢复、适应、学习等。安全韧性管理重点关注协同性、快速稳定性、恢复力以及学习力。只有综合考虑研究事件、承灾载体和安全韧性管理等方面的因素，进而制定规划并实施，才能全面提升城市安全韧性。

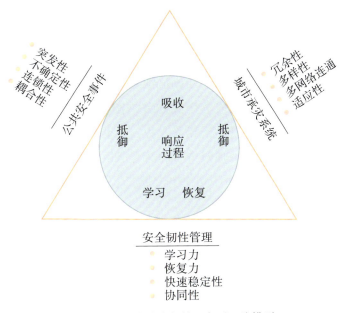

图2-7　城市安全韧性三角形理论模型

第三章　自然灾害应急管理能力
评估框架

自然灾害应急管理能力评估是自然灾害应急管理能力建设的前提。本章旨在搭建自然灾害应急管理能力评估的基本框架，为全书的评估工作奠定理论基础，具体从评估类型、评估维度和评估方法三个方面深入展开。在评估类型上，以综合评估全面审视整体应急管理能力，以分类评估强调把握分灾种分主体的应急管理能力水平，以案例评估总结提炼应急管理的经验教训。在评估维度上，聚焦于应急减缓能力、应急准备能力、应急响应能力和应急恢复能力四大方面，全面剖析应急管理的各个环节。在评估方法上，梳理应急管理能力评估的相关方法，注重数据收集的全面性、权重确定的合理性以及综合计算的科学性。通过本章的研究探讨，期望为全面、系统、科学地评估西北地区自然灾害应急管理能力提供理论依据。

第一节　自然灾害应急管理能力评估的类型

自然灾害应急管理能力的评估类型多样，具体可划分为综合评估、分类评估与案例评估三大类。综合评估着眼于全局，宏观审视应急管理体系；分类评估则细化分析，针对灾害种类与管理主体深入剖析；案例评估聚焦于实践，从实际事件中提炼经验教训。这三种评估方式相辅相成，共同为自然灾害应急管理能力的全面深入评估提供坚实支撑。

一、综合评估

应急管理能力评估是以灾害应急管理系统为评估对象，以全面应急管理为指导，以科学的方法构造评估指标体系，建立评估模型，进行综合评估[1]。在自然灾害应急管理能力评估的研究领域，各国都建立了自己的应急管理能力综合评估框架，这些框架

---

[1] 祁明亮、池宏、许保光，等：《突发公共事件应急管理》，载《2007—2008管理科学与工程学科发展报告》（中国优选法统筹与经济数学研究会会议论文集），2008，第108-123页。

在提高应急管理的效能和效率方面发挥着关键作用。各国应急管理能力综合评估框架在确保有效应对灾害方面展现出共同的核心特征，同时亦呈现出各自独特的特点和潜在的发展趋势。这些框架的发展将继续推动全球应急管理体系的不断完善和提升。

（一）美国应急管理能力综合评估框架

在自然灾害应急管理能力评估领域，美国联邦应急管理局（Federal Emergency Management Agency，简称FEMA）开发了一套包括国家备灾任务领域和核心能力的框架。该框架明确了5个关键任务领域和32项核心能力，旨在全面促进自然灾害应急管理的综合效能。这5个任务领域分别是预防（Prevention）、保护（Protection）、减灾（Mitigation）、应对（Response）和恢复（Recovery）。

在预防任务领域，FEMA采取了一系列具有前瞻性的措施，旨在防范、规避或制止恐怖主义行为及其他灾害的发生与扩散。保护任务领域则重在确保公民、居民、游客人身及其资产的安全，维护社会的稳定与繁荣。减灾任务领域通过预防性和保护性措施，旨在降低未来灾害对生命和财产的影响，提升社会的抵御和适应能力。应对任务领域强调在灾害发生后迅速采取行动，最大限度地拯救生命、保护财产、维护环境，并满足个体基本需求，最小化潜在的损害。恢复任务领域着重于快速恢复基础设施和住房，重建社区，并促进经济可持续发展，同时关注灾害事件对社区的多维度影响，实现社区的全面恢复与可持续繁荣。

国家备灾目标中的核心能力被广泛运用于包括国家规划框架在内的多项备灾工作中。这些核心能力被归类为5个任务领域，其中一些能力专属于特定任务领域，而其他能力则跨越多个或所有任务领域。例如，在预防任务领域，核心能力包括规划、公共信息和警报、行动协调、情报和信息共享、拦截和破坏、筛查、搜索和侦查、取证和归因等。在保护任务领域，核心能力包括规划、公共信息和警报、行动协调、情报和信息交流、拦截和破坏、筛查、搜索和侦查、访问控制和身份验证、网络安全、实物保护措施、保护风险管理计划和活动、供应链的完整性和安全性等。减灾任务领域的核心能力涵盖规划、公共信息和警告、行动协调、社区复原力、长期降低脆弱性、风险与抗灾能力评估、威胁与危害识别等。应对任务领域的核心能力包括规划、公共信息和警报、行动协调、基础设施系统、关键运输、环境响应/健康与安全、死亡管理服务、火灾管理与灭火、物流与供应链管理、大众护理服务、大规模搜救行动、现场安全、保护和执法、行动通信、公共卫生、医疗保健和紧急医疗服务、情况评估等。恢复任务领域的核心能力则包括规划、公共信息和警报、行动协调、基础设施系统、经济复苏、卫生与社会服务、住房、自然与文化资源等[①]。

（二）新西兰应急管理能力综合评估框架

新西兰民防和应急管理部（New Zealand Ministry of Civil Defence and Emergency Management）于 2014 年更新了其民防应急管理能力评估工具（the CDEM Capability Assessment Tool，简称为 CDEM 能力评估工具）。该工具借鉴了国际上的先进做法，如英国的"国家能力调查"和美国的"应急准备能力评估"，旨在为新西兰建立一套应急管理能力评估的标准。该工具由一系列关键绩效指标和绩效衡量标准构成，各组织可以依据这些指标和标准进行自我评估或接受外部评估。这些指标覆盖了"4R"领域，即缩减（Reduction）、预备（Readiness）、反应（Response）和恢复（Recovery），并按照国家 CDEM 战略的框架进行组织。

CDEM 能力评估工具全面系统地构建了评估框架，包括基于国家 CDEM 战略的四大核心目标及两大促进因素。它们囊括以下主题：（1）目标一包含公众教育、公共信息、社区抗灾能力和社区参与灾害风险管理；（2）目标二聚焦研究、灾害风险概况、综合规划和风险降低；（3）目标三涉及能力发展、演习、规划、协调、运行设施、预警系统、通信、控制人员、资源、后勤、福利和生命线；（4）目标四关注恢复规划和管理；（5）促进因素一包括 CDEM 集团治理、管理、文化、资金；（6）促进因素二涵盖风险管理、业务连续性管理、组织复原力。每个目标/促进因素又被细分为若干指标，这些指标共同构成了战略框架。每个目标又再细分为关键绩效指标，每个关键绩效指标都有若干绩效衡量标准。这些指标共同构成能力标准。

（三）加拿大应急管理能力综合评估框架

加拿大公共安全与应急准备部（Public Safety and Emergency Preparedness Canada）作为国家层面的主要机构，承担着维护国家安全、协调各类风险和灾害响应的职责。该机构负责制定和实施联邦层级的计划与政策，确保国家在面对自然灾害时能够实现协调一致且高效有序的应对。在加拿大的 13 个省和地区，均设有专门的应急管理组织，这些组织在防灾减灾计划的制定与执行、应急情况的研究与分析、相关培训项目的组织和实施等方面发挥着重要作用。此外，它们还负责管理应急行动，并执行与灾害财政协助计划相关的各项工作，以确保在灾害事件发生时能够迅速、协调、高效地应对，并最大限度地减轻灾害带来的影响。

加拿大政府建立了一套应急管理框架，其目的是确保在面对紧急情况和灾害时，

---

① "Mission Areas and Core Capabilities,"Federal Emergency Management Association, accessed April 18,2024,https://www.fema.gov/emergency-managers/national-preparedness/mission-core-capabilities.

政府部门能够有效地协同工作，提供高效而一致的响应，以保障国民安全。该框架系统涵盖了应急管理的四大关键阶段：预防（Prevention）、准备（Preparation）、响应（Response）和恢复（Recovery），并对每一环节的具体实施内容与要求进行了详尽阐述。

在应急管理能力评估的实践方面，安大略省于2003年推行了全面应急计划（Ontario County Comprehensive Emergency Management Plan），该计划详细规划了应急管理能力的评价项目。评估主要聚焦于预防、准备、响应和恢复四个阶段，旨在帮助省级机构在各个阶段都能有效地应对灾害和紧急情况[1]。具体而言：在预防与准备阶段，评估项目涉及社区备灾水平、预警系统、社区预期伤亡和损失的反应能力等多个方面，有助于全面了解社区在灾害前期的准备和响应能力。在响应阶段，评估工作全面考量灾害产生的影响，涵盖安全、经济、社会、环境、卫生、人道主义、法律以及政治等多个领域，为采取有针对性的应对措施提供全面信息支持。在恢复阶段，评估可细分为公共损害评估和个体损害评估两大类：前者聚焦于公共损害，详细评估基础设施等公共财产在灾害中所受的损害程度；而后者则关注个体损害，深入剖析灾害对个人、家庭及私营部门等所造成的具体冲击与影响，为后续的灾后重建与全面恢复工作奠定基础。

（四）中国应急管理能力综合评估框架

在我国自然灾害应急管理能力评估的研究领域，汪寿阳等[2]学者在构建全国应急管理能力评价体系的基本框架时提出，构建全国应急系统评价体系的根本宗旨在于：为应急管理决策提供关于系统功能状态的基础信息，增强各级各类人员的应急意识，推动我国应急能力系统的持续发展和完善。国家应急能力分为应急管理能力和应急行动能力，两者共同构成了应急能力评价的核心内容。应急行动能力基于应急管理能力，并通过应急行动部门和辅助服务部门的应急支持能力得以体现。

根据对应急系统的组织结构和功能结构的理解，全国应急能力评价体系的建设目标是：在系统工程学和系统评价学理论的指导下，针对各类突发事件，建立一个能够对全国应急系统功能状态进行全面有效诊断的系统评价体系。"全面性"指的是覆盖所有地理空间、全体人员（包括全国人民和领土上的所有人员）、各领域（包括人类所有活动领域）和各个方面（如生产安全、自然灾害、国家与社会安全等）。"有效性"包

---

① "Ontario County Comprehensive Emergency Management Plan，"Ontario County，accessed April 18，2024，https://www.ontariocountyny.gov/DocumentCenter/View/42882/CEMP-Dec-2003?bidId=.

② 汪寿阳等主编《突发性灾害对我国经济影响与应急管理研究：以2008年雪灾和地震为例》，科学出版社，2010。

括两个方面：一是系统具有易操作性，不同级别的人员能够迅速完成所负责应急单位的评价任务；二是能够准确指出问题的严重程度和症结所在，便于作出改进决策。

全国应急能力评价系统通常包括评价组织机构、评价模型方案、评价实施方案和评价报告方案四部分。其详细内容阐述如下：

（1）评价组织机构可分为评价管理领导机构和评价研究机构两大类。评价管理领导机构至少包括中央和省（区）市两级，同时，县市区层级需配置相应人员保障评价工作的具体实施，以此保障基层数据资料的准确可靠。通过严格的层级划分与职责明确，确保应急评价工作的系统性、连贯性和科学性。评价研究机构则汇聚了应急管理领域的学术力量，包括高校、研究院等学术研究机构，不仅致力于应急评价领域的学术研究，不断推动理论创新与方法改进，还积极参与评价活动的实施过程，与管理领导机构紧密配合，共同推动应急系统评价工作的科学化、规范化与高效化进程。

（2）评价模型方案涵盖评价目的与目标、评价指标体系、评价指标测度技术体系、评价数据处理系统和评价结果形成系统等方面。不同类型的评价（如事前、事中和事后不同阶段，地震、冰雪和海啸等不同灾种）有不同的评价目的和目标。评价结果形成系统包含评价模式、评价结论形成机制、评价结果分析方案等。

（3）评价实施方案涉及组织领导机构方案、专家组成方案、活动管理方案、时间计划和活动资源筹划方案等。

（4）评价报告方案包括详细评价结果报告方案、评价总结报告方案、评价结果汇报方案、评价结果社会发布预案和评价材料存档方案等。

（五）各国应急管理能力综合评估分析

在自然灾害应急管理能力评估领域，各国所构建的应急管理能力综合评估框架在确保有效应对灾害方面展现出共同的核心特征，同时亦呈现出各自独特的特点和潜在的发展趋势。

各国评估框架皆强调了应急管理生命周期的四个阶段，即减缓、准备、响应和恢复。共同构成了一个完整且动态的应急管理体系，旨在从源头上减少灾害风险，到灾后的全面恢复，实现对灾害的全过程管理。所有评估框架均将核心能力作为评价应急能力的关键指标，突显了能力建设在应急管理中的重要性。这些核心能力涵盖了从规划、协调、通信到资源管理等各个方面，为应对各类灾害提供了坚实的基础。各国的评估框架也均强调了对所有地理空间、人员、领域和方面的全面覆盖，体现了应急管理的广泛性和包容性。这种全面性确保了无论在何种情况下，都能迅速响应并有效地减轻灾害的影响。同时，各国框架在实际操作性上也表现出一致性，即评价体系简单易行，使得不同级别的人员都能够快速有效地进行自我评估或接受外部评估，从而提高应急管理能力。

　　然而，在具体内容上，不同国家的框架存在差异。例如，美国的框架侧重于5个任务领域，而新西兰的框架则基于4个目标领域。这些差异反映了各国在应急管理方面的具体需求和优先级。通过对各国应急管理能力综合评估框架的分析，未来的应急管理能力综合评估框架的发展趋势将主要体现在以下几个方面：一是信息化和智能化。随着科技的发展，应急管理能力综合评估框架将更加注重信息化和智能化，利用大数据、人工智能等技术手段提高评估的准确性和效率。二是跨部门协作。各国框架将更加注重跨部门协作，实现信息共享和资源整合，提高应急管理的整体效能。三是社会参与和公众教育。各国框架将更加注重社会参与和公众教育，提高公众的应急意识和自救互救能力，形成全社会共同参与的应急管理格局。四是持续改进和创新。各国框架将不断进行改进和创新，以适应新的自然灾害和突发事件，提高应急管理的适应性和灵活性。

二、分类评估

（一）分灾种评估

　　我国应急能力评估研究始于对单项突发事件应急管理能力的深入探讨，自20世纪90年代起，自然灾害应急评估领域的研究文献渐趋丰富。例如，1994年，冯志泽等[①]基于地震成灾机制，评估了地震灾害造成的经济损失；1998年，罗元华[②]在其博士论文中通过对泥石流成灾条件及受灾体的详尽统计分析，实现了对泥石流灾害的全面风险评估。这些研究标志着我国在自然灾害应急评估领域的起步。借鉴第一次自然灾害风险普查涉及的自然灾害类型，根据《自然灾害分类与代码》（GB/T 28921-2012）国家标准中对自然灾害的分类，结合西北地区的孕灾环境，本书从地质地震灾害、气象水文灾害、森林和草原火灾三大类自然灾害出发，梳理相应分灾种评估的典型研究。

1.地质地震灾害应急管理能力评估

　　张凤华等[③]针对城市防震减灾能力进行了系统分析，以人员伤亡规模、地震所导致的经济损失以及震后恢复时间作为衡量标准，从众多影响因素中，归纳提取了地震危险性评价、监测预报、工程抗震、社会经济防灾、非工程减灾及震后应急和恢复能力

---

① 冯志泽、胡政、何钧：《地震灾害损失评估及灾害等级划分》，《灾害学》1994年第1期，第13-16页。

② 罗元华：《泥石流堆积数值模拟及泥石流灾害风险评估方法研究》，博士学位论文，中国地质大学环境学院,1998,第4页。

③ 张凤华、谢礼立、范立础：《城市防震减灾能力评估研究》，《地震学报》2004年第3期,第318页。

六大影响城市防震减灾能力的核心因素，通过设计具有可操作性的代表性指标集，构建了全面反映城市防震减灾能力的指标体系。随后基于灰色关联分析法建模，为全面评估城市防震减灾能力提供了一个较为系统而具体的理论框架。郑宇[1]也在这三个衡量标准的基础上，列举了影响城市防震减灾能力的五大系统，并以此构建了城市综合防震减灾能力评价指标体系，清晰定义了各系统中的具体评价指标及其量化方式，进而提出了用以计算城市或地区防震减灾综合能力值的公式，为深入评估城市防震减灾能力提供了实质性的理论支持。邓砚等[2]从县（市）地震应急能力的内涵出发，应用层次分析法构建了一个全面的县（市）级地震应急能力评价体系，涵盖环境支撑力、应急资源保障力、社会控制力、心理应对力和行动执行力五大一级指标，在此基础上，结合主成分分析法和多指标综合法建立了相应的评价模型，实现了对四川省县（市）绝对地震应急能力的综合评价[3]。李阳力等[4]以绵阳市为例，发挥了层次分析法在复杂决策系统中的优势，并借助 GIS 技术，对绵阳地震灾后的应急能力进行了全面评估。龚柯等[5]聚焦于山地灾害管理的全生命周期，从日常防御、灾前准备、灾中应急响应到灾后重建四个阶段出发，构建了一套系统的山地灾害应急管理能力评价指标体系，并以小鱼洞镇为案例，通过专家打分法进行了有效评估。

2.气象水文灾害应急管理能力评估

陆秋琴等[6]通过分析影响气象灾害应急能力的多维度因素，建立了包含灾害识别、工程防御、灾害救援、资源保障、行为反应和社会控制能力在内的气象灾害层次化指标体系，继而基于模糊 Petri 网（Fuzzy Petri Net，简称 FPN）的推理算法，实现图像化的气象灾害应急能力仿真分析，最终得出应急能力评价等级。曹玮等[7]从监测与预报、预警与发布和预防与准备能力"三预"视角设计指标体系，并引入变异系数优化

① 郑宇:《城市防震减灾能力评价指标与应急需求研究》,硕士学位论文,南京工业大学土木工程学院,2003,第30页。

② 邓砚、聂高众、苏桂武:《县(市)地震应急能力评价指标体系的构建》,《灾害学》2010年第3期,第125–129页。

③ 邓砚、聂高众、苏桂武:《县(市)绝对地震应急能力评估方法的初步研究》,《地震地质》2011年第1期,第36–44页。

④ 李阳力、陈天、臧鑫宇:《基于GIS技术的城市地震应急能力研究》,《世界地震工程》2018年第2期,第1–9页。

⑤ 龚柯、徐惠梁、刘鑫磊,等:《西部社区山地灾害风险认知与应急管理能力评价——以四川省彭州市小鱼洞镇为例》,《水土保持通报》2018年第2期,第183–188页。

⑥ 陆秋琴、王雪林:《基于模糊Petri网的气象灾害应急能力评估》,《河南理工大学学报》(自然科学版)2018年第3期,第32–37页。

⑦ 曹玮、肖皓、罗珍:《基于"三预"视角的区域气象灾害应急防御能力评价体系研究》,《情报杂志》2012年第1期,第57–63页。

CRITIC客观赋权法，建立了基于改进CRITIC法的综合评价模型，形成了基于"三预"视角的区域气象灾害应急防御能力评价体系。Li X.等[1]从灾前防范能力、灾中处置能力和灾后恢复能力三个方面提出了洪水应急能力评价指标体系，并采用熵权和变异系数相结合的方式计算指标权重，建立评价模型。Zhang Y.等[2]提出一种基于城市洪涝情景模拟的城市公共服务应急能力评估新方法，具体而言，首先基于SCS-CN模型模拟不同洪涝情景下的淹没面积与深度；随后计算各指标的空间密度，包括淹没面积与深度、道路网络和应急公共服务机构；继而采用熵权与变异系数组合赋权法确定指标权重；最后基于图形叠加法计算各像元的应急能力指数。以郑州市二七区为例，该方法有效评估了该地不同洪涝情景下的公共服务应急能力，丰富和发展了应急能力评估的理论与方法，为城市防灾减灾、应急处置以及公共服务设施的优化布局提供了决策参考。

3.森林和草原火灾应急管理能力评估

潘静等[3]结合现有森林火灾防御的实际情况，建立了涉及行政、技术两大方面的森林火灾防御能力评价指标体系，并依据层次分析法确定指标的权重分配。其中，行政方面的森林火灾防御措施包含加强组织领导、明确防火责任、防火宣传教育、火源管理、依法治火四个指标；技术方面则涵盖林火预报预警、林火监测、林火阻隔和防火设备四个方面。由此，尝试为森林火灾防御能力评价提供可行途径。王博等[4]利用情景构建理论，基于"情景-任务-能力"框架，构建延庆冬奥赛区外围森林火灾情景并梳理情景应急任务，从防火宣传、火源管控、监测预警、组织扑救、林火阻隔能力等五个方面评估情景应急能力。张笠[5]从火灾减灾能力和历史火灾发生数据两部分综合考察森林火灾控制能力，在森林火灾减灾能力评估中，进一步细化为四个关键维度——预警能力、监测能力、阻隔能力与扑救能力，继而综合运用层次分析法与模糊数学评价法合理确定各项指标权重，为综合评价南昌市各县区森林火灾控制能力提供量化依据。

---

[1] Li X., Li M., Cui K., et al."Evaluation of Comprehensive Emergency Capacity to Urban Flood Disaster: An Example from Zhengzhou City in Henan Province, China,"*Sustainability* 14, no.21(2022):13710.

[2] Zhang Y., Zhou M., Kong N., et al."Evaluation of Emergency Response Capacity of Urban Pluvial Flooding Public Service Based on Scenario Simulation,"*International Journal of Environmental Research and Public Health* 19, no.24(2022):16542.

[3] 潘静、马宁、黄颖、等:《基于AHP的森林火灾防御能力评价研究》,中国灾害防御协会风险分析专业委员会第四届年会会议论文,长春,2010,第5页。

[4] 王博、常宁、吴春水、等:《延庆冬奥赛区外围森林火灾应急情景构建研究》,《森林防火》2022年第2期,第7—12页。

[5] 张笠:《南昌市森林火灾控制能力评估研究》,硕士学位论文,江西农业大学林学院,2024,第13页。

尹梅梅[1]根据灾害应急管理周期和风险管理理论，针对草原火灾应急管理能力评估，构建了一个覆盖灾前备灾、灾中应急与灾后恢复全过程的评价模型。该模型通过层次分析法分配了具体指标的权重，采用加权综合评价法计算分析了我国北方草原在火灾备灾、应急响应和灾后恢复三个关键环节的能力表现，并辅以GIS技术，实现了对我国北方草原火灾应急管理能力的等级划分与空间分布描绘。

从灾前备灾、灾中应急和灾后恢复三个阶段建立了草原火灾应急管理能力评价模型，通过层次分析法赋予指标权重，利用加权综合评价法具体分析我国北方草原火灾的备灾能力、应急能力和恢复能力，并运用GIS技术对我国北方草原火灾应急管理能力进行等级评价。

（二）分主体评估

应急管理能力是一个相对于主体而言的概念，应急主体的层次不同，应急管理能力要求也不同，相应的评估模型也会有差异[2]。例如，适用于个人的应急管理能力评估模型不一定适用于社区，反之亦是如此。在分主体的应急管理能力评估中，较为有代表性的是学者韩自强提出的应急管理能力多层次结构，其指出应急管理能力可从国家、应急管理部门和应急管理人员三个层面上进行辨析：在国家层面上，应急管理能力作为国家治理能力的重要延伸，具有其独特的构成维度；在政府部门层面，应急管理能力聚焦于日常的风险防控与危机准备，主要是指在平时开展的以减少突发事件发生为目的、以履行保护人民群众生命财产安全为使命的风险治理能力，以及在突发事件发生之后有效应对的能力，是常态管理和非常态管理相结合的管理状态；在应急管理人员层面上，应急管理能力则主要体现为个人职业素养与专业技能[3]。在我国，突发事件的处置和响应呈现出以地方政府为核心，其他社会主体紧密协同参与的格局[4]，就评估主体而言，当前应急管理能力评估研究多涉及地方政府、企业、社区和公众等不同主体。综合韩自强的观点和应急管理能力的相关研究，本书从地方政府、社区和公众三个层面对应急管理能力评估进行系统梳理。

---

① 尹梅梅：《基于风险的我国北方草原火灾应急管理能力评价体系研究》，硕士学位论文，东北师范大学环境学院，2009，第7页。

② 张海波、童星：《应急能力评估的理论框架》，《中国行政管理》2009年第4期，第33–37页。

③ 韩自强：《应急管理能力：多层次结构与发展路径》，《中国行政管理》2020年第3期，第137–142页。

④ 曹惠民、黄炜能：《地方政府应急管理能力评估指标体系探讨》，《广州大学学报》（社会科学版）2015年第12期，第60–66页。

1.政府应急管理能力评估

构建全面系统的政府应急管理能力评价指标体系，是推动我国政府应急管理体系优化的重要环节，不仅能够促进应急管理系统的自我革新与完善，还通过评价机制的设立，形成对应急管理能力提升的外部驱动力，即"以评促改、以评促建"，确保地方政府在应对突发事件时能够展现出更高的效率和更强的韧性。同时，政府应急管理能力评价体系的研究为地方政府决策者提供了一个量化比较的决策工具，帮助其全面清晰地了解各级政府及其部门的应急能力现状，从而作出更加科学合理的决策。鉴于政府应急管理能力是一个多维度、多层次的复杂系统，对其评估需从协同的视角出发，明确政府应急管理能力的评价对象和具体内容，将各个相关要素纳入考察范围，这是我国政府应急管理能力评估的基础性内容[1]。

刘传铭、王玲[2]聚焦于评估政府应对突发事件的能力，在分析政府的公共服务职能与应急管理特性的基础上，运用平衡计分卡原理构建了一套政府应急管理组织绩效评估指标体系。进一步地，采用AHP多层次模糊评测法建立了绩效评估模型，实现了对评价指标关联因素的量化。这一研究不仅为衡量我国政府应急管理水平提供了有力工具，还通过细致的差距分析，帮助制定有针对性的提升策略。

朱正威等[3]在汲取美国、日本地方政府灾害管理能力评估的先进经验后，运用AHP层次分析法，构建了一套力求与我国国情适配的地方政府灾害管理能力评估体系。该体系将评估维度细化为减灾能力、准备能力、应急能力和恢复能力四个关键部分，每个维度下均设有详尽且具体的评价指标。具体而言，减灾能力涵盖防灾基础设施、生命线系统及建筑设施建设；准备能力聚焦于机制建设、风险评估、应急资源保障、避难所建设、防灾机构应急演练与公众防灾教育等；应急能力强调应急预案建设、组织人事、搜救救护、避难收容、物资发放、社会秩序维护及志愿者管理；恢复能力则涉及恢复计划制定、公共基础设施与民众生活重建，以及产业经济的恢复。

江田汉等[4]将应急准备定义为有效应对突发事件，提高应急管理能力而采取的各种措施与行动的总称。基于突发事件风险水平的地域性差异，以省级人民政府为对象，构建了一个综合性的应急准备能力评估模型。该模型以突发事件的固有风险为基础，

① 曹惠民、黄炜能：《地方政府应急管理能力评估指标体系探讨》，《广州大学学报》(社会科学版)2015年第12期，第60-66页。

② 刘传铭、王玲：《政府应急管理组织绩效评测模型研究》，《哈尔滨工业大学学报》(社会科学版)2006年第1期，第64-68页。

③ 朱正威、胡增基：《我国地方政府灾害管理能力评估体系的构建——以美国、日本为鉴》，《学术论坛》2006年第5期，第47-53页。

④ 江田汉、邓云峰、李湖生，等：《基于风险的突发事件应急准备能力评估方法》，《中国安全生产科学技术》2011年第7期，第35-41页。

融合了定性与定量分析方法，共设12个一级指标。虽然指标体系采用两级结构，但在二级指标上作了定性和定量指标的区分，以"应急预案制定与管理"一级指标为例，其下二级定性指标覆盖了应急预案制定小组、风险分析、应急能力评估、应急预案评审、应急预案的修订改进、应急预案体系6个细化指标，二级定量指标则通过具体的数据指标，如本级应急预案3年修订率、地级总体应急预案制定率和县级总体应急预案制定率，为评估提供了更为直观、可量化的依据。

曹惠民等[①]基于政府应急管理过程，构建了一个涵盖预防和预控能力、应急处置能力、恢复重建能力3个一级指标，领导和组织能力、综合保障能力、协同治理能力等14个二级指标，应急管理机构的投入、物资储备机制、区域协调联动、专家参与、通信与技术保障等37个三级指标的地方政府应急管理能力评估指标体系，为地方政府的应急管理能力评价提供系统方案。

田军等[②]运用能力成熟度模型，将政府应急管理能力划分为五个成熟度等级。通过识别关键过程域（Key Process Area，简称KPA）及其目标，建立了政府应急管理能力成熟度模型。在实际评估中，专家小组依据政府提供的相关资料，对关键过程域目标的实现程度进行评价，并利用关键过程域评估剖面图，明确政府应急管理能力所达到的成熟度等级，以此识别薄弱环节与改进顺序，支持政府应急管理动态组织过程的持续改进。

2. 社区应急管理能力评估

城市社区作为社会治理的基本单元，是城市居民生活的主要场所，是各类突发事件联防联控的第一线，是国家应急管理的神经末梢[③]。开展社区应急管理能力评估，有助于全面、深入地了解和掌握社区在应对突发事件时的实际能力，进而为社区应急管理和危机防控提供有力支撑。

姜秀敏等[④]设计了涵盖监测预警能力、应急响应能力、基础保障能力、社会动员能力和事后改善能力的城市社区应急能力指标体系，通过综合运用德尔菲法和层次分析法，最终确立了城市社区应急能力的指标体系及其权重分布，由此构建了城市社区应

---

① 曹惠民、黄炜能：《地方政府应急管理能力评估指标体系探讨》，《广州大学学报》（社会科学版）2015年第12期，第60-66页。

② 田军、邹沁、汪应洛：《政府应急管理能力成熟度评估研究》，《管理科学学报》2014年第11期，第97-108页。

③ 姜秀敏、陈思怡：《基于五维模型的城市社区突发事件应急能力评价及提升——以青岛市X社区为例》，《甘肃行政学院学报》2022年第4期，第63-77页。

④ 姜秀敏、陈思怡：《基于五维模型的城市社区突发事件应急能力评价及提升——以青岛市X社区为例》，《甘肃行政学院学报》2022年第4期，第63-77页。

急能力评价的五维能力模型。陈新平[1]通过对应急能力评价指标体系进行梳理，建立了一种从突发事件和应急管理过程两个维度考核的社区应急能力评价指标体系，即从突发事件维度划分为自然灾害、事故灾难、社会安全和公共卫生四大类，而从应急管理过程维度则划分为减灾能力、准备能力、应急能力和恢复能力四个指标，综合两个维度进行综合评分，对社区应急能力的评价有一定的参考价值。刘杰等[2]引入霍尔三维结构，从时间维、知识维和逻辑维3个角度，深入剖析了社区应急能力，根据专家意见征询及实地调研情况对指标体系进行优化与改进，构建了包括应急组织能力、应急管理能力、应急预警能力、应急处置能力、应急保障能力、应急素养能力、应急协调能力和应急恢复能力8个一级指标在内的社区应急能力评估指标体系，选用组合赋权云模型（Combined Weights-Cloud Model，简称CW-CM）确定权重综合评估，并通过实例应用加以验证，为社区应急能力指标体系构建和评估算法应用提供一种新的理论视角。张永领[3]针对社区应急管理的实际需求，以应急管理周期为依据，从防灾、准备、应对和恢复四个方面出发，系统构建了社区应急能力评价指标体系，提出了基于模糊综合评判方法的评价策略，并以某社区为例进行应急能力评估，指出了该社区在应急能力方面存在的短板，为社区管理者提供了宝贵的参考和改进方向。

3.公众应急管理能力评估

公众应急管理能力，涵盖公众的风险意识、应急知识掌握度、应急技能熟练度以及物资储备状况，是决定其有效应对灾害的关键因素。对公众应急管理能力进行全面评估，也是应急管理能力评估研究体系中不可或缺的组成部分。

张海波[4]通过对江苏省农村居民的深入实证分析，揭示了政府应急体系下延对个体应急能力的影响机制。研究发现，民众风险意识薄弱与自救互救能力不足是显著问题，虽然政府动员机制能有效增强个体应急能力，但社会学习及收入外溢机制对个体应急能力的作用相对有限，凸显了中国应急管理"强政府、弱社会"的格局。苏桂武等[5]基于四川德阳地区的问卷调查，多维度剖析了民众地震灾害认知与响应行为的特点。研究发现，民众整体应急能力偏低，特别是少年儿童和老年人群体更为脆弱；教育水平

① 陈新平:《社区应急能力评价指标体系研究》,《中国管理信息化》2018年第7期,第166-171页。

② 刘杰、胡欣月、杨溢,等:《云南省社区应急能力指标体系构建及评估应用》,《安全与环境学报》2023年第4期,第1209-1218页。

③ 张永领:《基于模糊综合评判的社区应急能力评价研究》,《工业安全与环保》2011年第12期,第14-16页。

④ 张海波:《体系下延与个体能力:应急关联机制探索——基于江苏省1252位农村居民的实证研究》,《中国行政管理》2013年第8期,第99-105页。

⑤ 苏桂武、马宗晋、王若嘉,等:《汶川地震灾区民众认知与响应地震灾害的特点及其减灾宣教意义——以四川省德阳市为例》,《地震地质》2008年第4期,第877-894页。

与应急能力呈显著正相关，同时性别差异也显著影响应急能力，女性相对较弱；此外，防灾知识掌握与减灾技能水平也直接关系到应急能力的提升。王志等[1]针对绵阳市农村情况，构建了涵盖灾前预警、灾中应急、灾后恢复的二级农村应急管理系统评价模型。分析显示，农村应急管理存在村民及政府预防准备不足、救援与补助体系不完善、基础设施落后及灾后心理干预缺失等问题。王绍玉等[2]则强调公众应急反应能力在城市应急能力建设中的重要性，构建了包含风险灾害技能与防灾减灾活动两个维度的评价模型，并利用层次分析法与赋值法，基于全国7个城市的调研数据，计算了各城市公众应急反应能力的综合得分。徐华宇等[3]研究了北京市公众灾害应急能力，通过对北京昌平区、海淀区和西城区的公众进行问卷调查，评估公众的应急能力水平。研究发现，尽管北京市公众应急能力整体尚可，但在具体应急技能掌握上仍有较大提升空间。王兴平[4]针对当前社会公众应急能力的不足，提出了一系列加强公众应急能力的策略，包括引导公众开展危机知识教育与演练，建立应急沟通协调机制，培育应急文化，营造全民应急氛围等，旨在全面提升社会公众的应急管理能力。

（三）应急管理能力分类评估分析

从上述分析中可以看出，现有的应急管理能力分类评估模型的共通之处在于：（1）强化"全过程"应急能力建设。这一理念将应急管理视为一个由减缓、准备、响应和恢复四个关键阶段构成的闭环系统。通过全面评估这四个阶段的能力状况，确保在应急管理的每一个环节都能做好充分准备，从而在突发事件发生时能够迅速、有效地进行应对。这种全过程的视角有助于实现应急管理的连续性和高效性。（2）抓好"多方位"应急能力建设。这意味着尽管是应急管理能力分类评估也不只是关注单一的方面，而是从多个维度、多个层面进行综合考虑。它涵盖了预警监测能力、救援响应能力、组织协调能力、信息通信能力等多个方面，确保在应急管理中能够全方位地应对各种挑战。（3）强调"针对性"应急能力建设。这一特点主要体现在根据不同类型的突发事件、不同的区域特点以及不同主体的应急需求，制定具有针对性的应急管理策略和措施。这种定制化的应急管理能力评估方案能够更好地适应各种复杂多变的情况，提

---

① 王志、袁志祥、吴艳杰：《农村突发公共事件应急管理问题研究——基于汶川8.0级地震绵阳灾区的调研报告》，《灾害学》2010年第3期，第104-109页。

② 王绍玉、孙研：《基于AHP-Entropy确权法的城市公众应急反应能力评价》，《哈尔滨工程大学学报》2011年第8期，第992-996页。

③ 徐华宇、徐敏、刘伟伟，等：《北京公众灾害应急能力调查研究》，《城市与减灾》2011年第4期，第8-11页。

④ 王兴平：《应急管理中社会公众的应急能力研究》，《商业时代》2012年第2期，第118-119页。

高应急管理的针对性和实效性。

针对应急管理能力分类评估的现状，可以看出该领域尚处于探索阶段。尽管在实践上已积累了一定经验，并在理论上进行了诸多研究，但在探讨应急管理能力分类评估的具体评价指标及其确立方法时，当前领域仍不够成熟，缺乏一个稳定且普遍认可的评价模型。具体而言，我国在应急管理能力分类评估研究方面主要面临两大问题：一是评价体系精细化不足。尽管目前的评价体系广泛涵盖了应急管理能力的各方面内容和要素，但鲜少将各要素细化为具体、可量化的评价指标，并明确各指标的评价标准，导致在实际操作中难以准确把握评价的具体尺度。二是过度依赖理论方法，如层次分析法和专家评分法等。这些方法在实际操作中的可行性与推广性有限，难以在全国范围内实现有效实施与大规模应用。鉴于此，为有效提升我国针对不同灾种及主体的应急管理能力，亟须借鉴国际先进经验，并结合我国国情，构建一套具有鲜明中国特色、科学合理、切实可行的应急管理能力分类评价体系。

三、案例评估

在突发事件频发的社会背景下，应急管理能力案例评估的重要性愈发凸显。通过对应急管理实践案例的深入评估，可以衡量应急管理工作的实际能力水平，精准识别潜在问题和薄弱环节，为未来应急管理能力的提升提供帮助。应急管理作为一个系统性工程，任何一个环节的缺失或薄弱都可能成为整体效能的瓶颈，正如木桶的容量受限于其最短的木板[1]。因此，在评估过程中，要选用恰当的框架，确保全面审视每一环节，避免遗漏任何可能影响评估效果的因素。在分析政府应急管理现状时，需要特别关注处置应对的核心环节，深入剖析薄弱环节并挖掘优势，为后续改进和变革提供有力参考，以应对未来突发事件的挑战。无论综合评估还是分类评估，最后都须回归具体实践，从案例着手，对所构建的评估体系进行验证。对于应急管理能力案例评估，不同学者从不同视角开展了相关研究。

滕五晓[2]从案例视角出发，对应急管理能力进行评估，基于预防、准备、应对、恢复四个阶段分析评估要素，构建以"法律法规、预案体系、监督落实、风险评估、应急队伍、宣教演练、应急保障、治理防范、监测预警、应急处置与救援、公共信息管理、危机沟通、社会参与、恢复重建"为一级指标的应急管理能力评估指标体系，并细化相关二级指标。结合指标体系的一个视角，选择对应典型案例，如一级指标"应急队伍"下，选择案例"朱雀洞村特大地质灾害成功避险"对应评价"管理队伍"，选

---

[1] 滕五晓：《应急管理能力评估：基于案例分析的研究》，社会科学文献出版社，2014，第20页。

[2] 滕五晓：《应急管理能力评估：基于案例分析的研究》，社会科学文献出版社，2014，第15-20页。

择案例"玉树地震"对应评价"综合救援队伍",选择案例"瑞安志愿消防队"对应评价"志愿者队伍",分析我国近年来的应急管理实践,发现问题,寻找薄弱环节,进而提出有针对性的改进建议。

刘天畅等[1]依据历史案例,对目标案例的关键基础设施(Critical Infrastructure, CI)系统应急能力进行了评估,量化了其应急能力的不足及程度。具体而言,在借助可用案例集和案例推理生成能力不足清单并进行约简后,通过计算模糊应急管理能力不足值与区间应急管理能力不足值,结合应急能力不足图谱,将评估结果进行可视化展示,并基于评估结果和应急能力不足之间的直接影响关系作出结论分析,以支持应急能力的改进提升。通过在H市的案例分析,该评估方法的有效性和可行性得到了有效验证。

胡信布等[2]基于TOE分析框架,提取技术、组织、环境因素3个维度6个指标作为影响公众应急能力的条件变量,通过32起重大突发公共事件案例的模糊集定性比较分析,探索不同类型组合间的整体效应,构建适应我国国情的公众应急能力体系,探索出与我国发展相适配的应急能力提升方案。该研究将公众应急能力水平测算标准设定为危机感知、实现自救及互救、事后危机学习及培训3项,案例包含江苏南通等地风雹灾害、青海玛多7.4级地震等20起自然灾害与新疆煤矿重大透水事故、山东金矿重大爆炸事故等12起事故灾难,通过收集相关数据,定性定量相结合,评估技术、组织、环境三大条件变量以及公众应急能力这一结果变量,进行组态研究。

有别于传统的典型案例分析,情景构建法以其广泛的代表性和可信的前瞻性成为研究热点,其本质在于危害识别与风险分析,通过对历史案例与现实威胁的综合考量,对具有相同规律特征的代表性事件进行风险分析、脆弱性分析和综合应急能力评估[3]。陈蓉[4]将"情景-任务-能力"的方法引入长三角传染病区域协同处置领域,以杭州亚运会测试赛中的登革热等输入性传染病为例,构建了详尽的协同处置情景,全面分析了发现、报告、处置、区域联动、风险评估等各环节任务及处置要点。同时,聚焦"区域联合风险评估和风险管理",从预案方案、组织领导、人员、设备与系统、物资、培训、演练七大维度深入剖析能力评估内容,并通过"任务分类"提出有针对性的能力提升建议。

---

① 刘天畅、李向阳、于峰:《案例驱动的CI系统应急能力不足评估方法》,《系统管理学报》2017年第3期,第464-472页。

② 胡信布、杨雨欣:《重大突发公共事件中公众应急能力的影响因素研究——基于32个案例的fsQCA分析》,《行政与法》2024年第2期,第77-90页。

③ 温志强、王彦平:《情景-演练-效能:中国特色应急管理能力现代化的行动逻辑》,《理论学刊》2024年第2期,第62-71页。

④ 陈蓉、张放、管至为,等:《基于"情景-任务-能力"的长三角传染病区域协同处置能力提升》,《中国卫生资源》2023年第6期,第674-677页。

　　这些研究通过案例分析，对应急管理能力进行了不同程度的评估测算，尽管当前主要集中于理论层面，但对于我国应急管理工作评估的实际推进具有一定的指导意义。

　　本书选取我国西北地区近年来发生的自然灾害典型案例，基于应急管理全周期阶段论，并结合西北地区应急管理能力评估指标体系，对西北地区自然灾害应急管理能力进行案例评估。不同的案例评估提供了多种视角，揭示了不同视角下自然灾害应急管理的复杂性和重要性，强调任何环节的疏忽都可能造成严重的社会经济损失。每个案例均具备多角度剖析的价值，具有一定的代表性和典型性。众多类似事件因相同的诱因而持续扩大影响，相同问题在不同突发事件中屡次出现，折射出我国西北地区自然灾害应急管理现状的某些缺漏之处与优势所在。这些宝贵的经验教训，为未来的改进和提升提供了重要的参考和启示，帮助构建更加完善、高效的应急管理能力体系。

第二节　自然灾害应急管理能力评估的维度

一、自然灾害应急管理能力评估维度的构建基础

（一）以危机管理"4R"模型为理论基础

　　根据罗伯特·希斯（Robrt Heath）提出的危机管理"4R"模型，危机管理分为缩减（reduction）、预备（readiness）、反应（response）和恢复（recovery）四个环节[1]。该模型综合考虑了危机事件的产生、暴发、恢复等各个环节，使危机管理理论与实际相互结合，形成一个全面而系统的动态循环过程。四个阶段彼此密切相连，每一阶段的处置应对都依赖于前者的基础，各个阶段相辅相成、缺一不可[2]。本书以危机管理的"4R"模型为理论框架，对西北地区自然灾害应急管理能力进行系统评估。

　　具体而言，在缩减阶段，主要任务是降低公共危机的发生概率，并减少其对社会的攻击力和影响力，此时需要进行全面的风险评估，力图把危机扼杀在萌芽中。在预备阶段，主要任务是做好处理危机的准备，建立预警机制，开展演习与训练。在反应阶段，主要任务是尽力应对已发生的危机，进而进行影响分析，制定处理计划，开展应对的技能培训。在恢复阶段，主要任务是制定恢复计划，重建社会秩序，总结与修

---

[1] 罗伯特·希斯：《危机管理》，王成等译，中信出版社，2004，第59—60页。

[2] 张宁宁：《基于4R模型的中国餐饮企业网络舆情危机管理研究》，硕士学位论文，北京交通大学经济管理学院，2018。

正危机反应制度。

（二）以《中华人民共和国突发事件应对法》为法理依据

2007年颁布实施、2024年修订的《中华人民共和国突发事件应对法》①（以下简称《突发事件应对法》），作为应急管理领域的最高法律依据，界定了应急管理的具体范畴及管理内容。基于应急管理的时序性与阶段性特征，《突发事件应对法》系统性地将应急管理工作划分为四大关键环节，分别是预防与应急准备、监测与预警、应急处置与救援和事后恢复与重建。该划分与美国联邦应急管理局所提出的减缓、准备、响应和恢复四阶段十分类似，只不过与预防与应急准备相比，减缓更强调主动降低风险发展为危机的概率②。

本书以《突发事件应对法》为法律依据，结合应急管理工作的四个方面，进一步梳理了以下的工作重点，并以此作为指标选取的基础。在《突发事件应对法》中，预防和应急准备方面包括应急预案的建设、应急保障、应急宣传、应急设施设备的配备检测等要素；监测和预警方面涉及信息监测、预警信息发布和报送、隐患信息排查等工作；应急处置与救援方面关注政府在突发事件发生后的指挥决策，以及各救援主体在灾害现场的救援工作；恢复与重建方面则涵盖了基础设施的恢复重建、灾后救助补偿和事后总结等内容③。在指标的设计中，应全面考虑上述内容。

（三）以国内外先进的实践与研究成果为经验借鉴

本书以国内外先进实践与研究成果为经验借鉴，对照美国、日本、澳大利亚等国家实践的应急管理能力评估体系，结合学界对应急管理能力的评估研究，对自然灾害应急管理能力评估的细分指标进行具体筛选，并进行有选择有侧重的分析。

在国外应急管理能力评估实践方面，美国是第一个进行应急管理能力评估的国家，同时也是指标体系建设最为完善的国家。美国联邦应急管理局（FEMA）与联邦应急管理委员会（NEMA）于1997年联合制定了州与地方政府应急准备能力评价体系（CAR）。该体系由13个管理职能、56个要素、209个属性、1014个特性指标组成④。此

---

① 《中华人民共和国突发事件应对法》（2024-06-29），中华人民共和国中央人民政府：https://www.gov.cn/yaowen/liebiao/202406/content_6960130.htm，访问日期：2024年7月21日。

② 张海波、童星：《应急能力评估的理论框架》，《中国行政管理》2009年第4期，第33-37页。

③ 翟瑞雪：《基于AHP-模糊综合评价法的南漳县政府应急管理能力评估研究》，硕士学位论文，湖北大学政法与公共管理学院，2022，第16页。

④ James L. W., "A Report to the Unite States Senate Committee on Appropriations: State Capability Assessment for Readiness," *Federal Emergency*, no.6(1997): 122-125.

后，其对原来的评价体系进行了多次修正，最终形成了一个由政府、企业、社区、家庭多个层面相互配合、协调联动的灾害应急能力评价体系。日本在应急能力评估研究方面也比较先进，并于2002年设立了地方公共组织防灾能力评估项目。该项目包含危机掌握与评估、减灾对策、整顿体制、信息通信系统、器材与储备粮食的管理等10个方面[1]。澳大利亚在2001年开展了一项关于国家自然灾害管理办法的审查，以综合评估该国自然灾害管理的现行做法。评估内容共涉及8个方面，包括与灾害有关的政策制定、应急反应措施、减灾措施、灾后评估、长期救济和恢复措施等，在对现行做法进行评价和分析的基础上，提出了12条改进建议[2]。

在国内应急管理能力评估研究方面，研究者从不同视角出发构建了不同的应急管理能力评估体系。如邓云峰等[3]通过分析影响我国城市应急能力的各个要素，提出包括组织体制、法治基础、培训演练、装备和设施等18个一级指标城市应急能力评估体系。杨青等[4]基于危机过程管理理论，构建了包括灾前预警、灾中应急和灾后恢复三大能力分系统的城市灾害应急管理综合能力评价体系，并进一步细化为12个子系统的综合评价体系，全面覆盖了应急管理的各个阶段。伍毓锋[5]则运用应急管理的三阶段模型，即预防准备、应急响应与恢复重建，构建了城市应急管理的三大核心能力评价体系，突出了应急管理过程中的关键环节。而贺山峰等[6]则基于应急管理的全过程视角，系统性地从准备、预警、处置到恢复四个阶段构建了城市灾害应急能力评价体系，强调了应急管理的连续性和动态性。

（四）以我国应急管理现状为现实基础

在唐山抗震救灾及新唐山建设40年之际，习近平总书记进行考察并提出了"两个坚持、三个转变"的重要论述。具体来说，"两个坚持"即坚持以防为主、防抗救相结

①　Ishiwatari M., "Institutional Coordination of Disaster Management: Engaging National and Local Governments in Japan," *Natural Hazards Review*, no.22(2021):04020059.

②　Haque C. E., "Risk Assessment, Emergency Preparedness and Response to Hazards: The Case of the 1997 Red River Valley Flood, Canada," *Natural Hazards*, no.21(2000):225–245.

③　邓云峰、郑双忠、刘功智,等:《城市应急能力评估体系研究》,《中国安全生产科学技术》2005年第6期,第33-36页。

④　杨青、田依林、宋英华:《基于过程管理的城市灾害应急管理综合能力评价体系研究》,《中国行政管理》2007年第3期,第103-106页。

⑤　伍毓锋:《我国城市应急管理能力评价指标体系研究》,硕士学位论文,电子科技大学公共管理学院,2015,第31-32页。

⑥　贺山峰、高秀华、杜丽萍,等:《河南省城市灾害应急能力评价研究》,《资源开发与市场》2016年第8期,第897-901页。

合，坚持常态减灾和非常态救灾相统一；"三个转变"即努力实现从注重灾后救助向注重灾前预防的转变，从应对单一灾种向综合减灾的转变，从减少灾害损失向减轻灾害风险的转变①。这一指导思想旨在全面提升全社会抵御自然灾害的综合防范能力，是对自然规律和人类发展规律的科学认识，深刻揭示了风险管理和综合减灾的工作理念，为应急管理体系和能力建设提供了明确的实践路径。

应急管理能力被普遍定义为应对突发事件的管理能力，它贯穿突发事件发生的整个过程，是衡量应急管理水平的重要标准。我国于2003年"非典"疫情之后开始重视应急管理能力建设，本书从我国应急管理工作现状出发，结合西北地区在自然灾害应急管理方面的独特性，探索西北地区自然灾害应急管理能力评估的维度体系。

二、构建自然灾害应急管理能力的评估维度

应急管理是一个动态的过程，应急管理的不同阶段对应急能力的要求也不相同，应急管理能力是减缓、准备、响应和恢复四种能力的复合②。本书认为自然灾害应急管理能力的评估应当包括应急减缓、应急准备、应急响应和应急恢复四大能力维度。

（一）应急减缓能力

减缓是危机管理的首要环节，涵盖了从潜在危机出现到实际危机暴发的整个阶段。在危机减缓阶段，核心问题在于通过风险评估、整合人员和系统要素以及制定优化策略，来降低潜在危机暴发的可能性，并减缓危机暴发时的冲击。罗伯特·希斯强调，识别潜在危机和应对现实危机是同等重要的③。在减缓阶段，最为普遍的措施是对潜在威胁进行深入的分析，识别可能的风险源，并通过有针对性的计划和预防措施来规避或降低这些潜在风险，通过整合各类资源和建立有效的协作机制，确保在危机减缓阶段能够最大限度地提高应对潜在危机的能力。这一阶段的有效执行为危机管理全过程的成功奠定了坚实的基础。例如，通过强化建筑管理，确保建筑标准符合防震、防火、防飓风等要求；通过组织水利设施建设，以有效预防洪水泛滥或干旱缺水问题；通过定期检查，监测并排除易加重自然灾害的各种隐患。这些措施有助于提前应对潜在风险，降低可能的损害和影响。

---

① 《坚持中国道路，推进应急管理体系和能力现代化》，中华人民共和国应急管理部：https://www.mem.gov.cn/xw/ztzl/2021/xxgclzqh/zjjd/202112/t20211218_405215.shtml。

② 张海波、童星：《应急能力评估的理论框架》，《中国行政管理》2009年第4期，第33-37页。

③ 林帅：《基于4R模型的网络群体性事件政府治理研究——以"红黄蓝幼儿园虐童事件"为例》，硕士学位论文，吉林大学行政学院，2020。

（二）应急准备能力

准备是危机管理的预防环节。一旦危机管理者完成对潜在危机的识别，保证危机的监测预警以及组织必要的人力和物力就显得格外重要[1]。在准备阶段，政府采取的措施包括建立健全监测预警系统，组织专业培训，并定期开展演习活动等，以提高自身素质并强化危机应对能力。通过这些举措，政府能够提前做好充足的前期准备以应对即将出现的危机。例如，积极收集自然和社会环境中突发事件的征兆信息，及时发现并跟踪监测各种潜在风险的发展势态；建立高效的预警系统，能够迅速对事态作出准确的评估与分析；搭建信息平台，为应急指挥决策提供充分的信息支撑；组织制定切实可行的应急预案，并开展培训与演练活动，以确保在危机发生时能够有序而迅速地应对。

（三）应急响应能力

响应是危机管理的应对环节，同时也是整个危机演进过程中最为考验组织危机处置能力的阶段。这一阶段要求政府在危机发生后迅速采取各种紧急处置措施，有效应对突发事件。当自然灾害发生后，政府必须迅速行动，尽力阻止事态恶化。即刻启动应急预案，采取切实有效的应急处置措施，安抚公众情绪，积极调动社会各方资源，紧急展开现场处置和施救行动，尽快修复已受损的社会系统。通过科学有序的危机处理，最大程度地减少人员伤亡和财产损失，保证社会秩序的稳定有序。在响应阶段，政府不仅要准确把握灾害信息并进行有效传递，保障信息沟通的真实性和时效性，而且还必须谨防谣言的扩散升级，同时还应与专业人员合作，作出科学合理的指挥决策，从而最大限度地减轻灾害影响，提升危机的处置效果[2]。

（四）应急恢复能力

恢复是危机管理的善后环节。在该环节，政府的主要任务是在有效控制危机事件后，通过采取一系列措施，使社会生产生活秩序恢复到正常状态，包括各种善后和重建工作。在灾害得到控制后，人们从紧张、失衡的状态中逐渐恢复，此时政府需要制定全面的灾后恢复重建计划，包括但不限于经济的恢复与重建、受灾群众的心理援助以及防范危机的复发等。全面考虑这些因素，对于危机后期的管理工作至关重要，有助于实现社会的全面稳定和可持续发展。此外，在该阶段，政府在总结灾害经验和教

---

[1]林帅:《基于4R模型的网络群体性事件政府治理研究——以"红黄蓝幼儿园虐童事件"为例》,硕士学位论文,吉林大学行政学院,2020。

[2]林帅:《基于4R模型的网络群体性事件政府治理研究——以"红黄蓝幼儿园虐童事件"为例》,硕士学位论文,吉林大学行政学院,2020。

训的同时，还需要做好组织的形象恢复工作，确保社会能够良性运行①。

第三节 自然灾害应急管理能力评估的方法

一、自然灾害应急管理能力评估方法的体系结构

自然灾害应急管理能力评估方法的体系结构是根据自然灾害应急管理能力评估的实践需要，对应急管理能力评估领域所积累的研究方法按照某种标准进行系统化和结构化，它能够比较完整地反映自然灾害应急管理能力评估方法的全貌，反映自然灾害应急管理能力评估的具体方法以及方法之间的关系，为自然灾害应急管理能力评估工作提供全面、系统、科学的指导。

自然灾害应急管理能力评估流程中，数据收集、权重确定和综合计算是三个至关重要的核心环节，它们相互关联、相互支持，共同构成了自然灾害应急管理能力评估工作的基础。基于评估工作的系统性和科学性要求，自然灾害应急管理能力评估方法需包含数据收集、权重确定和综合计算三大最基本的功能。其一，数据收集是指通过恰当的方式获取所需要评估数据的过程②。指标体系建立后，评估数据的获取是评估实施的关键步骤，该工作的成效将直接关系到自然灾害应急管理能力评估工作的水平和效果。其二，权重确定是为了衡量不同评估指标在总体评价中的重要程度。由于自然灾害应急管理能力涉及多个方面不同指标，这些指标对评估结果的影响程度各不相同，需要通过合理的权重确定方法来确保评估结果的公正性和准确性。其三，综合计算是将收集到的数据和确定的权重转化为具体评估结果的关键步骤。通过科学合理的计算和分析，得出关于自然灾害应急管理能力的量化评价结果，清晰地反映出被评估对象在自然灾害应急管理能力方面的优势和不足，为后续的改进和提升提供有力的依据。

由此，自然灾害应急管理能力评估方法的体系结构可由这三大功能对应的三大类方法组合构建起来，即自然灾害应急管理能力评估方法包括：（1）数据收集方法，由各种进行自然灾害应急管理能力指标数据收集的具体方法集合组成。（2）权重确定方法，由各种进行自然灾害应急管理能力指标权重确定的具体方法集合组成。（3）综合

---

① 林帅：《基于4R模型的网络群体性事件政府治理研究——以"红黄蓝幼儿园虐童事件"为例》，硕士学位论文，吉林大学行政学院，2020。

② 潘文文、胡广伟：《电子政务工程项目绩效评估方法研究：闭环管理的视角》，《电子政务》2017年第9期，第110-118页。

计算方法，由各种进行自然灾害应急管理能力综合计算的具体方法集合组成。这样，自然灾害应急管理能力评估方法的体系结构可用表3-1表示。

表 3-1　自然灾害应急管理能力评估方法的体系结构

自然灾害应急管理能力评估方法	数据收集方法	自陈式量表法、问卷调查法、结构化访谈、网络爬虫、信息系统数据采集、传感器数据采集、遥感数据采集
	权重确定方法	层次分析法、序关系分析法、熵权法、主成分分析法、CRITIC法
	综合计算方法	功效系数法、最优值距离法、秩和比法、模糊综合评价法、灰色关联分析法、人工神经网络法

二、自然灾害应急管理能力评估的数据收集方法

(一) 自陈式量表法

自陈式量表法，是指一种由被评估者依据预设的标准或准则，自我评估并打分以反映其特定能力或表现水平的方法。其基本原理在于，通过设计一系列明确、可量化的指标或问题，让被评估者根据自身实际情况进行主观判断，从而获取关于其能力、态度或行为等方面的直接反馈。这种方法强调被评估者的自我认知和自我反思，有助于促进个体对自我表现的客观认识和评价。自陈式量表法的优势在于其简便易行和广泛适用性。首先，它不需要外部评估者的直接参与，降低了评估成本和时间消耗。其次，通过标准化的量表设计，可以确保评估结果的一致性和可比性，便于对不同个体或组织进行横向和纵向的比较分析。例如，美国的州与地方政府应急准备能力评价体系（CAR）采用自陈式量表法，让各级政府根据自身在应急准备能力上的表现进行打分，不仅快速高效地收集了大量数据，还通过颜色标识的方式直观展现了各州的应急准备能力水平，为后续的决策和改进提供了有力支持[①]。但自陈式量表法也存在一定的局限性。首先，由于评估结果完全依赖于被评估者的主观判断，可能存在自我夸大或低估的情况，影响评估结果的准确性和客观性。其次，量表的设计质量和指标的合理性直接影响到评估结果的有效性，如果量表设计不当或指标设置不合理，可能会导致评估结果偏离实际情况。此外，自陈式量表法还容易受到被评估者心理因素的影响，如社会期望效应、自我服务偏差等，这些都可能对评估结果产生干扰。

[①] James L. W.，"A Report to the Unite States Senate Committee on Appropriations：State Capability Assessment for Readiness，"*Federal Emergency*，no.6（1997）：122-125.

（二）问卷调查法

问卷调查法，是指调查者根据研究的问题和研究的方案，通过设计一套需要被调查者回答的问题表来收集资料的方法[①]。问卷的编制需遵循严格的标准化流程，确保其信度与效度通过科学验证[②]。此方法的核心优势在于它能突破时空限制，可以将问卷直接发送给被调查者，由其独立完成填写，从而实现在较短时间内收集大量问卷，有效节省人力、时间与经费。例如，鲁平俊等[③]在评估多形态基层社区的公共卫生应急管理能力时，便运用该方法收集了全国范围内661份问卷数据。然而，问卷调查法也存在局限性。如问卷调查尤其是自填式问卷调查，由于缺乏面对面的交流，可能导致被调查者对问卷中不明确或复杂的问题产生误解，进而出现误答、错答或漏答，影响问卷质量与有效性；且可能存在被调查者敷衍作答，或者在从众心理驱使下的填答，都将使调查失去真实性。

（三）结构化访谈

结构化访谈，是指一种系统性的数据收集方法。调查者依据预先设计好的调查问卷，向受访者逐一提出问题，并根据受访者的回答，在问卷上直接勾选或填写相应的答案。访方法通过标准化的询问流程，确保每个受访者都能被问到相同的问题，并按照相同的逻辑顺序进行回答，从而保障数据的可比性和一致性。其核心优势在于能够显著提高调查问卷的质量。首先，结构化访谈通过预设的问题和选项，有效减少了漏答、误答和错答的现象，使得收集到的数据更加完整和准确。其次，面对面的访谈形式有助于调查者直接观察受访者的反应，及时澄清疑问，避免作答过程中的误解或作弊现象，进一步保证了调查结果的真实性。例如，许钰彬等采用结构化访谈对30名高中生进行物理学习焦虑调查，访谈数据在一定程度上体现了高中生物理学习焦虑的现状、产生原因及影响因素[④]。然而，结构化访谈也存在一定的局限性。首先，它对调查者的要求较高，需要调查员具备良好的访问技巧和应变能力，能够灵活应对受访者的各种回答和反应，以确保访谈的顺利进行。这在一定程度上增加了调查的难度和成本，因为调查前需要对调查员进行专业培训。其次，结构化访谈相对费时费力，特别是在受访者数量较多的情况下，一对一的访谈方式限制了调查规模的扩大，可能无法满足

---

① 闫继华：《探析法社会学中问卷调查法的实证性》，《法制与社会》2014年第28期，第8-10页。

② 郑晶晶：《问卷调查法研究综述》，《理论观察》2014年第10期，第102-103页。

③ 鲁平俊、唐小飞、丁先琼：《重大突发公共卫生事件下多形态基层社区应急管理能力研究》，《中国行政管理》2023年第2期，第124-134页。

④ 许钰彬、朱广天：《高中生物理学习焦虑的结构化访谈研究》，《中学物理》2021年第15期，第2-5页。

大规模调查的需求。

（四）网络爬虫

网络爬虫（Web Crawler），亦称网络蜘蛛（Web Spider），是一种遵循既定规则或模式的算法程序。它通过统一资源定位符（Uniform Resource Locator，简称URL）指向目标网页并发送下载请求，自动下载和存储网页信息[1]；它从初始URL开始，自动化浏览目标网站并抓取所需信息，过程中自动识别并收集网页中的所有URL加入待爬队列，持续采集直至满足系统设定的停止条件[2]。刘晔等人[3]就采用Python网络爬虫技术，从中国政府网、万方数据库、北大法宝等官方网站搜集了1834项应急管理相关政策，通过量化分析新中国成立以来我国应急管理制度的演进过程，总结了中国应急管理制度化构建的经验与规律。

基于不同的目的和用途，网络爬虫包括通用网络爬虫和聚焦网络爬虫两种类型。通用网络爬虫法是指快速采集目标URL指向的网页上的所有内容的网络爬虫算法，通常被应用于网络搜索引擎（如谷歌、百度等）的数据采集，该方法对数据的采集速度和存储空间的要求较高。聚焦网络爬虫是一种遵循特定爬行策略的爬虫，它通过分析页面内容和爬行方向来筛选信息，基于初始URL种子集和特定的分析算法，评估页面与主题的相关性以及URL与主题的潜在相似度，过滤非相关页面，并将相关URL加入待爬队列，直至达到停止条件才结束爬行过程，其工作流程如图3-1所示。聚焦网络爬虫更加专注于特定主题，通过明确定义的初始种子URL和抓取范围来限制爬取的主题相关性，其链接过滤更为严格，只保留与主题相关的链接，并进行优先级评估和排序，同时实施深度控制策略以避免对无关页面的过度爬取。

（五）信息系统数据采集

信息系统数据采集[4]主要用于实现对数据库表、系统运行状态等数据的分布式抓取，是获取、收集和整合来自不同来源的数据的过程。具体包括直接数据库连接、API接口调用、日志收集、网络数据抓取和分布式数据采集等方法。

---

[1] 肖旺欣：《儿童产品伤害网络文本大数据关键挖掘方法与应用研究》，博士学位论文，中南大学湘雅公共卫生学院，2023，第57页。

[2] 刘晓旭：《主题网络爬虫研究综述》，《电脑知识与技术》2024年第8期，第97-99页。

[3] 刘晔、王海威：《中国特色应急管理制度化建构的演进过程及规律分析——基于网络爬虫技术的1949—2020年我国应急管理政策文本计量分析》，《中国应急管理科学》2020年第12期，第4-17页。

[4] 王长峰、张星明、池宏：《智慧应急管理知识体系指南》，电子工业出版社，2023。

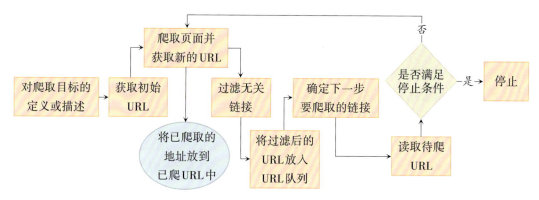

图 3-1 聚焦网络爬虫工作流程

直接数据库连接方法[1]是通过 JDBC/ODBC 等标准数据库接口实现数据的直接提取，其核心在于构建与数据库管理系统的稳定连接，并利用 SQL 语言执行精确的数据查询操作。该方法的优势体现在其能够提供数据的实时访问和复杂查询能力，然而，其对于数据库性能的潜在影响以及对数据库安全架构的挑战，构成了该方法的主要局限性。API 接口调用作为一种基于服务架构的数据采集手段，通过预定义的 API 协议进行数据交换，其运作机制依赖于"请求-响应"模式，以 JSON 或 XML 等格式规范数据传输。API 接口调用的优势在于其简便性、安全性和系统抽象性，但同时也存在对 API 提供方依赖性强、数据访问范围受限等问题。网络数据抓取涉及利用自动化工具对网页内容进行解析和提取，其基本原理基于 HTTP 协议和 HTML 解析技术。该方法在灵活性和自定义性方面表现出显著优势，但其法律合规性和技术稳定性问题不容忽视，尤其是在面对动态网页和反爬虫策略时。日志收集作为信息系统监控和故障分析的重要手段，其运作机制包括日志生成、采集、解析和存储等环节。日志收集的优势在于其记录的完整性和对系统行为的追踪能力，但其处理大规模日志数据时的性能和存储挑战，以及日志格式的异构性和解析复杂性，构成了其主要局限性。分布式数据采集方法通过在多个计算节点上并行执行采集任务，实现了高效的数据采集和处理。该方法的优势在于其出色的可扩展性和处理大规模数据的能力，然而，分布式系统的管理复杂性和网络通信的依赖性，也是其在实际应用中必须面对的问题。

（六）传感器数据采集

传感器技术是目前常用的数据采集手段之一[2]。传感器常用于测量物理环境变量并

---

① 陈世保：《基于直接连接的分布式数据库查询优化实现方法研究》，《计算机时代》2011 年第 7 期，第 16-17 页。

② 刘智慧、张泉灵：《大数据技术研究综述》，《浙江大学学报》（工学版）2014 年第 6 期，第 957-972 页。

将其转化为可读的数字信号以待处理，传感器包括声音、振动、化学、电流、天气、压力、温度和距离等类型，通过有线或无线网络，信息被传送到数据采集点[①]，即传感器数据采集是指利用传感器设备从物理环境中捕捉并转换为可测量、处理、分析和传输的数据的过程。在应急管理领域，传感器技术作为一种可靠的感知手段，具有极其广阔的应用前景，可被广泛应用于实时监测、风险评估、决策支持、资源调配、快速响应以及灾后评估与恢复等方面。随着物联网技术的发展，传感器数据采集变得越来越重要。物联网通过将各种传感器设备连接到互联网，实现了数据的远程传输和共享，使得数据采集更加便捷、高效。同时，大数据分析技术的应用也使得从海量传感器数据中提取有价值的信息成为可能，为应急管理能力评估的发展提供了有力支持。例如，Wang等[②]利用传感器收集降雨量、温度、湿度、大气压和水位等数据，并将其用于评估农业灾害风险管理与能力。

（七）遥感数据采集

遥感技术起源于20世纪60年代，是指在不直接接触的情况下，对目标或自然现象进行远距离探测和感知的综合性探测技术，是采集时空信息的重要技术手段[③]。遥感技术凭借其瞬时成像、广域覆盖、远程传输、动态更新、地面条件限制小、长时间监测及信息全面等优势，已成为重要的数据获取方式[④]。遥感按照传感器类型可细分为光学遥感、微波遥感、红外遥感及激光雷达遥感等，每种类型传感器所采集的数据各具特点。当前，在应急管理中，遥感技术在地震、洪水、滑坡及火灾的快速监测与响应方面应用广泛且技术较为成熟。在应急管理能力评估过程中，Lei等[⑤]提出了一种基于卫星遥感、无人机遥感和野外测量技术的空-天-地一体化洪涝灾害监测和评估方法，利用遥感卫星图像、无人机遥感图像以及地面勘测数据实现对鄱阳县襄阳堤坝溃口引发的洪涝灾害应急监测和评估；高华勇[⑥]综合运用地理信息、水文气象、土地利用、土壤

① 李学龙、龚海刚：《大数据系统综述》，《中国科学：信息科学》2015年第1期，第1-44页。

② Wang C., Gao Y., Aziz A., et al., "Agricultural Disaster Risk Management and Capability Assessment Using Big Data Analytics," *Big Data* 10, no.3 (2022): 246-261.

③ 张益天、赵晶、陈蒋洋，等：《基于局部空间深度特征的SAR遥感图像变化检测方法》，《北京航空航天大学学报》2024年第4期，第1-12页。

④ 贾俊、李志忠、郭小鹏，等：《多源遥感技术在降雨诱发勉县地质灾害调查中的应用》，《西北地质》2023年第3期，第268-280页。

⑤ Tianjie Lei, Jiabao Wang, Xiangyu Li, et al., "Flood Disaster Monitoring and Emergency Assessment Based on Multi-Source Remote Sensing Observations," *Water* 14, no.14 (2022): 2207.

⑥ 高华勇：《极端暴雨情景下珠三角典型平原河网区洪涝模拟及应急响应能力评估研究》，硕士学位论文，华南理工大学土木与交通学院，2023，第10-11页。

植被、河网、夜间灯光遥感等多源遥感数据，辅以其他相关数据，进行珠三角典型平原河网区暴雨洪涝模拟和应急响应能力评估。遥感技术在应急管理中虽能提供信息支持，但受限于数据获取的高成本、处理时效性不足、精度波动、数据融合困难、共享协同的技术与政策障碍[1]，仍需不断优化技术、政策及管理机制以克服这些局限性。

三、自然灾害应急管理能力评估的权重确定方法

（一）层次分析法

层次分析法[2]（Analytic Hierarchy Process，简称 AHP）是一种用于解决复杂决策问题的分析方法，由美国运筹学专家萨蒂（T. L. Saaty）教授在 20 世纪 70 年代提出。层次分析法的基本思想是将一个复杂的问题层层分解成多个相互关联的层次，形成一个层次结构。在每个层次上，通过两两比较元素的相对重要性，建立判断矩阵。然后，通过数学计算，得出每个元素的权重，最终综合各层次的权重来进行决策。因此，层次分析法不仅可以满足对指标进行定量分析的需求，还能够结合定性的直观描述，是一种较为理想的方法，既考虑到了量化分析的准确性，又综合了定性因素的影响。具体而言，层次分析法通常包括以下四个主要步骤[3][4]。

步骤 1：建立递阶层次结构

基于评价需求，将复杂问题层层分解成若干层次，从目标层次逐级细化到准则层和方案层，形成一个较为清晰的层次结构。

步骤 2：构造判断矩阵

判断矩阵是用来计算一个层次中的所有因素对上一层某一因素的影响权重。其构造通常采用专家判断或者实证数据对此层次中因素之间的重要性进行两两比较，比较选取 1～9 以及其倒数来量化。除了最底层的方案层外，每一层的每一个因素都会对应一个判断矩阵。因此，这些矩阵反映了不同层次和因素之间的相对权重。例如，矩阵 A_{pq} 表示第 $p+1$ 层所有因素对第 p 层第 q 个因素的影响重要程度的判断矩阵，其中 a_{ij}

① 刘沁萍、张雪丹、田洪阵：《遥感技术在应急管理中的应用研究进展与展望》，《中国应急管理科学》2023 年第 11 期，第 78-96 页。

② Khanna A., Rodrigues J. J. P. C., Gupta N., et al., "Local Mutual Exclusion Algorithm Using Fuzzy Logic for Flying Ad-hoc Networks,"*Computer Communications*, no.156(2020)：101–111.

③ 陈萍、牛萍、徐辉，等：《中国科技专员服务企业评价机制的构建》，《科技管理研究》2024 年第 12 期，第 70–77 页。

④ 孙劲松、李月琳、潘正源：《基于公众视角的突发公共卫生事件应急信息公开质量评估研究》，《图书馆建设》2024 年 1 月，第 1–21 页。

是第 $p+1$ 层中第 i 个因素对第 j 个因素的相对重要性；矩阵的阶数 n 为第 $p+1$ 层的因素个数。

$$\boldsymbol{A}_{pq} = \left(a_{ij} \right)_{n \times n} \begin{pmatrix} 1 & a_{12} & a_{13} & \cdots & a_{1n} \\ a_{21} & 1 & a_{23} & \cdots & a_{2n} \\ a_{31} & a_{32} & 1 & \cdots & a_{3n} \\ \vdots & \vdots & \vdots & \ddots & \vdots \\ a_{n1} & a_{n2} & a_{n3} & \cdots & 1 \end{pmatrix}$$

步骤3：层次单排序及一致性检验

依据判断矩阵 A，计算各层次因素相对于上一层的重要性（相对权重），即计算判断矩阵的最大特征根 $\lambda_{\max}$ 和对应的特征向量 W，计算公式见式（3-1）。

$$AW = \lambda_{\max} W \tag{3-1}$$

将特征向量作为排序权值进行层次单排序，同时进行一致性检验。一致性检验形式如下：

$$CI = \frac{\lambda_{\max} - n}{n - 1} \tag{3-2}$$

$$CR = \frac{CI}{RI} \tag{3-3}$$

式（3-2）、（3-3）中，CI 为一致性指标，RI 为平均随机一致性指标。Saaty 通过随机仿真，对 CI 大量采样，然后计算这些样本的均值，给出了随机一致性指标 RI 的数值（见表3-2）。

表3-2　Saaty 给出的随机一致性指标 RI 的数值

n	3	4	5	6	7	8	9	10
RI	0.58	0.90	1.12	1.24	1.32	1.41	1.45	1.49

CR 为一致性比率，若 $CR < 0.1$，则认为判断矩阵具有较好的一致性，否则需要进行重新调整判断矩阵。

步骤4：层次总排序

层次总排序是计算某一层次所有因素对于最高层相对重要性的权值，这一过程是从最高层到最低层逐层进行的，最终得出最低层方案对于总目标的综合权重及排名，从而根据排名选出最优决策方案。综合权重的计算如下。假设层次结构图一共有 P 层，第一层为目标层，最底下一层为方案层，其他中间层为准则层。第 k 层含有 Q_k 个因素，则第 $p+1$ 层对第 p 层的影响权重为矩阵：

$$\boldsymbol{W}_p = [\, W_{p1} \quad W_{p2} \quad \cdots \quad W_{pq} \,]$$

其中，列向量 $\boldsymbol{W}_{pq}$ 为由步骤2构造的判断矩阵 $\boldsymbol{A}_{pq}$ 计算出来的最大特征根的特征向量，见步骤3。最终，综合权重为：

$$W^* = W_{P-1}W_{P-2}\cdots W_1 \qquad (3-4)$$

AHP运用了系统化的思想，将研究对象视为一个系统，通过分解、判断、综合进行分析，可以科学、客观地将一个多指标问题综合成一个单指标的形式，以便在一维空间中实现综合评价。通过将人的思维过程数学化、主观判断定量化以及方案差异的数值化，该方法有助于决策者保持思维过程的一致性，为最优方案的选择提供合理的决策依据。然而，AHP的基础是主观判断，带有较强的定性色彩，所以不能保证计算出的权值就是复杂系统各因素的客观权值，应在实践中注意验证其效度与价值；当指标过多时，在进行两两比较时，评估者可能难以准确判断各因素间的相对重要性，进而可能导致判断矩阵无法通过一致性检验，从而影响整个分析过程的有效性和可靠性。因此，在指标繁多的情况下，应审慎考虑AHP的适用性，并探索其他更为合适的决策分析方法[1]。

（二）序关系分析法

序关系分析法又称G1法，是一种由郭亚军提出的较为经典的主观赋权方法[2]。该方法旨在解决传统AHP法在处理多层次、多指标决策问题时难以通过一致性检验的难题。G1法的提出，是对传统层次分析法在处理复杂决策问题上的重要补充与改进。G1法通过直接对指标进行重要性排序，比较各层指标之间的相对重要性，而不是像传统AHP法那样要求对所有指标进行两两比较并构造复杂的判断矩阵，从而极大地简化了决策过程，提高了效率。具体而言，G1法首先要求决策者根据指标的相对重要性进行排序，得到一个直观的序关系表[3][4]。随后，通过专家咨询法，确定相邻指标之间的重要性标度值，这些标度值反映了指标间重要性的差异程度。最后，利用数学公式求解出各指标的权重系数，完成权重的分配。G1法的具体步骤如下所示[5][6]：

① 叶丹丹：《农村居民突发事件应急能力评估——以江苏省为例》，硕士学位论文，南京大学政府管理学院，2016，第19-20页。

② 郭亚军：《综合评价理论与方法》，科学出版社，2022。

③ 马学鹏、赖桂瑾、武丁杰：《基于序关系分析法的管制员培训评价模型》，《航空计算技术》2019年第2期，第66-69页。

④ 程砚秋：《基于区间相似度和序列比对的群组G1评价方法》，《中国管理科学》2015年第23卷专辑，第204-210页。

⑤ 刘笑可：《基于G1法与熵权法的新型研发机构备案指标筛选研究》，硕士学位论文，河北科技大学经济管理学院，2018，第44-45页。

⑥ 徐健、杜贞栋、林洪孝，等：《基于序关系分析法的节水型社会评价指标权重的确定》，《水电能源科学》2014年第10期，第132-134页。

步骤 1：确定序关系

对于某层的评价指标集 $Y=\{Y_1，Y_2，\cdots，Y_N\}$，专家将根据自身判断对这些指标进行排序，将最重要的指标标记为 U_1，其后的指标按照它们的重要性顺序标记为 U_2，U_3，$\cdots$，U_N。

步骤 2：相邻指标重要程度的确定

对于任意两个排序相邻的指标，专家对其进行打分量化，赋予相对重要程度得分。其中，W_n 为第 n 个指标的权重，则：

$$r_n = \frac{w_{n-1}}{w_n} \tag{3-5}$$

步骤 3：单个指标权重的计算

依据专家确定的各指标相对重要程度 r_n，可通过式（3-5）计算出单个指标权重：

$$W_N = (1 + \sum_{n=2}^{N} \prod_{i=n}^{N} r_i)^{-1} \tag{3-6}$$

步骤 4：其余指标权重的确定

确定指标 U_n 的权重后，可利用以下公式计算指标集 Y 中其他指标的权重：

$$w_{n-1} = r_n w_n \quad n = N, N-1, \cdots, 3, 2 \tag{3-7}$$

步骤 5：群决策机制

由于专家认知存在差异，为了使指标体系更加客观，引入多专家打分的群决策机制。邀请 t 位专家共同参与，要求其依据对研究对象的熟悉程度 d 打分，则第 h 个专家的专家权重指数 L_h 为：

$$L_h = \frac{d_h}{\sum_{a=1}^{t} d_a} \tag{3-8}$$

群决策下，第 h 个专家为第 i 个指标赋予的权重为 w_i^h，则第 i 个指标的群决策结果为：

$$w_i = \sum_{h=1}^{t} L_h w_i^h \tag{3-9}$$

通过公式（3-5）～（3-9）可以计算出专家对各层级指标的赋权结果，据此对初始指标体系的单层权重和综合权重进行计算。

序关系分析法运用了比较排序与专家咨询相结合的思想，通过直接对指标进行重要性排序，并借助专家意见确定相邻指标间的重要性标度值，从而简化了传统权重确定方法的复杂性。这种方法避免了传统层次分析法中烦琐的两两比较和一致性检验过程，使得权重分配更加简便快捷。序关系分析法的运用，旨在提高决策效率，减少主观因素对权重分配的影响，以便决策者能够更快速地作出基于客观数据支持的决策。同时，它也有助于在多指标决策问题中，更加清晰地识别出关键指标，为优化决策提供有力支持。然而，序关系分析法也存在一些缺点。首先，它高度依赖于专家的主观判断，专家的经验和知识水平对结果的影响较大，可能导致不同专家给出的权重分配存在差异。其次，对于指标数量较多或指标间关系复杂的决策问题，排序过程可能变得困难且耗时，增加了决策成本。此外，由于未进行一致性检验，当专家判断出现较大偏差时，可能会影响权重分配的准确性和可靠性。

（三）熵权法

熵权法（Entropy Weight Method，简称EWM）是一种在多指标综合评价中广泛应用的客观赋权方法，其理论基础根植于信息论中的熵概念。熵，这一概念最初由德国物理学家克劳修斯（Clausius）于1864年提出，并在热力学中得到应用。随后，在1948年，美国数学家克劳德·艾尔伍德·申农（C. E. Shannon）首次将熵的概念引入信息论，用以衡量信息的不确定性或随机性，即系统的无序程度。熵权法的基本思想在于，通过衡量各评价指标所携带的信息量，即熵权值，来评估这些指标在综合评价中提供有用信息的丰富程度。在信息论中，信息熵越大，表示系统的不确定性或无序程度越高，相应地，该指标在综合评价中提供的有用信息就越少，其权重也就越低；反之，信息熵越小，表明系统越有序，指标携带的有用信息越多，其权重也越高。具体而言，熵权法通常包括以下三个主要步骤[①]。

步骤1：指标一致化和无量纲化

设多个指标为 $X_{ij} = [x_{1j}, x_{2j}, \cdots, x_{nj}]$，$j = 1, 2, \cdots, J$，其中 x_{ij} 表示第 j 个指标的第 i 个取值。因为信息熵是基于随机变量的分布定义的，所以在实施前需要对数据进行归一化，即指标的各项值均在0~1之间且所有值之和为1。首先，在进行评价之前，需要对所有指标进行无量纲化处理，以消除不同量纲带来的影响，确保数据具有可比性，从而更准确地进行评估和比较。采用极值法进行无量纲化处理的公式如下所示：

$$x_{ij}^{\ *} = \frac{x_{ij} - m_j}{M_j - m_j} \qquad (3-10)$$

式（3-10）中，M_j 和 m_j 分别是第 j 个指标的最大值和最小值。这个公式的作用是将指标层的数据重新映射到了0到1的范围内。在处理数据时，若某指标数据存在小于或等于0的情况，可以对该列的数据整体进行平移，增加一个常数，以使得数据整体变为大于0的数值范围，从而符合算法的要求。

步骤2：计算贡献度、熵值和差异性系数

归一化后，在第 j 个指标下的第 i 个要素的贡献度的计算公式如下所示：

---

① Ogwang T., Cho D. I., "Olympic Rankings Based on Objective Weighting Schemes,"*Journal of Applied Statistics* 48, no.3(2021):573-582.

$$P_{ij} = \frac{x_{ij}^{*}}{\sum_{i=1}^{n} x_{ij}}, \ j = 1, 2, \cdots, J. \tag{3-11}$$

从式（3-11）可以得出，指标j的所有贡献度和为1。第j项指标的熵值的计算公式如式（3-12）所示：

$$e_j = -\sum_{i=1}^{n} P_{ij} \ln(P_{ij}), \ j = 1, 2, \cdots, J. \tag{3-12}$$

其中，$0 \leqslant e_j \leqslant 1$。

计算差异性系数的计算公式如式（3-13）所示：

$$g_j = 1 - e_j, \ j = 1, 2, \cdots, J. \tag{3-13}$$

步骤3：计算权重

计算指标权重的公式如式（3-14）所示：

$$W_j = \frac{g_j}{\sum_{j=1}^{J} g_j}, \ j = 1, 2, \cdots, J. \tag{3-14}$$

其中，$j=1, 2, 3, \cdots, m$。

熵权法运用了信息熵的思想，通过计算各评价指标的熵值来衡量其携带的信息量，从而客观地确定各指标在综合评价中的权重。这种方法避免了主观因素对权重分配的影响，使得评价结果更加科学、公正。熵权法的运用使得评价体系能够充分考虑各指标之间的差异性，确保评价结果的准确性和有效性。它特别适用于多准则决策问题，能够为决策者提供有力的支持，帮助他们在复杂环境中作出最优决策。然而，熵权法也存在一些缺点。首先，它对指标数据的分布和尺度较为敏感，如果数据存在异常值或分布不均匀，可能会导致权重分配失衡，影响评价结果的准确性。其次，熵权法忽略了指标之间的关联性，对于存在高度相关性的指标，可能会分配过高的权重，导致评价结果偏离实际情况。此外，熵权法在处理缺失值和极端值时也存在一定的困难，需要额外的数据预处理步骤来减少误差。

（四）主成分分析法

主成分分析法[①]（Principal Components Analysis，简称PCA）是考察多个变量间相关性的一种多元统计方法，其起源可以追溯到20世纪初，主要是由卡尔·皮尔逊（Karl Pearson）和哈罗德·霍特林（Harold Hotelling）两位学者对其进行了系统化和推广。主成分分析法的核心理念在于通过降维技术（具体表现为线性变换），在信息损失很少的基础上，将原本多维的指标体系简化为少数几个互不相关的综合指标。在这一

---

① 陈景信、代明：《知识要素与创业绩效——基于PVAR模型和区域的视角》，《经济问题探索》2020年第1期，第38-48页。

过程中，每个新生成的主成分均为原始变量的一种线性组合形式，且这些主成分彼此之间保持独立，即不存在信息重叠。尤为关键的是，每一个主成分都能有效地承载并反映原始变量集合中的大部分关键信息，而这些信息在各主成分之间又是互不重复的，从而确保了分析结果的全面性和准确性[1]。范德志等人[2]基于应急管理全过程理念，从突发公共卫生事件的事前准备、事发预警、事中处置和事后恢复四个方面建立了应急能力评价指标体系，其运用主成分分析法构建评价模型，以华东地区为例进行了应急能力评价。王梦晨等人[3]在研究城市社区公众突发事件风险感知能力影响因素时使用主成分分析法，提取制约公众风险感知的主要因素。

具体而言，主成分分析法通常包括以下五个主要步骤[4]。设数据 $\boldsymbol{X} = [X_1, X_2, \cdots, X_p] = (x_{ij})_{n \times p}$ 为 p 个变量构成的矩阵，其中 n 为样本数量，x_{ij} 为随机变量 X_j 的第 i 个样本。

步骤1：对输入数据矩阵的所有列进行标准化处理：

$$X_j = \frac{X_j - \overline{X_j}}{\mathrm{std}(X_j)}, \; j = 1, 2, \cdots, p. \tag{3-15}$$

式（3-15）中，$\mathrm{std}(X_j)$ 为变量 X_j 的标准差。

步骤2：计算样本各维间相关系数矩阵 $\boldsymbol{R} = (r_{ij})_{p \times p}$

$$r_{ij} = \mathrm{Cov}(X_i, X_j), \quad i, j = 1, 2, \cdots, p. \tag{3-16}$$

式（3-16）中，$\mathrm{Cov}(X_i, X_j)$ 表示数据矩阵中第 i 列和第 j 列之间的协方差。

步骤3：求出系数矩阵的特征值和特征向量

求得协方差阵 $\boldsymbol{R}$ 的 p 个特征值，$\lambda_1, \lambda_2, \cdots, \lambda_p$ 及相应的单位长度特征向量 $e_1, e_2, \cdots, e_p$。因为协方差阵一般为正定对称阵，所以所有特征值均为正值。

步骤4：求各个主成分的方差贡献率

$$\eta_k = \frac{\lambda_k}{\lambda_1 + \lambda_2 + \cdots + \lambda_p}, \; k = 1, 2, \cdots, p. \tag{3-17}$$

步骤5：筛选主成分

将所有主成分的贡献率值由高到低进行排序，排序后进行累加，并将累加 m 个主成分后的贡献率值与原始数据累计贡献率相除，得出主成分的累计贡献率 M，公式为：

① 于震、丁尚宇、杨锐：《银行情绪与信贷周期》，《金融评论》2020年第2期，第64-78页。

② 范德志、王绪鑫：《突发公共卫生事件应急能力评价研究——以华东地区为例》，《价格理论与实践》2020年第6期，第170-173页。

③ 王梦晨、房明、谭玥：《城市社区公众突发事件风险感知能力影响因素研究——以佛山市三水区Y社区为例》，《住宅与房地产》2023年第16期，第60-65页。

④ 邓铭洋：《基于改进遗传法优化BP神经网络的折弯机补偿值预测方法研究》，硕士学位论文，沈阳工业大学人工智能学院，2021，第23-24页。

$$M = \frac{\sum_{i=1}^{m} \lambda_i}{\sum_{i=1}^{p} \lambda_i}. \qquad (3-18)$$

通过给定累计贡献率指标 η^*（如：90%），通过 $M \geqslant 90\%$ 可以计算出主成分个数 m，确定 m 后，求出 $\lambda_1, \lambda_2, \cdots, \lambda_m$ 对应的特征向量构成的矩阵 $E = [e_1, e_2, \cdots, e_m]$，利用式（3-19）求得 m 个主成分 $Y = (y_1, y_2, \cdots, y_m)^T$，

$$Y = XE \qquad (3-19)$$

显然，第 k 个主成分的表达式为 $y_k = Xe_k$，$k = 1, 2, \cdots, m$。将第 i 个样本的值 $(x_{i1}, x_{i2}, \cdots, x_{ip})$ 代入 y_k 的表达式，经计算得到的值称为第 i 个样本在第 k 个主成分的得分，记为 $y_{ik} = (x_{i1}, x_{i2}, \cdots, x_{ip})e_k$。

主成分分析法通过线性变换，将原始指标转换为若干个互不相关的综合指标，即主成分。在这个过程中，权重的确定是基于数据本身的特征，而非人为设定，从而避免了主观因素的影响，这使得评价结果更加客观、合理。由于主成分分析法能够确保评价结果的唯一性，因此在实际应用中，可以有效减少因评价标准不统一而导致的争议。这种唯一性使得主成分分析法在多指标综合评价中具有较高的可信度，但是其同样也存在计算过程烦琐，受样本量对评价结果的影响和线性关系的局限性等缺点[1]。

（五）CRITIC 法

CRITIC（Criteria Importance Through Intercrieria Correlation）方法[2]是一种客观权重赋权法。其思想在于两项指标，分别是波动性（对比强度）指标和冲突性（相关性）指标。波动性利用标准差来量化，标准差的高低直接映射了数据波动的幅度，波动愈大，其对比强度愈显著，从而赋予更高的权重。而冲突性则是通过计算指标间的相关系数来评估，相关系数值越大，表明指标间的一致性越强，冲突性减弱，因此对应的权重应相应调低。在权重的具体计算流程中，将波动性（标准差表示）与冲突性（相关系数表示）的乘积作为初步权重值，随后实施归一化处理，即得到最终的权重。曹玮等人[3]从监测与预报能力、预警与发布能力以及预防与准备能力等三个方面构建指标体系，并引入变异系数对 CRITIC 法进行了改进，建立了基于改进 CRITIC 法的综合评价模型，形成了基于"三预"视角的区域气象灾害应急防御能力评价体系。

---

[1] 施建刚、李婕：《基于前景值评价法的上海住房保障政策效应研究》，《系统工程理论与实践》2019 年第 1 期，第 89-99 页。

[2] Diakoulaki D., Mavrotas G., Papayannakis L., "Determining Objective Weights in Multiple Criteria Problems: The Critic Method," *Computers & Operations Research* 22, no.7(1995): 763-770.

[3] 曹玮、肖皓、罗珍：《基于"三预"视角的区域气象灾害应急防御能力评价体系研究》，《情报杂志》2012 年第 1 期，第 57-63 页。

具体而言，CRITIC法通常包括以下三个主要步骤[①]。

步骤1：数据标准化

设有n个待评对象，p个评价指标，可以构成数据矩阵$X = [X_1, X_2, \cdots, X_p] = (x_{ij})_{n \times p}$，设数据矩阵内元素经过标准化处理过后的元素为$x_{ij}^*$。

对于正向指标：

$$x_{ij}^* = \frac{x_{ij} - \min(X_j)}{\max(X_j) - \min(X_j)}, \quad (3-20)$$

对于负向指标：

$$x_{ij}^* = \frac{\max(X_j) - x_{ij}}{\max(X_j) - \min(X_j)}. \quad (3-21)$$

步骤2：计算信息承载量

首先，计算第j项指标的对比强度σ_j：

$$\sigma_j = \sqrt{\frac{\sum_{i=1}^{p}(x_{ij}^* - \bar{x}_j^*)}{p-1}} \quad (3-22)$$

然后，计算评价指标之间的冲突性：

冲突性反映的是不同指标之间的相关程度，若呈现显著正相关性，则冲突性数值越小。设指标j与其余指标矛盾性大小为f_j，则

$$f_j = \sum_{i=1, \ i \neq j}^{p}(1 - r_{ij}) \quad (3-23)$$

其中，r_{ij}表示指标i与指标j之间的相关系数，这里使用的是皮尔逊相关系数。

最后，计算信息承载量：

$$C_j = \sigma_j f_j \quad (3-24)$$

步骤3：计算权重和得分

计算权重：

$$w_j = \frac{C_j}{\sum_{j=1}^{p} C_j} \quad (3-25)$$

可见信息承载量越大权重越大。

计算得分：

$$S_i = \sum_{j=1}^{n} w_j x_{ij}^* \quad (3-26)$$

[①] 黄佳、姚启明、宋明顺，等：《顾客需求信息驱动下基于HFGLDS的产品概念设计方法研究》，《工业工程与管理》2024年7月，第1—19页。

CRITIC法作为一种权重确定方法，在多属性决策分析中展现出独特的优势，主要体现为其具有客观性、全面性、灵活性以及易于理解的操作流程，能够根据指标间的冲突性和差异性动态分配权重，从而适应不同决策环境的需要。然而，该方法亦存在一定的局限性，主要包括对数据质量的高度依赖、线性关系的假设限制、计算过程的复杂性以及在处理极端值时的敏感性，这些因素可能影响权重分配的稳定性和决策结果的可靠性。因此，在实际应用CRITIC法时，研究者需充分考虑其适用条件，并结合具体决策问题的特性，审慎处理数据，以提高决策分析的准确性和有效性[1][2][3]。

四、自然灾害应急管理能力评估的综合计算方法

（一）功效系数法

功效系数法，又称功效函数法，由哈灵顿（E. C. Harrington）教授于1965年提出，是综合各项个体评估从而评估总体的一种研究方法。该方法根据多目标规划原理，对所要评价的各个个体指标分别确定一个不允许值和一个满意值，然后以不允许值为下限、以满意值为上限，构建功效系数函数计算该指标的功效系数，再对各项指标的单项功效系数经过加权平均得到综合指数，从而评价被研究对象的综合状况[4]。功效系数法主要是通过反映多种不同指标来对目标对象进行综合分析，这种方法可以依据目标对象的不同特点来设计相应的评价目标，还能够依据具体的评估要求从不同方面设计评价指标，以分析多个不同的变量。这种方法不仅计算简便，而且结果简明直观，被广泛应用在各种模型系统的综合评价中[5]。

设总体 X 的 n 个指标评价为 $[x_1, x_2, \cdots, x_n]$，其综合功效评价为：

$$D = \frac{\sum_{i=1}^{n} d_i w_i}{\sum_{i=1}^{n} w_i}. \qquad (3-27)$$

① 王石、魏美亮、宋学朋，等：《基于改进CRITIC-G1法组合赋权云模型的高阶段充填体稳定性分析》，《重庆大学学报》2022年第2期，第68-80页。

② 王鸣涛、叶春明、赵灵玮：《基于CRITIC和TOPSIS的区域工业科技创新能力评价研究》，《上海理工大学学报》2020年第3期，第258-268页。

③ 王磊、高茂庭：《基于改进CRITIC权的灰色关联评价模型及其应用》，《现代计算机》（专业版）2016年8月中，第7-12页。

④ 李卫东：《企业竞争力评价理论与方法研究》，中国市场出版社，2009，第178页。

⑤ 高荣柏：《基于功效系数法的春晖公司财务风险预警研究》，硕士学位论文，湖南大学工商管理学院，2013，第16页。

式（3-27）中，D 为综合评判指数；各指标功效系数 $d_i = \dfrac{\chi_i - \chi_s}{\chi_h - \chi_s}$。其中，$\chi_i$ 是第 i 个指标的评估值，χ_h 表示评估的满意值，而 χ_s 表示评估的不允许值。通常 χ_h 代表某项指标在过去达到的最佳值，而 χ_s 代表该指标在过去出现过的最差值。这些值以及各项指标的权重 W_i 一同构成综合评估的要素。

功效系数法运用了多级别标准划分与功效函数结合的思想，通过精细划分评价标准的层级并引入数学函数来量化各项指标，从而有效规避了单纯加权计算可能带来的偏颇问题。这种方法能够全面考量不同评价指标的重要性与具体得分情况，实现更为精准、综合的评估结果，有助于决策者获得更为全面且深入的决策依据。然而，功效系数法在处理某些复杂评价情境时展现出一定的局限性。特别是对那些难以明确界定具体数量值或评价标准（如缺乏明确的最小值、最大值或不允许值）的指标要素，功效系数法的应用受到较大限制，可能难以准确反映这些指标的实际情况，进而影响到整体评价的全面性和准确性[①]。

（二）最优值距离法

最优值距离法的基本思想是以最优值为对比标准，将各单位的实际值与最优值的相对差距作为单项评价值[②]，即以各项指标实际值与最优值对比，并测算实际值与最优值的相对距离以衡量综合评价值的水平。我国学者吴晓涛[③]指出最优值距离法是突发事件应急预案评估常见的主要综合评估方法之一。

最优值距离法的基本公式如下：

$$Z = \frac{\sum_{i=1}^{n} \left[100 - \left(x_i - x_i' \right) \times 100 \right] w_i}{\sum_{i=1}^{n} w_i} \qquad (3-28)$$

式（3-28）中，x_i 是第 i 个指标的实际值，x_i' 是第 i 个指标的最优值，w_i 为各项指标的权重，100 为基本参数。Z 为综合评判指数，Z 越小说明评价项目越接近最优效果。

与其他方法不同，最优值距离法的评价值本质上是一个逆指标，即评价值越小，实则意味着评价对象与理想最优状态的距离越近。这种评价值与单项指标值之间的线性映射关系，确保了原始数据的数值信息得以充分保留。然而，应用此法时需格外注

---

① 王博：《基于模糊综合评价法的城市社区地震灾害应急管理能力评价研究——以梧州市华洋社区为例》，硕士学位论文，广西大学公共管理学院，2015，第17页。

② 王青华、向蓉美、杨作廪：《几种常规综合评价方法的比较》，《统计与信息论坛》2003年第2期，第30-33页。

③ 吴晓涛：《中国突发事件应急预案研究现状与展望》，《管理学刊》2014年第1期，第70-74页。

意评价指标体系的构成一致性，即所有评价指标必须统一为正向指标或负向指标，不可混用。原因在于，最优值距离法虽能将不同量纲、不同内容的指标进行无量纲化处理，但这一过程并不改变各指标的原始性质方向。此外，还需认识到最优值距离法的局限性，即其评价结果可能受到极端值（最优值）的影响[1]。

（三）秩和比法

秩和比法（Rank-Sum Ratio，简称RSR）是由我国学者田凤调教授于1988年提出的一种多指标评估方法，集古典参数统计与近代非参数统计优点于一体，能较好地综合多个指标信息[2]。在评价过程中，它可以对多个评价指标的信息进行集成，得到的平均秩和值能够反映多个评价指标的综合水平。该方法的基本思路为：将n行m列构成的矩阵中，通过秩转换，计算获得无量纲的统计量秩和值，在此基础上运用参数统计分析的概念和方法研究各项指标平均秩和的分布，以值的大小排序来评价对象的优劣[3]。该方法的主要步骤包括编秩、计算秩和、确定秩平均和分布或计算概率单位和分档排序[4]。

步骤1：编秩

将n个评价对象的m个评价指标列成n行m列的原始数据表或矩阵，依次编出各评价对象每个指标的秩。在指标编秩时，高优指标的编秩方法是最大指标值编以最高的秩次n，次大的编以$n-1$，……次小的指标值编以2，最小的编以1；低优指标编法则与高优指标相反；若几个指标值相同，则均编以平均秩次。设原始数据经过编秩后得到的秩矩阵为$\boldsymbol{R}=\left(R_{ij}\right)_{n\times m}$.

步骤2：计算平均秩和

首先，计算每个对象的平均秩和：

$$R_i = \frac{\sum_{j=1}^{m} R_{ij}}{m \cdot n}, \quad i = 1, 2, \cdots, n. \tag{3-29}$$

式（3-29）可以视为所有对象在综合指标上的得分。

① 牛秀敏、郑少智：《几种常规综合评价方法的比较》，《统计与决策》2006年第5期，第142-143页。

② 王乐艺、高嘉良、陈立新，等：《长沙市经济技术开发区与马坡岭街道的空气质量分析与评价》，《低碳世界》2024年第4期，第21-23页。

③ 李建军、李俊成：《"一带一路"基础设施建设、经济发展与金融要素》，《国际金融研究》2018年第2期，第8-18页。

④ 丁建闯、钟海仁、许礼林，等：《三种方法的乡镇减灾能力评估结果比较——以某市区18个乡镇为例》，《灾害学》2024年第1期，第80-88页。

步骤3：确定平均秩和的分布或计算概率单位（Probit）

根据累计频率给出平均秩和的经验分布函数，计算各经验分布值对应的标准正态分位数，此分位数加上5后，对应的标准正态概率为计算概率单位，称其为Probit值。

建立平均秩和与概率单位的线性回归方程，并以此方程修正平均秩和。

步骤4：分档排序

根据修正的平均秩和进行分档排序。平均秩和取值一般在（0，1）之间，当其越趋向1，则表明评价对象越优。

秩和比法的优势在于不直接依赖数值的绝对大小，而是利用秩次反映数据的相对位置，有助于有效消除指标要素之间的干扰，具备一定的综合性，能有效处理多指标评价体系。此外，RSR法还能直观地对评价对象进行排序和分档，便于比较优劣关系。然而，秩和比法也存在一定劣势。该方法经过多次迭代处理后，可能会造成要素信息的丢失，并且在反映指标间差异程度方面存在一定限制，同时，如何恰当地对复杂指标进行编秩也是一个挑战。以丁建闯等人[1]的研究为例，他们分别运用RSR法、非整RSR法以及TOPSIS法，对某市区各乡镇的减灾能力进行评估与对比，研究结果显示，这三种方法均能有效应用于区域减灾能力的量化评估工作中，其中RSR法优劣分档最佳、信息损失最大，这印证了RSR法在实际应用中的优势与不足，为后续研究和实践提供了宝贵的参考。

（四）模糊综合评价法

模糊集合理论最早由美国学者查德（Zadeh）教授提出，用以表达模糊概念的集合，而模糊综合评价法（Fuzzy Comprehensive Evaluation，简称FCE）正是应用模糊集合理论和模糊数学计算方法，对多种因素所影响的事物或现象作出综合评价的一种方法[2][3]。该方法基于模糊数学中隶属度的基本原理，在确定评价因素、权重以及评价标准的基础上，构建各维度模糊判断矩阵，最后再经过多层的复合运算，把定性评价转化为定量评价[4]，最终得出综合评价结果。该方法在实践中的应用几乎涵盖了评价工作

---

① 丁建闯、钟海仁、许礼林，等：《三种方法的乡镇减灾能力评估结果比较——以某市区18个乡镇为例》，《灾害学》2024年第1期，第80-88页。

② Liang Zhihong, et al., "Decision Support for Choice Optimal Power Generation Projects: Fuzzy Comprehensive Evaluation Model Based on the Electricity Market," *Energy Policy* 34, no.17（2006）：3359-3364.

③ 郭小燕、金晓燕、赵文婷，等：《基于模糊综合评价法的护理技能综合训练情景模拟教学质量评价》，《护理研究》2021年第8期，第1492-1495页。

④ 胡德鑫、邢喆：《"双高"计划背景下高职院校人才培养质量的评价指标建构与水平测度研究》，《现代教育管理》2023年第11期，第85-97页。

的各个领域，具体实施步骤如下①。

步骤1：建立因素集 U

因素集是以影响评价对象的各种因素为元素组成的一个普遍集合，用大写字母 U 表示，即 $U=\{u_1, u_2, \cdots, u_i\}$，$(i=1, 2, \cdots, m)$。其中，$m$ 为评价指标的个数，u_i 代表评价体系中的第 i 个一级指标，一级指标可由从属的二级指标构成，二级指标也可以设置从属的三级指标，以此类推。

步骤2：建立权重集 A

由于因素集中的各个因素对评价对象的影响大小是不同的，为了反映各个因素的重要程度，需要对每个因素赋予一个相应权重，权重集用大写字母 A 表示，即 $A=\{a_1, a_2, \cdots, a_n\}$。其中，$a_n$ 代表第 n 个因素的权重。

步骤3：建立评价集 V

评价结果要有具体的标准，评价集是对所有可能出现的评价结果的集合。评价集用 $V=\{v_1, v_2, \cdots, v_j\}$，$(j=1, 2, \cdots, n)$ 来表示。其中，v_j 代表第 j 种评价结果，n 代表全部评价结果数。

步骤4：建立隶属度矩阵 R

确定好因素集与评价集后，可计算因素集中每种指标对评价结果的隶属度，从而构建隶属度矩阵。第 i 个评价指标 u_i 对评价集 v_j 的隶属度可表示为 r_{ij}，用集合 $R=\{r_{11}, r_{12}, \cdots, r_{ij}\}$，$(j=1, 2, 3, \cdots, n)$ 可表示第1个评价指标的评价结果，运用同样步骤可得到 m 个评价因素集和 n 个评价结果的隶属度矩阵：

$$R = \begin{Bmatrix} r_{11} & r_{12} & \cdots & r_{1n} \\ r_{21} & r_{22} & \cdots & r_{2n} \\ \vdots & \vdots & \vdots & \vdots \\ r_{m1} & r_{m2} & \cdots & r_{mn} \end{Bmatrix} = (r_{ij})_{m \times n}$$

步骤5：计算综合评价结果向量 B

将隶属度矩阵 R 与权重集 A 相乘即可得到模糊综合评价结果 B，即 $B=R\times A$。

模糊综合评价法在处理复杂、不确定性或模糊性显著的评估对象时，展现出了其独特的量化评估优势。该方法通过构建多层次的评价框架，不仅有效地将模糊概念转化为可量化的科学指标，还充分融入了人的经验判断，使得评价结果既具理性分析的基础，又贴近实际情境，增强了决策的可操作性②。然而，值得注意的是，模糊综合评价法在实施过程中也面临一些挑战。特别是在确定指标权重时，需综合考虑多重因素，

---

① 邱稳嫣、沈玖玖：《高校图书馆应急信息服务可及性评价研究》，《图书馆研究》2023年第4期，第50-62页。

② 叶丹丹：《农村居民突发事件应急能力评估——以江苏省为例》，硕士学位论文，南京大学政府管理学院，2016，第20页。

这一过程往往难以完全剔除主观判断的干扰，存在一定的主观性和灵活性。当评价体系中的指标数量显著增加时，这一问题可能更为突出，因为隶属度权系数的相对缩小可能引发权矢量与模糊关系矩阵之间的不匹配，进而引发"超模糊"现象，即评估结果的模糊性超出了预期范围，可能对最终评判的准确性产生不利影响[1]。

（五）灰色关联分析法

灰色关联分析（Grey Relational Analysis，简称GRA）是指对一个系统发展变化态势的定量描述和比较的方法，其基本思想是通过确定参考数据列和若干个比较数据列的几何形状相似程度来判断其联系是否紧密，它反映了曲线间的关联程度[2]。灰色关联度模型是由邓聚龙教授提出的，用来对系统的动态发展过程量化分析，以考察系统各因素之间的联系是否紧密，从而识别影响系统发展状态主次因素的重要方法。它是对序列之间关联程度的度量，表现为序列间量级大小变化的相近性和发展趋势的相似性[3]。该方法利用灰色系统相关理论进行多因素统计分析，基于各因素的样本数据，根据因素间的关联程度，即所谓的"灰色关联度"，进行因素分析，为综合评价和系统决策提供依据，该方法的计算步骤可归纳如下几步[4]。

步骤1：根据已确定的指标体系，收集并分析数据，设n个数据序列形成以下矩阵：

$$\left(X_1', X_2', \cdots, X_n' \right) = \begin{pmatrix} x_1'(1) & x_2'(1) & \cdots & x_n'(1) \\ x_1'(2) & x_2'(2) & \cdots & x_n'(2) \\ \cdots & \cdots & \cdots & \cdots \\ x_1'(m) & x_2'(m) & \cdots & x_n'(m) \end{pmatrix}$$

其中，m指的是指标的个数；n是评价对象的个数。

对评价指标数据进行标准化处理，标准化后的数据为：

$$x_1, x_2, \cdots, x_m, x_i = \left[x_i(1), x_i(2), \cdots, x_i(n) \right], (i = 1, 2, \cdots, m)$$

步骤2：确定参考序列为x_0：

$$x_0 = \left[x_0(1), x_0(2), \cdots, x_0(n) \right]$$

步骤3：关联系数计算，x_0与x_i关于第k个元素的关联系数为：

① 叶丹丹:《农村居民突发事件应急能力评估——以江苏省为例》,硕士学位论文,南京大学政府管理学院,2016,第20页。

② 赵婧昱:《淮南煤氧化动力学过程及其微观结构演化特征研究》,博士学位论文,西安科技大学安全科学与工程,2017,第108页。

③ 周文浩、曾波:《灰色关联度模型研究综述》,《统计与决策》2020年第15期,第29–34页。

④ 贾婧、窦圣宇、范国玺,等:《基于熵权法和灰色关联分析法的海岛地震应急能力评价研究》,《世界地震工程》2020年第3期,第233–241页。

$$\xi(x_0(k),\ x_i(k)) = \frac{D_{\min} + \rho D_{\max}}{\left| x_0(k) - x_i(k) \right| + \rho D_{\max}}, \tag{3-30}$$

其中，

$$D\min \left\{ \left| x_0(k) - x_i(k) \right|, i = 1, \cdots, m, k = 1, \cdots, n \right\}_{\min}$$

$$D\max \left\{ \left| x_0(k) - x_i(k) \right|, i = 1, \cdots, m, k = 1, \cdots, n \right\}_{\max}.$$

分辨系数$\rho \in [0,\ 1]$，ρ值越小，关联系数差异越大，区分能力越强，通常取$\rho=0.5$。

步骤4：根据各关联系数计算灰色关联度：

$$r_{0i} = \sum_{k=1}^{m} w_k \cdot \xi_i(k),\ (k = 1, 2, \cdots, m) \tag{3-31}$$

步骤5：依据关联度排序，得出评价结果

灰色关联分析法通常用来分析各个因素对结果的影响程度，也可用于综合评价问题，给出研究对象或者方案的优劣排名。该方法思路清晰，有助于减少信息不对称所带来的损失。相对传统的多因素分析方法，对样本量要求较低，计算量较小[1]。但该方法在确定各项指标的最优值时存在主观性，并且部分指标的最优值难以确定[2]。

（六）人工神经网络法

人工神经网络（Artificial Neural Networks，简称ANN）作为一种高度灵活的网络架构，其结构由多层节点（包括输入层、若干隐藏层及输出层）构成，层间通过密集的神经元连接实现信息的传递与处理。这一设计灵感源自于生物神经网络，旨在模拟人脑在处理信息时的部分结构与功能，从而赋予人工神经网络强大的学习与适应能力，使其在众多领域展现出广泛的应用潜力。人工神经网络的核心机制在于其强大的数学归纳与学习能力，通过反复迭代训练过程，网络能够深入剖析大量输入样本数据，从中提炼出潜藏的规律与特征。这一过程不仅依赖于数据本身，还融合了高效的算法优化，一旦训练完成，人工神经网络便能够利用其内部构建的复杂映射关系，对未见过的输入数据进行预测或分类，展现出卓越的记忆仿真与泛化能力[3]。从人工神经网络设计的角度看，人工神经网络包括神经元功能函数、神经元之间的链接形式和人工神经网络的学习三大基本要素，基本要素的不同组合构成了各种各样的神经网络，如感知

---

① 贾婧、窦圣宇、范国玺、等：《基于熵权法和灰色关联分析法的海岛地震应急能力评价研究》，《世界地震工程》2020年第3期，第233-241页。

② 叶丹丹：《农村居民突发事件应急能力评估——以江苏省为例》，硕士学位论文，南京大学政府管理学院，2016，第21页。

③ 余宣剑：《基于GA-BP神经网络的云南省地震直接经济损失评估》，硕士学位论文，云南财经大学金融学院，2023，第22页。

器神经网络、BP 神经网络、卷积神经网络、径向基神经网络、循环神经网络等。下面详细介绍人工神经网络的三大基本要素[1]。

1. 神经元功能函数

神经元功能函数（Activation Function），也称激活函数或转移函数，是定义神经元如何根据输入信号计算并产生输出信号的数学表达式，它揭示了神经元内部信息处理与转换的规律。神经元功能函数形式多样，利用它们的不同特性可以构成功能各异的神经网络。

2. 神经元之间的链接形式

网络中的神经元是分成不同的组，也就是分块进行组织的。在拓扑表示中，不同的块可以被放入不同的层中。层次的划分，导致了神经元之间三种不同的互联模式：层内链接、循环链接和层间链接。

3. 人工神经网络的学习

学习功能是神经网络最主要的特征之一。人工神经网络的学习过程就是对神经网络的训练过程。所谓训练，就是将训练集输入人工神经网络模型，按照一定的方式去调整神经元之间的链接权重，使得网络能将训练集的内涵以链接权重矩阵的方式存储起来，从而使得在网络接受输入时，可以给出适当的输出。对于神经网络的学习规则，大体可以分成相关学习规则、纠错学习规则和无导师学习规则三类。

人工神经网络法模拟了人脑神经元之间的连接和信息传递，具备自我学习、自我联想以及容错的能力，对于处理庞大复杂系统具有显著的优势，已被运用于应急管理能力评估。如左晨等[2]基于熵权法和 BP 神经网络建立了煤矿应急管理能力综合评价模型；佟秋璇结合 BP 神经网络对城市地质灾害应急管理能力进行了评估，具体的人工神经网络评价法的操作流程如图 3-2 所示[3]。然而，值得注意的是，它的精确度并不十分可靠，可能在处理某些任务时存在一定的误差，并且需要大量的样本数据来进行训练和调整，这也是其应用中的一项挑战。

---

[1] 沙勇忠,等:《信息分析》(第2版),科学出版社,2016,第281-283页。

[2] 左晨、汪伟、祁云,等:《基于熵权法和BP神经网络的煤矿应急管理能力评价》,《山西大同大学学报》(自然科学版)2024年第2期,第116-120页。

[3] 佟秋璇:《城市地质灾害应急管理能力评价模型应用》,硕士学位论文,哈尔滨工业大学管理学院,2013,第35页。

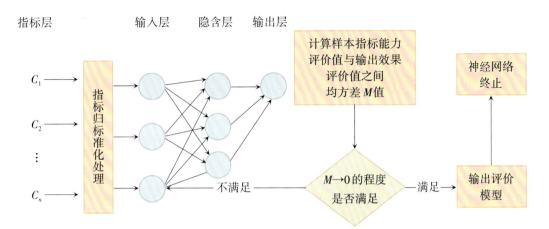

图 3-2　人工神经网络评价法的流程图

第四章　西北地区自然灾害应急管理能力综合评估

我国西北地区地域广袤，但近几十年来，随着经济社会的发展，加之受地理、气候等因素影响，水土流失严重，土地荒漠化加剧，环境问题日益突出，进一步诱发了自然灾害频发[①]。近年来，我国西北地区接连发生2021年陕西暴雨洪涝灾害、青海玛多7.4级地震，2020年西北低温冷冻灾害、新疆伽师6.4级地震等自然灾害，对人民生命财产安全造成重大损害。2011—2020年，我国西北地区自然灾害所造成的直接经济损失年均达384.79亿元，最大限度地降低自然灾害造成的影响和损失已成为实现社会经济可持续发展的一个重要前提。建立科学的评价体系并实施有效的评价是提升地区应急管理水平的重要途径和方法。本章旨在针对目前西北地区应急管理能力评估研究的不足，建立西北地区自然灾害应急管理能力综合评估的指标体系，对西北地区自然灾害应急管理能力进行测算。同时，以西北五省（区）为例，应用所构建的指标体系，对西北地区自然灾害应急管理能力进行实证评估。此外，尝试使用空间自相关等空间分析方法，研究西北地区各省（区）自然灾害应急管理能力的空间关联程度和空间差异，并引入障碍度模型，探讨影响西北地区自然灾害应急管理能力的障碍因素和障碍程度。在此基础上，有针对性地提出提升我国西北地区自然灾害应急管理能力的相关对策建议。

第一节　西北地区自然灾害应急管理能力综合评估的思路与内容

西北地区自然灾害应急管理能力指标应能落实国家、西北地区各层面应急防灾减灾法律法规与政策要求，突出西北地区特色，并体现西北地区自然灾害应急管理侧重。建构一套行之有效的西北地区自然灾害应急管理能力综合评估指标体系，需要充分认识西北地区政府现有的应急管理能力，并以此为基础有针对性地投入与建设，建设重点需要做到"差别化"，有的放矢，增强实效。

本章以西北地区自然灾害应急管理能力为研究对象，在梳理相关文献的基础上，

[①] 王向辉：《西北地区环境变迁与农业可持续发展研究》，博士学位论文，西北农林科技大学人文学院，2011，第1页。

综合运用德尔菲法和层次分析法构建出西北地区自然灾害应急管理能力指标体系并确定指标权重，并应用所建立的指标体系，收集相关数据，对西北地区的自然灾害应急管理能力进行实证评估。西北地区自然灾害应急管理能力综合评估研究思路见图4-1。

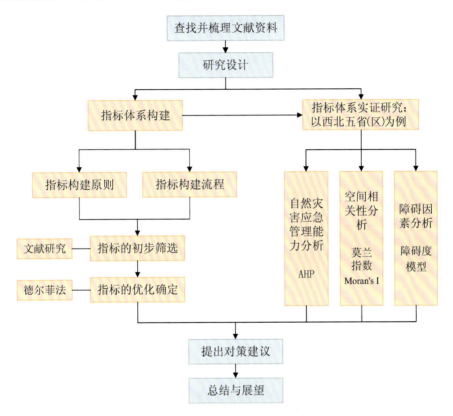

图4-1 西北地区自然灾害应急管理能力综合评估研究思路图

首先，确定指标体系的构建原则；其次，以危机管理"4R"模型为理论基础，以《突发事件应对法》为法理依据，以国内外先进的实践研究成果为经验借鉴，结合西北地区的实际情况，通过文献研究初步构建指标体系；再次，以德尔菲专家咨询的方式进行指标的优化确定，构建出西北地区自然灾害应急管理能力综合评估指标体系；最后，基于德尔菲法与层次分析法相结合的方法，确定各指标的权重，构建西北地区自然灾害应急管理能力综合评估模型。

在构建指标体系的基础上，收集相关指标数据进行实证评估。使用空间自相关等空间计量分析方法，研究西北地区各省（区）自然灾害应急管理能力的空间差异和空间关联程度。此外，引入障碍度模型，探讨影响西北地区自然灾害应急管理能力的主要障碍因素。

综合西北地区自然灾害应急管理能力分析、空间自相关分析及障碍因素分析，针对西北地区自然灾害应急管理的薄弱之处，提出我国西北地区自然灾害应急管理能力的提升路径和建议措施。

第二节　西北地区自然灾害应急管理能力综合评估指标体系

在建立西北地区自然灾害应急管理能力综合评估指标体系之前，必须确保所设定的指标具备合理性、客观性与系统性。构建的指标体系需要包含能够合理详细地反映评价主体特征的评价指标，且每个指标都应能清晰地反映西北地区自然灾害应急管理的各个方面。综合考虑各项因素，构建西北地区自然灾害应急管理能力综合评估指标体系需以科学性、客观性和系统性为指导，结合西北地区的实际情况，依托我国颁布的应急方面的各项规章制度与政策法规，充分借鉴专家学者的相关研究，以更好地适应西北地区自然灾害应急管理的实践需求。

一、指标体系的构建原则

西北地区自然灾害应急管理能力综合评估指标体系的构建，应当遵循一定的原则，评估指标要符合西北地区自然灾害应急管理工作的现状，评价方法要客观、科学、合理。具体应遵循以下三个方面原则。

（一）科学性原则

西北地区自然灾害应急管理能力指标体系必须建立在科学理论的基础上。在选择指标时，一定要遵循客观规律，并结合理论分析，从而最大限度地体现出西北地区的客观现实，准确地选择出对西北地区自然灾害应急管理能力有较大影响的指标，使所构建的指标体系具备客观性和可靠性，由此得到的评价结果才会更加有效。

（二）代表性原则

西北地区自然灾害应急管理能力的构成要素较为复杂多样，但实际所建立的指标体系并不可能覆盖全部因素，因此，必须对所有的指标进行取舍，将关联度较低的指标排除在体系之外，只保留具有较强代表性的指标，这有助于减少冗余信息的干扰，提高评估的准确性和效率。

（三）可操作性原则

本研究所建立的指标体系将应用于西北地区自然灾害应急管理能力综合评估中，

因此该指标体系的建设必须遵循可操作性原则，能够更科学有效地获取和量化数据资料，以便在实际评估工作中得到更充分的应用。

二、指标体系的构建流程

本书以危机管理"4R"模型为理论基础，以《突发事件应对法》为法理依据，结合应急管理的生命周期，以减缓、准备、响应、恢复的时间顺序将西北地区自然灾害应急管理能力综合评估体系分为四个维度，即应急减缓能力、应急准备能力、应急响应能力和应急恢复能力，使突发事件应急管理工作贯穿于各个过程，并充分体现"预防为主、常备不懈"的应急管理理念[①]。此外，依据国内外应急管理的先进研究成果与实践经验，结合其典型的应急管理能力综合评估的相关指标，从西北地区自然灾害应急管理现状出发，进行西北地区自然灾害应急管理能力综合评估指标体系的初步筛选。指标的初筛遵循科学性、代表性和可操作性的原则，主要通过文献研究法确定。为了进一步优化指标体系，构建出完整、高效而又科学的指标体系，本书采用德尔菲法，以专家论证的方式，对该指标体系进行优化和补充，尽可能地降低指标体系的冗余程度，提高指标体系的信度和效度。具体的指标体系构建流程见图4-2。

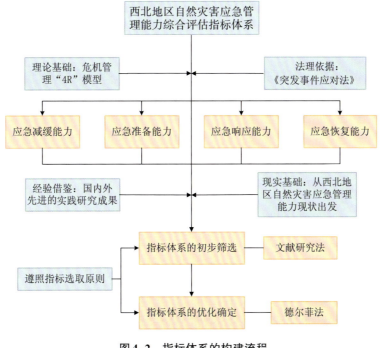

图4-2　指标体系的构建流程

---

① 闪淳昌、薛澜：《应急管理概论：理论与实践》，高等教育出版社，2012，第173-178页。

三、指标体系的初步筛选

（一）初步建立的指标体系

由于后文需要对指标进行科学的筛选处理，所以初次选择的指标应该尽可能全面地涵盖评价对象的各个方面。本书根据上述指标体系的构建流程，初步确定了西北地区自然灾害应急管理能力综合评估指标体系。

具体而言，在进行指标体系的初步筛选时，本书主要采用文献研究法，参考国内外应急管理能力评估实践与研究文献资料中提及的相关具体指标。例如，在应急管理能力综合评估实践方面，美国联邦应急管理局与联邦应急管理委员会于1997年联合制定了州与地方政府应急准备能力评价体系（CAR）。该体系由13个管理职能、56个要素、209个属性、1014个特性指标组成，其中管理职能分别为培训/学习、演练/演习、预案编制/计划方针、法律法规/规章制度、通信/信息保障、物资/装备和设施、资金支持等13项[1]。日本在应急能力评估研究方面也比较先进，并于2002年设立了地方公共组织防灾能力评估项目。该项目包含危机掌握与评估、减灾对策、整顿体制、信息通信系统、器材与储备粮食的管理等10个方面[2]。澳大利亚在2001年开展了一项关于国家自然灾害管理办法的审查，以综合评估该国自然灾害管理的现行做法。评估内容共涉及8个方面，包括与灾害有关的政策制定、应急反应措施、减灾措施、灾后评估、长期救济和恢复措施等[3]。在应急管理能力综合评估研究方面，王绍玉[4]提出了城市灾害应急能力评价体系架构，对灾害危险性、城市易损性和城市灾害应急管理能力进行评价；铁永波、唐川[5]基于层次分析法，结合城市灾害特征建立了城市灾害应急管理能力的评价指标体系，包含居民应急反应能力等6个指标；杨青等人[6]基于过程管理，建立了包括灾前预警能力、灾中应急能力和灾后恢复能力在内的城市应急管理能力综合评

---

① James L. W., "A Report to the Unite States Senate Committee on Appropriations: State Capability Assessment for Readiness.," *Federal Emergency*, no.6(1997): 122-125.

② Ishiwatari M., "Institutional Coordination of Disaster Management: Engaging National and Local Governments in Japan," *Natural Hazards Review*, no.22(2021): 04020059.

③ Haque C. E., "Risk Assessment, Emergency Preparedness and Response to Hazards: the Case of the 1997 Red River Valley Flood, Canada.," *Natural Hazards*, no.21(2000): 225-245.

④ 王绍玉:《城市灾害应急管理能力建设》,《城市与减灾》2003年第3期,第4-6页。

⑤ 钱永波、唐川:《城市灾害应急能力评价指标体系建构》,《城市问题》2005年第6期,第76-79页。

⑥ 杨青、田依林、宋英华:《基于过程管理的城市灾害应急管理综合能力评价体系研究》,《中国行政管理》2007年第3期,第103-106页。

价指标体系，并进行实证分析；伍毓锋[①]则提出了更为具体详细的应急能力评估体系，包含3个一级指标、17个二级指标和62个三级指标，包含了当时城市应急能力建设的各个方面。以上具体指标来源及框架内容详见表4-1。

表4-1　国内外应急能力综合评估指标来源及框架参考

指标来源	指标框架
国外应急管理实践指标参考	
美国联邦应急管理局（1997）	培训/学习、演练/演习、预案编制/计划方针、法律法规/规章制度、危险（风险）识别、危险（风险）分析/评估、通信/信息保障、物资/装备和设施、资金支持、风险管理、现场指挥/应急指挥/指挥决策、信息沟通/协调联动等
日本消防厅、防灾与情报研究（2002）	培训/学习、演练/演习、宣传教育/安全知识宣传、预案编制/计划方针、管理机构/组织、危险（风险）识别、危险（风险）分析/评估、通信/信息保障、物资/装备和设施、资金支持、建筑物/工程防御能力、信息发布/报告、损失评估
澳大利亚政府委员会（2001）	法律法规/规章制度、危险（风险）分析/评估、防灾减灾、物资/装备和设施、资金支持、风险管理、损失评估、恢复重建计划/行动、短期救济/善后补偿
国内应急管理研究指标参考	
王绍玉（2003）	一级指标:城市灾害危险性、城市易损性、城市承灾能力;二级指标:预测预警与防范能力、工程项目的灾害防御能力、相关部门的灾害应急救援能力、居民的灾害反应能力、物资保障能力和社会控制能力
邓云峰、郑双忠等（2005）	法制基础、应急中心、管理机构、专业队伍、专职队伍与志愿者、宣传教育、培训、演习、预案、资金支持、装备和设施、危险分析、通信与信息保障、监测与预警、决策支持、指挥与协调、防灾减灾、后期处置
铁永波、唐川（2005）	一级指标:城市灾害的监测预警能力、城市灾害的防御能力、政府部门的快速反应能力、城市居民的应急反应能力、应急救援能力、应急资源保障能力;二级指标:已有灾害的监测预报能力、对可能存在灾害的监测预报能力、预警设施的完善情况、预报精度的高低、城市建筑抗灾能力的大小、防御措施的情况、灾害信息的发布能力、有无编制灾害应急预案、指挥部门到达现场的速度、现场指挥救灾能力、医疗救助能力、灾害损失评估能力、公众防灾意识的普及程度、公众对防灾计划的了解情况、公众参与防灾演习情况、居民的自救能力、灾害立法情况、救灾资金的储备情况、救援队伍的人力投入、救灾物资的供应能力、通信能力、运输能力、灾民安置能力

---

①伍毓锋:《我国城市应急管理能力评价指标体系研究》,硕士学位论文,电子科技大学公共管理学院,2015,第31-32页。

续表4-1

指标来源	指标框架
杨青、田依林等(2007)	一级指标:灾前预警能力、灾中应急能力、灾后恢复能力;二级指标:灾害辨别能力、灾害预警技术能力、对已有灾害的预测预报能力、对可能存在灾害的监测预报能力、减轻灾害措施的能力、政府部门应急反应能力、城市居民灾害行为反应能力、灾害紧急救援能力、灾害损失评估能力、社会保障系统、城市灾后恢复系统、灾后重建能力
凌学武(2010)	一级指标:预防绩效、预警绩效、处置绩效、恢复绩效;二级指标:应急预案体系建设、危险源风险评估、应急管理组织准备、应急信息化程度、公民民意监测、应急管理投入成本监测、突发事件监测制度完善程度、突发事件预警制度完善程度、人力资源系统、处置与救援过程、应急处置与救援记录、应急处置与救援创新程度、应急恢复效能、事后社会保障、重建社会援助
滕五晓(2014)	法律法规、应急队伍、宣教演练、预案体系、监管落实、风险评估、治理防范、应急保障、监测预警、公共信息管理、危机沟通、应急处置与救援、社会参与、恢复重建
伍毓锋(2015)	一级指标:协调管理能力、供应保障能力、事中应对能力、事后调整能力;二级指标:监测预警、编制预案、专职队伍、指挥协调、信息保障、防灾减灾、城市基础设施恢复、教育培训等
曹惠民、黄炜能(2015)	一级指标:预防与预控能力、突发事件应急处置能力、恢复重建能力;二级指标:综合保障能力、风险培训教育能力、风险预警预判能力、公众的满意度、应急队伍响应速度、协同治理能力、志愿服务能力、心理干预或援助能力、组织恢复重建能力、灾情调查总结反思能力
韩自强(2020)	3大阶段:风险评估、应急准备、应急响应;17个核心能力:风险评估与识别、社区韧性建设、专业教育培训与演练、风险沟通、物质保障、交通保障、基础设施支持、公共卫生保障支持等

以上述文献为基础,结合指标体系的构建原则,筛选出16组较为通用和成熟的二级指标,并找寻合适具体的三级指标进行描述。立足于应急减缓能力、应急准备能力、应急响应能力和应急恢复能力4个一级指标来构建面向西北地区自然灾害应急管理能力综合评估指标体系。初步建立的西北地区自然灾害应急管理能力指标体系如表4-2所示。

表4-2　初步建立的西北地区自然灾害应急管理能力指标体系

总目标	一级指标	二级指标	三级指标
西北地区 自然灾害 应急管理能力	应急减缓能力	法律法规	应急法律法规建设情况
			应急法律法规执行情况
		风险分析	灾害风险辨识情况
			灾害风险评价情况
			灾害风险控制情况
		应急组织	应急组织完备程度
			应急组织工作效率
		工程防御能力	水利设施情况
			达标堤防长度
			水土保持设施验收报备数量
			建筑物的抗灾能力
			生命线各子系统的抗灾能力
		应急信息化程度	应急办官方网站建设情况
			应急管理基础数据库完善程度
			应急信息技术应用情况
	应急准备能力	监测预警能力	地震监测台密度
			水文站密度
			气象观测站密度
			电话普及率
			互联网发展水平
		资源保障能力	人均供水量
			人均能源量
			人均避难所面积
			地方一般公共预算收入
			灾害防治及应急管理预算支出
			大型应急救援装备、器材数量
		应急预案	应急预案完备程度
			应急预案可操作性
			应急预案演练情况

续表4-2

总目标	一级指标	二级指标	三级指标
		宣教演练	防灾宣传教育频率
			防灾演练频率
	应急响应能力	灾害救援能力	专业救援队伍演习次数
			每千人拥有医生数量
			现场指挥决策能力
			专业救援队伍人数
		交通运输能力	公路密度
			运输周转量
			警报系统情况
		协同治理能力	专家参与情况
			地方政府内部协调情况
			区域协调联动情况
		居民应急反应能力	灾害风险认知状况
			灾害防御认知状况
			灾害信息传播认知状况
			防灾投入认知状况
			防灾行动认知状况
	应急恢复能力	损失评估	灾情损害评估情况
			总结事件经验情况
		灾区复兴	环境设施恢复重建情况
			巨灾恢复重建的平均时间
			优惠政策的执行与实施
		心理援助	心理救援组织的参与人次
			心理救援队伍情况

（二）指标体系的构建思路

1.应急减缓能力

应急减缓能力，是指采取任何行动以尽量减少灾害或潜在灾害影响的能力。减缓可以在灾害之前、灾害中或灾害之后，但是这个术语常指针对潜在灾害所采取的行动。

减缓不同于其他的应急管理阶段，相比于准备、响应、恢复等相对短期的行为来说，减缓是一种长期的行为，更加强调减少风险的长期解决方案。减缓的措施包括基础设施建设、风险管理以及公共教育方面的培训等。应急减缓能力有助于减少风险与威胁、降低危机发生概率、缩短危机持续时间、优化管理资源的利用，从而大幅度减少危机对组织的破坏力。总而言之，应急减缓能力贯穿于整个应急管理过程，为组织提供了全面的风险管理和危机防范措施，以最大程度削减危机发生所带来的成本与损失。

2.应急准备能力

应急准备能力，是指在危机发生前，通过领导能力、政策、资金和技术支持，积极开展培训和演练，强化备灾的能力。一方面，应急准备可以增强社区和政府的备灾能力；另一方面，经过培训和演练的人员包括政府应急工作者、社区工作者和公众能够做好灾害防范、灾害减缓、灾后响应以及有效的灾后恢复工作。应急准备不仅限于政府和公共部门，而应延伸到社会的所有部门，包括私人部门、非政府组织以及社会公众等。减缓和准备的区别在于，减缓主要是降低致灾因子发生的风险，而准备主要考虑如果灾害发生该如何应对。准备是假设灾害发生，减缓则是减少或延缓灾害的发生。应急准备能力的作用主要是在突发事件的防范中，预防危机的发生。在日常工作中，可以通过了解危机发生的征兆、制定危机管理计划，并制定有效的预警体系，进行经常性的训练和演习等措施来提高应急准备能力。

3.应急响应能力

应急响应能力，是指在突发事件发生后及时开展应急工作的能力。应急响应能力包括应急人员利用应急救护设备挽救生命和减少财产损失，有序疏散潜在受害者，为受灾人员提供必需的食物、水、避难所和医疗护理，以及尽快恢复关键的公共服务和设施等。不同层级的政府应该具有不同的响应措施。响应阶段的主要问题是各个部门之间的协调联动，如何更好地解决这个问题是响应成功的关键。综合来看，应急响应能力强调在危机发生时，通过危机反应管理有针对性地解决危机，包括危机沟通、决策制定、与利益相关者的协调沟通以及与媒体的有效沟通等。在这个层面上，需要积极收集更多信息，深入了解危机的波及程度，争取更多时间来应对危机，以便将危机造成的损失降至最低程度，为灾害应急管理提供更有力的支持。

4.应急恢复能力

应急恢复能力，是在灾区重建的过程中所应具备的能力。它体现在个人、企业及政府在危机得到有效控制后，凭借自身力量迅速恢复日常生活与社会秩序，并构筑未来风险防线，直至所有系统恢复或基本恢复常态。这一过程不仅聚焦于即时需求的满足，更着眼于长远，包括受损建筑与基础设施的重建。恢复阶段主要包括物资恢复、经济恢复、业务恢复、心理恢复四个方面[①]，旨在全方位促进灾区的全面复苏与可持续发展。具体而言，应急恢复需要在危机得到控制后进行总结，为未来的危机应对提供经验支持，以避免再次发生类似情况。一旦危机得到控制，挽回损失成为首要目标。在展开恢复工作之前，需要对危机产生的后果和影响进行深入分析与预判，制定有针对性的恢复计划，力求迅速将事态恢复至原状。同时，深刻认识危机发生的原因，进行必要的探索，将危机转化为机遇。通过对危机的认真反思，可以发现并消除可能导致危机的因素，且能够在危机再次发生前找到更为有效的方法，实现举一反三，为建设更为健全的危机应对机制提供基础。

四、指标体系的优化确定

经过初步筛选而建立的指标体系中，各指标可能还存在一定的诸如表述模糊、适用性不强等问题。基于此，本研究使用德尔菲法，邀请相关领域专家进行问卷征询，对该指标体系进行进一步修正和调整。

（一）专家选择

本研究邀请了从事应急管理、资源环境等相关领域研究的学者，包括来自科学院、地质环境监测院的研究员，来自应急管理厅、消防救援队的专业工作者以及从事自然科学研究和试验的高新技术企业研究者进行指标意见征询。第一轮指标适当性专家咨询，共35位专家参与了德尔菲问卷调查，受邀专家从事相关领域的工作年限均达5年以上；第二轮指标重要性专家咨询，共15位专家参与征询。

（二）专家咨询过程

第一轮，进行西北地区自然灾害应急管理能力指标适当性的专家咨询。本研究向各位专家发放征询问卷，请专家对所有指标的适当性进行5级评分，并设置了"修改意见"栏，便于专家对不适当的指标提出修改建议。此外，要求各位专家对问卷所涉及的指标进行熟悉程度5级评分，并从"实践检验""理论分析""同行了解"和"直觉"四个维度对自身指标评价的判断依据进行3级评分。

第二轮，吸纳第一轮专家的修改意见，形成新的西北地区自然灾害应急管理能力指标体系，采用层次分析法发放二轮问卷进行指标权重咨询。采用两两比较评价的打分方式，请专家对各级指标的权重进行重要性的9级评分。

[①] 张玉婷:《基于危机生命周期理论的H监狱危机管理研究》,硕士学位论文,华南理工大学公共管理学院,2016,第17页。

（三）德尔菲结果分析

1.专家可靠性分析

专家可靠性用专家权威系数（Cr）代表，其由两个因素决定：一是专家判断的依据 Ca；二是专家对问题的熟悉程度 Cs。Cr 越靠近 1，则表示参加调查的专家权威程度越高，专家咨询结果的可靠性越高，一般情况下，$Cr \geq 0.70$ 视为结果可接受。

$$Cr=(Ca+Cs)/2 \qquad\qquad (4-1)$$

本研究计算出判断依据系数 Ca 均值为 0.763，熟悉程度系数 Cs 均值为 0.891，据此得出专家权威系数 Cr 均值为 0.827。因此，本研究中参加调查的专家权威程度较高，德尔菲咨询结果较为可靠。

2.专家意见的集中协调程度分析

专家意见的集中协调程度是指专家对指标的判断是否集中协调，用重要性赋值均值和变异系数（CV）表示。均值越大，说明专家意见越集中，重要性赋值均值 ≥ 3.5 视为该指标可保留；变异系数 CV 越小，说明专家对某一项的意见越趋于一致，$CV < 0.25$ 为可接受范围。表 4-3 即为计算得出的德尔菲结果，以此为基础进行指标筛选。

表4-3　德尔菲问卷各指标的重要性赋值均值和变异系数

指标层次	指标	重要性赋值均值	变异系数 CV
一级指标	应急减缓能力	4.31	0.190
	应急准备能力	4.41	0.162
	应急响应能力	4.41	0.172
	应急恢复能力	4.47	0.150
二级指标	法律法规	4.44	0.139
	风险分析	4.25	0.189
	应急组织	4.38	0.162
	工程防御能力	4.38	0.139
	应急信息化程度	4.31	0.171
	监测预警能力	4.19	0.205
	资源保障能力	4.34	0.161
	应急预案	4.22	0.167
	宣教演练	4.31	0.161

续表4–3

指标层次	指标	重要性赋值均值	变异系数CV
	灾害救援能力	4.25	0.179
	通信运输能力	4.16	0.194
	协同治理能力	4.34	0.138
	居民应急反应能力	4.16	0.230
	损失评估	4.19	0.205
	灾区复兴	4.16	0.151
	心理援助	4.13	0.143
	应急法律法规建设情况	4.09	0.179
	应急法律法规执行情况	4.28	0.136
	灾害风险辨识情况	4.13	0.171
	灾害风险评价情况	4.09	0.179
	灾害风险控制情况	4.13	0.160
	应急组织完备程度	4.13	0.160
	应急组织工作效率	4.22	0.156
	水利设施情况	4.28	0.160
	达标堤防长度	4.34	0.126
	水土保持设施验收报备数量	4.22	0.167
三级指标	建筑物的抗灾能力	4.13	0.236
	生命线各子系统的抗灾能力	4.13	0.244
	应急办官方网站建设情况	4.19	0.186
	应急管理基础数据库完善程度	4.28	0.148
	应急信息技术应用情况	4.22	0.178
	地震监测台密度	4.22	0.167
	水文站密度	4.19	0.176
	气象观测站密度	4.13	0.192
	电话普及率	4.19	0.176
	互联网发展水平	4.22	0.178
	人均供水量	4.31	0.137

续表 4-3

指标层次	指标	重要性赋值均值	变异系数 CV
	人均能源量	4.00	0.246
	人均避难所面积	4.00	0.246
	政府公共预算支出	4.31	0.181
	灾害防治及应急管理预算支出	4.19	0.230
	大型应急救援装备、器材数量	4.31	0.137
	应急预案完备程度	4.22	0.178
	应急预案可操作性	4.16	0.204
	应急预案演练情况	4.19	0.176
	防灾教育及演练频率	4.22	0.206
	防灾宣传频率	4.16	0.204
	专业救援队伍演习次数	4.22	0.167
	每千人拥有医生数量	4.31	0.149
	现场指挥决策能力	4.19	0.165
	专业救援队伍人数	4.22	0.178
	人均道路面积	4.22	0.144
	运输周转量	4.22	0.144
	警报系统情况	4.16	0.204
	专家参与情况	4.10	0.211
	地方政府内部协调情况	4.21	0.174
	区域协调联动情况	4.08	0.159
	灾害风险认知状况	4.09	0.209
	灾害防御认知状况	4.19	0.176
	灾害信息传播认知状况	4.25	0.158
	防灾投入认知状况	4.19	0.176
	防灾行动认知状况	4.19	0.196
	灾情损害评估情况	4.13	0.234
	总结事件经验情况	4.21	0.203
	环境设施恢复重建情况	4.12	0.152

续表4-3

指标层次	指标	重要性赋值均值	变异系数CV
	巨灾恢复重建的平均时间	4.28	0.136
	优惠政策的执行与实施	4.13	0.171
	心理救援组织的参与人次	4.28	0.169
	心理救援队伍情况	4.33	0.186

如表4-3所示，所有指标的重要性赋值均值介于4.00~4.47，均大于3.5，表明所有指标专家意见都较为集中；所有指标的变异系数CV值均介于0.126~0.246，全部小于0.25，表明专家对各指标的评分一致性较高。因此，所有指标均符合筛选标准，均可保留。

3.基于专家意见的指标修正

根据专家的反馈意见，本研究对西北地区自然灾害应急管理能力指标体系进行了修正完善：吸纳了专家对各指标的修改意见，对个别指标的描述进行了修改，并增加了专家建议新增的指标，具体如下。

在二级指标中，有专家指出"监测预警能力"和"通信运输能力"有部分含义是交叠重复的，即监测预警包含了部分通信的内容。据此，本研究将"通信运输能力"修改为"交通运输能力"，由此形成的指标体系中，"监测预警能力"更侧重于监测、预警与通信，而"交通运输能力"则更偏重于运输。

在三级指标中，有专家提出"资源保障能力"下的三级指标中欠缺体现人力资源保障和医疗保障的指标，因此本研究在"资源保障能力"下增添"志愿者密度"和"医疗卫生机构床位数"。还有专家认为"通信运输能力"下的三级指标"运输周转量"过于模糊宽泛，且"警报系统情况"更应该包含在"监测预警能力"中。基于此，本研究参考其他文献和年鉴中的可获得数据，将指标体系中的"运输周转量"替换为"货运周转量"，并加上"民用交通工具密度"作为体现交通运输能力的指标；此外，将"警报系统情况"改为"预警系统情况"，并将其放置在"监测预警能力"之下，这样能够弥补原指标体系中"监测预警能力"下的三级指标更偏向监测、通信而缺少预警的缺陷。还有专家指出，三级指标"灾区复兴"用词不太妥当，因此本研究参照专家意见将其改为"灾区恢复与重建"。

（四）最终确定的指标体系

由此最终建立的指标体系由4项一级指标、16项二级指标和56项三级指标构成，具体的西北地区自然灾害应急管理能力综合评估指标体系见表4-4。

表4-4　西北地区自然灾害应急管理能力综合评估指标体系

总目标	一级指标	二级指标	三级指标
西北地区自然灾害应急管理能力	应急减缓能力	法律法规	应急法律法规建设情况
			应急法律法规执行情况
		风险分析	灾害风险辨识情况
			灾害风险评价情况
			灾害风险控制情况
		应急组织	应急组织完备程度
			应急组织工作效率
		工程防御能力	水利设施情况
			达标堤防长度
			水土保持设施验收报备数量
			建筑物的抗灾能力
			生命线各子系统的抗灾能力
		应急信息化程度	应急办官方网站建设情况
			应急管理基础数据库完善程度
			应急信息技术应用情况
	应急准备能力	监测预警能力	地震监测台密度
			水文站密度
			气象观测站密度
			预警系统情况
			电话普及率
			互联网发展水平
		资源保障能力	人均供水量
			人均能源量
			人均避难所面积
			志愿者密度
			医疗卫生机构床位数
			地方一般公共预算收入

续表4-4

总目标	一级指标	二级指标	三级指标
			灾害防治及应急管理预算支出
			大型应急救援装备、器材数量
		应急预案	应急预案完备程度
			应急预案可操作性
			应急预案演练情况
		宣教演练	防灾教育及演练频率
			防灾宣传频率
	应急响应能力	灾害救援能力	专业救援队伍演习次数
			每千人拥有医生数量
			现场指挥决策能力
			专业救援队伍人数
		交通运输能力	公路密度
			货运周转量
			民用交通工具密度
		协同治理能力	专家参与情况
			地方政府内部协调情况
			区域协调联动情况
		居民应急反应能力	灾害风险认知状况
			灾害防御认知状况
			灾害信息传播认知状况
			防灾投入认知状况
			防灾行动认知状况
	应急恢复能力	损失评估	灾情损害评估情况
			总结事件经验情况
		灾区恢复与重建	环境设施恢复重建情况
			巨灾恢复重建的平均时间
			优惠政策的执行与实施
		心理援助	心理救援组织的参与人次
			心理救援队伍情况

第三节 西北地区自然灾害应急管理能力综合评估的方法和数据

一、基于层次分析法的评估模型

（一）层次分析法的步骤

本研究主要采用层次分析法计算各指标的权重，为下一步线性加权建立西北地区自然灾害应急管理能力综合评估模型提供更为可靠的权重输入。层次分析法是一种定性与定量相结合的分析方法。该方法通过构建一个层次模型，根据不同专家对所有同级指标进行两两比较评价，求解出所有指标相对于其他同级指标的权值大小。在本研究中，层次分析法的具体操作步骤如下。

首先，以上述建立的西北地区自然灾害应急管理能力综合评估指标体系作为层次分析的结构模型。

其次，基于第二轮德尔菲中15位专家对所有指标重要性的两两比较，得到所有指标的9级评分结果。依据各位专家的9级评分结果建立两两比较矩阵，通过矩阵运算，得出各指标的相对重要性。此外，计算两两比较矩阵的一致性指标CR，若$CR<0.1$，则认为判断矩阵的层次排序具有较为满意的一致性。具体分为如下三个步骤：

步骤1：构造判断矩阵。第$p+1$层所有因素对第p层第q个因素的影响重要程度组成判断矩阵$\boldsymbol{A}_{pq}$，其中a_{ij}是第$p+1$层中第i个因素对第j个因素的相对重要性；矩阵的阶数n为第$p+1$层的因素个数。

$$\boldsymbol{A}_{pq} = \left(a_{ij}\right)_{n \times n} \begin{pmatrix} 1 & a_{12} & a_{13} & \cdots & a_{1n} \\ a_{21} & 1 & a_{23} & \cdots & a_{2n} \\ a_{31} & a_{32} & 1 & \cdots & a_{3n} \\ \vdots & \vdots & \vdots & \ddots & \vdots \\ a_{n1} & a_{n2} & a_{n3} & \cdots & 1 \end{pmatrix}$$

步骤2：层次单排序及一致性检验。根据判断矩阵，计算各层次因素相对于上一层的重要性，即计算判断矩阵的最大特征根$\lambda_{\max}$和对应的特征向量W。计算公式如式（4-2）：

$$AW=\lambda_{\max}W \tag{4-2}$$

将特征向量作为排序权值进行层次单排序，同时对判断矩阵进行一致性检验，以确认权重分配是否合理。当判断矩阵的$CR<0.1$时，认为判断矩阵具有满意的一致性，

否则需进行调整，见式（4-3）：

$$CR=\frac{CI}{RI} \quad (4-3)$$

步骤3：层次总排序。基于各层次的单排序结果，计算各层指标的最终组合权重。

本研究基于德尔菲专家咨询结果，通过AHP层次分析软件进行西北地区自然灾害应急管理能力指标体系的层次建模，并进行指标权重的分析处理。

（二）指标体系权重计算

将第二轮专家咨询的结果输入至AHP层次分析软件，按照计算过程，得到原始的权重矩阵，但是结果显示矩阵有残缺。经AHP层次分析软件自动修正后，各层次单排序的CR值均小于0.1，表明判断矩阵的层次排序具有较好的一致性。在此基础上计算权重矩阵，并导出西北地区自然灾害应急管理能力各级指标的权重值（见表4-5）。

表4-5 西北地区自然灾害应急管理能力综合评估指标体系的AHP权重表

目标层	一级指标	权重	二级指标	权重	三级指标	权重
西北地区自然灾害应急管理能力	应急减缓能力	0.2211	法律法规	0.0370	应急法律法规建设情况	0.0209
					应急法律法规执行情况	0.0161
			风险分析	0.0384	灾害风险辨识情况	0.0113
					灾害风险评价情况	0.0109
					灾害风险控制情况	0.0161
			应急组织	0.0446	应急组织完备程度	0.0190
					应急组织工作效率	0.0256
			工程防御能力	0.0448	水利设施情况	0.0087
					达标堤防长度	0.0068
					水土保持设施验收报备数量	0.0075
					建筑物的抗灾能力	0.0095
					生命线各子系统的抗灾能力	0.0124
			应急信息化程度	0.0563	应急办官方网站建设情况	0.0156
					应急管理基础数据库完善程度	0.0187
					应急信息技术应用情况	0.0220

目标层	一级指标	权重	二级指标	权重	三级指标	权重
	应急准备能力	0.2267	监测预警能力	0.0699	地震监测台密度	0.0097
					水文站密度	0.0101
					气象观测站密度	0.0105
					预警系统情况	0.0156
					电话普及率	0.0120
					互联网发展水平	0.0120
			资源保障能力	0.0531	人均供水量	0.0052
					人均能源量	0.0056
					人均避难所面积	0.0061
					志愿者密度	0.0053
					医疗卫生机构床位数	0.0075
					地方一般公共预算收入	0.0066
					灾害防治及应急管理预算支出	0.0073
					大型应急救援装备、器材数量	0.0093
			应急预案	0.0503	应急预案完备程度	0.0138
					应急预案可操作性	0.0165
					应急预案演练情况	0.0200
			宣教演练	0.0534	防灾教育及演练频率	0.0309
					防灾宣传频率	0.0224
	应急响应能力	0.3099	灾害救援能力	0.0998	专业救援队伍演习次数	0.0246
					每千人拥有医生数量	0.0181
					现场指挥决策能力	0.0306
					专业救援队伍人数	0.0265
			交通运输能力	0.0528	公路密度	0.0219
					货运周转量	0.0159
					民用交通工具密度	0.0150
			协同治理能力	0.0783	专家参与情况	0.0214
					地方政府内部协调情况	0.0309
					区域协调联动情况	0.0259

续表4-5

目标层	一级指标	权重	二级指标	权重	三级指标	权重
			居民应急反应能力	0.0790	灾害风险认知状况	0.0164
					灾害防御认知状况	0.0148
					灾害信息传播认知状况	0.0151
					防灾投入认知状况	0.0124
					防灾行动认知状况	0.0203
	应急恢复能力	0.2424	损失评估	0.0826	灾情损害评估情况	0.0380
					总结事件经验情况	0.0446
			灾区恢复与重建	0.0984	环境设施恢复重建情况	0.0416
					巨灾恢复重建的平均时间	0.0286
					优惠政策的执行与实施	0.0283
			心理援助	0.0613	心理救援组织的参与人次	0.0335
					心理救援队伍情况	0.0279

（三）评估模型

为了判断西北各省（区）的自然灾害应急管理能力，本文定义了西北地区自然灾害应急管理能力指数 C_i。西北地区自然灾害应急管理能力可以用其下指标的加权综合来表示，权重则通过以上层次分析法确定。应急管理能力 C_i 越大，则该地的自然灾害应急管理能力越强。

$$C_i = \sum_{j=1}^{n} W_j \cdot X_{ij} \qquad (4-4)$$

具体操作上，本研究根据西北地区自然灾害应急管理能力的实际数据，依据自然间断点分级法将西北地区自然灾害应急管理能力划分为高、中、低3个等级。

二、空间相关性分析

本研究采用全局莫兰指数（Global Moran's I）和局部莫兰指数（Local Moran's I）分析西北各省（区）自然灾害应急管理能力的空间相关性，将数据与地理空间信息相结合，旨在揭示西北五省（区）自然灾害应急管理能力的空间分布和空间关联模式。本文使用软件GeoDa进行空间分析计算，同时为了充分考虑西北各省（区）之间的空间地理差异，引入式（4-5）地理空间邻接权重矩阵进行分析。

$$W_{ij} = \begin{cases} 1, & \text{当区域} i \text{和} j \text{相邻} \\ 0, & \text{其他} \end{cases} \tag{4-5}$$

（一）全局空间自相关分析

全局空间自相关分析可以衡量各地区应急能力总体水平的空间关联程度和空间差异。本书采用全局莫兰指数进行统计分析，该指数反映了空间相邻区域单元属性值的相似程度，常用于检测整个研究区域的空间分布特征。

$$I_i = \frac{\sum_{i=1}^{n}\sum_{j=1}^{n} w_{ij}(y_i - \overline{y})(y_j - \overline{y})}{S^2 \sum_{i=1}^{n}\sum_{j=1}^{n} w_{ij}} \tag{4-6}$$

式（4-6）中，y_i 和 y_j 是区域 i 和区域 j 的自然灾害应急管理能力观测值，$\overline{y}$ 是西北五省（区）自然灾害应急能力的平均值，S^2 是方差，w_{ij} 是区域 i 和区域 j 的权重矩阵，n 是区域数。I_i 的取值范围在 $[-1, 1]$ 之间，当 I_i 为正值时，表明西北五省（区）自然灾害应急管理能力水平呈现空间正相关；当 I_i 为负值时，则表明其呈现空间负相关；当 I_i 为零时，则表明空间不相关。

（二）局部空间自相关分析

由于全局莫兰指数只能判断整个研究对象的空间聚集现象，不能识别对象的空间关联模式，因此，考虑使用局部莫兰指数来进一步阐明西北各省（区）自然灾害应急管理能力的局部空间依赖性。

$$I_j = \frac{(y_i - \overline{y})}{S^2} \sum_{j=1}^{n} w_{ij}(y_j - \overline{y}) \tag{4-7}$$

式（4-7）中，局部莫兰指数公式的各部分与全局莫兰指数相似。当 I_j 为正值时，表示高（低）值的区域被高（低）值的区域包围，即存在"高-高"（"低-低"）聚集；当 I_j 为负值时，表示高（低）值的区域被低（高）值的区域包围，即存在"高-低"（"低-高"）聚集；当 I_j 为零时，则表示观测区域与相邻区域无关。

三、障碍度模型

在西北地区自然灾害应急管理能力综合评价过程中，更具现实意义的问题是了解西北不同省（区）应急管理能力提升的阻碍因素，逐步厘清制约各省（区）发展的不足之处。因此，本研究引入障碍度模型[1]，探讨影响西北地区自然灾害应急管理能力的障碍因素和障碍程度。具体计算公式如式（4-8）、（4-9）：

$$O_{ij}=1-X_{ij} \tag{4-8}$$

$$A_j=\frac{O_{ij}\cdot W_j}{\sum_{j=1}^{n}O_{ij}\cdot W_j} \tag{4-9}$$

式（4-8）中，X_{ij}表示第i个区域的第j个指标的数值，O_{ij}表示第i个区域的第j个指标与最大目标之间的差距；式（4-9）中，W_j表示因子贡献程度，即单个指标对总目标的贡献程度；A_j表示障碍程度，表示单个指标对应急管理能力水平的影响程度，该指标数值越大，对西北地区应急管理水平提升的阻碍效应就越大。

四、数据来源及处理

（一）数据来源

1.定量指标数据

本书中关于西北地区自然灾害应急管理能力综合评估实证的定量数据主要来自《中国统计年鉴》、西北五省（区）的统计年鉴、《中国环境年鉴》、《中国水利统计年鉴》、《中国城乡建设统计年鉴》、地质云平台、国家冰川冻土沙漠科学数据中心以及不同省（区）的应急管理部门、民政部门等，部分较难获得的数据由笔者根据资料整理而得。考虑到各指标的测量单位不同，数值范围差异较大，本研究对原始数据进行了无量纲化，使取值在［0，1］的区间内。

2.定性指标数据

（1）定性指标数据——居民应急反应能力

本章指标体系中的定性指标之一是居民应急反应能力，对该指标数据的收集主要采用问卷调查的方式。居民应急反应能力的测量采用唐桂娟[2]的《公众行为反应能力调查问卷》，使用Likert 5级量表对指标进行测量评估。本研究向陕西、甘肃、青海、宁夏和新疆五个省（区）的社会公众分别发放100份调查问卷，最后一共收到有效问卷495份。为了便于后续评估分析，本研究对该指标数据也进行了无量纲化处理，使其取

---

① Wang Huiquan, Hong Ye, Lu Liu, et al., "Evaluation and Obstacle Analysis of Emergency Response Capability in China," *International Journal of Environmental Research and Public Health* 19, no.16（2022）：10200.

② 唐桂娟:《城市自然灾害应急能力综合评价研究》,博士学位论文,哈尔滨工业大学管理学院,2011,第125-127页。

值在［0，1］的区间内。

以下是对本研究中收集居民应急反应能力数据的问卷质量描述分析。

第一，样本描述（见表4-6）。

表4-6 居民应急反应能力样本统计描述

调查对象特征	分类指标	样本个数	比例
性别	男	247	49.9%
	女	248	50.1%
年龄段	18岁以下	128	23.0%
	18～35岁	114	25.9%
	35～55岁	133	26.9%
	55岁以上	120	24.2%
学历	大专及大专以下	344	69.5%
	大学本科	118	23.8%
	硕士或博士研究生	33	6.7%

从性别和年龄段上看，居民应急反应能力调查问卷的发放对象男女性别比例和年龄段分布较为均衡；从学历上看，样本中大专及以下群体数量最多，占比69.5%。

第二，样本数据分析检验。

一是样本数据的信度分析。信度检验采用Cronbach'α系数法，检验衡量各个指标的量表内部之间的一致性，其中以Cronbach'α系数是否大于0.7作为判断信度是否合格的标准。信度分析结果如表4-7所示。从表4-7可知，测量居民应急反应能力的5个维度，即灾害风险认知、灾害防御认知、灾害信息传播认知、防灾投入认知和防灾行动认知的Cronbach'α系数均大于0.7，表明该居民应急反应能力量表具有较好的信度。

表4-7 信度分析表

指标	题项数量	Cronbach's α 信度系数
灾害风险认知	2	0.737
灾害防御认知	7	0.918
灾害信息传播认知	3	0.821
防灾投入认知	3	0.848
防灾行动认知	3	0.833

二是样本数据的效度分析。量表的效度主要通过内容效度和构造效度进行评价。就内容效度而言，由于本研究中测量居民应急反应能力量表是借鉴现有学者的量表问卷，因此具有较好的内容效度。就构造效度而言，利用探索性因子分析对本研究所用的量表进行效度检验，本研究所用量表的KMO值为0.916，十分接近1，同时P值小于0.001，通过了Bartlett's球形检验。此外，由表4-8可知，各指标测量题项的因子荷载量均大于0.7，说明本研究中衡量居民应急反应能力的量表具有良好的构造效度。

表4-8 效度分析表

指标	题项	因子载荷量
灾害风险认知	1.您了解对当地威胁最大的自然灾害是什么吗？	0.832
	2.您清楚自己居住地周围的灾害避难场所吗？	0.836
灾害防御认知	1.您支持您的亲友购买有关灾害的保险吗？	0.763
	2.您赞成政府为发展灾害防御事业发行灾害债券吗？	0.765
	3.据您看，您周围的同事了解当地有关灾害防御的法律法规和政策吗？	0.798
	4.您认为普通群众有必要学习防御灾害的知识和技能吗？	0.786
	5.根据您的经验，您觉得人们掌握防御灾害的知识和技能在应对突发灾害时确实有作用吗？	0.783
	6.您熟悉当地各种灾害预警的信号吗？	0.793
	7.您认为企业或单位有必要制定防御灾害的预案吗？	0.802
灾害信息传播认知	1.您通常最相信下述哪种渠道传播的有关灾害发生的信息？	0.807
	2.如果有消息说"当地在某天某时将发生几级的地震"，您相信吗？	0.810
	3.如果有当地发生重大灾害的消息，您觉得周围大多数人的反应会是什么？	0.798
防灾投入认知	1.您愿意拿出一定的收入购买应对突发灾害的救生物品吗？	0.841
	2.有人主张"即使城市发展受点影响，也要加强灾害防御事业的投入"。您赞成这种主张吗？	0.817
	3.您认为在灾害防御中，是否有必要像重视物质、技术措施一样重视公众的防灾意识教育和防灾技能培养？	0.822
防灾行动认知	1.如果得知有灾害发生的正式通知，您会积极配合有关部门撤出居住地吗？	0.780
	2.如果需要占用个人时间参加有关部门组织的防灾救灾演习，您会参加吗？	0.833
	3.依您看，如果突然遇到灾害发生(如地震、洪水、火灾、爆炸等)，您熟悉的亲友具备安全逃生的本领吗？	0.796

（2）其他定性指标数据

除了居民应急反应能力这一定性指标及其他可得的定量指标数据，本章所构建的指标体系还涉及其他指标，如应急法律法规建设情况、应急法律法规执行情况、灾害风险辨识情况等，这些都由专家打分来获取数据，即由西北五省（区）相关部门的专家根据其所在省（区）的真实状况填写。

（二）数据处理

考虑到原始数据可能因尺度不同而影响评估结果，所以我们根据以下方法对指标进行了无量纲化，使各个指标的数值都在相同的数量级上，以便进行综合的比较分析。

①正向指标：

$$X'_{ij} = (X_{ij} - X_{ij\min}) / (X_{ij\max} - X_{ij\min}) \tag{4-10}$$

②负向指标：

$$X'_{ij} = (X_{ij\max} - X_{ij}) / (X_{ij\max} - X_{ij\min}) \tag{4-11}$$

在式（4-10）和（4-11）中，X'_{ij} 是 X_{ij} 指标的无量纲化结果，X_{ij} 为第 i 个对象第 j 项指标的原始采集数值，$X_{ij\max}$ 为该指标项采集数据中的最大值，$X_{ij\min}$ 为该指标项采集数据中的最小值，X'_{ij} 结果介于 [0，1] 之间。

第四节　西北地区自然灾害应急管理能力
综合评估实证分析

一、西北地区自然灾害应急管理能力分析

本书基于上述建立的指标体系、确定的指标权重和评估模型，根据所收集的数据，对2021年我国西北五省（区）的自然灾害应急管理能力进行具体的计算并分析，计算结果见表4-9。在ArcGIS中，根据前文的划分，绘制了我国西北地区自然灾害应急管理能力水平的空间分布图，对西北地区自然灾害应急管理能力进行空间可视化呈现，具体如图4-3所示。

表4-9　西北五省（区）自然灾害应急管理能力综合评估得分

	陕西省	甘肃省	青海省	宁夏回族自治区	新疆维吾尔自治区
自然灾害应急管理能力得分	0.675284	0.452931	0.351846	0.349212	0.449919

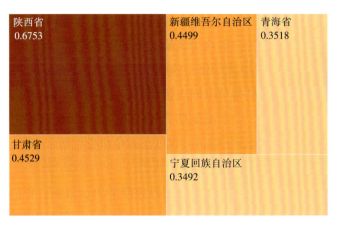

图4-3　2021年西北地区自然灾害应急管理能力水平图

从表4-9、图4-3的分析可得，西北地区自然灾害应急管理能力整体发展水平不高，且不同省份的自然灾害应急管理能力水平有一定差异。陕西的自然灾害应急管理能力水平相对最高。这得益于陕西在西北地区具有相对较高的社会发展水平，有良好的经济基础和公共服务资源作为后盾。陕西在自然灾害应急减缓、准备、响应和恢复等各阶段都形成了相对完善的防御机制，能够做到快速响应，减少自然灾害造成的损失和负面影响。此外，西北其他省份的自然灾害应急管理能力水平则相对较低。具体而言，新疆和甘肃在西北地区位于中等水平，而青海和宁夏的应急管理能力水平则相对更低。从国家整体看，这是因为这些省份深居内陆，地处偏远，加之东部地区的快速发展吸纳了大量西部的资源，导致我国区域发展较不平衡。至于青海、宁夏的自然灾害应急管理能力水平比新疆、甘肃稍低一些，主要是由于新疆、甘肃的自然灾害危险性相对更高，相应地对自然灾害风险的感知也更高，因此其对自然灾害应急管理能力的重视程度更高。相对而言，新疆、甘肃在自然灾害应急管理方面投入更多，因此，其自然灾害应急管理能力水平比青海、宁夏更高一些。总体而言，造成西北地区自然灾害应急管理能力出现省际差异的原因涉及多个方面，包括经济发展水平、社会公共服务资源、自然灾害危险性以及政府重视程度等，西北各省（区）应根据自身情况，有针对性地提高自然灾害应急管理能力，以更好地应对自然灾害的威胁。

二、西北地区自然灾害应急管理能力的空间自相关分析

（一）全局莫兰指数

为了进一步探索我国西北地区自然灾害应急管理能力水平的空间集聚特征，本书利用GeoDa软件计算全局莫兰指数。由计算结果可知，2021年西北地区自然灾害应急

管理能力的莫兰指数为-0.324，该值为负，表明2021年我国西北地区自然灾害应急管理能力水平存在空间负相关性，具体表现为在西北地区，自然灾害应急管理能力水平相异的省份往往聚集在一起。这表明在西北地区的地理空间中，自然灾害应急管理能力呈现出一定的分散趋势，说明了西北地区自然灾害应急管理能力目前处在较低水平，未能形成辐射整个西北地区、具有较强影响力的自然灾害应急管理能力增长极。

（二）局部莫兰指数

全局空间莫兰指数表明我国应急能力分布存在空间集聚，但整体空间差异可能掩盖了局部空间差异的变化，因此引入局部莫兰指数进一步探索其空间分布特征。本书使用GeoDa软件计算了2021年我国西北地区自然灾害应急管理能力水平的莫兰散点图（见图4-4）。

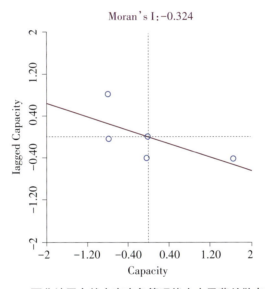

图4-4 西北地区自然灾害应急管理能力水平莫兰散点图

图4-4中的四个象限表达了一个省（区）与周边省份之间的四种局部空间联系，即"高-高（H-H）集聚""低-低（L-L）集聚""高-低（H-L）集聚"和"低-高（L-H）集聚"。从图4-4可以看出，大部分点位于第二象限和第四象限，这再次说明了西北地区各省（区）自然灾害应急管理能力呈现负空间相关性。具体来看，宁夏、甘肃位于"L-H"象限，陕西则位于"H-L"象限，这表明这些省份在空间上形成了较强的负向聚集分布。总体而言，在西北地区，各省（区）自然灾害应急管理能力水平的空间差异较大。

莫兰散点图只是初步判别了西北各省（区）的所属象限，但不能从整体上判断局部相关类型及其聚集区域是否在统计意义上显著，因此，本研究结合LISA集聚，分析西北地区自然灾害应急管理能力水平的局部空间地理特征。运用GeoDa软件进行计算，得到西北五省（区）自然灾害应急管理能力水平的LISA集聚。结果表明，只有宁夏和甘肃的"低–高（L-H）集聚"是显著的，即宁夏与甘肃本身的自然灾害应急管理能力偏低，邻近区域的应急管理能力较高，其他省份自然灾害应急管理能力聚类特征皆表现为不显著。这验证了西北地区自然灾害应急管理能力空间格局表现不平衡，除了宁夏与甘肃"低–高（L-H）集聚"显著外，青海、新疆、甘肃、宁夏各省份自然灾害应急管理能力本底较差，而陕西的辐射带动作用有限，因此西北地区其他省份自然灾害应急管理能力的局部空间集聚性并不显著。

三、西北地区自然灾害应急管理能力的障碍因素分析

本书以2021年我国西北五省（区）的自然灾害应急管理能力为研究对象，采用障碍度模型来评估其主要障碍因素。首先，本书对西北五省（区）的自然灾害应急管理能力指标进行了单项障碍度计算，并选取了排名前三的障碍因素，以深入探讨其对西北五省（区）自然灾害应急管理能力水平的主要影响（见表4-10）。此外，为了全面了解西北地区自然灾害应急管理能力的整体水平，本书还对各省份的指标障碍程度进行了数值加总，并按降序排列，以列出西北地区自然灾害应急管理能力的主要障碍因素的前15位，相关结果见图4-5。

表4-10　西北五省（区）的主要障碍因素和障碍程度

地区	1		2		3	
	障碍因素	障碍程度	障碍因素	障碍程度	障碍因素	障碍程度
陕西省	总结事件经验情况	0.0550	区域协调联动情况	0.0479	现场指挥决策能力	0.0471
甘肃省	灾情损害评估情况	0.0417	总结事件经验情况	0.0408	环境设施恢复重建情况	0.0380
青海省	环境设施恢复重建情况	0.0400	心理救援组织的参与人次	0.0376	灾情损害评估情况	0.0366
宁夏回族自治区	环境设施恢复重建情况	0.0431	心理救援组织的参与人次	0.0397	总结事件经验情况	0.0396
新疆维吾尔自治区	总结事件经验情况	0.0568	环境设施恢复重建情况	0.0530	巨灾恢复重建的平均时间	0.0416

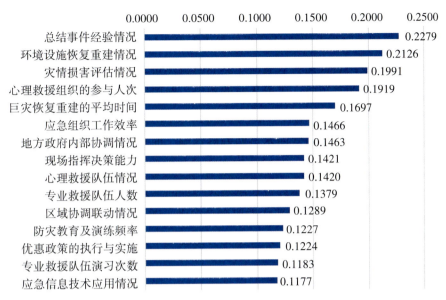

图4-5　西北地区自然灾害应急管理能力的主要障碍因素(前15位)

结合表4-10和图4-5可以看出，整体而言，西北地区自然灾害应急管理能力的主要障碍因素是总结事件经验情况、环境设施恢复重建情况、心理救援组织的参与人次等应急恢复能力，应急组织工作效率、应急信息技术应用情况等应急减缓能力，防灾教育及演练频率等应急准备能力，以及地方政府内部协调情况、现场指挥决策能力、专业救援队伍人数等应急响应能力。

在应急减缓能力方面，影响西北地区自然灾害应急管理能力提升的主要障碍因素是应急组织工作效率和应急信息技术应用情况。一方面，应急组织工作效率的提升尤为重要。首先，西北地区地处偏远，加之对应急管理人员的培训缺乏一定的标准化，导致西北地区缺乏受过专业培训且经验丰富的应急人员，从而影响了应急决策与响应的质量和速度。其次，西北地区应急组织制度的清晰性和职责分配的明确性也有待提高，这可能会导致应急管理工作的拖延和资源分配的混乱，进一步阻碍了灾害应急响应的迅速展开。另一方面，应急信息技术应用情况也是一个主要问题。应急信息技术应用情况与应急管理能力直接相关，明显地，由于西北地区经济社会发展较为落后，其信息技术和相关设备设施有待提高和完善，这也限制了西北地区自然灾害应急信息的收集、传播和协调；同时，西北地区也没有足够的能力应对自然灾害应急数据的整合和分析。因此，提升应急组织工作效率与应急信息技术应用水平是提高西北地区自然灾害应急管理能力的紧迫任务。

在应急准备能力方面，西北地区的明显短板在于防灾教育及演练频率。显然，防灾教育和演练对于提高应急准备能力至关重要，特别是在西北地区这样易受到自然灾害影响的地区。通过定期的防灾教育活动，人们更容易了解可能发生的紧急灾害情况，学会应对灾害以及采取相应的行动，这有助于提高公众自然灾害应急管理的意识、技能及准备度，使其在灾害发生时能够更科学迅速地作出反应。此外，经常开展防灾演练，能够使应急救援组织更好地协同合作，并识别出现有应急计划和策略的不足之处，促使其更快速有效地作出决策，分配资源，执行救援任务，以减少潜在的伤亡和损失，增强西北地区的自然灾害应急管理能力。

在应急响应能力方面，地方政府内部协调情况、现场指挥决策能力、专业救援队伍人数、区域协调联动情况和专业救援队伍演习次数也是西北地区自然灾害应急管理能力的主要障碍因素。第一，地方政府内部各部门之间的协调和合作是确保应急管理有效性的基础，协调情况良好可以确保资源分配合理，信息共享畅通，应急计划有效执行。第二，在紧急情况下需要快速地作出明智的决策，地方政府和应急救援团队必须具备现场指挥和决策的能力，以迅速而有效地应对紧急情况，降低潜在的危机。第三，由于西北地区面临多种自然灾害，如地震、洪水和森林火灾等，所以拥有足够数量和过硬质量的专业救援人员至关重要。这些专业救援人员必须具备处理不同类型灾害的专业知识和技能，以便能够快速响应，及时提供有效的救援服务。第四，自然灾害通常不受地域限制，加之西北地区地广人稀且发展相对落后，因此跨地区的协调联动对于西北地区应对大规模自然灾害尤为重要。地方政府需要与邻近地区与国家层面的机构建立合作关系，以确保资源和支援能够迅速跨越地域界限，以有效地协同响应大规模自然灾害。第五，定期的专业队伍演习是提高自然灾害应急管理能力的有效途径。这些演习提供了实际应对不同灾害情景的机会，有助于识别薄弱环节并改进应急策略。此外，演习还有助于提高救援团队的协作能力。总之，西北地区的应急管理能力在上述方面还存在很大的提升空间，因此需要集中力量解决这些问题，提高其能力和水平，从而更好地应对不断变化的自然灾害挑战。

在应急恢复能力方面，总结事件经验情况、环境设施恢复重建情况、心理救援组织的参与人次等也阻碍了西北地区自然灾害应急管理能力水平的提升。西北地区地广人稀，自然灾害频发，加之其地形复杂多样、经济社会发展水平滞后，难以投入足够的资源来建设和改进应急恢复基础设施，因此，西北地区的应急恢复能力明显较弱。在自然灾害应急恢复能力方面，西北地区首先应积极总结历史上曾发生的自然灾害事件的经验，通过详细的分析，可以识别成功的做法和发现面临的挑战，为今后的应急管理提供宝贵的建议。其次，有效地恢复并重建关键基础设施，如道路、桥梁、供水系统等，是恢复正常经济社会运转的关键，能够显著地提升西北地区的抗灾能力。此外，自然灾害会对受灾人群的心理健康产生负面影响，心理救援团队可以对其提供心理支持和危机干预，帮助受灾者应对创伤和疏解心理压力。当然，西北地区的自然灾害应急恢复能力不仅限于上述因素，但其在这些方面存在明显短板，因此，西北地区地方政府和相关机构迫切需要重点关注这些领域，以不断改进其应对自然灾害的应急管理策略。

四、提高西北地区自然灾害应急管理能力的建议

（一）加强西北地区自然灾害应急管理各阶段全过程的均衡发展

突发事件应对是包括预防与应急准备、监测与预警、应急处置与救援、事后恢复与重建等多个环节在内的全链条管理过程。应急管理要覆盖突发事件全过程，应急管理全过程任何关键阶段的缺失或削弱，都可能导致应急管理实践的重大失败，造成不可逆转的伤亡、财产损失或社会混乱。因此，必须做到事前"无急有备"，事中"有急能应"，事后"应后能进"。预防是做好应急管理最经济、最有效的办法[1]，必须秉持"全程管理、预防为主"的理念，强化关口前移，把预防和应急准备放在首位，从源头上防范和化解重大安全风险，使问题在萌芽状态、未成灾之前得到解决。对于西北地区而言，特别要完善应急预案体系，将预案中的风险控制措施与经济社会发展、资源环境保护、基础设施建设相结合，体现"预防为主"和"源头管理"的理念。此外，应根据突发事件的监测信息和风险评估结果，建立完善的预报预警系统，根据可能造成的危害程度确定相应的预警等级，确保灾害信息能够通过电视等多种渠道快速、准确地传达给公众。

（二）推动西北地区自然灾害应急管理能力的区域协调发展和综合提升

加强区域间联动机制的构建和完善，不断创新发展区域合作体制机制，形成跨区域应急合力。通过各区域信息、资源、人才、技术等方面的互通互融、共建共享，强化跨区域应急管理协调发展，充分发挥各方优势，有效促进资源和技术的优化配置，实现应急救援专业队伍、物资储备及其他各类资源能够跨区域高效及时调配，最大限度减少应急反应时间，提高应急救援的实战能力[2]。

具体而言，一方面，加强互联互通，打破区域间行政壁垒，制定合理的应急产业结构规划、政策引导和技术创新，促进西北地区应急资源流动和区域间应急产业结构优化升级；另一方面，以大城市辐射小城市，小城市带动小城镇为驱动，形成互利互

---

①《人民日报新知新觉：健全国家应急管理体系》（2020-02-26），人民网：http://opinion.people.com.cn/GB/n1/2020/0226/c1003-31604368.html，访问日期：2024年4月30日。

②揣小明、杜乐乐、翟颖超：《基于应急管理全过程均衡理论的城市灾害应急能力评价》，《资源开发与市场》2023年第4期，第385-391页。

补的发展格局，并因地制宜实施差异化发展战略，切实推动西北地区各省（区）自然灾害应急管理能力的发展提升。

（三）精准施措补齐西北地区自然灾害应急管理能力短板

补齐西北地区自然灾害应急管理能力短板，要从障碍因素的分析结果出发，辨清制约我国西北地区自然灾害应急管理能力提升的主要障碍，并据此有针对性地给出提升西北地区自然灾害应急管理能力的建议。

在应急减缓能力方面，首先，需要优化应急机构的组织结构，明确其职责，并优化组织制度，以提高西北地区应急组织的工作效率。其次，注重智慧应急建设，利用卫星导航和无人机等信息化手段，强化西北地区应急体系建设的科技支撑，提高应急管理全过程的科学化、智能化、精细化水平。

在应急准备能力方面，定期开展防灾减灾教育演练培训活动，提高教育演练频次，鉴于西北地区社会大众的受教育程度不同，有必要在社会、学校、家庭等多个层面推进自然灾害应急知识的教育普及，进而提高全社会抵御自然灾害风险的能力。

在应急响应能力方面，其一，西北地区应建立清晰的内部协调机制，确保各部门之间的紧密合作和信息共享，明确决策链条和指挥结构，以减少管理混乱和决策延误；其二，提高西北地区地方政府和应急救援团队的现场指挥和决策能力，并配备现代通信设备，确保其在紧急情况下能够迅速作出决策；其三，增加专业救援队伍的数量，并定期对其开展针对不同灾害情景的演习，对救援人员进行专业知识和技能培训，确保有足够的人员和资源来应对各种自然灾害。

在应急恢复能力方面，认真总结灾情经验，将优秀防治案例进行推广，以案促改、以案促建，补齐短板、补强不足，增强地区灾后学习能力。此外，因地制宜制定民生保障措施，加大社会保障投入，加快建设和完善覆盖全民的高质量社会保障体系，进一步完善社会治理体系，提升社会治理效能，提高西北地区的恢复重建能力。

第五章　西北地区自然灾害应急管理能力分类评估

对西北地区自然灾害应急管理能力进行分类评估时，可以从"分灾种评估"和"分主体评估"两个维度进行深入剖析，从而全面把握该地区的应急管理水平。本章针对不同的应对灾种，评估工作重点考察了西北地区在地震、洪涝灾害中应急减缓、应急准备、应急响应和应急恢复四个阶段的能力建设情况。针对不同应急主体，研究主要聚焦于政府、社区、企业及专业救援队伍等多元主体在自然灾害应急管理中的角色与表现。

第一节　西北地区自然灾害应急管理能力分灾种评估

西北地区作为自然灾害频发与多样性显著的区域，其灾害谱系广泛，涵盖了除海洋灾害外的各类自然灾害，尤以旱灾为主，并常伴以风沙、水涝、地震、霜冻等灾害。

本节针对地震与洪涝两类灾害，基于危机管理四阶段理论，依据《自然灾害分类与代码》（GB/T 28921–2012）国家标准的自然灾害分类体系，结合西北地区的特定孕灾环境，选取地震灾害和洪涝灾害两大类自然灾害作为主要研究对象，构建了针对地震与洪涝灾害的评估指标体系。通过实证分析，致力于评估西北地区在地震、洪涝这两类典型灾害中的应急管理能力，从而为有效减轻灾害损失、保障区域安全与发展提供助力。

一、西北地区地震灾害应急管理能力评估

（一）评估指标体系构建

根据应急管理能力评估指标的选取原则，并采纳应急管理专家的意见，基于对地震灾害特征、应对需求及经典案例的深入分析，本书对主要评估指标进行了详细拆解，

进而形成了针对西北地区地震灾害应急管理能力的评估体系（见表5-1）。

表5-1 西北地区地震灾害应急管理能力评估指标体系

总目标	一级指标	二级指标
西北地区地震灾害应急管理能力评估	应急减缓能力 B_1	地震观测台覆盖情况(个/万平方千米)C_{11}
		信息技术服务业固定资产投资(万元/万人)C_{12}
		符合抗震设防标准的建筑物比例(%)C_{13}
		生命线工程抗震维护资金投入(万元)C_{14}
		培训与防灾演练的次数(次)C_{15}
		地震灾害教育及防灾意识教育次数(次)C_{16}
		地震相关专项预案的制定数量(项)C_{17}
		地震应急避难场所数量(个)C_{18}
	应急准备能力 B_2	地震信息系统相关设备的改造更新投入(元)C_{21}
		地震应急预案每年修订次数(次)C_{22}
		地震监测预警站人员数量(人)C_{23}
		家庭预防性支出(元)C_{24}
		地质灾害防治投资(元/人)C_{25}
	应急响应能力 B_3	地震灾害预警次数(次)C_{31}
		互联网普及率(%)C_{32}
		灾害预报的准确度(%)C_{33}
		地震发生后每条预警信息的间隔时间(分)C_{34}
		医疗卫生机构床位(张/万人)C_{35}
		省地震局应急队伍数量(人)C_{36}
		旅客周转量(百万人/千米)C_{37}
		货物周转量(百万吨/千米)C_{38}
		民用汽车拥有量(辆/千人)C_{39}
	应急恢复能力 B_4	人均可支配收入(元)C_{41}
		建筑业企业人均施工面积(平方米/人)C_{42}
		交通运输、仓储和邮政业固定资产投资(元/人)C_{43}
		电力、热力、燃气及水生产和供应业固定资产投资(元/人)C_{44}
		残疾人康复机构(个/百万人)C_{45}

（二）指标权重赋值

本书运用主观赋权法中的层次分析法确定应急减缓能力、应急准备能力、应急响应能力和应急恢复能力四个阶段对地震应急管理能力的贡献率，即权重值。其确定权重的步骤如下：

步骤1：明确问题所含的因素及各因素之间的关系，建立评估系统的递阶层次结构。所建立的评估指标体系是一个由总目标、一级指标（4个）和二级指标（27个）构成的层次体系，其层次结构模型如表5-1所示。

步骤2：邀请地震工程、灾害管理领域、应急管理领域的专家对同一层次的各元素相对上一层次目标因素的影响程度做两两比较，构造两两比较判断矩阵A：

$$A = \begin{bmatrix} a_{11} & \cdots & a_{1i} \\ \vdots & a_{ij} & \vdots \\ a_{i1} & \cdots & a_{ii} \end{bmatrix}$$

矩阵A中，a_{ij}表示要素i与要素j相比的重要性标度，运用层次分析法对各因素进行两两对比打分时有很大的灵活性，在此采用1～9标度法，其标度的定义标准见表5-2，并且有$a_{ij} > 0$，$a_{ii} = 1$，$a_{ji} = \dfrac{1}{a_{ij}}$。

表5-2 判断矩阵标度定义

标度	含义
1	两个要素相比,因素i与因素j同样重要
3	两个要素相比,因素i比因素j稍微重要
5	两个要素相比,因素i比因素j明显重要
7	两个要素相比,因素i比因素j强烈重要
9	两个要素相比,因素i比因素j极端重要
2,4,6,8	上述相邻判断的中间值
倒数	两个要素相比,因素j比因素i的重要标度

步骤3：计算各指标相对于上一层目标因素的权重归一化向量$w^0 = \{w_i^0\}$，常用方根法，即：

$$w_i = \left(\prod_{j=1}^{n} a_{ij} \right)^{\frac{1}{n}} \tag{5-1}$$

$$w_i^0 = \frac{w_i}{\sum_{i=1}^{n} w_i}, \quad i = 1, 2, \cdots, n \tag{5-2}$$

w_i^0 即为该层指标对上层因素的权重。

步骤4：对计算结果进行一致性检验，方法如下：计算判断矩阵的特征根，求出一致性指标 CI 和一致性比例 CR，见式（5-3）、（5-4）：

$$CI = \frac{\lambda_{max} - n}{n - 1} \tag{5-3}$$

$$CR = \frac{CI}{RI} \tag{5-4}$$

式（5-3）中，$\lambda_{max} = \frac{1}{n} \sum_{i=1}^{n} \left[\left(\sum_{j=1}^{n} a_{ij} w_j \right) \Big/ w_i \right]$，$RI$ 为平均随机一致性指标，查表5-3即可获得；当 $CR > 0.10$ 时，则认为层次分析总评分排序计算结果的一致性达到预期；如果一致性未达到预期，则需要重新对层析分析内的所有判断矩阵进行修正。

表5-3　平均随机一致性指标

矩阵阶数 n	1	2	3	4	5	6	7
RI	0	0	0.52	0.89	1.12	1.26	1.36
矩阵阶数 n	8	9	10	11	12	13	14
RI	1.41	1.46	1.49	1.52	1.54	1.56	1.58

步骤5：通过上述四个步骤得到的各个一级指标对总指标的权重，最终要得到每一个二级指标对总目标的权重，就要对权重合成。假定四个一级指标 B_1、B_2、B_3、B_4 对总指标的权重为 b_1、b_2、b_3、b_4，而 C_1、C_2、C_3、C_4 为 B_1 因素的下一级指标，且对 B_1 的权重分别为 C_{11}、C_{12}、$\cdots$、C_{1m}，则二级指标 C_{11}、C_{12}、$\cdots$、C_{1m} 对总指标的权重值分别为 w_1、w_2、$\cdots$、w_m，其计算公式为：

$$w_i = \sum_{j=1}^{m} b_1 c_{1j} \tag{5-5}$$

向地震研究领域和应急管理研究领域的专家及专业人士发出调查问卷10份，回收10份，回收率100%。利用调查问卷结果构建判断矩阵并计算指标权重，计算结果见表5-4至表5-8。

从表5-4可知，在衡量一个地区的地震应急管理能力时，专家们普遍认为应急响应能力和应急恢复能力是最重要的，分别占总比重的58.68%和19.99%。因此，应通过提高地震预警的准确度和速度、增加医疗卫生机构床位数、提高应急队伍的专业素质和救援能力、保证地震灾区的交通运输畅通、增加民用汽车拥有量、提高地震灾区的生活水平和自我恢复能力、关注地震灾区残疾人的康复和救助工作以及加强地震应急知识的宣传和培训，来全面提高地震灾害的应急管理能力，最大程度地减少地震灾害带来的损失。

表5-4 西北地区地震灾害应急管理能力一级指标判断矩阵

地震灾害应急管理能力	应急减缓能力	应急准备能力	应急响应能力	应急恢复能力	w_i
应急减缓能力	1.0000	0.9812	0.1800	0.5284	0.1056
应急准备能力	1.0191	1.0000	0.1835	0.5385	0.1077
应急响应能力	5.5552	5.4510	1.0000	2.9352	0.5868
应急恢复能力	1.8926	1.8571	0.3407	1.0000	0.1999

表5-5 西北地区地震灾害应急减缓能力二级指标判断矩阵

应急减缓能力	地震观测台覆盖情况	信息技术服务业固定资产投资	符合抗震设防标准的建筑物比例	生命线工程抗震维护资金投入	培训与防灾演练的次数	地震灾害教育及防灾意识教育次数	地震相关专项预案的制定数量	地震应急避难场所数量	w_i
地震观测台覆盖情况	1.0000	1.2522	0.2893	0.2897	1.1060	1.6266	0.8001	0.9607	0.0799
信息技术服务业固定资产投资	0.7986	1.0000	0.2310	0.2313	0.8832	1.2990	0.6389	0.7672	0.0638
符合抗震设防标准的建筑物比例	3.4563	4.3282	1.0000	1.0012	3.8228	5.6221	2.7654	3.3204	0.2761
生命线工程抗震维护资金投入	3.4521	4.3228	0.9988	1.0000	3.8181	5.6152	2.7620	3.3163	0.2758
培训与防灾演练的次数	0.9041	1.1322	0.2616	0.2619	1.0000	1.4707	0.7234	0.8686	0.0722
地震灾害教育及防灾意识教育次数	0.6148	0.7698	0.1779	0.1781	0.6800	1.0000	0.4919	0.5906	0.0491
地震相关专项预案的制定数量	1.2499	1.5651	0.3616	0.3621	1.3824	2.0330	1.0000	1.2007	0.0999
地震应急避难场所数量	1.0409	1.3035	0.3012	0.3015	1.1513	1.6932	0.8329	1.0000	0.0832

表5-6　西北地区地震灾害应急准备能力二级指标判断矩阵

应急准备能力	地震信息系统相关设备的改造更新投入	地震应急预案每年修订次数	地震监测预警站人员数量	家庭预防性支出	地质灾害防治投资	w_i
地震信息系统相关设备的改造更新投入	1.0000	1.6068	1.6068	0.5479	0.4295	0.1631
地震应急预案每年修订次数	0.6223	1.0000	1.7568	0.3410	0.2673	0.1015
地震监测预警站人员数量	0.3543	0.5692	1.0000	0.1941	0.1521	0.0578
家庭预防性支出	1.8253	2.9329	5.1525	1.0000	0.7839	0.2977
地质灾害防治投资	2.3285	3.7414	6.5729	1.2757	1.0000	0.3798

表5-7　西北地区地震灾害应响应能力二级指标判断矩阵

应急响应能力	地震灾害预警次数	互联网普及率	灾害预报的准确度	地震发生后每条预警信息的间隔时间	医疗卫生机构床位	省地震局应急队伍数量	旅客周转量	货物周转量	民用汽车拥有量	w_i
地震灾害预警次数	1.0000	0.1686	0.7046	0.5905	0.1682	0.1713	0.3648	0.3386	0.8009	0.0348
互联网普及率	5.9316	1.0000	4.1795	3.5029	0.9977	1.0159	2.1639	2.0085	4.7505	0.2062
灾害预报的准确度	1.4192	0.2393	1.0000	0.8381	0.2387	0.2431	0.5177	0.4806	1.1366	0.0493
地震发生后每条预警信息的间隔时间	1.6934	0.2855	1.1932	1.0000	0.2848	0.2900	0.6178	0.5734	1.3562	0.0589
医疗卫生机构床位	5.9455	1.0023	4.1893	3.5111	1.0000	1.0183	2.1690	2.0132	4.7616	0.2066
省地震局应急队伍数量	5.8386	0.9843	4.1140	3.4480	0.9820	1.0000	2.1300	1.9770	4.6760	0.2029
旅客周转量	2.7412	0.4621	1.9315	1.6188	0.4610	0.4695	1.0000	0.9282	2.1953	0.0953
货物周转量	2.9532	0.4979	2.0809	1.7440	0.4967	0.5058	1.0774	1.0000	2.3652	0.1026
民用汽车拥有量	1.2486	0.2105	0.8798	0.7374	0.2100	0.2139	0.4555	0.4228	1.0000	0.0434

表5-8　西北地区地震灾害恢复能力二级指标判断矩阵

应急恢复能力	人均可支配收入	建筑业企业人均施工面积	交通运输、仓储和邮政业固定资产投资	电力、热力、燃气及水生产和供应业固定资产投资	残疾人康复机构	w_i
人均可支配收入	1.0000	2.9132	1.5128	1.0172	2.2025	0.2906
建筑业企业人均施工面积	0.3433	1.0000	0.5193	0.3492	0.7560	0.0997
交通运输、仓储和邮政业固定资产投资	0.6610	1.9257	1.0000	0.6724	1.4559	0.1921
电力、热力、燃气及水生产和供应业固定资产投资	0.9831	2.8639	1.4872	1.0000	2.1652	0.2857
残疾人康复机构	0.4540	1.3227	0.6868	0.4618	1.0000	0.1319

根据表5-4至表5-8，最终所得评估指标体系的权重结果见表5-9。

表5-9　西北地区地震灾害应急管理能力评估指标体系及各指标权重

总目标	一级指标	权重	二级指标	权重
西北地区地震灾害应急管理能力评估	应急减缓能力 B_1	0.1056	地震观测台覆盖情况（个/万平方千米）C_{11}	0.0084
			信息技术服务业固定资产投资（万元/万人）C_{12}	0.0067
			符合抗震设防标准的建筑物比例（%）C_{13}	0.0292
			生命线工程抗震维护资金投入（万元）C_{14}	0.0291
			培训与防灾演练的次数（次）C_{15}	0.0076
			地震灾害教育及防灾意识教育次数（次）C_{16}	0.0052
			地震相关专项预案的制定数量（项）C_{17}	0.0105
			地震应急避难场所数量（个）C_{18}	0.0088
	应急准备能力 B_2	0.1077	地震信息系统相关设备的改造更新投入（元）C_{21}	0.0176
			地震应急预案每年修订次数（次）C_{22}	0.0109
			地震监测预警站人员数量（人）C_{23}	0.0062
			家庭预防性支出（元）C_{24}	0.0321
			地质灾害防治投资（元/人）C_{25}	0.0409

续表5-9

总目标	一级指标	权重	二级指标	权重
	应急响应能力 B_3	0.5868	地震灾害预警次数(次) C_{31}	0.0204
			互联网普及率(%) C_{32}	0.0289
			灾害预报的准确度(%) C_{33}	0.1210
			地震发生后每条预警信息的间隔时间(分) C_{34}	0.0345
			医疗卫生机构床位(张/万人) C_{35}	0.1213
			省地震局应急队伍数量(人) C_{36}	0.1191
			旅客周转量(百万人/千米) C_{37}	0.0559
			货物周转量(百万吨/千米) C_{38}	0.0602
			民用汽车拥有量(辆/千人) C_{39}	0.0255
	应急恢复能力 B_4	0.1999	人均可支配收入(元) C_{41}	0.0581
			建筑业企业人均施工面积(平方米/人) C_{42}	0.0199
			交通运输、仓储和邮政业固定资产投资(元/人) C_{43}	0.0384
			电力、热力、燃气及水生产和供应业固定资产投资(元/人) C_{44}	0.0571
			残疾人康复机构(个/百万人) C_{45}	0.0264

（三）数据采集与处理

1.数据来源

地震灾害应急管理能力评估指标体系的二级指标数据主要来源于国家地震科学数据中心、全国行政区划信息查询平台、各省（区）地震局、各省（区）"十四五"防震减灾事业发展规划、各省（区）残疾人事业发展统计公报等，数据截至2022年末。西北地区地震灾害应急管理能力评估二级指标的计算方法和数据来源如表5-10所示。

表5-10　西北地区地震灾害应急管理能力评估二级指标的数据来源与计算方法

二级指标	单位	计算方法	数据来源
地震观测台覆盖情况	个/万平方千米	地震观测台个数/省份面积	国家地震科学数据中心 全国行政区划信息查询平台
信息技术服务业固定资产投资	万元/万人		各省(区)统计年鉴
符合抗震设防标准的建筑物比例			调研数据

续表 5-10

二级指标	单位	计算方法	数据来源
生命线工程抗震维护资金投入	万元		各省(区)地震局部门决算
培训与防灾演练的次数	次		各省(区)地震局新闻及部门决算
地震灾害教育及防灾意识教育次数	次		各省(区)应急管理厅
地震相关专项预案的制定数量	项		各省(区)地震局
地震应急避难场所数量	个		各省(区)地震局
地震信息系统相关设备的改造更新投入	元		各省(区)地震局部门决算
地震应急预案每年修订次数	次		各省(区)地震局
地震监测预警站人员数量	人		各省(区)地震局
家庭预防性支出	元	当年财产性收入的1/3	各省(区)统计年鉴
地质灾害防治投资	元/人	地质灾害防治投资/年末常住人口	各省(区)地震局新闻及部门决算 各省(区)统计年鉴
地震灾害预警次数	次		各省(区)地震局
互联网普及率			网宿·中国互联网发展报告
灾害预报的准确度			各省(区)地震局
地震发生后每条预警信息的间隔时间	分		各省(区)"十四五"防震减灾事业发展规划
医疗卫生机构床位	张/万人	医疗卫生机构床位数量/年末常住人口	各省(区)统计年鉴
省地震局应急队伍数量	人		各省(区)"十四五"防震减灾事业发展规划
旅客周转量	百万人/千米		各省(区)统计年鉴
货物周转量	百万吨/千米		各省(区)统计年鉴
民用汽车拥有量	辆/千人		各省(区)统计年鉴
人均可支配收入	元		各省(区)统计年鉴
建筑业企业人均施工面积	平方米/人	建筑业企业施工面积/年末常住人口	各省(区)统计年鉴

续表5-10

二级指标	单位	计算方法	数据来源
交通运输、仓储和邮政业固定资产投资	元/人	交通运输、仓储和邮政业固定资产投资/年末常住人口	各省(区)统计年鉴
电力、热力、燃气及水生产和供应业固定资产投资	元/人	电力、热力、燃气及水生产和供应业固定资产投资/年末常住人口	各省(区)统计年鉴
残疾人康复机构	个/百万人	残疾人康复机构数量/年末常住人口	各省(区)残疾人事业发展统计公报 各省(区)统计年鉴

2.原始数据

西北地区地震灾害应急管理能力评估二级指标原始数据见表5-11所示。

表5-11 西北地区地震灾害应急管理能力评估二级指标原始数据

二级指标	陕西省	甘肃省	宁夏回族自治区	青海省	新疆维吾尔自治区
地震观测台覆盖情况(个/万平方千米)C_{11}	2.4762	1.0930	1.9697	0.4167	0.3675
信息技术服务业固定资产投资(万元/万人)C_{12}	905.6360	2.9564	750.2666	5.9674	266.1802
符合抗震设防标准的建筑物比例(%)C_{13}	89.6700	77.3100	72.4200	82.1200	75.5800
生命线工程抗震维护资金投入(万元)C_{14}	150.0000	149.1800	27.0500	74.9600	160.0000
培训与防灾演练的次数(次)C_{15}	3	5	8	8	2
地震灾害教育及防灾意识教育次数(次)C_{16}	4	5	0	5	1
地震相关专项预案的制定数量(项)C_{17}	12	20	2	4	5
地震应急避难场所数量(个)C_{18}	303	896	68	5312	197
地震信息系统相关设备的改造更新投入(元)C_{21}	370000	178800	273500	600000	750000
地震应急预案每年修订次数(次)C_{22}	1	2	0	0	2
地震监测预警站人员数量(人)C_{23}	85	127	44	89	111

二级指标	陕西省	甘肃省	宁夏回族自治区	青海省	新疆维吾尔自治区
家庭预防性支出(元)C_{24}	613.4667	943.6667	429.2667	342.0000	105.3333
地质灾害防治投资(元/人)C_{25}	2.4906	1.3454	1.2723	9.0048	4.3553
地震灾害预警次数(次)C_{31}	0	1	0	24	17
互联网普及率(%)C_{32}	54	46	51	52	55
灾害预报的准确度(%)C_{33}	70.0000	80.0000	100.0000	100.0000	66.7000
地震发生后每条预警信息的间隔时间(分)C_{34}	5	8	10	8	8
医疗卫生机构床位(张/万人)C_{35}	71.9500	73.5700	56.8300	71.0400	71.8800
省地震局应急队伍数量(人)C_{36}	675	380	330	750	234
旅客周转量(百万人/千米)C_{37}	57288.0000	35550.0000	10539.8400	13318.6400	43447.0000
货物周转量(百万吨/千米)C_{38}	394614.0000	288744.0000	81254.0000	60150.7900	233408.0000
民用汽车拥有量(辆/千人)C_{39}	202.4201	169.0763	255.1724	246.9724	181.9731
人均可支配收入(元)C_{41}	40713	22066	27904	25919	26075
建筑业企业人均施工面积(平方米/人)C_{42}	9.2468	4.9874	2.7448	1.5749	6.3555
交通运输、仓储和邮政业固定资产投资(元/人)C_{43}	4558.8701	45.4400	4934.6119	83.2153	4464.3118
电力、热力、燃气及水生产和供应业固定资产投资(元/人)C_{44}	3188.0922	26.9854	4593.6644	104.8362	3627.2908
残疾人康复机构(个/百万人)C_{45}	8.7506	8.3936	7.3103	11.4478	5.8324

3. 数据无量纲处理

(1) 功效函数法

在西北地震灾害应急管理能力的评估体系中，二级指标的单位呈现多样性，例如地震观测台以"个/万平方千米"为单位，而旅客周转量则采用"百万人/千米"作为单位。为了消除这种单位差异并保证评估的准确性与一致性，本书采用功效函数法对指标数据进行无量纲化处理。由于在该评估体系中所有的二级指标均为正向指标，不涉及任何负向指标，因此对于这27个正向指标，研究将应用以下功效函数法的标准化公式进行计算：

$$x_{ij}^{*} = \frac{x_{ij} - m_{j}}{M_{j} - m_{j}} \qquad (5-6)$$

在式（5-6）中，x_{ij} 代表第 i 个样本的第 j 个指标的数值，M_{j} 和 m_{j} 分别代表所有样本第 j 个指标中的最大值和最小值，x_{ij}^{*} 即为功效函数值。

以"医疗卫生机构床位"指标为例（假设 $j=1$），若存在5个样本（$i=1$，2，3，4，5），该指标的数值依次为71.95张/万人，73.57张/万人，56.83张/万人，71.04张/万人，71.88张/万人。最大值为73.57张/万人，最小值为56.83张/万人。若计算第1个样本该指标的功效函数值，则：

$$x_{11}^{*} = \frac{71.95 - 56.83}{73.57 - 56.83} = 0.90$$

因此，经过无量纲化处理的指标，其指标的单位对最终结果并无影响。

（2）无量纲化结果

使用功效函数方法计算表5-11中的原始数据，进行无量纲化处理后如表5-12所示。

表5-12　西北地区地震灾害应急管理能力评估二级指标无量纲化结果

二级指标	陕西省	甘肃省	宁夏回族自治区	青海省	新疆维吾尔自治区
地震观测台覆盖情况(个/万平方千米)C_{11}	1.0000	0.3441	0.7598	0.0233	0.0000
信息技术服务业固定资产投资(万元/万人)C_{12}	1.0000	0.0000	0.8279	0.0033	0.2916
符合抗震设防标准的建筑物比例(%)C_{13}	1.0000	0.2835	0.0000	0.5623	0.1832
生命线工程抗震维护资金投入(万元)C_{14}	0.9248	0.9186	0.0000	0.3604	1.0000
培训与防灾演练的次数(次)C_{15}	0.1667	0.5000	1.0000	1.0000	0.0000
地震灾害教育及防灾意识教育次数(次)C_{16}	0.8000	1.0000	0.0000	1.0000	0.2000
地震相关专项预案的制定数量(项)C_{17}	0.5556	1.0000	0.0000	0.1111	0.1667
地震应急避难场所数量(个)C_{18}	0.0448	0.1579	0.0000	1.0000	0.0246
地震信息系统相关设备的改造更新投入(元)C_{21}	0.3347	0.0000	0.1658	0.7374	1.0000
地震应急预案每年修订次数(次)C_{22}	0.5000	1.0000	0.0000	0.0000	1.0000
地震监测预警站人员数量(人)C_{23}	0.4940	1.0000	0.0000	0.5422	0.8072
家庭预防性支出(元)C_{24}	0.6061	1.0000	0.3864	0.2823	0.0000

二级指标	陕西省	甘肃省	宁夏回族自治区	青海省	新疆维吾尔自治区
地质灾害防治投资(元/人)C_{25}	0.1576	0.0095	0.0000	1.0000	0.3987
地震灾害预警次数(次)C_{31}	0.0000	0.0417	0.0000	1.0000	0.7083
互联网普及率(%)C_{32}	0.8889	0.0000	0.5556	0.6667	1.0000
灾害预报的准确度(%)C_{33}	0.0991	0.3994	1.0000	1.0000	0.0000
地震发生后每条预警信息的间隔时间(分)C_{34}	0.0000	0.6000	1.0000	0.6000	0.6000
医疗卫生机构床位(张/万人)C_{35}	0.9032	1.0000	0.0000	0.8489	0.8990
省地震局应急队伍数量(人)C_{36}	0.8547	0.2829	0.1860	1.0000	0.0000
旅客周转量(百万人/千米)C_{37}	1.0000	0.5350	0.0000	0.0594	0.7039
货物周转量(百万吨/千米)C_{38}	1.0000	0.6835	0.0631	0.0000	0.5180
民用汽车拥有量(辆/千人)C_{39}	0.3873	0.0000	1.0000	0.9048	0.1498
人均可支配收入(元)C_{41}	1.0000	0.0000	0.3131	0.2066	0.2150
建筑业企业人均施工面积(平方米/人)C_{42}	1.0000	0.4448	0.1525	0.0000	0.6231
交通运输、仓储和邮政业固定资产投资(元/人)C_{43}	0.9231	0.0000	1.0000	0.0077	0.9038
电力、热力、燃气及水生产和供应业固定资产投资(元/人)C_{44}	0.6922	0.0000	1.0000	0.0170	0.7884
残疾人康复机构(个/百万人)C_{45}	0.5197	0.4561	0.2632	1.0000	0.0000

（四）评估结果与分析

1.评估结果

根据功效函数值的计算方法，可以明确所有评估指标的功效函数值都被限制在0～1的区间内（见表5-12）。在计算出每个样本下所有二级指标的功效函数值后，参考表5-9中的各级指标权重值，通过将功效函数值与相应的权重值相乘，以获得该指标的评分。随后，通过逐级汇总和求和操作，可以得到每个样本在二级指标和一级指标上的评分。此外，由于权重值同样被限制在0～1的范围内，因此各级指标的评分也必定落在这个范围内。最终西北五省（区）的应急减缓能力分数、应急准备能力分数、应急响应能力分数、应急恢复能力分数以及各省（区）地震灾害应急能力评估的总得分如表5-13与图5-1所示。

表5–13　西北地区地震灾害应急管理能力评估得分

一级指标	地区				
	陕西省	甘肃省	宁夏回族自治区	青海省	新疆维吾尔自治区
应急减缓能力 B_1	0.0829	0.0588	0.0195	0.0499	0.0394
应急准备能力 B_2	0.0403	0.0496	0.0153	0.0663	0.0498
应急响应能力 B_3	0.3750	0.2959	0.2230	0.4298	0.2475
应急恢复能力 B_4	0.1773	0.0209	0.1390	0.0399	0.1167
地震灾害应急管理能力评估总得分	0.6755	0.4252	0.3969	0.5860	0.4534

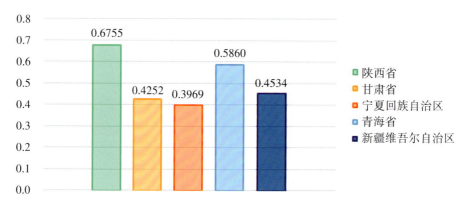

图5–1　西北地区地震灾害应急管理能力评估结果

根据所构建的西北地区地震灾害应急管理能力评估指标体系计算得知：陕西的地震灾害应急能力评估分数最高，为0.6755；宁夏的地震灾害应急能力评估分数最低，为0.3969；甘肃与新疆的地震灾害应急能力评估分数相近，分别为0.4252与0.4534；青海的地震灾害应急能力评估分数略低于陕西省，为0.5860。陕西地震灾害的应急减缓能力与应急恢复能力位列西北五省（区）第一，青海地震灾害的应急准备能力与应急响应能力位列西北五省（区）第一。

根据表5–14中的排名可知，对于地震灾害的应急减缓能力，陕西>甘肃>青海>新疆>宁夏；对于地震灾害的应急准备能力，青海>新疆>甘肃>陕西>宁夏；对于地震灾害的应急响应能力，青海>陕西>甘肃>新疆>宁夏；对于地震灾害的应急恢复能力，陕西>宁夏>新疆>青海>甘肃。所以，西北五省（区）地震灾害应急能力，陕西>青海>新疆>甘肃>宁夏。

表5-14　西北地区地震灾害应急管理能力评估指标得分排名

地区	排名				
	应急减缓能力 B_1	应急准备能力 B_2	应急响应能力 B_3	应急恢复能力 B_4	地震灾害应急管理能力评估总得分
陕西省	1	4	2	1	1
甘肃省	2	3	3	5	4
宁夏回族自治区	5	5	5	2	5
青海省	3	1	1	4	2
新疆维吾尔自治区	4	2	4	3	3

2.结果分析

（1）应急减缓层面

陕西在地震灾害应急减缓能力上的优秀有以下几个原因。首先，其地震观测台覆盖程度较高，可以更好地监测和预测地震的发生。其次，陕西在信息技术服务业固定资产投资上也相对较多，这意味着其可能具备更强的数据收集和处理能力。此外，陕西符合抗震设防标准的建筑物比例较高，这意味着其在预防地震损害方面的措施较为完善。甘肃在这项指标上的排名仅次于陕西，主要归因于其生命线工程抗震维护资金投入较大以及培训与防灾演练次数较多，这表明甘肃在提高公众对地震灾害的认识和应对能力方面作出了较大的努力。而青海、新疆和宁夏在此项指标上的得分相对较低，可能与这三个省（区）在地震观测台覆盖程度、信息技术服务业固定资产投资、符合抗震设防标准的建筑物比例等关键指标相对较弱有关。

（2）应急准备层面

青海位居第一，主要得益于其地震信息系统相关设备改造更新投入大，地震监测预警站人员数量多，家庭预防性支出高等因素。甘肃在此方面的表现相对较差，可能与其地震信息系统相关设备改造更新投入少，地震监测预警站人员数量较少等有关。

（3）应急响应层面

青海在地震灾害预警次数、互联网普及率和省地震局应急队伍数量方面表现较为突出。这一结果可能归因于青海对地震预警系统建设和信息化发展的投入充分，以及对地震应急队伍建设的重视。相比之下，新疆、甘肃和陕西三省在这一指标上的表现相对较差，这可能由于其地理条件复杂、基础设施建设不足等所致。

（4）应急恢复层面

各地区的评估结果显示，陕西在灾后重建、生产生活恢复和心理疏导等方面的工作较为到位，能够有效地帮助灾区人民重建家园。而甘肃在这方面的工作相对较弱，可能是资金投入不足、政策支持不够等原因导致的。由于地理条件复杂和交通不便等，青海与新疆的灾后恢复工作需要更长时间和更多资源的支持。

综上所述，为了提升陕西、甘肃、宁夏、青海和新疆五个省（区）未来地震应急管理能力，建议采取以下对策。首先，加强地震观测与监测能力，包括建设地震观测台网、增加设备数量、扩大覆盖范围、引入先进技术、提高预警准确性和及时性。其次，加强抗震设防建设，制定并执行更严格的标准，推动建筑行业采用符合要求的建筑材料和技术，加强既有建筑物的抗震改造。再次，完善地震应急预案，根据地区特点和风险评估结果制定科学有效的预案，定期修订和演练，加强与相关部门和社会力量的协同合作；此外，加强公众震灾意识教育，通过宣传教育活动提高公众对地震风险的认知和应对能力，加强学校、社区等场所的演练和培训；同时，增强医疗救援能力，进行地震安全性评估，提升医疗设施抗震能力，培养专业队伍并进行联合演练。另外，加强信息技术支持，推动信息技术在应急管理中的广泛应用，建立信息快速传递、共享和分析平台。最后，加强国际合作与经验交流，学习借鉴其他地区或国家的成功经验和先进技术，共同应对地震等自然灾害带来的挑战。通过综合施策，西北地区将能够显著提升地震应急管理能力，为公众提供更加安全、稳定的生活环境。

二、西北地区洪涝灾害应急管理能力评估

（一）评估指标体系构建

基于危机管理四阶段理论，构建西北地区洪涝灾害应急管理能力评估体系。该评估体系涵盖应急减缓、准备、响应、恢复能力4个一级指标和29个二级指标，形成从目标层到指标层的递阶层次结构（见表5-15）。

表5-15　西北地区洪涝灾害应急管理能力评估指标体系

总目标	一级指标	二级指标	指标性质
西北地区洪涝灾害应急管理能力评估	应急减缓能力 B_1	省(区)防洪分区状况 C_{11}	定性
		洪涝灾害教育及课程开展次数 C_{12}	定性
		洪灾法律法规管理制度完善程度 C_{13}	定性
		防洪工程数量 C_{14}	定量
		水利固定资产投资年增长率 C_{15}	定量
		水利科研投入年增长率 C_{16}	定量

总目标	一级指标	二级指标	指标性质
	应急准备能力B_2	参与防灾演习次数C_{21}	定量
		洁净水保障人数C_{22}	定量
		救灾物资供应能力C_{23}	定性
		水文站密度C_{24}	定量
		移动电话普及率C_{25}	定量
		监测人员密度C_{26}	定量
		灾害预警信息发布数量C_{27}	定量
	应急响应能力B_3	救援队伍人员投入C_{31}	定量
		公众对防洪计划的了解程度C_{32}	定性
		医疗卫生机构数量C_{33}	定量
		每万人拥有卫生技术人员数量C_{34}	定量
		灾民转移人数C_{35}	定量
		志愿者救援队伍人数C_{36}	定量
		指挥人员素质C_{37}	定性
		公众自救与互救能力C_{38}	定性
		媒体信息传播和发布条数C_{39}	定量
	应急恢复能力B_4	避难所数量C_{41}	定量
		医疗保险人数比例C_{42}	定量
		灾后媒体报道跟踪C_{43}	定性
		灾后生产恢复能力C_{44}	定性
		区域人均国内生产总值C_{45}	定量
		15岁及以上文盲人口比例C_{46}	定量
		地方财政一般预算支出C_{47}	定量

减缓阶段，主要任务是降低洪涝灾害发生的可能性，即通过开展各种预防性工作，以减轻洪涝灾害所带来的损失。准备阶段，主要包括信息处理、日常管理、预警监视、科学研究等准备工作，即各组织部门为了应对隐形或已显化但未造成严重后果的洪涝灾害所做的各种准备工作。响应阶段，是在洪涝灾害发生及发展过程中，各组织部门所进行的各种紧急应对工作。恢复阶段，是为了恢复正常状态和生活秩序各组织部门所进行的恢复工作。

（二）指标权重赋值

邀请10位应急管理行业的相关专家对表5-15的评估体系中各级指标分别进行打分，根据所调查的结果构建判断矩阵并计算指标权重，计算结果见表5-16至表5-20。

表5-16　西北地区洪涝灾害应急管理能力一级指标判断矩阵

西北地区洪涝应急管理能力评估	应急减缓能力	应急准备能力	应急响应能力	应急恢复能力	w_i
应急减缓能力	1.0000	1.0000	0.3333	2.0000	0.2047
应急准备能力	1.0000	1.0000	1.0000	2.0000	0.2692
应急响应能力	3.0000	1.0000	1.0000	4.0000	0.4157
应急恢复能力	0.5000	0.5000	0.2500	1.0000	0.1104

表5-17　西北地区洪涝灾害应急减缓能力二级指标判断矩阵

减缓	省区防洪分区状况	洪涝灾害教育及课程开展次数	洪灾法律法规管理制度完善程度	防洪工程数量	水利固定资产投资年增长率	水利科研投入年增长率	w_i
省区防洪分区状况	1.0000	2.0000	2.0000	0.3333	0.3333	0.3333	0.1153
洪涝灾害教育及课程开展次数	0.5000	1.0000	1.0000	0.5000	0.3333	0.3333	0.0816
洪灾法律法规管理制度完善程度	0.5000	1.0000	1.0000	0.5000	0.5000	0.5000	0.0967
防洪工程数量	3.0000	2.0000	2.0000	1.0000	0.5000	0.5000	0.1783
水利固定资产投资年增长率	3.0000	3.0000	2.0000	2.0000	1.0000	1.0000	0.2640
水利科研投入年增长率	3.0000	3.0000	2.0000	2.0000	1.0000	1.0000	0.2640

表5-18　西北地区洪涝灾害应急准备能力二级指标判断矩阵

准备	参与防灾演习次数	洁净水保障人数	救灾物资供应能力	水文站密度	移动电话普及率	监测人员密度	灾害预警信息发布数量	w_i
参与防灾演习次数	1.0000	0.2500	0.2500	0.5000	0.2000	0.3333	0.2500	0.0411
洁净水保障人数	4.0000	1.0000	1.0000	2.0000	0.5000	2.0000	1.0000	0.1612
救灾物资供应能力	4.0000	1.0000	1.0000	3.0000	0.5000	2.0000	2.0000	0.1920
水文站密度	2.0000	0.5000	0.3333	1.0000	0.5000	0.5000	0.3333	0.0765
移动电话普及率	5.0000	2.0000	2.0000	2.0000	1.0000	3.0000	2.0000	0.2694
监测人员密度	3.0000	0.5000	0.5000	2.0000	0.3333	1.0000	0.5000	0.1008
灾害预警信息发布数量	4.0000	1.0000	0.5000	3.0000	0.5000	2.0000	1.0000	0.1590

表5-19　西北地区洪涝灾害应急响应能力二级指标判断矩阵

响应	救援队伍人员投入	公众对防洪计划的了解程度	医疗卫生机构数量	灾民转移人数	每万人卫生技术人员数量	志愿者救援队伍人数	指挥人员素质	公众自救与互救能力	媒体信息传播和发布条数	w_i
救援队伍人员投入	1.0000	5.0000	1.0000	3.0000	1.0000	1.0000	3.0000	3.0000	3.0000	0.1838
公众对防洪计划的了解程度	0.2000	1.0000	0.5000	0.3333	0.3333	0.2500	0.5000	0.5000	0.5000	0.0386
医疗卫生机构数量	1.0000	2.0000	1.0000	0.5000	0.2500	0.5000	3.0000	3.0000	2.0000	0.1102
灾民转移人数	0.3333	3.0000	2.0000	1.0000	1.0000	0.3333	2.0000	3.0000	2.0000	0.1213
每万人卫生技术人员数量	1.0000	3.0000	4.0000	1.0000	1.0000	1.0000	3.0000	3.0000	3.0000	0.1812
志愿者救援队伍人数	1.0000	4.0000	2.0000	3.0000	1.0000	1.0000	3.0000	3.0000	4.0000	0.1950

续表5-19

响应	救援队伍人员投入	公众对防洪计划的了解程度	医疗卫生机构数量	灾民转移人数	每万人卫生技术人员数量	志愿者救援队伍人数	指挥人员素质	公众自救与互救能力	媒体信息传播和发布条数	w_i
指挥人员素质	0.3333	2.0000	0.3333	0.5000	0.3333	0.3333	1.0000	1.0000	1.0000	0.0573
公众自救与互救能力	0.3333	2.0000	0.3333	0.3333	0.3333	0.3333	1.0000	1.0000	1.0000	0.0555
媒体信息传播和发布条数	0.3333	2.0000	0.5000	0.5000	0.3333	0.2500	1.0000	1.0000	1.0000	0.0571

表5-20　西北地区洪涝灾害应急恢复能力二级指标判断矩阵

恢复	医疗保险人数比例	灾后媒体报道数量	避难所数量	灾后生产恢复能力	区域人均国内生产总值	15岁及以上文盲人口比例	地方财政一般预算支出	w_i
医疗保险人数比例	1.0000	4.0000	4.0000	1.0000	3.0000	3.0000	3.0000	0.2837
灾后媒体报道数量	0.2500	1.0000	1.0000	0.2500	2.0000	2.0000	2.0000	0.1121
避难所数量	0.2500	1.0000	1.0000	0.3333	2.0000	2.0000	2.0000	0.1155
灾后生产恢复能力	1.0000	4.0000	3.0000	1.0000	3.0000	3.0000	3.0000	0.2701
区域人均国内生产总值	0.3333	0.5000	0.5000	0.3333	1.0000	1.0000	1.0000	0.0729
15岁及以上文盲人口比例	0.3333	0.5000	0.5000	0.3333	1.0000	1.0000	1.0000	0.0729
地方财政一般预算支出	0.3333	0.5000	0.5000	0.3333	1.0000	1.0000	1.0000	0.0729

根据表5-16至表5-20，最终所得评估指标体系的权重结果见表5-21。

表5-21 西北地区洪涝灾害应急管理能力评估指标体系及各指标权重

总目标	一级指标	权重	二级指标	权重
西北地区洪涝灾害应急管理能力评估	应急减缓能力 B_1	0.2047	省区防洪分区状况 C_{11}	0.0236
			洪涝灾害教育及课程开展次数 C_{12}	0.0167
			洪灾法律法规管理制度完善程度 C_{13}	0.0198
			防洪工程数量 C_{14}	0.0365
			水利固定资产投资年增长率 C_{15}	0.0540
			水利科研投入年增长率 C_{16}	0.0540
	应急准备能力 B_2	0.2692	参与防灾演习次数 C_{21}	0.0111
			洁净水保障人数 C_{22}	0.0434
			救灾物资供应能力 C_{23}	0.0517
			水文站密度 C_{24}	0.0206
			移动电话普及率 C_{25}	0.0725
			监测人员密度 C_{26}	0.0271
			灾害预警信息发布数量 C_{27}	0.0428
	应急响应能力 B_3	0.4157	救援队伍人员投入 C_{31}	0.0764
			公众对防洪计划的了解程度 C_{32}	0.0160
			医疗卫生机构数量 C_{33}	0.0458
			灾民转移人数 C_{34}	0.0504
			每万人卫生技术人员数量 C_{35}	0.0753
			志愿者救援队伍人数 C_{36}	0.0811
			指挥人员素质 C_{37}	0.0238
			公众自救与互救能力 C_{38}	0.0231
			媒体信息传播和发布条数 C_{39}	0.0237
	应急恢复能力 B_4	0.1104	医疗保险人数比例 C_{41}	0.0313
			灾后媒体报道数量 C_{42}	0.0124
			避难所数量 C_{43}	0.0127
			灾后生产恢复能力 C_{44}	0.0298
			区域人均国内生产总值 C_{45}	0.0080
			15岁及以上文盲人口比例 C_{46}	0.0080
			地方财政一般预算支出 C_{47}	0.0080

（三）数据采集与处理

1.数据来源

洪涝灾害应急管理能力评估所需指标数据主要来源于各省（区）自然灾害史料、各省（区）防灾减灾年鉴、各省（区）城市水利年鉴、《中国水利统计年鉴》以及各省（区）政府的公开数据、气象台地面数据、人口普查公告等。对于无法直接提取量化数据的指标采用专家打分法获取。邀请10位西北地区应急管理部门的工作人员，对西北地区洪涝灾害应急管理能力评估指标中的9项二级指标（省区防洪分区状况、洪涝灾害教育及课程开展次数、洪灾法律法规管理制度完善程度、救灾物资供应能力、公众对防洪计划的了解程度、指挥人员素质、公众自救与互救能力、灾后媒体报道跟踪、灾后生产恢复）进行打分，打分标准见表5-22，其余二级指标的数据来源与计算方法见表5-23。

表5-22　西北地区洪涝灾害应急管理能力划分标准

类别	应急管理能力等级含义	评分区间
优	80%以上的指标高于国家标准,能够完全满足突发公共事件的应急要求	1
良	60%以上的指标完全符合国家标准,能够满足突发公共事件的应急要求	0.8
中	40%以上的指标符合国家标准,能够适应大部分突发公共事件的应急要求,有较大改进空间	0.6
较差	20%以上的指标基本符合国家标准,能够基本应对突发公共事件的应急要求,但稍有不慎便无法达成应急基本目标	0.4
差	低于20%的指标基本符合国家标准,有严重漏洞,不符合国家标准,不能应对突发公共事件的应急要求	0.2

表5-23　西北地区洪涝灾害应急管理能力评估二级指标的数据来源与计算方法

指标名称	计算方法	数据来源
水文站密度	城市水文站数量/城市面积×100%	中国统计年鉴 国家地球系统科学数据中心
移动电话普及率	区域移动电话用户数/区域总人数×100%	中华人民共和国年度国民经济和社会发展统计公报
监测人员密度	监测人员数/城市面积×100%	省(区)政府网站
灾害预警信息发布数量样本	城市天气网发布的预警信号历史数据	国家气象信息中心
水利固定资产投资年增长率	(当年水利固定资产投资-上年水利固定资产投资)/当年水利固定资产投资×100%	中国水利统计年鉴

指标名称	计算方法	数据来源
水利科研投入年增长率	(当年水利科研投入-上年水利科研投入)/当年水利科研投入×100%	中国水利统计年鉴
防洪工程数量	累计样本省份水库、大堤、水闸和人工湖的数量	中国水利统计年鉴
媒体信息传播和发布条数	年度水利厅主动公开信息条数	省(区)水利厅
洁净水保障人数比例	区域洁净水储存量/{每人一天使用6升水×30(一个月用量)}×100%	中国水利统计年鉴
灾民转移人数	淹没房屋面积/居民人均住房面积	省(区)自然灾害史料
区域人均国内生产总值	国内生产总值/区域总人数×100%	中国统计年鉴
15岁及以上文盲人口比例	初中以下学历人口/区域总人数×100%	中国统计年鉴
地方财政一般预算支出	城市一般公共预算总支出	中国统计年鉴
每万人卫生技术人员数量	区域卫生技术人员总数	年度卫生健康事业发展统计公报
医疗卫生机构数量	区域医疗卫生机构总数	年度卫生健康事业发展统计公报
参与防灾演习次数	防灾演习次数	省(区)防灾减灾年鉴
救援队伍人员投入	救援队伍人员数量	省(区)防灾减灾年鉴
志愿者救援队伍人数	志愿者人数	省(区)防灾减灾年鉴
避难所数量	避难所数量	省(区)防灾减灾年鉴
医疗保险人数比例	投保医疗保险人数/区域总人数×100%	国家社会保险公共服务平台

2.原始数据

西北地区洪涝灾害应急管理能力评估二级指标原始数据见表5-24。

表5-24 西北地区洪涝自然灾害应急管理能力二级指标原始数据

二级指标	陕西省	甘肃省	青海省	宁夏回族自治区	新疆维吾尔自治区
省区防洪分区状况	0.80	0.50	0.20	0.10	0.40
洪涝灾害教育及课程开展次数	0.30	0.30	0.30	0.30	0.30
洪灾法律法规管理制度完善程度	0.50	0.50	0.10	0.30	0.30
防洪工程数量	1098	373	203	331	675

续表5-24

二级指标	陕西省	甘肃省	青海省	宁夏回族自治区	新疆维吾尔自治区
水利固定资产投资年增长率	23.40%	19.00%	30.56%	13.11%	13.00%
水利科研投入年增长率	8.00%	20.00%	7.30%	17.00%	13.00%
参与防灾演习次数	1180	1375	1528	1242	720
洁净水保障人数	11.96%	53.00%	78.61%	68.00%	17.37%
救灾物资供应能力	0.50	0.40	0.20	0.20	0.20
水文站密度	5.88%	4.60%	5.14%	4.08%	4.86%
移动电话普及率	121.54%	111.32%	119.16%	123.21%	114.61%
监测人员密度	0.98%	0.83%	0.38%	2.40%	0.05%
灾害预警信息发布数量	340	328	238	216	244
救援队伍人员投入	9800	7380	3000	5120	5500
公众对防洪计划的了解程度	0.50	0.10	0.20	0.30	0.10
医疗卫生机构数量	34975	25759	6408	4571	14996
灾民转移人数	42000	877000	171000	273000	242800
每万人卫生技术人员数量	44.59	24.77	6.68	7.31	25.67
志愿者救援队伍人数	5179	3490	2759	1404	5700
指挥人员素质	0.80	0.50	0.30	0.30	0.30
公众自救与互救能力	0.60	0.60	0.50	0.20	0.20
媒体信息传播和发布条数	3720	6911	2396	4000	2771
医疗保险人数比例	80.00%	97.00%	89.00%	90.00%	79.00%
灾后媒体报道数量	0.70	0.70	0.70	0.70	0.70
避难所数量	480	529	240	237	387
灾后生产恢复能力	0.60	0.30	0.30	0.30	0.30
区域人均国内生产总值	8.29	4.50	6.07	6.98	6.86
15岁及以上文盲人口比例	21.60%	22.60%	35.50%	14.40%	7.30%
地方财政一般预算支出	6766.30	263.50	1975.10	352.30	5726.10

3. 数据无量纲处理

由于西北地区洪涝灾害应急管理能力评估体系中二级指标单位的多样性，为消除这种单位差异带来的影响，此处用功效函数法进行数据无量纲处理。以指标属性最大值和最小值为数据无量纲化基础，其前后对比关系是非线性的，相比于普通的线性变化方法，更加客观合理。无量纲化后的数据如表5-25所示。

表5-25　西北地区洪涝灾害应急管理能力评估二级指标无量纲化结果

二级指标	陕西省	甘肃省	青海省	宁夏回族自治区	新疆维吾尔自治区
省区防洪分区状况 C_{11}	0.8000	0.5000	0.1000	0.2000	0.4000
洪涝灾害教育及课程开展次数 C_{12}	0.3000	0.3000	0.3000	0.3000	0.3000
洪灾法律法规管理制度完善程度 C_{13}	0.5000	0.5000	0.3000	0.1000	0.3000
防洪工程数量 C_{14}	1.0000	0.2709	0.2287	0.1000	0.5746
水利固定资产投资年增长率 C_{15}	0.6330	0.4075	0.1056	1.0000	0.1000
水利科研投入年增长率 C_{16}	0.1496	1.0000	0.7874	0.1000	0.5039
参与防灾演习次数 C_{21}	0.6124	0.8296	0.6814	1.0000	0.1000
洁净水保障人数 C_{22}	0.1000	0.6542	0.8567	1.0000	0.1731
救灾物资供应能力 C_{23}	0.5000	0.4000	0.2000	0.2000	0.2000
水文站密度 C_{24}	1.0000	0.3600	0.1000	0.6300	0.4900
移动电话普及率 C_{25}	0.8736	0.1000	1.0000	0.6934	0.3490
监测人员密度 C_{26}	0.4562	0.3987	1.0000	0.2264	0.1000
灾害预警信息发布数量 C_{27}	1.0000	0.9129	0.1000	0.2597	0.3032
救援队伍人员投入 C_{31}	1.0000	0.6797	0.3806	0.1000	0.4309
公众对防洪计划的了解程度 C_{32}	0.5000	0.1000	0.3000	0.2000	0.1000
医疗卫生机构数量 C_{33}	1.0000	0.7272	0.1000	0.1544	0.4086
灾民转移人数 C_{34}	0.1000	1.0000	0.3490	0.2390	0.3164
每万人卫生技术人员数量 C_{35}	1.0000	0.5295	0.1150	0.1000	0.5508
志愿者救援队伍人数 C_{36}	0.8909	0.5370	0.1000	0.3839	1.0000
指挥人员素质 C_{37}	0.8000	0.5000	0.3000	0.3000	0.3000
公众自救与互救能力 C_{38}	0.6000	0.6000	0.2000	0.5000	0.2000
媒体信息传播和发布条数 C_{39}	0.3639	1.0000	0.4197	0.1000	0.1748
医疗保险人数比例 C_{41}	0.1500	1.0000	0.6500	0.6000	0.1000
灾后媒体报道数量 C_{42}	0.7000	0.7000	0.7000	0.7000	0.7000
避难所数量 C_{43}	0.8490	1.0000	0.1000	0.1092	0.5623

续表5–25

二级指标	陕西省	甘肃省	青海省	宁夏回族自治区	新疆维吾尔自治区
灾后生产恢复能力 C_{44}	0.6000	0.3000	0.3000	0.3000	0.3000
区域人均国内生产总值 C_{45}	1.0000	0.1000	0.6889	0.4728	0.6604
15岁及以上文盲人口比例 C_{46}	0.1036	0.1039	0.1018	1.0000	0.1000
地方财政一般预算支出 C_{47}	1.0000	0.1000	0.1123	0.3369	0.8560

（四）评估结果与分析

1.评估结果

参考表5–21各级指标权重值，将功效函数值与相应的权重值相乘，获得各二级指标评分，通过逐级汇总求和操作，得到每个样本在二级指标和一级指标上的评分。最终西北地区的应急减缓能力分数、应急准备能力分数、应急响应能力分数、应急恢复能力分数以及各省（区）洪涝应急管理能力评估的总得分如表5–26与图5–2所示。

表5–26　西北地区洪涝灾害应急管理能力评估得分

一级指标	地区				
	陕西省	甘肃省	宁夏回族自治区	青海省	新疆维吾尔自治区
应急减缓能力 B_1	0.1126	0.1126	0.0699	0.0748	0.0740
应急准备能力 B_2	0.1761	0.1228	0.1610	0.1453	0.0700
应急响应能力 B_3	0.3243	0.2701	0.0945	0.0897	0.2077
应急恢复能力 B_4	0.0589	0.0641	0.0465	0.0523	0.0408
洪涝灾害应急管理能力评估总得分	0.6718	0.5696	0.3719	0.3620	0.3925

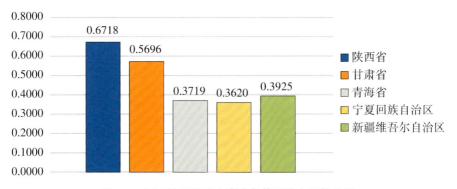

图5–2　西北地区洪涝灾害应急管理能力评估结果

根据所构建的西北地区洪涝灾害应急管理能力评估指标体系计算得知：陕西的洪涝灾害应急管理能力评估分数最高，为0.6718；宁夏的洪涝灾害应急管理能力评估分数最低，为0.3620；甘肃次于陕西，其洪涝灾害应急管理能力评估分数与陕西相近，为0.5696；青海与新疆的洪涝灾害应急管理能力评估分数分别是0.3719和0.3925。

根据表5-27中的排名可知，对于洪涝灾害的应急减缓能力，陕西=甘肃>青海>新疆>宁夏；对于洪涝灾害的应急准备能力，陕西>宁夏>青海>甘肃>新疆；对于洪涝灾害的应急响应能力，陕西>甘肃>新疆>宁夏>青海；对于洪涝灾害的应急恢复能力，甘肃>陕西>青海>宁夏>新疆。所以，西北五省（区）洪涝灾害应急管理能力为：陕西>甘肃>新疆>宁夏>青海。

表5-27　西北地区洪涝灾害应急管理能力评估指标得分排名

地区	排名				
	应急减缓能力 B_1	应急准备能力 B_2	应急响应能力 B_3	应急恢复能力 B_4	洪涝灾害应急管理能力评估总得分
陕西省	1	1	1	2	1
甘肃省	1	4	2	1	2
宁夏回族自治区	5	2	4	4	4
青海省	3	3	5	3	5
新疆维吾尔自治区	4	5	3	5	3

2.结果分析

（1）应急减缓层面

陕西和甘肃并列第一，这是因为陕西和甘肃在洪灾法律法规管理制度方面表现出较高的完善程度。例如，陕西对《陕西省实施〈中华人民共和国防洪法〉办法》进行了多次修订，修订内容涵盖防洪工作的统一领导、保障机制、基础性投入、防洪工程设施和应急救援力量建设、防洪知识宣传教育等多个方面。甘肃同样重视洪灾法律法规管理制度的完善。甘肃省防汛抗旱指挥部制定了《2024年全省防汛抗旱工作要点》，明确了防汛抗旱工作的指导思想、总体目标、重点任务和保障措施。此外，陕西在防洪工程数量上遥遥领先，说明其预防洪灾的基础设施建设完善，而甘肃在水利科研投入方面表现出较高的年增长率，表明其对于防止洪涝灾害的科研的重视程度。其他三省（区）在此项指标上的得分远低于陕西和甘肃，这是因为其在政府重视程度、公众风险认知、防灾基础设施建设等方面都相对较弱。

（2）应急准备层面

新疆与其他四省（区）差距较大，其在参与防灾演习次数、检测人员密度和救灾物资供应能力上都与其他四省（区）出现较大差距。陕西是第一，主要是因为陕西发布的灾害预警信息数量多、水文站密集。除此之外，青海在洁净水保障人数上遥遥领先于其他四省（区），这也是在该层面中青海仅稍稍落后于陕西的重要因素。

（3）应急响应层面

陕西和甘肃在救援队伍人员投入、医疗卫生机构数量、灾民转移人数以及每万人卫生技术人员数量这几个因素上表现突出，这充分说明陕西省和甘肃省政府对医疗基础设施以及医疗人员素质、数量的高度重视。相比之下，其他三省（区）在医疗以及救援队伍素质方面都表现得相对较差，这与其偏僻的地理位置高度相关，较难吸引到高素质人才参与建设。

（4）应急恢复层面

各地区的评估结果显示，甘肃在医疗保险、建设避难所方面的工作较为到位，能够有效地帮助灾区人民重建家园。宁夏和新疆两省份在医疗保险、公众对防洪计划了解程度方面均有很大的提升空间，说明其在公众基础保障以及公众风险认知方面有较大不足。

综上所述，为提升西北五省（区）未来应对洪涝灾害的应急管理能力，建议采取以下对策：首先，加大对水利工程的投入，修建和加固堤防、水库等防洪设施，提高防洪标准，确保在洪水来临时能够有效抵御，结合西北五省（区）的实际情况，制定详细、可行的应急预案，明确各级政府和部门的职责分工，确保在灾害发生时能够迅速响应。其次，加大对水利科研以及固定资产的投入比例，确保防洪工程持续有效运行，实现可持续的再建设与产出。再次，完善气象、水文等监测网络，提高预报的精度和时效性，确保在灾害发生前能够及时发布预警信息，为群众转移和避险提供充足时间。定期组织应急演练和培训活动，提高政府、企业和公众的应急意识和自救互救能力。同时，增强医疗救援能力，提高医疗基础设施建设以及医疗人员素质。及时发布灾情信息和救援进展，确保公众了解最新情况，避免恐慌和谣言的传播。最后，对灾害应对过程进行全面评估和总结，分析存在的问题和不足，提出改进措施和建议，为今后的灾害应对提供参考。提升西北五省（区）未来应对洪涝灾害的应急管理能力需要从减缓、准备、响应和恢复四个阶段入手，采取综合性的措施，确保在灾害发生时能够迅速、有效地应对。

第二节　西北地区自然灾害应急管理能力分主体评估

近年来，随着应急管理理念的不断深入人心，各级政府和社会力量对于应急管理能力的提升投入了大量的精力和资源。然而，应急管理并非一蹴而就的事情，它需要各方面的共同努力和配合。在这个过程中，社区和消防员作为重要的应急管理主体，其作用不容忽视。

社区通过开展风险评估和社会资本积累等方式，能够提升自身应急响应和自救互救能力；而消防员则凭借专业的技能和高效的协作机制，在灾害救援中发挥着不可替代的作用。

一、西北地区社区自然灾害应急管理能力评估

城市社区作为社会治理的基本单元，是城市居民生活的主要场所，是各类突发事件联防联控的第一线，是国家应急管理的神经末梢[①]。

基层应急管理是社会治理的关键环节，与人民的生命财产安全和国家的经济社会发展紧密相连，尤其在应对各类灾害和危机时具有不可或缺的作用。完整客观地评估城市社区灾害应急管理能力水平，并比较分析社区在危机不同阶段的应急管理能力，有助于更有侧重点和针对性地提出改革意见和对策，推动基层应急管理工作的持续优化。

（一）评估指标体系构建

城市社区自然灾害应急管理能力评估是一个系统性、全面性的工作，需要结合社区实际情况，采取多种评估方法，以确保评估结果的完整性、准确性和有效性。这包括在评估社区建设过程中，对楼宇工程抗震性能建设投入的合理程度，对社区所处环境的抗灾能力、社区自身的应急救援能力、社区居民等在灾害发生时获取信息的能力，以及灾后区域恢复能力的综合评估。这些方面的评估有助于全面了解社区防震减灾应急管理能力的整体水平，为提升社区的安全性和应对灾害的能力提供参考。

根据已有研究，学者们通过六个方面的指标来评估地质灾害应急管理水平[②]。对于防灾效果的评估，已有研究主要采用层次分析法来构建评估体系。该体系包括对目标、防灾内容、主因素层、次因素层等方面的衡量，并采用李克特量表设计问卷，通过调查与分析确定每个指标的权重，从而形成一个系统的评估指标体系。如张勤等学者针对地震应急管理的特点，遵循动态性和层次性原则，将社区地震应急管理能力评估指标体系划分为三个层级，其中包含5个一级评价指标和23个二级评价指标[③]。

---

① 姜秀敏、陈思怡：《基于五维模型的城市社区突发事件应急能力评价及提升——以青岛市X社区为例》，《甘肃行政学院学报》2022年第4期，第63-77页。

② 王绍玉：《城市灾害应急管理能力建设》，《城市与减灾》2003年第3期，第4-6页。

③ 张勤、高亦飞、高娜，等：《城镇社区地震应急能力评价指标体系的构建》，《灾害学》2009年第3期，第133-136期。

其中，应急减缓能力是指社区内建筑和基础设施抵御自然灾害的能力。应急准备能力是指社区在面临可能发生的自然灾害时，所具备的提前规划、组织协调、资源调配、教育训练以及响应和恢复的能力。应急响应能力是指社区在面对自然灾害时，能够迅速作出反应，采取有效的应急措施，以减轻灾害带来的损失和影响的能力。应急恢复能力则着重于社区在面对自然灾害后，能够迅速恢复正常的生产生活秩序，包括清理废墟、修复基础设施、提供必要的救助和安置等，以便尽快恢复正常运转和居民正常生活的能力。

此外，在构建评估体系时，充分参考了前人在城市灾害应急管理领域所积累的丰富经验，同时，充分考虑到了不同地区社区的具体情况以及专家的专业意见。基于这些因素，选择了与每个一级指标相匹配的二级指标。这个评估体系包括4个关键的一级指标，并进一步细分为17个具有代表性的二级指标（见表5-28）。这些指标的选取既考虑了理论依据，又结合了实际情况，旨在全面评估社区灾害应急管理能力。

表5-28 西北地区社区自然灾害应急管理能力评估指标体系

	一级指标	二级指标
西北地区社区自然灾害应急管理能力评估	应急减缓能力 B_1	社区防灾的基础设施 C_{11}
		社区或城市的生命线工程抗灾能力 C_{12}
	应急准备能力 B_2	社区应急预案的制定和更新频率 C_{21}
		辖区内应急物资保障水平 C_{22}
		社区应急队伍建设程度 C_{23}
		居民防灾避灾水平 C_{24}
		日常应急演练情况 C_{25}
		周边应急避难场所规划 C_{26}
		社区应急资源保障能力 C_{27}
		社区媒介设置 C_{28}
	应急响应能力 B_3	社区应急疏散能力 C_{31}
		社区震害灾情搜集与报告能力 C_{32}
		社区应急先期处置能力 C_{33}
		居民自救和互救能力 C_{34}
	应急恢复能力 B_4	协助上级开展灾情损失评估能力 C_{41}
		灾民安置和心理疏导能力 C_{42}
		协助上级开展灾后恢复能力 C_{43}

社区或城市的生命线工程抗灾能力是指电力供应、供水系统、通信网络等的抗灾能力。社区应急预案的制定和更新频率是指社区管理机构为确保在突发事件发生时能够迅速、有效地进行应急响应，所制定的应急计划和策略，并进行定期审查和更新的时间间隔。辖区内应急物资保障水平是指社区或城市内应急装备和物资的储备和配备情况，包括救援工具、医疗设备、食品水源等。社区应急队伍建设程度是指社区应急组织的组建情况和人员培训状况，以及应急队伍的组织架构和配合协调能力。居民防灾避灾水平是指居民对灾害的认知程度和应对能力，包括灾害预警意识、避难场所选择、自救互救技能等。日常应急演练情况是指社区或城市进行的日常应急演练的组织情况，包括演练的频率和规模、参与人员的覆盖面等。周边应急避难场所规划是指社区或城市的周边地区对应急避难场所的规划和设置情况，包括避难场所的数量、位置和容量等。社区应急资源保障能力是指社区及周边地区的卫生和医疗资源的配置情况，包括医疗机构的数量和质量、药品和医疗器械的储备等。社区媒介设置是指社区内的通信和广播设施的建设情况，包括电话线路、广播设备等的覆盖范围和可靠性。社区应急疏散能力是指社区组织在灾害发生时进行人员疏散的能力，包括疏散路线的设计、疏散标识的设置和疏导人员的培训等。社区震害灾情搜集与报告能力是指社区组织在地震灾害发生后搜集灾情信息并及时报告的能力，包括灾情数据的收集和整理、报告流程的建立等。社区应急先期处置能力是指社区在灾害发生后的应急响应和救援行动能力，包括应急指挥机构的设立、救援队伍的组织和行动调度等。居民自救和互救能力是指居民在灾害发生时的自救互救能力，包括逃生技巧、急救知识和互助合作等。灾民安置与心理疏导能力是指社区或城市在灾害发生后为灾民提供安置和支持的能力，包括临时住所的安排、心理疏导服务等。协助上级开展灾情损失评估能力是指社区或城市协助政府部门对灾情损失进行评估的能力，包括提供相关信息和数据、参与评估工作等。

（二）指标权重赋值

在构建指标体系的过程中，合理筛选指标是首要步骤，而确定各个指标的权重同样至关重要。在通常情况下，可以采用主观赋值或客观赋值的方法来实现这一目标。主观赋值法主要依赖于专家或指定评估者的专业知识和经验，他们根据自己的判断为每个指标赋予相应的权重。这种方法虽然能够反映出专业人员的观点，但在一定程度上可能受到个人主观因素的影响。相比之下，客观赋值法则更加依赖于现有的信息和数据，通过计算工具来量化并确定指标的权重。这种方法的优点在于其结果更为准确严谨，减少了人为因素的干扰。基于信息论的相关理论，熵值可以用来衡量一个事物的不确定性。熵值越大，说明该事物的不确定性越高。因此，可以通过熵值来评估某个指标对于整体评估结果的重要性。当一个指标的熵值较大时，表明它具有较高的离散性，可能会对最终的评估结果产生显著影响。通过比较上述权重确定方法，本研究认为熵权法能更精确地确定指标权重，通过计算得到差异性系数，然后据此确定每个指标的权重。

1.熵权法

根据信息熵的概念将第j项评价指标的熵值定义为e_j：

在有m个指标，n个被评估对象的评估问题中，第j个评估指标的信息熵e_j为：

$$e_j = -\frac{1}{\ln m}\sum_{i=1}^{m}P_{ij}\times\ln P_{ij}\ (j=1,2,\cdots,J) \tag{5-7}$$

式（5-7）中，$P_{ij}=\dfrac{\lambda_{ij}^{*}}{\sum_{i=1}^{n}\lambda_{ij}}$，$R=(\lambda_{ij})m\times n$为借助层次分析法计算得到的评估指标的判断矩阵，因此能够进一步计算出第j个评估指标的熵权。

$$w_j = \frac{1-e_j}{\sum_{j=1}^{n}(1-e_j)} \tag{5-8}$$

2.权重赋值

在确定评估指标权重过程中，邀请了5位防震减灾应急管理方面的专家对各个指标的重要性进行打分（满分10分）。接下来，运用熵权法确定4个一级指标的权重。

5位防震减灾应急管理方面的专家对4个一级指标的权重赋值结果见表5-29。

表5-29　西北地区社区自然灾害应急管理能力评估一级指标专家赋值权重

专家赋值	应急减缓能力 B_1	应急准备能力 B_2	应急响应能力 B_3	应急恢复能力 B_4
Expert1	7	6	7	5
Expert2	10	9	7	3
Expert3	8	7	7	7
Expert4	8	10	8	6
Expert5	9	6	8	5

将表5-29的一级指标专家赋值权重进行归一化，获得专家赋值权重归一化矩阵（见表5-30）。

表5-30　西北地区社区自然灾害应急管理能力评估一级指标专家赋值规范化权重

专家赋值	应急减缓能力 B_1	应急准备能力 B_2	应急响应能力 B_3	应急恢复能力 B_4
Expert1	0.0000	0.0000	0.0000	0.5000

专家赋值	应急减缓能力 B_1	应急准备能力 B_2	应急响应能力 B_3	应急恢复能力 B_4
Expert2	1.0000	0.7500	0.0000	0.0000
Expert3	0.3333	0.2500	0.0000	1.0000
Expert4	0.3333	1.0000	1.0000	0.7500
Expert5	0.6667	0.0000	1.0000	0.5000

将表5-30的数据进行归一化处理，结果见表5-31。

表5-31　西北地区社区自然灾害应急管理能力评估一级指标专家赋值归一化矩阵

归一化	应急减缓能力 B_1	应急准备能力 B_2	应急响应能力 B_3	应急恢复能力 B_4
Expert1	0.0000	0.0000	0.0000	0.1818
Expert2	0.4286	0.3750	0.0000	0.0000
Expert3	0.1428	0.1250	0.0000	0.3636
Expert4	0.1428	0.5000	0.5000	0.2727
Expert5	0.2857	0.0000	0.5000	0.1818

根据式（5-7）计算每个评估指标的信息熵：

$$e_1 = -\frac{1}{\ln 5}\sum_{i=1}^{5} P_{ij}\ln P_{ij}$$

$$= -\frac{1}{\ln 5}(0 + 0.4286\ln 0.4286 + 0.1428\ln 0.1428 + 0.1428\ln 0.1428 + 0.2857\ln 0.2857)$$

$$= 0.7935$$

同理可得：$e_2 = 0.6054$，$e_3 = 0.4307$，$e_4 = 0.8339$。

根据式（5-8）确定每个评估指标的权重：

$$w_1 = \frac{1 - e_1}{\sum_{j=1}^{4}(1 - e_1)}$$

$$= (1 - 0.7935)/\left[(1 - 0.7935) + (1 - 0.6054) + (1 - 0.4307) + (1 - 0.8339)\right]$$

$$= 0.1545$$

同理可得：$w_2 = 0.2952$，$w_3 = 0.4260$，$w_4 = 0.1243$。

综上所述，可以运用熵权法获取4个一级指标和17个二级指标的权重（见表5-32）。

表5-32　西北地区社区自然灾害应急管理能力评估指标体系及各指标权重

	一级指标	权重	二级指标	权重
西北地区社区自然灾害应急管理能力评估	应急减缓能力 B_1	0.1545	社区防灾的基础设施 C_{11}	0.5178
			社区或城市的生命线工程抗灾能力 C_{12}	0.4822
	应急准备能力 B_2	0.2952	社区应急预案的制定和更新频率 C_{21}	0.0801
			辖区内应急物资保障水平 C_{22}	0.0639
			社区应急队伍建设程度 C_{23}	0.1630
			居民防灾避灾水平 C_{24}	0.0738
			日常应急演练情况 C_{25}	0.2997
			周边应急避难场所规划 C_{26}	0.0826
			社区应急资源保障能力 C_{27}	0.1732
			社区媒介设置 C_{28}	0.0639
	应急响应能力 B_3	0.4260	社区应急疏散能力 C_{31}	0.3023
			社区震害灾情搜集与报告能力 C_{32}	0.2206
			社区应急先期处置能力 C_{33}	0.2206
			居民自救和互救能力 C_{34}	0.2566
	应急恢复能力 B_4	0.1243	协助上级开展灾情损失评估能力 C_{41}	0.1132
			灾民安置和心理疏导能力 C_{42}	0.7492
			协助上级开展灾后恢复能力 C_{43}	0.1376

（三）数据采集与处理

邀请了5位西北地区应急管理部门的工作人员、2位西北地区社区应急管理研究领域专家、5位社区工作者，对西北地区社区自然灾害应急管理能力评估指标体系中的17项二级指标进行评估，具体打分汇总情况见表5-33。

表5-33　西北地区社区自然灾害应急管理能力专家评估打分汇总

省份	评估等级	二级指标																
		C_{11}	C_{12}	C_{21}	C_{22}	C_{23}	C_{24}	C_{25}	C_{26}	C_{27}	C_{28}	C_{31}	C_{32}	C_{33}	C_{34}	C_{41}	C_{42}	C_{43}
陕西省	差	0	0	0	0	0	0	0	0	0	0	0	0	0	0	0	0	0
	较差	2	0	0	0	0	2	7	0	1	0	0	4	0	3	3	2	0

续表5–33

省份	评估等级	二级指标																
		C_{11}	C_{12}	C_{21}	C_{22}	C_{23}	C_{24}	C_{25}	C_{26}	C_{27}	C_{28}	C_{31}	C_{32}	C_{33}	C_{34}	C_{41}	C_{42}	C_{43}
	中	3	7	7	5	10	8	5	0	1	0	10	6	9	8	6	5	2
	良	5	2	5	5	2	1	0	12	8	7	2	2	2	1	3	5	10
	优	2	3	0	2	0	1	0	0	2	5	0	0	1	0	0	0	0
甘肃省	差	0	0	3	1	0	0	2	0	0	0	0	0	0	0	0	0	0
	较差	2	2	3	1	1	2	0	0	2	0	3	0	0	4	2	4	2
	中	3	9	5	5	7	6	7	4	7	2	7	9	10	6	8	5	6
	良	6	1	0	4	3	3	3	8	3	8	2	1	2	2	2	2	4
	优	1	0	0	1	1	1	0	0	0	2	0	2	0	0	0	1	0
宁夏回族自治区	差	0	0	0	2	2	0	0	0	0	0	2	0	2	0	0	0	0
	较差	4	0	5	3	4	4	0	0	2	3	5	3	4	1	0	0	3
	中	8	12	5	6	6	8	5	2	5	6	5	8	6	8	8	10	7
	良	0	0	2	1	0	0	5	10	5	2	0	1	0	3	4	2	2
	优	0	0	0	0	0	0	2	0	0	1	0	0	0	0	0	0	0
青海省	差	0	0	1	0	0	3	0	0	0	0	0	0	0	0	0	0	0
	较差	0	0	8	0	3	5	10	0	5	4	0	4	0	2	0	8	0
	中	3	4	2	12	6	4	2	0	7	8	10	8	8	5	6	4	12
	良	8	8	1	0	3	0	0	12	0	0	2	0	4	5	6	0	0
	优	1	0	0	0	0	0	0	0	0	0	0	0	0	0	0	0	0
新疆维吾尔自治区	差	0	0	0	0	0	0	0	0	0	2	0	0	0	0	0	0	0
	较差	0	0	6	0	0	2	0	0	4	6	0	5	0	0	0	8	1
	中	12	12	2	9	10	5	6	4	8	4	7	5	5	0	12	4	10
	良	0	0	4	3	2	5	4	5	0	0	5	2	7	10	0	0	1
	优	0	0	0	0	0	0	2	3	0	0	0	0	0	2	0	0	0

根据模糊综合评估法计算各省（区）二级指标得分原始数据，结果见表5-34。

表5-34　西北地区社区自然灾害应急管理能力评估二级指标得分数据

二级指标	陕西省	甘肃省	宁夏回族自治区	青海省	新疆维吾尔自治区
社区防灾的基础设施	22.2654	21.7476	16.5696	23.8188	18.6408
社区或城市的生命线工程抗灾能力	21.2168	16.8770	17.3592	21.2168	17.3592
社区应急预案的制定和更新频率	3.2841	1.9224	2.6433	2.1627	2.7234
辖区内应急物资保障水平	2.8755	2.4921	1.9170	2.3004	2.4921
社区应急队伍建设程度	6.1940	6.5200	4.5640	5.8680	6.1940
居民防灾避灾水平	2.7306	2.8782	2.3616	1.8450	2.8782
日常应急演练情况	8.6913	10.4895	13.4865	7.7922	13.1868
周边应急避难场所规划	3.9648	3.6344	3.7996	3.9648	3.8822
社区应急资源保障能力	8.1404	6.4084	6.7548	5.3692	5.5424
社区媒介设置	3.3867	3.0672	2.3643	2.0448	1.6614
社区应急疏散能力	11.4874	10.5805	8.1621	11.4874	12.3943
社区震害灾情搜集与报告能力	7.5004	9.0446	7.5004	7.0592	7.2798
社区应急先期处置能力	8.8240	8.3828	6.1768	8.824	9.4858
居民自救和互救能力	8.7244	8.7244	9.7508	10.0074	12.8300
协助上级开展灾情损失评估能力	4.0752	4.0752	4.5280	4.7544	4.0752
灾民安置和心理疏导能力	29.2188	26.9712	28.4696	20.9776	20.9776
协助上级开展灾后恢复能力	6.3296	5.2288	4.8160	4.9536	4.9536

（四）评估结果与分析

1.评估结果

根据表5-34，并结合表5-32的权重，计算出西北地区社区自然灾害应急管理能力得分。最终西北地区的应急减缓能力分数（B_1）、应急准备能力分数（B_2）、应急响应能力分数（B_3）、应急恢复能力分数（B_4）以及各省（区）社区自然灾害应急管理能力评估的总得分如表5-35和图5-3所示。

表5-35　西北地区社区自然灾害应急管理能力评估得分

一级指标	地区				
	陕西省	甘肃省	宁夏回族自治区	青海省	新疆维吾尔自治区
应急减缓能力 B_1	6.7180	5.9675	5.2420	6.9580	5.5620
应急准备能力 B_2	11.5917	11.0441	11.1855	9.2537	11.3830
应急响应能力 B_3	15.5644	15.6480	13.4574	15.9230	17.8877
应急恢复能力 B_4	4.9252	4.5090	4.7002	3.8142	3.7298
社区自然灾害应急管理能力评估总得分	38.7994	37.1685	34.5851	35.9489	38.5626

说明:表中部分数据因四舍五入的原因,存在总计与分项合计不等的情况。

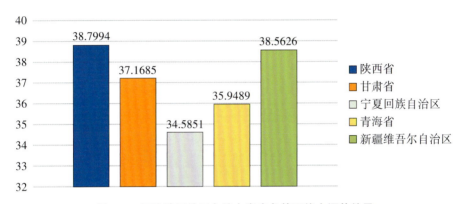

图5-3　西北地区社区自然灾害应急管理能力评估结果

　　根据所建构的西北地区社区自然灾害应急管理能力评估指标体系计算得知:陕西的社区自然灾害应急管理能力评估分数最高,为38.7994;宁夏的社区自然灾害应急管理能力评估分数最低,为34.5851。在一级指标中,青海的应急减缓能力分数最高,为6.9580;陕西的应急准备能力分数最高,为11.5917;新疆的应急响应能力分数最高,为17.8877;陕西的应急恢复能力分数最高,为4.9252。

　　根据表5-36中的排名可知,社区自然灾害应急管理能力的应急减缓能力为:青海>陕西>甘肃>新疆>宁夏;社区自然灾害应急管理能力的应急准备能力为:陕西>新疆>宁夏>甘肃>青海;社区自然灾害应急管理能力的应急响应能力为:新疆>青海>甘肃>陕西>宁夏;社区自然灾害应急管理能力的应急恢复能力为:陕西>宁夏>甘肃>青海>新疆;社区自然灾害应急管理能力得分为:陕西>新疆>甘肃>青海>宁夏。

表5-36　西北地区社区自然灾害应急管理能力评估指标得分排名

地区	排名				
	应急减缓能力 B_1	应急准备能力 B_2	应急响应能力 B_3	应急恢复能力 B_4	社区自然灾害应急管理能力评估总得分
陕西省	2	1	4	1	1
甘肃省	3	4	3	3	3
宁夏回族自治区	5	3	5	2	5
青海省	1	5	2	4	4
新疆维吾尔自治区	4	2	1	5	2

2.结果分析

在评估社区自然灾害应急管理能力的各项指标时，需要考虑多种因素，如地理位置、气候条件、经济发展水平、人口密度、社区基础设施建设、应急管理体系和救援队伍的建设等，以下是对这些评估结果可能原因的分析。

（1）应急减缓能力

青海>陕西>甘肃>新疆>宁夏。这一结果可能与各地的地理位置和自然环境密切相关。青海因地处青藏高原，地势高峻且气候多变，常受地震、雪灾、泥石流等多种自然灾害的侵袭，长期的应对经验使青海在应急减缓方面能力较强，政府和居民能快速行动，从而减轻灾害损失。相比之下，陕西、甘肃、新疆、宁夏的地理位置和气候条件复杂，可能同时面临多种自然灾害的威胁，且灾害频发，导致其应急减缓能力相对较弱。

（2）应急准备能力

陕西>新疆>宁夏>甘肃>青海。这一结果可能与各地的经济发展水平和基础设施建设有关。陕西作为西北地区的中心省份，其高经济发展水平较高，为应急准备提供了坚实的物质基础和资源保障。其完善的基础设施，如交通、通信和应急管理系统，确保资源能迅速有效调集，从而显著增强了应急准备能力。相比之下，新疆、宁夏、甘肃、青海等省份在经济发展和基础设施建设上相对滞后，尽管在努力提升，但受限于自然条件和历史因素，发展进程较慢，导致应急准备能力相对较弱。这些地区在应对突发事件时，可能需要更多时间和努力来调集资源、组织应对。

（3）应急响应能力

新疆>青海>甘肃>陕西>宁夏。这一结果可能与各地的应急管理体系和救援队伍建设有关。新疆位于我国西部边陲，战略地位显著，其稳定与发展直接关联国家的安全和繁荣。因此，新疆地方政府极为重视应急管理工作，构建了相对完善的应急管理体系，能够迅速准确决策、有效调配资源，为灾区提供坚实的救援保障。相较之下，青海、甘肃、陕西、宁夏等地因历史、地理等多重因素影响，应急管理体系尚不完善，救援队伍建设亦相对滞后，从而制约了其应急响应能力。

（4）应急恢复能力

陕西>宁夏>甘肃>青海>新疆。这一结果可能与各地的经济发展水平、人口密度和社会资源有关。陕西虽然经济发展水平和基础设施建设并非顶尖，但其人口密度较大，社会资源相对丰富，这使得其在应对突发事件时，能够迅速调动人力和物力资源，从而展现出较强的应急恢复能力。宁夏、甘肃和青海同样在经济发展上有所滞后，但由于人口密度适中，且拥有一定的社会资源基础，它们的应急恢复能力也相对较强。而新疆作为边疆地区，由于其特殊的地理位置和相对较少的人口密度，社会资源相对稀缺，因此在应急恢复方面显示出相对较弱的能力。

社区自然灾害应急管理能力得分为陕西>新疆>甘肃>青海>宁夏，这可能是多方面原因综合作用的结果。陕西凭借较高的经济发展水平和相对完善的基础设施建设，能够为社区自然灾害应急管理提供坚实的物质基础和资源保障。同时，其较为完善的应急管理体系也使其在面对自然灾害时能够迅速响应、有效应对。相比之下，新疆、甘肃、青海、宁夏等地区经济发展相对较慢、人口密度较低、社会资源缺失、基础设施建设有待完善，这在一定程度上制约了其社区自然灾害应急管理能力。总之，提高社区自然灾害应急管理能力是一项长期而艰巨的任务。各地需要高度重视、认真谋划、积极实施，确保在自然灾害面前能够迅速响应、有效应对，最大限度地保障人民群众的生命财产安全。

二、西北地区消防员自然灾害应急管理能力评估

根据当前"多灾种、大应急"的综合应急救援能力建设要求，需要消防队伍参与的救援救助任务愈加广泛，面临的工作场所也愈加复杂。党中央、国务院高度重视消防工作，2018年在深化党和国家机构改革中，决定组建国家综合性消防救援队伍。几年来，国家综合性消防救援队伍按照应急管理部的统一部署，主动融入应急管理工作大局，积极创新社会消防安全治理。

（一）评估指标体系构建

按照科学性、可操作性、完整性的原则，结合消防队伍的结构特点，选取部分可获得的定量数据，基于危机管理四阶段理论，构建了一套西北地区消防员自然灾害应急管理能力评估指标体系，其中包括4个一级指标与22个二级指标，如表5-37所示。

表5-37　西北地区消防员自然灾害应急管理能力评估指标体系

总目标	一级指标	二级指标
西北地区消防员 应急管理能力评估	应急减缓能力 B_1	应急预案编制 C_{11}
		装备更新 C_{12}
		资金保障 C_{13}
		队员待遇 C_{14}
		队伍正规化建设 C_{15}
		队员训练成效 C_{16}
		新招队员素质 C_{17}
	应急准备能力 B_2	演练成效 C_{21}
		装备维护与保养 C_{22}
		演练频次 C_{23}
		人才成长通道 C_{24}
		装备性能测试 C_{25}
	应急响应能力 B_3	应急保障系统 C_{31}
		队伍组织机构 C_{32}
		救援行动管理 C_{33}
		执勤力量配置 C_{34}
		战略执勤管理 C_{35}
		装备配置 C_{36}
		装备使用 C_{37}
	应急恢复能力 B_4	演练评估与改进 C_{41}
		人员流失控制 C_{42}
		消防站建设 C_{43}

（二）指标权重赋值

邀请了6位应急管理行业专家对表5-37的评估体系中的各级指标进行打分，利用打分结果构建判断矩阵并计算指标权重，计算结果见表5-38至表5-42。

表5-38 西北地区消防员自然灾害应急管理能力评估一级指标判断矩阵

西北地区消防员应急管理能力评估	应急减缓能力	应急准备能力	应急响应能力	应急恢复能力	w_i
应急减缓能力	1.0000	1.0000	0.2000	3.0000	0.1542
应急准备能力	1.0000	1.0000	0.2000	3.0000	0.1542
应急响应能力	5.0000	5.0000	1.0000	7.0000	0.6279
应急恢复能力	0.3333	0.3333	0.1429	1.0000	0.0637

表5-39 西北地区消防员自然灾害应急减缓能力二级指标判断矩阵

减缓	应急预案编制	装备更新	资金保障	队员待遇	队伍正规化建设	队员训练成效	新招队员素质	w_i
应急预案编制	1.0000	3.0000	0.3333	4.0000	3.0000	3.0000	3.0000	0.2282
装备更新	0.3333	1.0000	0.2500	1.0000	2.0000	0.5000	1.0000	0.0865
资金保障	3.0000	4.0000	1.0000	5.0000	3.0000	4.0000	3.0000	0.3474
队员待遇	0.2500	1.0000	0.2000	1.0000	0.5000	0.5000	0.5000	0.0563
队伍正规化建设	0.3333	0.5000	0.3333	2.0000	1.0000	1.0000	1.0000	0.0877
队员训练成效	0.3333	2.0000	0.2500	2.0000	1.0000	1.0000	1.0000	0.1004
新招队员素质	0.3333	1.0000	0.3333	2.0000	1.0000	1.0000	1.0000	0.0934

表5-40 西北地区消防员自然灾害应急准备能力二级指标判断矩阵

准备	演练成效	装备维护与保养	演练频次	人才成长通道	装备性能测试	w_i
演练成效	1.0000	1.0000	1.0000	0.3333	3.0000	0.1562
装备维护与保养	1.0000	1.0000	1.0000	0.3333	2.0000	0.1462
演练频次	1.0000	1.0000	1.0000	0.3333	5.0000	0.1762
人才成长通道	3.0000	3.0000	3.0000	1.0000	9.0000	0.4686
装备性能测试	0.3333	0.5000	0.2000	0.1111	1.0000	0.0529

表5-41 西北地区消防员自然灾害应急响应能力二级指标判断矩阵

响应	应急保障系统	队伍组织机构	救援行动管理	执勤力量配置	战略执勤管理	装备配置	装备使用	w_i
应急保障系统	1.0000	0.2000	0.2500	0.2500	0.5000	0.5000	1.0000	0.0525
队伍组织机构	5.0000	1.0000	3.0000	3.0000	3.0000	4.0000	3.0000	0.3400

续表5-41

响应	应急保障系统	队伍组织机构	救援行动管理	执勤力量配置	战略执勤管理	装备配置	装备使用	w_i
救援行动管理	4.0000	0.3333	1.0000	2.0000	2.0000	2.0000	3.0000	0.1933
执勤力量配置	4.0000	0.3333	0.5000	1.0000	1.0000	2.0000	2.0000	0.1373
战略执勤管理	2.0000	0.3333	0.5000	1.0000	1.0000	2.0000	2.0000	0.1222
装备配置	2.0000	0.2500	0.5000	0.5000	0.5000	1.0000	2.0000	0.0890
装备使用	1.0000	0.3333	0.3333	0.5000	0.5000	0.5000	1.0000	0.0657

表5-42 西北地区消防员自然灾害应急恢复能力二级指标判断矩阵

恢复	演练评估与改进	人员流失控制	消防站建设	w_i
演练评估与改进	1.0000	3.0000	0.5000	0.3092
人员流失控制	0.3333	1.0000	0.2000	0.1096
消防站建设	2.0000	5.0000	1.0000	0.5813

根据表5-38至表5-42，最终所得评估指标体系的权重结果见表5-43。

表5-43 西北地区消防员应急管理能力评估指标体系及各指标权重

总目标	一级指标	权重	二级指标	权重
西北地区消防员应急管理能力评估	应急减缓能力 B_1	0.1542	应急预案编制 C_{11}	0.0352
			装备更新 C_{12}	0.0133
			资金保障 C_{13}	0.0536
			队员待遇 C_{14}	0.0087
			队伍正规化建设 C_{15}	0.0135
			队员训练成效 C_{16}	0.0155
			新招队员素质 C_{17}	0.0144
	应急准备能力 B_2	0.1542	演练成效 C_{21}	0.0241
			装备维护与保养 C_{22}	0.0225
			演练频次 C_{23}	0.0272
			人才成长通道 C_{24}	0.0722
			装备性能测试 C_{25}	0.0082

总目标	一级指标	权重	二级指标	权重
	应急响应能力 B_3	0.6279	应急保障系统 C_{31}	0.0330
			队伍组织机构 C_{32}	0.2135
			救援行动管理 C_{33}	0.1214
			执勤力量配置 C_{34}	0.0862
			战略执勤管理 C_{35}	0.0768
			装备配置 C_{36}	0.0559
			装备使用 C_{37}	0.0412
	应急恢复能力 B_4	0.0637	演练评估与改进 C_{41}	0.0197
			人员流失控制 C_{42}	0.0070
			消防站建设 C_{43}	0.0370

（三）数据采集与处理

1.数据来源

消防员应急管理能力评估所需定量指标数据主要来源于各省（区）政府公开报告和应急管理厅新闻。对于无法直接提取量化数据的指标采用专家打分法获取。邀请5位西北地区应急管理部门工作人员与5名西北地区消防员，对西北地区消防员应急管理能力评估指标中的20项（应急预案编制、装备更新、资金保障、队员待遇、队伍正规化建设、队员训练成效、演练成效、装备维护与保养、演练频次、人才成长通道、装备性能测试、应急保障系统、队伍组织机构、救援行动管理、执勤力量配置、战略执勤管理、装备配置、装备使用、演练评估与改进、消防站建设）进行打分，打分标准见表5-22，其余二级指标的数据来源与计算方法见表5-44。

表5-44　西北地区消防员应急管理能力评估二级指标的数据来源与计算方法

指标名称	计算方法	数据来源
新招队员素质	招录比的倒数	各省(区)应急管理厅
人员流失控制	人员流失率	消防员招录官方平台

2.原始数据

数据选取2021年为基准年，定量数据的原始数据见表5-45，定性数据的原始数据见表5-46。

表5-45 西北地区消防员应急管理能力二级指标定量原始数据

指标名称	陕西省	甘肃省	宁夏回族自治区	青海省	新疆维吾尔自治区
新招队员素质	3.5725	1.2120	0.4947	0.3649	1.3295
人员流失控制	0.2045	0.1301	0.0204	0.1135	0.1312

表5-46 西北地区消防员自然灾害应急管理能力专家评估打分汇总

省份	评估等级	C_{11}	C_{12}	C_{13}	C_{14}	C_{15}	C_{16}	C_{21}	C_{22}	C_{23}	C_{24}	C_{25}	C_{31}	C_{32}	C_{33}	C_{34}	C_{35}	C_{36}	C_{37}	C_{41}	C_{43}
陕西省	差	0	0	1	0	4	0	1	0	0	1	10	0	1	0	1	0	10	0	0	0
	较差	0	5	0	5	0	5	0	5	4	8	0	5	0	0	8	0	0	1	0	0
	中	0	5	4	5	0	5	8	5	2	0	0	5	0	10	0	5	0	8	10	0
	良	0	0	4	0	2	0	0	0	4	0	0	0	8	0	0	5	0	1	0	0
	优	10	0	1	0	4	0	1	0	0	1	0	0	1	0	1	0	0	0	0	10
甘肃省	差	0	2	1	2	0	0	0	0	0	1	10	0	0	1	0	0	1	5	5	0
	较差	0	4	4	3	5	10	10	0	10	8	0	10	5	4	3	5	8	5	5	5
	中	0	2	4	3	5	0	0	10	0	0	0	0	5	4	4	5	0	0	0	5
	良	0	0	0	0	0	0	0	0	0	0	0	0	0	0	0	3	0	0	0	0
	优	10	0	1	2	0	0	0	0	0	1	0	0	0	1	0	0	0	1	0	0
宁夏回族自治区	差	0	5	1	0	2	1	5	1	10	5	10	1	1	10	5	5	1	10	10	0
	较差	0	5	8	10	6	8	5	8	0	5	0	4	8	0	5	5	8	0	0	10
	中	0	0	0	0	0	0	0	0	0	0	0	4	0	0	0	0	0	0	0	0
	良	0	0	0	0	0	0	0	0	0	0	0	0	0	0	0	0	0	0	0	0
	优	10	0	0	0	2	1	0	1	0	0	0	1	1	0	0	0	1	0	0	0
青海省	差	0	5	0	0	2	5	10	10	5	3	1	10	1	5	0	5	1	0	5	1
	较差	0	5	10	10	6	5	0	0	5	2	8	0	5	5	5	5	8	5	5	8
	中	0	0	0	0	0	0	0	0	0	0	0	0	5	0	0	5	0	5	0	0
	良	0	0	0	0	0	0	0	0	0	0	0	0	0	0	0	0	0	0	0	0
	优	10	0	0	0	2	0	0	0	0	3	1	0	1	0	0	0	1	0	0	1

省份	评估等级	二级指标																		
		C_{11}	C_{12}	C_{13}	C_{14}	C_{15}	C_{16}	C_{21}	C_{22}	C_{23}	C_{24}	C_{25}	C_{31}	C_{32}	C_{33}	C_{34}	C_{35}	C_{36}	C_{37}	C_{41}	C_{43}
新疆维吾尔自治区	差	0	1	0	1	0	10	5	10	10	1	1	1	10	5	1	10	0	10	10	10
	较差	0	8	0	0	0	0	5	0	0	2	8	4	0	5	0	0	5	0	0	0
	中	0	1	0	8	10	0	0	0	0	4	0	4	0	0	8	0	5	0	0	0
	良	0	0	10	0	0	0	0	0	0	2	0	0	0	0	0	0	0	0	0	0
	优	10	0	0	1	0	0	0	0	0	1	1	1	0	0	1	0	0	0	0	0

根据模糊综合评估法计算各省（区）二级指标得分原始数据，结果见表5-47。

表5-47　西北地区消防员自然灾害应急管理能力评估二级指标得分数据

二级指标	陕西省	甘肃省	宁夏回族自治区	青海省	新疆维吾尔自治区
应急预案编制	1.0000	1.0000	1.0000	1.0000	1.0000
装备更新	0.5000	0.4000	0.3000	0.3000	0.4000
资金保障	0.7000	0.5000	0.4000	0.3000	0.6000
队员待遇	0.5000	0.5000	0.4000	0.4000	0.6000
队伍正规化建设	0.8000	0.5000	0.4000	0.4000	0.6000
队员训练成效	0.5000	0.4000	0.4000	0.3000	0.2000
新招队员素质	1.0000	0.3423	0.1445	0.1000	0.3769
演练成效	0.6000	0.4000	0.3000	0.2000	0.3000
装备维护与保养	0.5000	0.6000	0.4000	0.2000	0.2000
演练频次	0.6000	0.4000	0.2000	0.3000	0.2000
人才成长通道	0.4000	0.4000	0.5000	0.5000	0.6000
装备性能测试	0.2000	0.2000	0.2000	0.4000	0.4000
应急保障系统	0.5000	0.4000	0.5000	0.2000	0.5000
队伍组织机构	0.8000	0.5000	0.4000	0.4000	0.2000
救援行动管理	0.6000	0.5000	0.2000	0.3000	0.3000
执勤力量配置	0.4000	0.6000	0.3000	0.5000	0.6000
战略执勤管理	0.7000	0.5000	0.3000	0.3000	0.2000
装备配置	0.2000	0.4000	0.4000	0.4000	0.5000
装备使用	0.6000	0.3000	0.2000	0.5000	0.2000

续表5-47

二级指标	陕西省	甘肃省	宁夏回族自治区	青海省	新疆维吾尔自治区
演练评估与改进	0.6000	0.5000	0.2000	0.3000	0.2000
人员流失控制	1.0000	0.6351	0.1000	0.5459	0.6676
消防站建设	1.0000	0.5000	0.4000	0.4000	0.2000

（四）评估结果与分析

1.评估结果

根据功效函数法，计算每个样本下所有二级指标的功效函数值后，参考表5-43各级指标权重值，通过将功效函数值与相应的权重值相乘，以获得该指标的评分。随后，通过逐级汇总和求和操作，得到每个样本在二级指标和一级指标上的评分。最终西北地区的应急减缓能力分数、应急准备能力分数、应急响应能力分数、应急恢复能力分数以及各省（区）消防员应急管理能力评估的总得分如表5-48和图5-4所示。

表5-48　西北地区消防员应急管理能力评估得分

一级指标	地区				
	陕西省	甘肃省	宁夏回族自治区	青海省	新疆维吾尔自治区
应急减缓能力 B_1	0.1167	0.0895	0.0778	0.0702	0.0945
应急准备能力 B_2	0.0726	0.0645	0.0594	0.0569	0.0638
应急响应能力 B_3	0.3843	0.3055	0.2057	0.2375	0.1989
应急恢复能力 B_4	0.0558	0.0328	0.0194	0.0245	0.0160
消防员应急管理能力评估总得分	0.6293	0.4924	0.3623	0.3892	0.3732

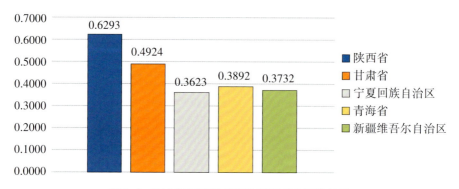

图5-4　西北地区消防员应急管理能力评估结果

根据所构建的西北地区消防员应急管理能力评估指标体系计算可知：陕西的消防员应急管理能力评估分数最高，为0.6293；宁夏的消防员应急管理能力评估分数最低，为0.3623；甘肃的消防员应急管理能力评估分数次于陕西，为0.4924；青海与新疆的消防员应急管理能力评估分数分别为0.3892和0.3732。

根据表5-49可知，消防员的应急减缓能力，陕西>新疆>甘肃>宁夏>青海；消防员的应急准备能力，陕西>甘肃>新疆>宁夏>青海；消防员的应急响应能力，陕西>甘肃>青海>宁夏>新疆；消防员的应急恢复能力，陕西>甘肃>青海>宁夏>新疆。所以，西北五省（区）消防员应急管理能力，陕西>甘肃>青海>新疆>宁夏。

表5-49　西北地区消防员应急管理能力评估指标得分排名

地区	排名				
	应急减缓能力 B_1	应急准备能力 B_2	应急响应能力 B_3	应急恢复能力 B_4	消防员灾害应急管理能力评估总得分
陕西省	1	1	1	1	1
甘肃省	3	2	2	2	2
宁夏回族自治区	4	4	4	4	5
青海省	5	5	3	3	3
新疆维吾尔自治区	2	3	5	5	4

2.结果分析

（1）应急减缓层面

在应急减缓层面，陕西位居第一，其在新招队员素质以及资金保障方面遥遥领先于其他四省（区），这可能是因为陕西作为西北五省（区）的经济中心，拥有西北五省（区）中最高的社会GDP产值和人口规模，相对其他四省（区），更容易吸引到优秀的消防队员参与陕西的消防事业。其良好的经济发展态势与丰富的资金保障相得益彰，为陕西的消防事业打下了坚实的物质基础。除此之外，青海和宁夏在队伍正规化建设方面有明显的不足，新疆有新疆维吾尔自治区森林消防总队，甘肃有甘肃省森林消防总队，陕西有陕西驻防分队（甘肃总队派驻），而青海和宁夏无任何森林消防队伍驻扎。

（2）应急准备层面

在应急准备层面，陕西在消防队伍的演练成效与演练频次上表现突出，而青海相对较弱。演练成效与演练频次相辅相成，陕西的消防队伍高度重视应急演练的重要性，定期组织各类救援实战场景的演练活动。这些演练不仅涵盖了基本的灭火救援技能，还包括复杂环境下的应急处置能力，如高层建筑火灾、地下空间火灾、危险化学品泄漏等。此外，陕西还注重加强消防队伍与其他应急救援力量的协同作战能力。通过与其他部门、单位的联合演练，提高了消防员在跨领域、跨部门的协同作战中的默契度和配合度。

（3）应急响应层面

在应急响应层面，各地区的评估结果显示，陕西在应急保障系统、救援行动管理和队伍组织结构等方面的工作到位，而且陕西在装备配置相对较低的情况下装备使用情况却得分第一，这离不开应急准备层面表现优异的演练成效与演练频次。与此同时，新疆和宁夏有着不错的消防队伍配置分数，却都没有发挥出来，可能与其整体的消防队伍人员素质和管理能力有很大关系。

（4）应急恢复层面

在应急恢复层面，陕西依旧位列第一，其在演练评估与改进、人员流失控制和消防站建设方面都十分优秀，而新疆在消防站建设方面还有很大的改进空间。目前，除西藏外，新疆是县级消防队站点"空白点"最多的省份。

综上所述，为提升西北五省（区）消防员的应急管理能力，建议采取以下对策：第一，西北五省（区）要加大对消防队员的选拔力度，提高入职门槛，并辅助以较高的薪酬水平和福利待遇，确保新招队员具备良好的身体素质、专业技能和应急反应能力。加强队员的入职培训，提升他们的业务水平和实战能力。同时，加强对消防队员的关怀和管理，提高队员的职业认同感和归属感，减少人员流失，保持队伍的稳定性。第二，资金是消防事业发展的重要支撑。西北五省（区）各地政府应加大对消防事业的投入，确保消防队伍有足够的经费用于装备更新、人员培训、演练活动等，从而提升整体应急能力。第三，演练是提升消防员应急能力的重要途径。各地应定期组织各类实战场景的演练活动，比如涵盖不同环境、不同类型的火灾和救援任务。同时，注重演练后的总结和分析，针对暴露出的问题和不足进行有针对性的改进，提升演练的实效性和针对性。第四，消防站的建设是提升消防员应急能力的基础。各地应加大对消防站建设的投入，完善消防设施和设备，提高消防站的覆盖率和救援能力。提升西北五省（区）消防员的应急管理能力需要从减缓、准备、响应和恢复四个阶段入手，确保在灾害发生时消防队伍能够迅速、有效地应对。

第六章　西北地区自然灾害应急管理能力案例评估

鉴于自然灾害应急管理的强实践性特征，相较于构建复杂的评估体系并依赖打分赋值，基于案例的评估方式能更直观地展现自然灾害应急管理能力的具体细节。本章聚焦于西北地区近年来发生的具有代表性的自然灾害应对实践，从应急管理全过程出发，审视西北地区自然灾害应急管理能力在典型案例中的实际表现、存在问题与潜在短板，并据此提出具体可行的改进与能力提升策略。

第一节　地质地震灾害应急管理能力案例评估

一、"8·8"舟曲特大泥石流灾害

泥石流灾害通常由洪水、暴雨、冰川融化、积雪融水或地震等自然因素触发，导致山体发生滑坡，形成携带大量泥沙、石块及巨砾的洪流性地质灾害，多发于山区沟谷、山坡及地形陡峭区域。泥石流具有突发性、高速流动性、大流量、强冲击力和破坏力等特点，往往会在短时间内摧毁城镇、建筑和交通基础设施，覆盖农田、林地和耕地，甚至阻塞水道，对山区居民的生产生活和财产安全构成严重威胁。

（一）案例概述

甘肃省受地形地貌、地质构造、气候条件以及岩土性质等多种因素的共同作用，有5470处体积超过 $5.0×10^4$ m^3 的滑坡地段。位于甘肃省甘南藏族自治州东南部、青藏高原东缘的舟曲县，是全国少有的地震、滑坡和泥石流三大地质灾害高发且频发的地区。区域内的滑坡灾害表现出显著的继发性和复活性，对当地居民的生活、生产活动和土地利用造成了严重影响[①]。"八山一水一分田，七分石头三分土"是舟曲县的形象写照。

[①] 董浩阳、苏晓军、窦晓东，等：《甘肃舟曲县2019年"7·19"牙豁口滑坡复活成因及机理》，《兰州大学学报》（自然科学版）2021年第6期，第760-766页。

全县共有灾害性泥石流点93处，2010年发生的舟曲特大山洪泥石流灾害是新中国成立以来最为严重的山洪泥石流灾害[①]。

1.灾害状况

2010年8月7日23时左右，舟曲县城出现强降雨。随后，三眼峪沟与罗家峪沟暴发了大约40分钟的特大规模泥石流灾害，不仅摧毁了两条沟谷内的天然堆石坝和人工拦沙坝，还形成了高密度的黏性泥石流，对县城造成了极大的破坏，并导致白龙江阻塞形成堰塞湖。

据灾后统计，此次泥石流灾害导致5500余间房屋被冲毁，93万km²的耕地遭到破坏，共有1765人遇难或失踪，直接经济损失超过百亿元人民币。泥石流的总量达到了136.6万m³，泥沙总量为92.9万m³。在三眼峪沟的泥石流堆积区，有40余个巨石，其中最大的一块巨石尺寸为6 m×5.8 m×4.9 m。而在罗家峪沟的堆积区，最大的巨石尺寸为5.2 m×3.5 m×2.4 m[②]。

2.灾害环境

（1）气象

舟曲县位于北亚热带向北温带过渡区，受大气环流、地形和季风的作用，表现出明显的干湿季。县域内西南部气候较东北部更温暖湿润，河谷区气温高于山区气温，高山地带季节交替明显，而河谷地区相对冬暖夏凉。

舟曲县降水分布不均，随着海拔升高，降水量逐渐加大，西南部的降水量超过东北部，山区降水量多于河谷地带。如西南部的拱坝河流域，年降水量在700 mm～900 mm，明显大于年降水量在600 mm以下的白龙江流域，其中西南部局部高山区年降水量达900 mm以上。在不同季节，降水量差异也比较大。夏季降水量平均达到214.4 mm，占全年降水量的49.2%，而冬季降水量仅为4.8 mm，春秋两季的降水量相对接近，分别占年降水量的25.1%和24.7%。气象站统计资料显示，舟曲县多年平均降雨量为435.8 mm，24小时最大降雨量为96.77 mm，30分钟最大降水量43.2 mm，20分钟最大降水量24.0 mm，10分钟最大降雨量为18.4 mm。

舟曲县的平均气温为12.9 ℃，其中1月的平均气温为1.7 ℃，而7月的平均气温为23.0 ℃，昼夜温差较小。多年平均蒸发量为2000 mm，无霜期约为250天，最大冻土深度为66 cm。

[①] 李喜童、马小飞：《甘肃重特大自然灾害应急机制建设研究——以"8·8"舟曲特大山洪泥石流、"7·22"岷县漳县6.6级地震为例》，《中国应急救援》2017年第3期，第4-8页。

[②] 杨麒麟、高甲荣、王颖：《泥石流灾害对策分析——以甘肃舟曲"8·7"特大山洪泥石流灾害为例》，《中国水土保持科学》2010年第6期，第19-23页。

（2）水文

舟曲县境内分布的主要水域是白龙江及其22条支流。白龙江属于长江流域嘉陵江水系，自舟曲县西北的尕瓦山入境，向东南方向流淌，主流总长70.7 km，自然落差达到420 m。根据多年监测数据，最大洪水流量可达189 m³/s，而最小的枯水流量则仅为9.26 m³/s。同时，在丰水期，泥沙含量相对较高。

（3）地质构造

舟曲县地处秦岭褶皱系西段，南秦岭印支断裂褶皱带与中秦岭华力西期-印支期断裂褶皱带构造亚带的交界区域。该县地质结构经历了华力西期、印支期、燕山期、喜山期及新构造运动等多期构造变形运动，华力西期和印支期的构造运动表现尤为剧烈。在这些构造运动的共同作用下，舟曲县内断裂构造发育成熟，特别是迭部-舟曲大断裂沿白龙江复背斜轴部延伸，形成了光盖山-迭山北缘断裂带、光盖山-迭山南缘断裂带以及迭部-白龙江断裂带，并伴有众多次级分支断裂。

（4）人类活动

舟曲原有林业用地291万亩，森林123万亩，活立木蓄积量1770万 m³，森林覆盖率44.7%，远高于甘肃省平均水平。但因人口增长和经济发展，未利用地及林地被转为耕地或建设用地，导致森林植被减少。据《舟曲县志》记载，经过30多年采伐，森林资源已消耗殆尽，无材可伐。过度砍伐导致植被破坏，同时坡耕地雨季易引发坡面侵蚀，导致水土流失，逐渐退化，暴雨作用下易形成沟谷径流[①]。

3.灾害成因

甘肃舟曲特大山洪泥石流灾害所涉及的范围广泛，受灾面积巨大，且灾害发生时间短暂，造成的损失极为严重。经过深入调查和分析，此次灾害的原因既有自然因素，也有人为因素。

首先，地质地形条件是影响三眼峪沟和罗家峪沟流域地质灾害的重要自然因素。舟曲县城及其周边部分村庄位于沟口泥石流堆积扇上，该区域地质构造以炭质板岩、砂岩和千枚岩夹薄层灰岩为主。在流域的上、中、下游地区，分布有中厚层灰岩和中厚层含硅质条带灰岩。第四系地层主要由泥石流堆积物、重力堆积物、坡积物和黄土组成，且这些地层之间存在断层接触。三眼峪沟和罗家峪沟流域相对高差大，平均比降高，沟谷的强烈侵蚀作用促进了水流的汇聚，为泥石流的生成和运动提供了充足的能量。因此，当特大泥石流灾害发生时，其巨大的冲击力直接导致县城及其周边村庄遭到毁灭性破坏。

其次，降雨也是影响舟曲特大泥石流灾害的重要因素之一。研究表明，泥石流的

---

① 樊姝芳：《舟曲泥石流固体物源特征及预警预报研究》，博士学位论文，兰州大学土木工程与力学学院，2018。

形成与前期降雨量和短历时降雨强度密切相关，其中与10分钟和30分钟降雨强度关系最为密切。根据舟曲县气象局的数据，该地区短时降水量超过25 mm的发生频率为每年1～2次，超过30 mm的发生频率约为每年1次。值得注意的是，持续的降雨导致地下水位和水压显著上升，地表水渗入土壤孔隙和岩石裂隙，造成岩土体的软化及抗滑性能下降，同时产生显著的浮力效应。在2010年舟曲特大泥石流事件中，根据白龙江左岸东山乡观测站的记录，灾害发生前一小时内降雨强度达到了77.3 mm，可以说，极端暴雨是触发舟曲特大泥石流灾害的直接诱因。

同时，固体物质补给也是导致舟曲泥石流的重要原因之一。三眼峪沟曾多次发生滑坡、崩塌，沟内有超过1000万 m³滑塌、坍塌和沟道堆积物，形成了巨型堆石坝。2008年汶川地震时，在三眼峪沟和罗家峪沟内产生了更多固体物源。据统计，舟曲泥石流的直接固体物质补给来源总共超过2000万 m³。

最后，人为因素也是舟曲县遭受严重灾害损失的重要原因。一方面，地方经济在发展中忽略了对自然灾害的防范。原国土资源部曾在2000年对舟曲县进行过详细的地质灾害勘查，但近年来由于人口增长过快，人类活动严重影响了地质环境，导致该地区的孕灾环境状况发生了很大的变化，原有的灾害勘查结果无法有效支持灾害防范。另一方面，防御标准较低也是造成灾害损失的原因之一。尽管甘肃省地质队、中国科学院兰州冰川冻土研究所和成都山地灾害与环境研究所曾对该地区进行过多次应急调查，并实施了多项防治措施，如在沟谷内构建多个拦沙坝等工程，然而，2010年舟曲特大泥石流的暴发频率超出了既有防护设施的应对能力，最终导致拦沙坝被摧毁。

（二）案例分析

1.应急减缓

在应急减缓阶段，能否全面评估与分析各类潜在的风险，是后续风险处置与应对策略制定的基础依据与行动指南。舟曲县作为国家重点扶持的少数民族贫困县，遭受过"5·12"汶川地震的重创，且长期面临滑坡、泥石流、地震等地质灾害的威胁，防灾减灾任务尤为艰巨。此外，舟曲县缺乏大型企业支撑，财政收入水平不高，整体经济实力和应急管理水平相对薄弱。受上述因素限制，舟曲县政府在应急管理体系中尚未将自然灾害风险评估纳入重要议程，也未设立专项基金以支持相关工作的推进，这无疑加剧了其在应对自然灾害时的脆弱性。

有效的灾害减缓能力还体现在城乡规划过程中，应充分考量预防与应对突发事件的需求，科学规划应急设备与基础设施的布局，并选定适宜的应急避难场所。然而，舟曲县城的选址位于泥石流易发区域，这一根本性的规划缺陷使得居民在灾害发生时"避无可避"。同时，随着人口增长与县城扩张，原本应作为自然泄流通道的区域被不断侵占，甚至引发了堰塞湖，致使大量积水涌入城区，造成三分之二的县城被淹。此外，交通建设的滞后也是不容忽视的问题。不完善的交通网络严重制约了救援行动的效率，无论是救援物资的送达还是受灾群众的疏散，都因此受到了极大的影响。另外，县城内建筑密集且布局混乱，大量"贴面楼""握手楼"等存在严重安全隐患的建筑形式，使得居民在紧急情况下难以找到有效的逃生路径。

2.应急准备

危机预警能力作为应急管理能力的重要组成部分，深刻体现了"关口前移"的危机应对理念。通过高效的危机预警工作，能够及时捕捉并消除危机的萌芽状态，实现"预防为主，防治并举"的战略目标。然而，回顾舟曲县"8·8"特大泥石流灾害的应急准备阶段，虽然2010年8月2日发布了《舟曲县人民政府办公室关于转发〈甘南藏族自治州人民政府办公室关于切实做好预防和应对各类自然灾害的紧急通知〉的通知》，但遗憾的是，这份文件所倡导的预防和应对工作在实际操作中并未得到充分执行。"8·8"舟曲特大泥石流灾害的暴发，直接暴露了基层政府在应急预案执行层面的严重缺失，甚至部分预警设施是在灾害发生后才匆忙建立的，这无疑表明舟曲县的危机预警机制和能力尚不健全，亟须加强和完善。

应急培训与演练也是做好应急准备工作的重要一步，紧密贴合本地灾害特征的演练和培训能确保各级政府有针对性地实施应急准备活动。尽管舟曲县政府已形成了相关应急预案，但这些预案的实际演练情况却不尽如人意，多数预案未能得到充分的实战演练。此外，自汶川地震后，舟曲县政府及学校等机构确实加强了防震知识的普及与应急教育，但并未涉及泥石流等各类其他自然灾害领域。这导致在泥石流实际发生时，部分民众因误解警报信号——将警车报警声误认为是地震预警，而采取了不恰当的避险行动，如涌向地势低洼的地震避难所，最终遭受了更大的伤害。

合理的应急设施与资源配置是应对特大自然灾害的物质基础。舟曲县应急物资短缺，在应急公共服务设施方面展现出明显的薄弱性。2008年"5·12"汶川地震后，舟曲县根据地震灾害特点修建了应急避难场所，但缺乏统筹规划，应急避难场所刚好是泥石流的汇集之地，降低了其实际效用。同时，受经济、交通等因素影响，舟曲县应急救援物资严重缺乏，泥石流发生后无法紧急调拨铁锹、铁铲之类的基础救援工具，更没有足够的应急救援物资，极大地限制了应急救援的效率和效果，对救援工作的开展和实施构成了严峻挑战[1]。

3.应急响应

灾害发生后，甘南藏族自治州人民政府紧急组织人员赶往灾区现场，并向周边邻

---

[1] 俞青、牛春华：《县级政府在特大自然灾害应对中的"短板"研究——以舟曲特大山洪泥石流灾害应急处置为例》，《开发研究》2012年第2期，第62-65页。

近地区求援，调动所有资源，全力以赴投入抢险救灾工作。原国土资源部紧急启动地质灾害应急 I 级响应，成立了地质灾害应急指挥部，副部长率工作组先期赶赴现场。"8·8"舟曲特大泥石流灾害应急响应过程如表6-1所示。

表6-1 "8·8"舟曲特大泥石流灾害应急响应过程

时间	部门	行动
8月8日 0时许	公安部	迅速调集临近地区公安消防部队和公安特警等近千名警力,携带救援装备器材赶赴灾区救援
	民政部、铁道部	先后分3批向灾区组织调运中央救灾物资,包括帐篷、折叠床、睡袋、棉大衣等物品
8月8日 3时	甘肃省消防总队	派出甘南消防支队29人、3辆消防车作为消防救援第一梯队赶赴灾区
8月8日 6时	甘肃省减灾委、民政厅	启动 II 级应急响应,派出工作组赶赴灾区,同时紧急向灾区调拨帐篷、棉大衣、方便食品和矿泉水等物资
8月8日 7时	甘肃省消防总队	召开紧急会议,专题研究部署赴舟曲灾区参加救援工作,成立抢险救灾指挥部,启动《总队跨区域增援调动预案》和《重大灾害事故处置应急预案》;命令全省消防救援队伍进入待命状态,先后调集716名指战员、92辆消防车参与救援
8月8日 8时30分	国家减灾委、民政部	启动国家 III 级救灾应急响应,并向灾区调拨5000个睡袋
8月8日 12时	国务院	温家宝总理率国务院有关部门负责同志赶赴受灾地区,成立国务院舟曲抗洪救灾临时指挥部并作出部署
	国家发展改革委、国土资源部、民政部、解放军总参谋部等	成立工作组,全力支援灾区
8月8日 14时	国家防总	启动防汛 II 级应急响应
8月8日 14时27分	成都市消防支队	成都市消防支队特勤二大队7台消防车150名官兵紧急奔赴灾区增援
8月8日 16时	国家减灾委、民政部	将国家救灾应急响应等级提升至 II 级
	四川省消防总队	抽调151人的救援队伍奔赴灾区

时间	部门	行动
8月8日 17时	长江防总	启动长江防总防汛Ⅲ级应急响应
	甘肃省政府	将自然灾害救助应急响应等级由Ⅱ级提升为Ⅰ级,派出联络组和先遣队赶赴灾区现场
	前线指挥部	从四川成都、绵阳、广元、理县以及青海玉树等多个方向,有序调集了多支增援力量及其装备,形成梯次增援的态势。这些队伍不仅全力协助搜救被困人员,还承担堰塞湖除险与河道应急疏通的关键任务
8月9日晚	公安部消防局	下达了从10日开始发起搜救总攻的命令
	总队前线指挥部	根据前期救援情况对参战人员和器材装备进行了合理调整和划分,组织了28个抢险救援突击队,将救援工作从重灾区向周边延伸,扩大搜寻范围,展开拉网式搜救
8月10日	甘南、陇南、白银消防支队	从8月10日开始,甘南、陇南、白银消防支队共出动35名指战员、8辆水罐消防车,分别从距灾区30 km外的地方向县城送水,并专门挑选20名指战员组成挑水队,将生活用水送到各灾民安置点。其间,累计送水310车1940余吨,极大地缓解了县城4万余人的饮水困难
8月13日	武警水电部队	转入河道应急疏通抢险,得到多单位支持配合
8月27日	武警水电部队	克服河道水深、淤泥塌陷、洪水冲堰等困难,确定总体施工方案,向主河道中心进占、拓宽加深河道。在国内首次大规模采用了路基箱处理堰塞湖问题
8月30日 12时	武警水电部队	至8月30日12时,白龙江受堵河段成功形成泄流渠,河水恢复自然流向,县城滨江路及313省道全线畅通

总体来看,应急响应阶段展现了较好的协同能力,各个部门有效调集各方资源,安排部署救援任务、通信联络、资源保障等工作,体现了"救人第一、分组协同、梯次推进、确保安全"的救援指导思想,确保了响应行动的有序进行。

4.恢复重建

在党和政府的统一领导下,各部门分工负责,展开了舟曲泥石流灾后的灾民安置和地质灾害防治工作。主要采用就地与异地、分散与集中、自助与政府安置相结合的方式安置灾民。共建有三处安置点,分别是位于舟曲县境内罗家峪馨苑小区和峰叠新区的安置点以及位于兰州新区境内的舟曲新苑转移安置点,共计3580套住宅。三处安置点基础设施建设齐全,均配套幼儿园、学校、停车场、超市等,由政府财政和灾民共同承担安置费用。同时,舟曲县政府还将区域综合发展和减灾文化产业进行了统筹,在三眼峪修建了追思园和休闲自然生态景观带,着力提高减灾管理和重建效率,协助灾民解决生计、环境适应、文化适应等问题。

此外，为了进一步防范灾害，一系列地质灾害防治工程也提上了日程。其中，三眼峪沟泥石流灾害治理工程尤为引人注目，这是舟曲灾后重建中的最大灾害防治工程。该工程以"8·8特大山洪泥石流灾害"的实际发生泥石流规模为标准，采用了拦排结合的治理策略，构建了包括5座钢筋混凝土格栅坝、10座钢筋混凝土重力式拦挡坝及长达2.16 km的浆砌块石复式排导堤在内的综合防治体系。这一工程的实施，不仅确保了舟曲县城内2万余居民的生命安全，还保护了价值超过2亿元人民币的国家财产，保障了S313公路的顺畅通行，并有效拦截控制了约112万 m³的泥沙，显著降低了泥石流的发生频率与规模。然而，不可否认的是，舟曲县的地质灾害防治与监管工作依然任重道远。面对地质灾害点多面广、危害严重的现状，以及防治工作涉及多部门协作的复杂性，建立健全统一的协调配合机制显得尤为迫切。同时，乡（镇）、村级层面，地质灾害防治工作的技术水平与管理能力也亟待提升[1]。

（三）案例总结

1.提升风险评估与预防预警能力

当前，在自然灾害应急管理方面，各级政府普遍将重心放在救援行动上，往往忽视了灾前预防的重要性。客观上，虽然重大自然灾害的发生难以完全避免，但通过提前进行监测和预警，可以有效减轻灾害造成的损害。具体来说，对于地质灾害，需要增强提供及时、动态且有效信息的能力，以及实现应急信息资源的共享和科学辅助决策支持的能力；需要构建结合专业监测与群防群测的联动网络、预报预警系统及地质灾害信息平台，并进一步扩大其覆盖范围、提升监测精度和预报预警的有效性。

2.加强应急培训与演练，增强救援专业能力

在应急准备领域，培训工作不仅涉及向公众传播和普及应急知识，以提升基本的自救互救能力，同时也涵盖了提升专业救灾人员的专业能力。鉴于地质灾害应急管理任务的日益加重，现有工作人员在数量和专业技能上均显不足，迫切需要扩充技术人才队伍，并强化对地质灾害防治领域专业技术人员的培训，提升应急工作人员的技术能力和操作熟练度。此外，通过应急演练，可以增进专业与非专业应急救援队伍间的协作与交流，增强不同部门和组织间的协调性。

3.重视科学合理进行城市规划的能力

1996—2010年，舟曲城区的人口从2.14万增至超过4万，伴随人口的高速增长，城区的范围持续向外扩展，加之用地紧张，舟曲县城及其周边的10个自然村一直位于三眼峪沟和罗家峪沟的泥石流堆积扇上，这些区域处于泥石流高风险区。对此，城市

---

① 卓雅:《舟曲县泥石流特征与防治现状研究》,硕士学位论文,兰州大学资源环境学院,2014。

规划应充分考虑本地的地理环境、历史文脉和民族特色，以前瞻性的规划视野主动调整规划策略，均衡考虑减灾与发展之间的需求，制定相应的规划措施，以确保政府在城市规划领域的职责和能力得到有效履行。

二、"4·14"青海玉树地震

地震灾害是指由地球板块相互挤压碰撞，造成板块边沿及板块内部产生错动和破裂引起的强烈地面振动及伴生的地面裂缝和变形，从而产生地震波的一种自然现象。地震灾害具有突发性强、频率高、不可预测和产生次生灾害等特点，往往导致各类建筑物倒塌、损坏，交通、通信、电力、照明中断以及其他生命线工程设施遭到破坏，同时还可能引起火灾、有毒物质泄漏、瘟疫等次生灾害，造成人畜伤亡和财产损失。按震级大小可分为七类：超微震（≤1级）、弱震（<3级）、有感地震（3～4.5级）、中强震（4.5～6级）、强震（6～7级）、大地震（>7级）和巨大地震（≥8级）[1]。

（一）案例概述

1.灾害状况

2010年4月14日早晨7时49分，青海省玉树藏族自治州玉树县发生了7.1级地震，震源深度14 km，烈度达到了Ⅸ度。地震造成大量的房屋破坏，土木、砖木结构房屋大量倒塌，交通、通信、水利、电力等基础设施受到了不同程度的破坏，共计2698人遇难。据国家减灾委评估，此次地震造成的直接经济损失高达228亿元人民币[2][3]。

2.灾害环境

位于青海省玉树藏族自治州东隅的玉树县下辖多个乡镇，包括结古、隆宝、下拉秀、巴塘、安冲、仲达、上拉秀和小苏莽等。其中，结古镇作为政治经济中心，依托214国道、玉治及玉杂公路，与外界相连。该县水系发达，以通天河为核心，辅以扎曲与巴曲两大支流，共同滋养着这片土地。从地质构造视角来看，玉树县坐落于巴颜喀拉地块的怀抱之中，平均海拔高度达到4548 m，与羌塘地块紧密相连，地理位置独特。

---

① 《地震按震级大小可分为几类？》（2013-04-21），中华人民共和国中央人民政府：https://www.gov.cn/rdzt/content_2384087.htm，访问日期：2024年8月20日。

② 《青海玉树7.1级地震 多部门启动应急响应部署救援》（2010-04-14），中华人民共和国中央人民政府：https://www.gov.cn/jrzg/2010-04/14/content_1580651.htm，访问日期：2024年8月20日。

③ 《铭记教训 防范地震灾害风险——纪念青海玉树地震10周年》（2020-04-14），湖南省地震局：https://www.hundzj.gov.cn/dzj/c101319/c101334/c101335/c101533/202004/t20200414_98983f32-393a-4d1e-af89-26086b0d3a24.html，访问日期：2024年8月20日。

玉树地震的震源位于巴颜喀拉块体南缘的甘孜-玉树断裂带，这是一条横贯青藏高原北西向的大型活动性断裂带，全长约500 km，对区域地质稳定性影响深远。受灾尤为严重的结古镇与隆宝镇，坐落于扎曲河深切形成的峡谷地带，这一构造峡谷的形成与甘孜-玉树断裂带的活动密不可分。峡谷蜿蜒北西向，两岸壁立千仞，最大切割深度惊人地达到2000 m，谷底宽度则在300~1500 m之间变化，形成了两级明显的阶地。第一级阶地由冲积砂砾石构成，相对河流平面略高1~3 m；第二级则为基座阶地，高度增加至10~15 m，其地基土结构独特，上层覆盖数米厚的砾石，下层则稳固地扎根于基岩之上。居民多选择生活在较为平缓的河谷阶地区域，特别是结古镇，尽管城区面积有限，却承载着众多人口与密集的建筑物[①]。

3.灾害成因

玉树地震震中在城镇附近，人口密集，尤其是结古镇，位于扎曲河谷的细窄地阶上，几乎没有临时应急避难场所，严重影响难民和伤员的安置救治。此外，灾区气候条件复杂，冬季漫长，夏季短暂，昼夜温差大，给灾民安置和物资运输带来严重挑战。

更重要的是，灾区的建筑物缺乏抗震设计，抗压能力低。主要房屋类型是砖木结构，少数是框架结构，空心砌体结构房屋占比较大。灾区经济条件落后，电力系统供应不足，交通要道遭到破坏导致外部救援人员和物资滞留，而灾区内部伤员又无法及时转移疏散，救灾物资供应受阻，影响了抗震救灾效率。

（二）案例分析

1.应急减缓

（1）震情监测与预警

长期以来，科学家试图通过持续的地震监测和数据分析，努力预测地震的可能发生区域和强度，但地震的复杂性和突发性使得准确预测极具挑战。"4·14"青海玉树地震发生后，青海省地震局监测中心立即进行数据解析、即时速报与信息发布，确保每小时更新余震概况，并即时上传至地震信息网络。同时，部署各值守站点全面检审观测设备、辅助设施、电力供应及备用电源，保障监测体系科学高效运行。

（2）基础设施建设

玉树地区地理环境错综复杂，气候条件严酷，极大地制约了公路建设与维护的进度，交通通达性受限。例如，西宁至玉树路程800 km，但在当时通行耗时约需12小时。当地建筑多采用传统土木、砖木及砖混结构，建材含泥量高，黏结强度不足，抗剪、抗弯、抗扭性能差。"4·14"玉树震后，逾八成城镇建筑及基础设施遭受重创，

---

① 殷跃平、张永双、马寅生，等：《青海玉树MS 7.1级地震地质灾害主要特征》，《工程地质学报》2010年第3期，第289-296页。

灾区 875 km 主干公路出现严重破损，包括路面裂缝、路基沉降及防护设施损毁，桥涵普遍受损，通信、电力、供水系统几近瘫痪，政府机关、医疗、教育等公共设施亦受重创。

2. 应急准备

（1）应急预案

地震发生后，青海省政府和青海省地震局虽然及时启动 I 级自然灾害救助应急预案，但由于玉树州的县级地震部门尚未建立，因此无法启动县级预案。同时，当时的应急预案偏重宏观指导，缺乏详尽的操作细则，实际应用效能受限。

（2）医疗急救准备

青海省医疗急救体系整体发展不均衡，灾区急救基础设施薄弱，专业人才匮乏，医疗机构急救装备与资源短缺。此外，由于玉树地区平均海拔超 4000 m，多数救援人员、志愿者及后勤人员从低海拔区域赶来参与救援，导致高原反应频发，给灾区临时医疗救援体系造成了巨大压力。

（3）应急物资储备与调配

地震发生后，首批中央应急物资历经 60 小时才抵达结古镇灾区。灾后关键物资如帐篷、食品、饮水及药品等都出现短缺，且物资分发站点设于距安置点 5 km 外，发放和领取难度大①。尤为关键的是，初期救援急需大型挖掘装备及废墟清理机械，但是由于物资调配滞后，迫使救援人员以徒手作业为主，显著延缓了救援进程②。

3. 应急响应

（1）协调联动

地震发生后，玉树州政府动员地方武装力量、武警官兵、公安干警、医疗机构及机关人员，实施自救互救。青海省地震局依据《青海省地震局应急预案》启动 I 级应急响应，召集应急指挥部会议，部署地震应急响应工作。青海省卫生、财政、公安等多部门及海西、海东等区域迅速联动，派遣专业人员驰援灾区。同时，西北区域地震应急救援协作机制被即时激活，甘肃、陕西、宁夏、新疆地震局依据联动预案，紧急部署，派遣地震现场工作队赶赴灾区执行任务。随后，广东、四川、重庆等地的救援队伍也相继增援。

（2）现场指挥调度

尽管玉树地震时政府展现出较高的组织管理水平，减少了混乱现象，但统一调度

---

① 王沛：《联合库存下应急物资动态配送方案研究》，硕士学位论文，北京交通大学交通运输学院，2012。

② 刘颉：《我国地震灾害救助的供需分析——以青海玉树地震为例》，硕士学位论文，江西财经大学财税与公共管理学院，2012。

指挥体系仍存在不足①，缺乏标准化的应急指挥架构，导致初期应急指挥协同效能受限。救援初期，多级指挥体系汇聚，一度引发协调混乱，直至2010年4月16日成立军队抗震救灾联合指挥部才得以解决。地震应对中，救援力量供需失衡，专业救援队伍不足，而现场却面临容量饱和，部分未经专业培训的人员参与，不但导致救援效率低下，也因高原反应等衍生问题加剧了资源负担，进而加剧了现场组织的复杂性。此外，在社会力量参与救援的管理上仍显薄弱，社会力量无序涌入，志愿者队伍素质参差不齐且管理失当，从"助力"转变为"负担"，在一定程度上影响了整体救援效率与秩序。

4.恢复重建

地震发生后，当地政府搭建了大量临时安置点并致力于通信、供水、供电等基本生活设施的尽快恢复。同时，国务院于2010年6月13日批准印发了《玉树地震灾后恢复重建总体规划》②，明确了重建目标，即在三年内实现灾区基础设施、民生条件及经济发展的全面超越。该规划不仅考虑了玉树的长远发展需求，还结合了三江源保护、民族地区经济社会发展、扶贫开发和改善生产生活条件等实际情况。在规划实施过程中，进一步制定了更为详细的专项规划，明确了重建的重点、优先顺序和环保要求，并设置了项目管理、资金监管和质量控制等具体措施③。

（三）案例总结

青海玉树地震应对过程中，地方政府展现了强大的应急与救援能力，但同时也暴露出一些应急能力的短板，亟待加强。

1.提升建筑抗震能力

"4·14"玉树地震中，建筑物抗震性能不足是造成人员伤亡的主要原因。为了应对这一不足，首要任务是排查并加固现有建筑的抗震性能，确保它们能在灾害中保持稳定。制定并执行更为严格的建筑抗震标准，特别是针对农村地区的自建房，需要推广使用符合标准的抗震材料和技术。此外，还应加强建筑抗震知识的宣传和教育，提升公众对建筑物抗震重要性的认识。同时，鼓励和支持科研机构在建筑抗震技术领域的研发和创新，以科技手段提升建筑物的抗震能力，为人民群众的生命财产安全提供更

---

① 宋劲松、邓云峰：《中美德突发事件应急指挥组织结构初探》，《中国行政管理》2011年第1期，第74-77页。

②《国务院批准并印发玉树地震灾后恢复重建总体规划》（2010-06-14），中华人民共和国中央人民政府：https://www.gov.cn/zxft/ft200/content_1636947.htm，访问日期：2024年8月20日。

③ 程书波：《中国地震应急管理典型案例分析——以玉树地震为例》，《河南理工大学学报》（社会科学版）2012年第4期，第435-438页。

加坚实的保障。

2.加强应急物资储备与调配能力

受高海拔山区地理条件的影响，在救援初期，一方面救灾物资难以及时送达，另一方面即便物资抵达玉树，但恶劣天气、余震频发及交通障碍，导致物资难以分发到灾区一线，出现"物资到而不入"困境，加剧了救援挑战。为应对应急物资储备与调配不足的问题，需建立健全应急物资储备能力，确保各类应急物资充足、完备。政府应制定更为具体和灵活的应急物资储备规划和管理制度，明确储备种类、数量和分布等要求，同时，加强应急物资的生产和采购管理，确保物资质量可靠、价格合理。在调配方面，建立快速响应的物资调配机制，确保在灾害发生时能够迅速、准确地将物资送达灾区。

3.提高指挥调度应对能力

应急指挥调度环节作为应对处置自然灾害危机事件的指挥中枢和协调枢纽，直接影响着应急救援的效率和质量，在应急管理全过程中发挥着重要作用。现有应急指挥调度需要通过全局优化策略，强化指挥调度的科学性和高效性，提升应急救援的速度和质量、效益和效能。可以通过复盘总结改进指挥调度流程，复盘"4·14"青海玉树地震的救援经验，形成长效整改机制。同时，提升指挥调度人员的技能与团队协同作战能力，加强培训与实战演练，确保科学精准决策。此外，建立智能化调派模型，实现快速响应与精准调度，改进应急指挥调度方法，提升响应速度与准确性。通过调整内部结构，优化资源配置，构建多部门联动的应急体系，确保在面对突发公共事件时能够高效有序地实施救援行动[①]。

第二节　综合减灾示范县及示范社区应急管理能力案例评估

在自然灾害应急管理过程中，防灾减灾救灾工作事关人民群众生命财产安全，是检验政府执行力和评判国家动员能力的重要方面。按照《中共中央国务院关于推进防灾减灾救灾体制机制改革的意见》和《中共中央国务院关于推进安全生产领域改革发展的意见》有关要求，全国开展了综合减灾示范县创建工作，将防灾减灾救灾、安全生产、应急救援工作纳入经济社会发展全局，推进应急管理体系和能力现代化。全国综合减灾示范县创建坚持以防为主、防抗救相结合，常态减灾和非常态救灾相统一的原则，树立灾害风险管理和综合减灾理念，构建统筹应对各灾种的自然灾害防治体系。

---

① 唐钧、熊家艺：《指挥调度环节"全局优化"应急救援的路径研究》，《中国减灾》2024年4月上，第45-47页。

一、综合减灾示范县及示范社区的发展

社区是社会的基本单元，是防灾减灾救灾的前沿阵地，也是灾害事故的直接承受单位和第一响应单位。"减灾社区"（Disasterresistant community）的概念最早于1994年由唐纳德·盖斯（Donald Geis）在美国全国地震会议中提出，其核心观点是社区如果能够发展一系列应对自然灾害威胁并减轻经济损失的方法，在灾害发生时就可以成为民众防灾、自救、互救的重要渠道[①]。减灾社区并不局限于社区内部的硬件建设，还需要通过对居民、社区组织动员以及实施制定方案，提升居民防灾减灾意识，使社区能够实现永续发展[②]。

我国也非常重视社区防灾减灾工作，早在1998年的减灾规划中就同时强调了减灾工程和非工程建设，并在2007年开始了综合减灾示范社区的创建活动，历年来的相关规划如表6-2所示。在国家层面相关规划的推动下，我国已逐步形成以全国综合减灾示范社区创建标准为核心的社区综合减灾示范建设模式。

表6-2 减灾示范社区相关规划

发布年份	规划名称	涉及内容
1998年	《中华人民共和国减灾规划（1998—2010年）》	各地区、各部门、各行业大力加强减灾工程和非工程建设
2007年	《国家综合减灾"十一五"规划》	开展综合减灾示范社区创建活动,建设1000个综合减灾示范社区
2011年	《国家综合防灾减灾规划（2011—2015年）》	将基层社区防灾减灾能力建设作为城乡防灾减灾建设主要任务,按照全国综合减灾示范社区标准,创建5000个"全国综合减灾示范社区"
2016年	《国家综合防灾减灾规划（2016—2020年）》	开展全国综合减灾示范县(市、区)创建试点工作,增创5000个全国综合减灾示范社区
2022年	《"十四五"国家综合防灾减灾规划》	提出综合减灾示范创建标准体系更加完善、管理更加规范的目标

---

① Geis D. E., "By Design: The Disaster Resistant and Quality-of-Life Community," *Natural Hazards Review* 1, no.3 (2000): 151–160.

② FEMA, "Are You Ready? An In-Depth Guide to Citizen Preparedness", accessed August 18, 2024, https://www.ready.gov/sites/default/files/2021-11/are-you-ready-guide.pdf.

二、甘肃省永靖县综合减灾示范县

（一）案例概述

永靖县位于甘肃省临夏回族自治州北部，东接兰州市西固区、七里河区、定西市临洮县，南隔黄河与东乡族自治县、临夏县、积石山保安族东乡族撒拉族自治县相望，西与青海省海东市民和回族土族自治县相连，北隔湟水与兰州市红古区相望，是国家乡村振兴重点帮扶县。全县总面积1863.60 km²，辖刘家峡、盐锅峡、太极、西河、三塬、岘塬、陈井、川城、王台、红泉10镇及三条岘、关山、徐顶、新寺、小岭、坪沟、杨塔7个乡134个村。全县总人口20.93万人，其中回族、东乡族、土族、藏族等少数民族4.09万人，占总人口的19.54%，常住人口17.85万人。海拔在1560～2851 m之间，相对高差1291 m。属温带半干旱大陆性气候，境内气候温和，日照充足，降水较少，干旱频繁，年平均日照时数2534.6小时，相对日照达60%左右，年平均气温为8.9℃，无霜期川塬区为170～190天，山区150～170天。年均降水量为300 mm左右，平均蒸发量1500 mm以上。

永靖县自2019年11月被国家减灾委确定为全国首批13个综合减灾示范创建试点县以来，部署并推进了一系列防灾减灾工作[1]，成立了综合减灾示范县工作领导小组，负责示范县创建工作[2]。通过完善应急预案、加强应急队伍建设、完善物资保障体系、创建综合减灾示范社区、开展防灾减灾宣教等措施，提升防灾减灾能力[3]。

全县建成县级综合应急指挥平台，先后实施黑方台地质灾害综合治理、湟水河河堤治理、黄河干流刘盐段综合治理及清库保城等项目。开展风险普查试点工作，排查处理道路交通灾害风险点309个，地质灾害隐患327处，其中重大隐患点20处。构建县、乡、村三级应急物资保障体系，先后投入1095.74万元，分级分类为县级物资储备库、消防救援大队、4个片区救援中队、17个乡镇134个村（社区）配备应急物资和装备器材。有针对性地组织开展各类应急演练600多次，应对防范突发事件的能力有效

---

①《永靖县：筑牢防灾减灾救灾人民防线》（2022-04-28），人民网：http://gs.people.com.cn/n2/2022/0428/c403225-35246123.html，访问日期：2024年8月20日。

②《永靖县综合减灾示范县创建工作领导小组会议召开》（2020-03-18），人民论坛网：http://www.rmlt.com.cn/2020/0318/573009.shtml，访问日期：2024年8月23日。

③《永靖县：筑牢防灾减灾救灾人民防线》（2022-04-28），人民网：http://gs.people.com.cn/n2/2022/0428/c403225-35246123.html，访问日期：2024年8月20日。

提升[①]。

2023年10月，永靖县通过了国家减灾办现场验收评估工作组的验收与评估。目前，正继续巩固和提升创建成果，推动综合减灾示范创建工作向常态化、持久化方向发展[②]。

（二）案例分析

1.应急减缓

（1）应急管理体系建设

永靖县基于全县地理条件、灾害分布等因素，按照"统一领导、分级管理、全面覆盖、保障有力"的工作目标，推动构建了由县、乡、村三级应急管理机构和县、片区、乡镇、村四级救援队伍构成的全域应急救援体系[③]，具体包括县应急管理局、乡镇应急管理所、村（社区）应急管理室和县应急救援联队及小分队、片区应急救援中队、乡镇应急（消防）救援中队以及村（社区）应急（消防）救援队。分别制定了各级应急机构和队伍的工作职责，实现了从县到村有组织、有责任、有人管的应急管理格局。

（2）基层综合减灾基础建设

永靖县在全县134个村（社区）开展了综合减灾达标建设，并总结了"五个有""四个到位""三个统一""两张图""一个方法"的"5+4+3+2+1"工作法，具体见表6-3。

表6-3　永靖县基层综合减灾达标建设工作方法

建设的方面	具体内容
"五个有"	有一个组织机构、一个工作阵地、一个村(社区)级应急物资储备点、一支应急队伍、一个应急避难点
"四个到位"	预案编制到位、应急演练到位、预警响应到位、宣传培训到位
"三个统一"	工作标识标牌统一、台账资料统一、管理制度统一
"两张图"	灾害风险分布图、应急逃生路线图
"一个方法"	清单式工作法

同时，针对农村地区工作实际，明确了入户检查的十个方面，具体包括查住房安

①《永靖县全力推动全国综合减灾示范县创建提质扩面》（2023-10-12），新华网甘肃：http://gs.news.cn/yongjingxian/2023-10/12/c_1129911944.htm，访问日期：2024年8月23日。

②《临夏州永靖县全国综合减灾示范县创建工作顺利通过国家减灾办现场验收评估》（2023-10-11），临夏回族自治州人民政府：https://www.linxia.gov.cn/lxz/zwgk/bmxxgkpt/lxzyjglj/fdzdgknr/fzjz/art/2023/art_5b13097712084094be624b617f429f25.html，访问日期：2024年8月23日。

③《永靖县全力推动全国综合减灾示范县创建提质扩面》（2023-10-12），新华网甘肃：http://www.gs.xinhuanet.com/yongjingxian/2023-10/12/c_1129911944.htm，访问日期：2024年8月20日。

全、查饮水安全、查电器安全、查燃煤燃气安全、查电动车辆安全、查家庭应急储备、查家庭脆弱人员、查灾害信息获取能力、查灾害自救互救能力、查减灾知识知晓率等，使得农村地区防灾减灾基础建设更有操作性。

（3）自然灾害风险防范治理

在示范县建设过程中，永靖县坚持以防为主。首先，通过风险普查摸清隐患底数动态管理、与高校开展技术合作加强信息化监测预警、发挥各级灾害信息员联动监测预警等方式，加强灾害风险监测预警。其次，借助黄河流域高质量发展等重大机遇，实施搬迁避让、房屋加固、生态修复、河道疏浚、堤防加固等综合防治工程，有针对性地进行自然灾害防治，提升县域综合减灾能力。

2.应急准备

（1）应急救援力量建设

永靖县在四级救援队伍的基础建构上，考虑本地的经济和社会发展实际以及灾害特征，展开了救援力量建设。首先，采取"加减并举"的方式将片区救援中队建设成为基层救援队伍的中坚力量。所谓"加"是指加强对片区救援中队的救援物资装备配备，强化日常拉动训练，提升应急救援能力；"减"是针对部分乡镇无法建立专职消防救援队的现实问题，建设了4个片区救援中队，既减少了人力财力投入，解决了无法建立专职消防救援队的窘境，又有效整合了资源，达到了救援全覆盖的目标，提升了应急救援综合效益。其次，借助中国地震局定点帮扶的优势，加大与中国国际救援队、中国地震应急搜救中心、应急总医院等专业机构的合作交流。同时，针对黄河穿城而过、水域面积大、水上事故多发的现状，建设全省水域救援基地，培育水上救援队伍。此外，根据城区和乡村的具体实际，统筹城区物业公司、村（社区）干部、村小组组长、乡村公益性岗位等人力资源，分类建设小区明白人、楼长、第一响应人、安全网格员、灾害信息员等基层应急队伍。通过这些措施，逐步建立了以综合性消防救援队伍为主体，以地震地质、水域应急救援队伍等为支撑，以现役部队救援队伍为尖刀，以社会救援力量等为补充的28支应急救援队伍。

（2）应急科技支撑能力建设

永靖县积极适应科技信息化发展态势，运用信息化手段从服务平台、资源整合、实战应用支持三方面进行应急管理能力现代化建设。服务平台方面，与技术服务公司展开合作，建设了县综合应急指挥平台，完成了应急指挥调度"一张图"、风险监测预警、预案数字化管理等系统建设，为应急指挥调度提供平台基础。资源整合方面，将县内各行业部门视频监控、灾害预警预报系统等资源以及车载指挥系统、无人机等设备统筹接入平台，并将应急救援队伍、物资储备站点、地质灾害隐患点、高危企业、避难场所、学校、医院、码头等基础数据和各项应急预案全部录入了平台系统，为开展应急指挥调度提供数据资源支撑。实战应用支持方面，采用桌面推演和实际操作相结合的方式，检验平台风险监测、信息获取、视频组会、分析研判、一键调度、路线规划、任务跟踪、事件评估等实际应用能力，不断完善各项功能，提升科学化、智能化、信息化的应急指挥能力。

3.应急响应

在应急响应方面，永靖县主要关注应急协同联动能力的建设。一方面，优化了县减灾委的工作职能，将县防汛抗旱等4个指挥部办公室划转至县应急管理局，形成应急部门综合指挥协调，自然资源、水务等涉灾部门主抓，各有关职能部门参与配合，消防救援、社会组织等力量救援保障，乡镇、村（社区）第一响应的一体化应急管理格局。另一方面，在建立联合会商、分析研判、救援联动等制度机制的基础上，针对事故发生到启动预案阶段响应流程模糊、效率低下等问题，进一步梳理完善灾情感知、接警处置、信息互通、核查上报、分级应对等处置流程，提升灾害事故应对处置针对性。同时，通过多灾种、多层次、多形式的应急演练，磨合县乡、部门、政企三类主体的联动，以达到检验应急机制和应急预案实用性的目的。2021年5月3日，因突发大风天气造成永靖县炳灵寺景区1000多名游客滞留，永靖县立即停运船舶并第一时间启动应急预案、发布预警信息，组织各部门紧急调用救援力量、车辆装备、生活物资开展应急处置，仅用4个多小时，滞留景区的1278名游客全部安全返回，全县应急预案、应急响应、指挥调度、协调联动、物资保障等工作得到了有效的检验。

4.应急恢复

（1）基础设施恢复重建

永靖县在灾后恢复与重建过程中，通过组织专业团队对受灾情况进行全面评估，制定了恢复重建规划，明确了重建项目、资金来源、时间节点和责任单位。同时，注重引入社会力量和民间资本参与重建工作，形成政府主导、社会参与的多元化重建模式。在2023年积石山地震中，永靖县盐锅峡镇也受到波及，全镇范围内有3310户房屋受损，其中，3户房屋倒塌、65户严重受损。对此，分别分类实施了拆除重建和维修改造工程。同时，还通过政府补助与群众自筹资金相结合的方式，动员了1155户家庭完成庭院改造，249户实现改厕，479户进行了厨房更新，还有141户完成电力设施升级[①]。

（2）实施心理援助

灾害不仅造成物质损失，更对受灾群众的心理造成深远影响。因此，在恢复阶段，

[①]《永靖县盐锅峡镇灾后恢复重建项目即将完工》(2024-07-29)，永靖县人民政府：https://www.gsyongjing.gov.cn/yjx/zwdt/XZFC/art/2024/art_fd54183740f441f38cce89161613942b.html，访问日期：2024年8月17日。

永靖县通过组织专业心理咨询师和志愿者团队，深入受灾社区开展心理援助服务，帮助受灾群众缓解心理压力、重建生活信心。积石山震后，永靖县通过召开座谈会、深入农户家中走访、赴集中安置点宣讲等方式，用公众易于理解的语言宣传讲解相关恢复重建政策。同时，还组织青年志愿者开展义诊义剪、卫生清扫、上门送药等志愿服务活动，重点关注"一老一少一困"群体，对单亲家庭、留守儿童、孤儿开展心理疏导，帮助受灾群众缓解心理压力、重建生活信心[1]。

三、陕西省综合减灾防灾示范社区

（一）案例概述

陕西省属于自然灾害频发和易发的地区，防灾减灾任务尤为艰巨。陕西省地貌总体呈现南北高、中间低的特点，拥有高原、平原和山地等多样化地形，地质条件复杂多变。尽管森林覆盖率达到41.42%，但植被分布极其不均衡，黄土高原地区植被覆盖率仅为7%，土壤结构疏松，生态环境脆弱，极易引发各类灾害。

自2018年陕西省应急管理厅成立以来，每年均通过发布的《防灾减灾救灾工作要点》，从战略规划的构建、示范社区设立的数量目标以及创建标准的精细化界定等多个维度，对综合减灾示范社区的建设工作提出具体要求。具体在工作制度和管理建设、监测预警和会商评估机制、预案制定和演练、配备防灾减灾基础设施和应急物资保障、宣传教育活动、总结经验和考核评估等方面进行了实践和探索[2]。截至2022年底，陕西省已有363个社区获评全国综合减灾示范社区，627个社区获评省级综合减灾示范社区，创建示范社区数量位居西北地区第一[3]。

近年来，陕西省在国家相关规划和部署的推进下，先后采取一系列措施创建综合减灾示范社区，主要措施有以下几个方面：

一是建设减灾防灾制度。制度建设是所有工作开展的基础。陕西省各级政府成立组织管理机构，建设减灾防灾制度，编制减灾防灾档案，不断健全减灾防灾管理机

①《永靖县地震灾后恢复重建群众感恩教育动员会召开》(2024-07-18)，永靖县人民政府：https://www.gsyongjing.gov.cn/yjx/zwdt/MTGZ/art/2024/art_e3ff1ca551504ff2ac72f82aa70b7e6b.html，访问日期：2024年8月17日。

②董亚明：《切实加强陕西省减灾救灾体制机制建设》，《中国减灾》2016年3月上，第44—47页。

③马文青、何申燕：《书写更高水平法治中国建设的"陕西答卷"》，《西部法制报》2023年8月24日第1版。

制①。市、县区和乡镇三级政府制定方案，主要领导对创建工作进行规划督导，将任务逐级进行分解，责任到人，确保每一项措施能得到有效执行与反馈，形成以"政府为引领、多部门协同推进、社区为主体实施、居民广泛参与"的新模式。例如，西安、宝鸡、汉中三市制定了市级层面的综合减灾示范社区建设管理规范，对创建流程的组织架构、资格要求、申报流程、日常管理维护以及创建标准进行了清晰界定，为建设基层示范社区提供坚实的组织支撑与指导框架。

二是细化建设标准。政府和社会公众对示范社区创建过程中出现的问题进行了深刻反思，并制定了更加详细的减灾防灾规划，以增强经济社会发展的可持续性，提高抗灾能力和灾害管理水平。国家层面的示范社区创建标准涵盖10大类和39小项，尽管这些标准已设立，但其范围较为宽泛，导致各社区在操作和落实过程中面临一定困难。为此，结合社区的实际情况，西安市咸东社区对综合减灾示范社区的创建标准进行了细化和完善，制定了具体的工作制度。自2017年4月启动综合减灾防灾示范社区建设以来，咸东社区在市、县区民政部门及街道办事处的指导下，进一步细化和量化了创建标准，完成了示范社区的建设，取得了显著成效。基于对近年来综合减灾标杆社区建设经验的总结，咸东社区针对实施策略与执行细节进行了调研，通过实践探索，形成了一套操作规范，在国家级10大领域的基础上，进一步细化成包含83项子项的详细标准②。这一精细化的标准体系明晰了创建工作的目标与路径，为各社区提供了制度框架与行为准则，推动了示范社区建设工作的完善。

三是建立社区动态管理和考核评估机制。构建综合减灾防灾示范社区是一项高度系统化的长期任务，故而确立并坚持规范化的应急管理体系至关重要，需要确保动态管理机制得到贯彻实施。对正在创建国家级与省级的综合减灾示范社区来说，必须坚决遵循动态管理策略，实施严格的监督与评估流程。陕西省防灾减灾救灾工作委员会办公室曾多次派遣专项工作组，深入全省10个市、78个县区，对已认证的综合减灾示范社区开展了全面而细致的督导复审工作，从而有效遏制了部分社区在创建期间过度投入而在验收后管理松懈的不良现象，确保了减灾防灾工作的持续性与实效性③。在创建综合减灾示范社区的过程中，陕西省政府定期开展考核与评估工作。在省级层面，每年9月至10月，由省防灾减灾救灾工作委员会成员单位联合组建专项工作组，依托地方自评、择优推荐及初步筛查机制，遵循公正与透明原则，对年度参评社区实施集

---

① 曹莉莉：《陕西：多措并举开展减灾示范社区创建活动》，《中国减灾》2012年1月上，第46-48页。

② 田琳：《细化标准树立规范精心创建平安家园——西安市咸东社区打造全市综合减灾示范社区样本》，《中国减灾》2018年9月上，第52-55页。

③ 姜文学：《陕西："五法"形成"五力"推动综合减灾示范社区创建》，《中国减灾》2022年6月上，第56-58页。

中复审与统一验收流程，确保验收通过率稳定在88%以上。所有参与评选的社区按照省应急管理厅设立的考核评审体系，通过社会公示环节等多重审核机制，确保每一入选社区均达到要求，最终确定名单，有效保障了评选质量。在市级层面，每年5月至6月，应急管理部门首先会对全市参评社区实施初步摸底与基础验收，针对验收中出现的问题，实施督导并设定整改期限。在7月至8月间，应急管理部门还会协同市气象局、地震局等部门组建专项工作组，执行最终验收程序。在县级层面，综合减灾防灾示范社区的构建工作被明确纳入年度绩效考核体系。每年年初，全县范围内进行摸底排查，选出基础坚实、积极性高的社区作为重点扶持对象，并派遣专业团队进行定制化指导；在5月到6月间，依据社区自主申报与街道办推荐信息，执行统一而严格的验收流程，确保所有参评社区都能满足创建标准。

四是专项资金支持。自2016年至2020年，陕西省专项划拨省级财政资金共计904万元，支持综合减灾示范社区的创建[1]。西安市民政局联合其他部门颁布了《西安市社区工作经费管理办法》，规定防灾减灾专项经费的开支范畴，创建激励资金纳入年度部门预算体系，对每个成功创建的社区给予5万元市级补助及2.28万元省级资助，缓解了社区初创阶段面临的专项经费匮乏难题[2]。

（二）案例分析

1.应急减缓

（1）风险监测与评估

为了强化灾害风险的全面监测、预警及深度研判能力，陕西省针对关键区域、关键时段及重大灾害风险源，推进多灾种融合与灾害链综合监测体系的升级，实现对灾害风险的识别与定位，提前发布预警响应信息，抢占应对先机。陕西省在综合减灾防灾示范社区的建设实践中，针对不同灾害类型如地震、火灾及城市内涝等，制定了风险隐患排查清单，采用"日常巡检、周度汇总、月度报告"的风险隐患监测机制，并辅以"网格化上报—专职分派处置—领导复核验证"的闭环管理模式，试图将诸多潜在风险扼杀于萌芽状态，编制形成风险评估报告[3]。以西安市咸东社区为例，该社区联合区域内各驻点单位及居民院落负责人，对包括办公楼宇、居民住宅、道路设施、公

---

[1] 姜文学：《陕西："五法"形成"五力"推动综合减灾示范社区创建》，《中国减灾》2022年6月上，第56—58页。

[2] 张健：《紧扣"一流、三聚、四实"深入推进综合减灾示范社区创建工作》，《中国减灾》2019年1月上，第50—53页。

[3] 姜文学：《陕西："五法"形成"五力"推动综合减灾示范社区创建》，《中国减灾》2022年6月上，第56—58页。

共广场、医疗机构及教育机构等在内的关键区域及设施进行隐患排查工作，列出隐患清单。随后，社区专项工作组依据清单逐一进行现场核查与数据汇总，初步识别出社区内潜在的风险点。同时邀请消防、地震等专业机构对识别的风险进行评估，并提出管理建议，形成隐患清单及风险评估报告，为后续的减灾防灾工作奠定基础[①]。

（2）推行"网格化管理"

在陕西省推进综合减灾示范社区建设的进程中，采用了"精细化网格化管理"策略，依据社区的功能区划与管理特性的差异，将整体区域科学划分为若干精细网格单元，每个网格单元均配置有专职网格长一名及若干名网格员，构建起全方位的管理体系。每位网格长与网格员均经过专业培训，掌握各自负责网格内的各类情况，能够协调邻里矛盾，解决居民难题[②]。例如，西安市社区组建以居民院落负责人、楼栋管理长、志愿者为骨干的应急保障队伍，定期对网格员和志愿者进行防灾减灾知识培训，不定期邀请专家为驻地单位及居民讲解应急避险自救互救知识。

2.应急准备

（1）应急预案的制定和演练

陕西省专门组织应急预案编制培训，要求各地根据自身独特环境条件与历年灾害特性，制定并优化社区自然灾害应急救助预案。预案中应规定应急响应策略、受灾民众转移安置机制及困难群体生活保障措施，同时强调需定期举办实战化演练，以确保预案的有效性与可操作性。自2016年起，陕西省实施"两图一预案"（灾害风险示意图、应急避难疏散撤离图和社区应急预案），作为综合减灾示范社区建设的标志性特色[③]。同时，各社区积极组织居民参与应急避险与救援演练，明确应急处置流程、群众疏散安置方案及弱势群体生活保障措施。通过定期演练，不仅验证了预案的科学性与实用性，还提升了社区居民在紧急情况下的疏散效率与自救互救能力。

（2）应急物资保障

陕西省致力于强化综合减灾示范社区内的公共减灾设施建设，包括避难所、县乡级救灾物资储备库构建，采购高端防灾减灾装备与物资，强化对易燃易爆危险品的安全监管等。例如，位于宝鸡市陈仓区的北方动力社区，构建了规范化的救灾物资储备库，储备了手电、铁锹、灭火器、逃生绳、药品等应急物资，确保了物资保障的充分

---

① 田琳:《细化标准树立规范精心创建平安家园——西安市咸东社区打造全市综合减灾示范社区样本》,《中国减灾》2018年9月上,第52-55页。

② 姜文学:《陕西:"五法"形成"五力"推动综合减灾示范社区创建》,《中国减灾》2022年6月上,第56-58页。

③ 姜文学:《陕西:"五法"形成"五力"推动综合减灾示范社区创建》,《中国减灾》2022年6月上,第56-58页。

性与及时性[①]。

（3）应急科技支撑能力建设

2012年，陕西省投资963万元，升级应急物资调配体系，构建市级及县域应急物资调度平台，搭建覆盖省、市、县三级的互联灾害信息管理网络[②]。同时，部署集成化应急平台综合语音指挥调度系统、高清视频会议解决方案以及应急值守综合管理系统，还实施了专项培训计划，提高值守人员的专业能力，确保他们能够顺利完成各项操作任务。此外，陕西省倡导并联合多家企业，共同研发了陕西应急移动手机信息平台，拓宽应急信息传递的渠道，实现了应急响应的即时化与便捷化，进一步提升了全省应急管理的现代化水平[③]。

（4）开展科普宣传活动

陕西省各社区紧扣防灾减灾核心主题，采用多元化策略，积极策划并开展宣传活动。利用海报展示、专题展览、互动问答等新媒介手段，全方位开展防灾减灾知识科普，并组织社区居民参与防灾减灾应急演练，确保每位居民均能熟识灾害预警标识及疏散路线，提升社区整体的防灾减灾综合能力。陕西省各有关部门常态化利用"防灾减灾日""安全生产月""119宣传月"等相关时间节点，多方式、多形态、多人群举办各类防灾减灾宣传活动，以提高居民防灾减灾意识和应急综合能力。例如，宝鸡市十里铺街道东岭路社区经常组织消防实战演练、安全生产主题月专题研讨会，创新推出"减灾知识课堂"等系列活动[④]。

3.应急响应

建立"上下联动"响应机制。陕西省综合减灾示范社区根据实际情况，联合辖区内各单位，组建社区防灾减灾工作领导核心小组，专项负责防灾减灾及应急救援工作的全面规划、协调执行与具体实施。其下细分为多个专项工作组，与"院长责任制"结合，融入"网格化管理"体系中，推动多方力量积极参与，构建起高效联动的响应机制，显著提升应急响应效率。以西安市咸东社区为例，该社区已建立起一套涵盖社区、院落、楼栋三级的立体防灾减灾网络架构。其中，组长一职由社区资深工作人员兼任，成员包括社区管理人员、居民院落的网格管理员，以及驻地企事业单位中负责

① 曹莉莉：《陕西：多措并举开展减灾示范社区创建活动》，《中国减灾》2012年1月上，第46-48页。

② 党锐：《新农村建设中陕西农村社区防灾减灾机制研究》，硕士学位论文，西安建筑科技大学马克思主义学院，2014年。

③ 党锐：《新农村建设中陕西农村社区防灾减灾机制研究》，硕士学位论文，西安建筑科技大学马克思主义学院，2014年。

④ 曹莉莉：《陕西：多措并举开展减灾示范社区创建活动》，《中国减灾》2012年1月上，第46-48页。

安全生产管理的专业人员，共同织就一张紧密联结、快速响应的防灾减灾安全网[1]。

4.应急恢复

恢复重建不仅包括短期恢复重建，也包括长期恢复重建。一般来说，短期恢复重建在突发事件处置活动结束后立刻实施，主要为了尽快恢复基本的生产生活状态。例如，为灾民提供临时住房、清理废墟等。而长期恢复重建一般着眼于长远发展，包括改善交通设施、改变土地用途、提高建筑标准等各方面。

在长期恢复重建中，对于居住在环境恶劣、灾害频发的贫困山区的群众，往往进行易地搬迁，从根本上改善他们的人居环境。但新建的移民社区使搬迁群众的住所不再是原来的独门独院，相对于原来的小院，社区楼房生活需要较高的水、电、网、天然气等基础设施费用，新的生活空间使得他们不能再依赖对自然资源的索取来维持日常生活。倘若没有新的就业渠道和生计方式，就会产生巨大的生活压力。

为此，陕西省一方面制定了一系列扶持政策，涵盖财政、税收、金融等多个方面，另一方面通过"新社区工厂"模式解决弱势群体的就业问题[2]。例如，陕西省白河县自2011年以来，累计建设移民搬迁集中安置点74个。在建设过程中，将厂房建在一个镇、几个镇或邻近县区跨区域安置移民组成的集中安置社区楼下，依托社区建工厂、促就业的思路，将安置区的妇女就业与乡村振兴有机"捆绑"。

具体来说，首先引进劳动密集型产业，推动产业结构转型。利用搬迁社区楼上富足的劳动力资源和社区楼下大量闲置的门面资源，引进劳动密集型产业，提供就业岗位。引进的工厂多为非技术性的轻度体力劳动，诸如毛绒玩具厂、服装厂、电子加工厂、编织厂等，通过降低就业门槛，使妇女群众能够在自己擅长的领域内就业。其次，展开技能培训，提高妇女劳动力素质。整合人社、扶贫以及农业等培训项目资源。免费为新招录工人提供岗前培训及岗位提升培训，保证她们快速上岗，胜任工作。最后促进产业转型升级，通过优化产业布局和资源配置，推动传统农业向现代农业转变，同时大力发展新兴产业和服务业，为搬迁群众提供更多就业机会和创业空间。

综上所述，陕西省通过科学规划、建设基础设施、恢复公共服务设施、易地搬迁、政策扶持等一系列措施，有效提升了灾后社区的生计恢复能力。

---

① 田琳:《细化标准树立规范精心创建平安家园——西安市咸东社区打造全市综合减灾示范社区样本》,《中国减灾》2018年9月上,第52-55页。

② 崔梦丽:《易地搬迁安置地妇女生计重建的路径及经验探讨——以陕西省白河县"新社区工厂"为例》,《河北科技师范学院学报》(社会科学版)2019年第4期,第15-20页。

四、综合减灾示范县及示范社区应急管理能力案例总结

对西北地区综合减灾示范县及示范社区建设案例的深入剖析，不仅彰显了该地区在应急管理能力上的诸多亮点，也揭示了其持续进步所需关注与改进的关键领域，本文将从以下几个方面具体阐述。

（一）提升社区应急动员能力

社区是治理共同体，主体是社区治理的根本资源。灾害应急管理要求凝聚和发挥社区多元主体力量，形成应急管理合力，使社区能够有效抵抗外部风险和危机事件。危机的公共性和紧迫性要求实施迅速而有效的社会动员，社区应基于非常态治理环境，创新社会动员方式，将行政动员与志愿动员相结合，引导业委会、驻区单位、居民等积极参与应急管理，同时发挥社会组织的专业优势和内在动能，构建多元主体合作治理网络。如引导居民骨干、退役军人和专业救援人员等组成志愿者团队参与社区治理，推动构建社区应急人才库，发挥专业智囊团对社区应急管理活动的建言献策作用，鼓励企业加强基本物资与应急产品的生产和供应，并保障非常态化治理下物流运输的持续和稳定，同时注重发挥社会组织的号召动员、应急救援、物资协调和资金筹集等优势。此外，因应社区主体的多元性和应急事务的复杂性，社区需对社会力量参与应急管理的内容、渠道、程序等予以具体化规定，明确各方的应急职责和权限，在链接内外部资源的基础上，加强治理主体间的应急沟通与协同，进而为多主体参与社区治理提供合法性支持和规范化指引①。

（二）加强社区灾害防范与应对的科普与培训能力

为深化居民减灾意识并提升自救互救能力，社区需加强灾害防范与应对的科普与培训工作。一方面，社区应充分发挥网格化、精准化、便利化的作用，建立和完善应急科普宣传推广机制。综合运用大数据、物联网、人工智能等多种技术手段，通过课堂、网络、报刊、广播、电视、广告牌等灵活多样的方式，针对不同背景的受众群体，结合本地区多发频发的灾害和突发事件特点，进行多角度、全方位、立体化、滚动式的应急科普宣传推广。另一方面，社区应积极开展多样化的培训演练活动，如定期培训讲座、模拟逃生演练及互动体验专区等。结合本地灾害实际，定期开展培训讲座，并组织社区群众进行演练，帮助居民了解周围风险，提高防灾技能，以便在灾害发生

---

① 李智、张桃梅：《韧性治理何以实现：城市社区应急管理的困境与因应》，《理论导刊》2024年第5期，第69-78页。

时能够有效应对。同时，设立防灾减灾体验专区，线上线下相结合，为居民提供丰富的防灾教育体验，增强其应急意识与危机应对的自觉性，共同构建更加安全的社区环境[①]。

（三）积极响应社区灾害信息共享与服务平台建设

提高社区应急管理能力离不开科技支撑，社区应积极响应国家在应急管理领域的政策措施，促进众多科研成果在社区快速转化实施。社区灾害信息共享与服务平台由民政部国家减灾中心牵头组织实施，于2018年2月完成平台的建设任务，并在部分社区进行试点。面向社区居民减灾需求，该平台为社区居民、志愿者和社区灾害管理者及时获取灾害预警信息、快速学习自救互救技能、准确掌握恢复重建政策、系统管理社区救灾物资和志愿者信息等提供有效的信息共享与服务。社区居民既可以通过在智能手机上安装移动APP访问平台，也可以通过互联网访问平台，及时获取灾害信息或学习防灾减灾救灾知识。同时，社区管理者或社区志愿者可以借助该平台将获取到的灾害预警信息、防灾减灾科普知识、灾后恢复重建政策等及时分享给社区居民[②]。社区应不断整合各类应急信息系统和网络平台资源，结合社区实际情况与发展需求，积极响应社区灾害信息共享与服务平台建设，提升社区的灾害应对能力和居民安全感。

（四）提高灾后社区生计恢复能力

自然灾害给灾区带来巨大损失的同时，也破坏了社区生计发展系统，致使灾区经济发展陷入停滞，提升灾后社区生计恢复能力至关重要。为此，社区应从多个维度出发，综合施策。首先，聚焦于受灾居民的心理健康重建，通过培养社区工作者掌握心理干预知识和技巧，组建心理健康咨询小分队深入社区，为受灾居民提供免费心理咨询服务，帮助疏导心理创伤，使其生活尽快恢复到灾前状态[③]。其次，重构社区的社会关系网络亦不可忽视。社区应积极组织文艺演出、体育比赛、节庆仪式等各种活动，为灾后社区互动构建空间场所，促进社区成员情感交融与共鸣，从而加强社区的凝聚力与归属感，鼓励社区成员积极参与灾后恢复实践[④]。此外，提供生计技能培训是帮助

---

① 杜兴军:《我国农村社区应急管理能力提升策略探究》,《中国应急管理科学》2022年第1期,第20-27页。

② 张宝军:《社区灾害信息共享与服务平台建设》,《中国减灾》2018年4月上,第27-28页。

③ 乐章、田金卉:《疫情冲击下的城市空巢老人:生计风险与生计重建》,《新疆农垦经济》2020年第8期,第54-60页。

④ 郑超、李瑞、杨火木,等:《表征与非表征视角下民族村寨居民灾后情感恢复机制研究——以报京侗寨为例》,《人文地理》2023年第3期,第69-78页。

受灾居民重建生活的另一重要途径。社区应充分利用自身资源并积极争取外部援助，为受灾居民提供职业技能培训和创业教育，特别是针对受灾害影响较大的行业，实施精准帮扶，确保受灾居民掌握新技能，提升就业竞争力，为社区经济的持续复苏注入活力。

第三节　协同社会组织参与应急管理能力案例评估

面对自然灾害的频发态势，单靠政府难以全面应对，亟须构建多元化应急救援体系，其中社会力量的广泛参与尤为关键。社会组织作为主要社会力量之一，是社会建设与社会治理的重要抓手，是政府主导社会发展的重要参与者、合作者，是组织结构中不可或缺的要素[①]。加强社会应急力量建设是坚定走好新时代中国特色应急管理之路的现实需要，是防范化解重大安全风险、增强社会抗风险能力的必由之路。2022年以来，国家先后发布了《"十四五"国家应急体系规划》《"十四五"应急救援力量建设规划》《关于进一步推进社会应急力量健康发展的意见》等系列政策文件，确立了引导社会应急力量有序、健康发展的工作原则。随着相关政策法规的完善以及相关部门越来越重视，社会应急力量已成为国家综合性消防救援队伍、专业应急力量的有力补充。

一、协同社会组织参与应急管理案例概述

2023年12月18日23时59分，甘肃省临夏州积石山县发生6.2级地震。地震造成151人遇难，983人受伤，居民住房倒塌超7万间、损坏超30万间，学校、医院、养老院等公共服务设施和道路、电力、通信等基础设施有较大损毁，直接经济损失达146亿元[②]。地震发生后30分钟内，9支消防救援队伍560余人赶赴震中展开人员搜救。整个救援过程中，前后有各类应急力量累计348支1.87万人投入抗震救灾行动，紧急转移15.07万人，排查隐患点1725处，搭建板房1.6万余间，安置受灾群众11490户56160人。抢险救援全过程反应迅速、指挥有力、协调顺畅、紧张高效。其中，社会应急力量做了大量艰苦细致的工作，为抗震救灾工作有序开展打下了坚实基础，彰显出政社联合救灾模式的巨大优越性。

---

① 颜烨、王爱军：《结构-功能：社会组织的应急能力及困境改善途径》，《中共福建省委党校（福建行政学院）学报》2023年第1期，第106-114页。

② 石玉成、高晓明、景天孝：《甘肃积石山6.2级地震应急处置及灾后重建对策》，《地震工程学报》2024年第4期，第751-758页。

地震灾害发生后，许多社会组织迅速投入地震救援行动，提供了广泛的服务。从救灾方式来看，这些组织主要承担了一线救援、物款支持、物资运输、应急安置及灾区重建等任务。例如，中国乡村发展基金会于12月19日0时37分正式启动救援响应，联合人道救援网络伙伴甘肃彩虹公益服务中心、厦门市曙光救援队、青海省社会工作协会、青岛西海岸新区"山海情"志愿救援联盟赶赴一线，采购方便面、面包送往灾区；中华社会救助基金会于12月19日凌晨启动甘肃、青海两地救灾工作，并与甘肃、青海两省民政厅取得联系，进一步了解灾区困难群众受灾及所需物资统计情况，并与当地民政及救援力量联动开展救助工作[①]。为了使得社会力量更好地发挥作用，甘肃省应急管理厅在震后第一时间就启动了社会应急力量参与重特大灾害抢险救援行动现场协调机制，会同甘肃省民政厅、甘肃省交通运输厅、甘肃省卫生健康委员会、共青团甘肃省委、甘肃省红十字会、甘肃省文明办等部门，成立了甘肃社会应急力量现场协调中心，承担了规范引导社会应急力量有序参与救援救灾工作的任务。

二、协同社会组织参与应急管理能力案例分析

（一）应急减缓

就社会力量参与应急管理的制度保障机制而言，我国社会应急力量自2008年"5·12"汶川大地震后，经历了从自发混乱到有序引导、逐步规范的发展阶段。随着经济的快速发展，这一力量已成为应急救援体系中不可或缺的一部分。然而，由于条件限制和地区差异，实践中仍存在一定混乱，亟须有效统筹与协调。2021年12月，应急管理部发布了《社会应急力量参与重特大事故灾害抢险救援行动现场协调机制建设试点方案》。各地也逐步发布了区域性的实施意见，例如，甘肃省近年来先后印发了《关于加快建设全省新型应急管理体系的意见》等多份重要文件，出台了《关于进一步推进社会应急力量健康发展的实施意见》等系列配套措施，并于2022年6月制定了《甘肃省社会应急力量参与重特大事故灾害抢险救援行动现场协调机制建设方案》，以提供协同社会组织参与应急管理的制度遵循。

（二）应急准备

应急演练作为积石山地震社会组织协同救援应急准备中的重要一步，凸显了灾害预防与应对准备能力。积石山地震前，2022年5月11日，国务院抗震救灾指挥部办公

---

① 《甘肃临夏6.2级地震"社会救援协调机制"设立低温救援成最大挑战》(2023-12-19)，搜狐网：https://www.sohu.com/a/745409485_121478296，访问日期：2024年8月17日。

室、应急管理部、甘肃省人民政府联合举行了代号为"应急使命·2022"的高原高寒地区抗震救灾实战化演习[1]。2023年，甘肃省抗震救灾指挥部举行了"陇原砺剑·2023"抗震救灾实战演习，9个市（州）同步演练。这些重要的演练中，均广泛吸纳了社会力量参与。

"应急使命·2022"高原高寒地区抗震救灾实战化演习，以甘肃省张掖市甘州区为背景，模拟了一场7.5级强烈地震的突发情景。该"灾害"导致区域内房屋大面积倒塌、人员伤亡惨重，同时引发了道路、电力、供水、燃气、通信等基础设施的中断，山体的滑坡与崩塌，"西气东输"管线甘州段发生泄漏并引发爆炸，兰新线中欧班列倾覆，"西电东送"工程受损，大量游客被困景区，部分村庄形成"孤岛"[2]。演习模拟启动了国家至区级的四级抗震救灾指挥部，核心目标在于提升应急指挥效能与救援合力，强化各地面对大规模地震的抗震救灾准备与应对能力。整个演习涵盖拉动检验、指挥演习、综合演习三大环节，共设18大类41个具体科目，从预警响应到灾后处置全程模拟。演习规模宏大，主战场设在张掖甘州区，并延伸至嘉峪关、酒泉、金昌、武威等四市设立分演习场，共集结了5000名救援人员，包括国家综合性消防救援队伍、解放军与武警部队，以及安全生产、工程、医疗、电力、通信、铁路、公安、交通、地震、环保、气象等多个领域的专业应急力量和社会应急力量。

在救援力量方面，演习了多方力量协同作战。消防、企业、社会、军队等救援力量发挥各自专业优势，进行水、陆、空立体交叉施救，通过设立社会应急力量现场协调中心，为申请到灾区救援的社会应急力量提供信息咨询、高速通行、任务管理、综合保障等支持，有效整合了各类社会救援资源。在技术装备方面，演习展示了模块化、标准化、轻型化、智能化的应急救援装备体系，针对不同灾害场景实施精准救援。综合运用无线通信、卫星通信、融合通信、物联感知、仿真推演、边缘计算等新技术，构建了以智能化指挥调度系统为核心、应急战术互联网为骨干、应急物联感知网为神经的应急救援数字化战场体系[3]，科技赋能，更科学地开展以政府救援力量为主、社会应急力量协同、各部门密切配合的指挥调度。在救灾处置方面，不断强化全社会应急意识和应急技能，社区与街道组织有序，迅速开展震后撤离疏散与自救互救工作，确

---

① 石玉成、高晓明、景天孝：《甘肃积石山6.2级地震应急处置及灾后重建对策》，《地震工程学报》2024年第4期，第751-758页。

②《"应急使命·2022"高原高寒地区抗震救灾实战化演习系列解读》（2022-05-11），中华人民共和国应急管理部：https://www.mem.gov.cn/xw/yjglbgzdt/202205/t20220511_413380.shtml，访问日期：2024年8月17日。

③《"应急使命·2022"高原高寒地区抗震救灾实战化演习系列解读》（2022-05-11），中华人民共和国应急管理部：https://www.mem.gov.cn/xw/yjglbgzdt/202205/t20220511_413380.shtml，访问日期：2024年8月22日。

保先期处置的安全与高效。受灾群众得到了妥善安置，安置点内的秩序管理、各种服务、卫生防疫、心理援助及基本生活需求等均得到了保障[①]。

总体来看，"应急使命·2022"高原高寒地区抗震救灾实战化演习不仅是对抗震救灾能力的一次全面检验，更是对社会应急力量现场协调机制的一次成功探索与初步建立，为未来应对复杂多变的自然灾害挑战奠定了坚实基础。

（三）应急响应

在甘肃省临夏州积石山县的6.2级地震救援行动中，依托"社会应急力量救援协调系统"构建的现场协调机制在地震应急救援行动中发挥了关键作用，为社会应急力量提供了有力支持，确保了救援行动的有序性和高效性。据不完全统计，截至2023年12月24日21时，社会应急力量累计搭建帐篷2319顶，转运生活医疗类物资16.8万件，协助安置受灾群众4653人。此次救援首次全流程运行社会应急力量参与救援行动现场协调机制，针对启动运行、需求发布、组织救援、协调保障等各个方面的协同工作进行了全方位检验，为规范现场救援行动、提高救援救助效能、维护灾区秩序提供了良好支撑。

1.现场协调制度的启动运行

积石山县6.2级地震发生后，2023年12月19日上午8时，甘肃省应急管理厅联合省民政厅、省交通运输厅、省卫健委、甘肃共青团、省红十字会等多部门，委托甘肃厚天应急救援队在积石山县积石中学建立了甘肃社会应急力量现场协调中心，并成立了综合组、协调组、保障组。综合组负责发布、接收、核实救援需求信息，组织工作会议，起草、管理文档资料。协调组负责审核社会应急力量救援申请，掌握救援力量位置，统筹抢险救援任务分配，指导参与现场救援和撤离方案，统计和汇总救援行动信息。保障组负责协调政府有关部门（单位）和灾区其他有关力量，为社会应急力量提供必要的交通通行、装备维修、加油加气、食宿等保障工作。

从流程来看，现场协调机制的整体流程包括：启动现场协调机制（省应急管理厅）、发布救援需求信息（综合组）、组织报备登记（协调组）、处理救援信息（协调组）、组织交通保障（保障组）、组织任务管理（协调组）、组织后勤装备保障（保障组）、组织力量撤离现场和灾区（协调组）、统计汇总总结（综合组、协调组、保障组）等各个环节（见图6-1）。

---

① 李雪峰:《"大会战"式自然巨灾应对——从芦山地震到积石山地震应对的观察与思考》,《中国应急救援》2024年第4期,第10-17页。

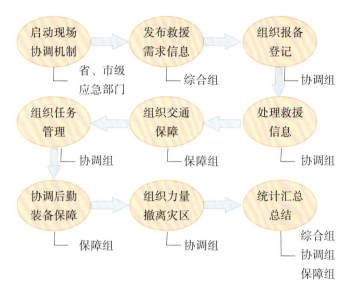

图 6-1 现场协调机制运行流程图

2.需求发布与组织救援

信息共享是救援行动的重要保障。现场协调中心对各类信息进行归口管理，实时评估、过滤并发布灾情、救助和救援进展。对众多自发组织的救援队伍，实施严格的筛选和评估，精准匹配灾区需求与救援队伍能力。利用线上平台，与救援队伍之间进行实时信息交流和统一指挥。

具体而言，综合组发布救援需求信息，共有975支队伍通过灾害应急救援救助平台申请参与救援。其中，协调组通过线上审核158支队伍、线下报备121支队伍，共计279支队伍（其中省内救援队伍116支，省外救援队伍163支）、3578人以及各地应急志愿者300余人前往震区参与救援。协调中心运行期间，专门组织社会应急力量代表召开会议，明确了执行任务、媒体采访等方面的纪律要求。同时，协调组发挥"甘肃应急"微信公众号、视频号的传播优势，向积石山县受灾群众推送线上求救平台及95707求助热线，累计接收相关信息828条，其中通过灾害救助平台收到的260条求救类信息，全部得到有效处理。

3.社会应急力量的协调保障

现场协调中心按照"分组负责、按需保供"的思路，重点为社会应急力量提供以下服务支撑工作。第一，协调高速公路通行保障。保障组协调甘肃省交通运输厅下发通知，对途经高速公路前往震区的应急车辆、专用救灾车辆、医疗车辆等全部减免通行费。安排太石、王格尔塘、买家巷、临夏和上湾等沿线服务区切实保障救灾车辆需求，对带有"12·19救援"字样的车辆免费供应餐饮。向现场协调机制统筹的跨省社会应急力量推送"应急救援码"，确保其所属车辆往返免费通行全国各高速收费站口。第二，完善各类后勤保障。针对地震后部分基础设施损毁，隆冬时节天气寒冷的实际情况，保障组克服驻地停水、停暖、电力供应紧张等困难，在震区组织了5处餐饮场所，安排4支具备战勤保障能力的队伍为社会救援人员提供免费热饭热菜就餐服务。在瞳星幼儿园、小白舞蹈工作室置备了约100个床位的休息场所，在积石中学帐篷宿营区搭建帐篷33顶，可容纳约240人休息，每个帐篷均保证供电及取暖设备。提供发电机30台，柴油暖风机15台，电暖气150余台，为正常办公、住宿取暖提供了有力支持。协调新阳光基金会为社会应急力量提供免费加油补给，共为161辆救援车辆加注柴油7542.48 L，总金额59661元。第三，引导社会应急救援队伍发挥资源优势。协调组组织社会应急救援队伍深入灾区一线开展灾情摸排和需求调研，了解受困群众的精细化需求，诸如婴儿奶粉、感冒药品等。在此基础上，联合厚天应急救援队、上海市妇女联合会、上海市儿童基金会等组织救助和捐赠，尽可能早地解决有关受灾群众的棘手问题。

（四）应急恢复

12月25日，甘肃省积石山县6.2级地震灾后恢复重建协调指导小组正式成立，抗震救灾工作全面转入灾后重建阶段[①]。为满足灾后社会工作服务技术需求和未来服务拓展需要，甘肃省社会工作联合会与兰州大学哲学社会学院社会工作研究所联合推进"地震灾后社会服务支持网络建设"。通过整合高校、行业和社工机构的专业资源，以"实地督导""联合督导培养""服务协同与创新""实务能力培训""专题研讨"等"五位一体"的形式，构建专业技术支持网络，为震后参与社会服务的社工机构提供技术支持，促进灾后服务孵化与活动开展，并梳理在地化服务经验。

1.社会工作服务介入需求评估

兰州大学社会工作研究所协同兰州市社会工作协会组成地震灾后社会工作服务先遣队，深入积石山县对受灾情况、社会服务需求情况、社会工作服务力量等进行综合性评估。此外，联合中国社会工作教育协会举办"过渡性安置与重建阶段社会工作服务需求与介入建议"线上专题讨论会，并发布《过渡性安置与重建阶段社会工作服务需求与介入建议》，为社会工作服务机构、基金会以及志愿服务组织提供观察分析参考和介入建议。

2.建立灾后社会服务支持网络建设团队

首先，建立项目助理工作员队伍，招聘2名社会工作学生作为项目助理，并招募5名社会工作研究生作为联络员，负责与参与支持网络建设的社工机构对接。其次，组建由5名固定督导和12名专题督导组成的团队，这些督导来自高校及有灾后服务经验

---

① 《甘肃临夏州积石山县6.2级地震新闻发布会（第五场）实录》（2024-01-03），甘肃省人民政府：https://www.gansu.gov.cn/gsszf/c114890/202401/173831202.shtml，访问日期：2024年8月17日。

的社工机构，具备丰富的实务经验。然后，通过网络会议形式召集多家机构进行项目推介，并与5家社工机构达成合作意向。最后，通过走访6家提供灾后服务的社工机构的服务点，与拟加入网络的伙伴机构就支持网络建设的细节进行磋商，并开展前期基线调查，实地建立支持网络。

3. 提供灾后社会工作服务技术培训与实地督导

2024年3月30—31日，兰州大学哲学社会学院联合甘肃省社会工作联合会以及省内多家高校和社工机构，在临夏州举办了"地震灾后社会服务支持网络建设计划"项目"督导共学暨支持网络培训"活动。对参与灾后服务的机构提供了网络机构能力测评、协同服务与开发方案讨论、灾后实务研究能力提升和灾后服务创新设计等培训。

2024年4月25日，兰州大学、香港理工大学等高校团队和甘肃省社会工作联合会、康复协会与爱无疆团队工作者实地考察了积石山灾后社会服务支持网络建设情况。简公益儿童服务之家等服务点主要通过建立公共空间的参与主体、开展常态化服务、社区融入、走访伤残家庭、在地志愿者的培育以及音乐疗愈等方式来进行灾后服务，具体包括康复医院项目设计与探索，社工参与到当地小学生的教育过程，通过链接微公益项目为儿童开展个案心理辅导和生存训练营等活动。

三、协同社会组织参与应急管理能力案例总结

在积石山地震的整体应急过程中，社会组织在应急救援、物资支持、心理辅导、灾后重建和发展等不同领域发挥了积极作用，尤其是积石山地震救援行动中的现场协调机制为其他地区的抗震救灾提供了宝贵的经验。然而，在积石山县的地震救援行动中，一些关键领域仍待改进。一是部分社会应急力量未能充分利用线上报备系统，这导致救援信息的报送不够及时和规范。同时，部分队伍对报备流程缺乏了解，未经过平台审核便擅自行动，这不仅影响了救援秩序，还可能对救援效率造成负面影响。例如，一些网红队伍在现场进行拍照、打卡，而非积极参与救援，其行为严重扰乱了现场秩序。二是社会应急力量与政府抗震救灾指挥部之间缺乏有效的联接机制，导致信息沟通不畅，影响了救援行动的协调性。三是"95707"求救电话存在误用现象，许多电话并非真正的求救信息，这进一步分散了救援资源。针对以上情况，为推动社会组织更好地进行协同救援，提高社会组织协同救援应急管理能力，应从以下四个方面做进一步改进。

（一）加强社会应急力量规范化管理能力

随着社会应急力量在灾害救援中的广泛参与，一系列问题也随之显现，如部分社

会应急力量未经注册便擅自行动、随意更改行动计划、不如实报告行踪，以及发表不当言论以博取眼球等，公众对规范社会应急力量参与的需求愈发强烈。为应对此类问题，未来可实施严格的惩罚措施，如排除表扬名单、取消补助等，以整顿社会应急力量的行为。同时，需加强规范化管理，具体措施包括对现有的救援组织开展调查，委托第三方机构对社会应急救援力量进行分级测评，参照联合国国际救援队伍分级测评制定符合当地发展现状和发展条件的考核标准，依据管理、搜索、营救、医疗、后勤保障等方面的综合救援能力，对社会应急救援力量进行重型、中型、轻型分级测评。分级测评结束后，对救援志愿者个人技能出台专业考核标准，对社会救援机构综合救援或专项救援能力出台能力考核标准，实现灾后救援准入制度，避免无救援技能人员和队伍盲目进入灾区现场，并制定对社会力量应急救援队伍建设的统一标准，在各类队伍的名称规范、技术水准等方面避免差异性和随意性。

（二）提升政府与社会力量沟通协作能力

为提升政府与社会力量的沟通协作能力，首要任务是畅通政府与社会力量的沟通协作渠道。首先，建立常设协调机构，以此作为沟通桥梁。通过统筹规划与全面协调，实现社会应急力量与资源的优化配置。特别是在处理跨地区、跨行业的重大突发事件时，该机构将强化协调力度，促进各方协同作战，形成整体应急合力，有效对接救灾需求与社会服务供给，助力社会力量高效参与应急管理。其次，政府应加大指导与扶持力度，积极响应政府购买服务政策，将社会力量纳入救灾服务购买范畴，明确服务项目、内容及标准，涵盖应急救援、防灾减灾知识普及、安全教育培训等多个方面。此举旨在减轻政府专业救援力量的非核心业务负担，使其能更专注于业务训练与核心救援任务，同时赋予社会救援力量更多发展机遇与资金支持，激发其参与应急管理的积极性与创新能力。此外，持续优化灾害应急救援救助平台的功能。该平台需整合各类救援资源信息，与抗震救灾指挥部实现供需资源的实时更新与信息共享，快速响应受灾群众需求，精准分类处理救援救助任务，动态优化调度方案，确保资源调度的时效性与合理性。同时，加强信息安全保障措施，确保信息共享过程的安全可靠，实现信息的快速流通与高效利用。

（三）探索建立规范有效的激励机制

为了科学评估并促进社会力量在应急管理中的积极参与，应构建一套科学的考核指标体系，该体系需全面衡量社会力量在应急管理中的时效性及合理性。在此基础上，强化考核结果的运用，深入研究并实施有效的激励机制。在经济激励层面，应致力于直接减轻参与应急活动的社会组织和志愿者的经济负担，如补贴其交通费与生活补助；

同时，为积极投身于应急救助的企业提供税收减免或低息/无息贷款支持。此外，广泛吸纳社会资金成立专项基金，专项用于志愿者组织的建设与发展，并通过建立完善的权益保障机制，如为志愿者购买人身意外伤害保险，确保他们的安全与权益，从而激发更广泛的社会参与热情。在精神激励层面，应构建荣誉体系与回馈机制，旨在通过精神层面的肯定与鼓励，提升社会力量的荣誉感与归属感。具体措施包括建立志愿者嘉许与志愿服务回馈制度，深入挖掘并广泛宣传在应急管理中表现突出的典型组织与个人事迹，通过颁发荣誉证书、评定志愿服务星级等方式，给予他们应有的社会认可与表彰。此外，对于在突发事件应急响应中展现出卓越专业能力并发挥重要作用的组织和个人，应给予特别表彰与奖励，以此营造积极向上的社会氛围，进一步鼓励并引导更多社会力量投身于抢险救援与应急管理工作之中。

（四）持续夯实社会应急力量能力基础

强化能力建设是提升社会组织在应急管理领域效能的重要路径，其中包括应急响应能力、专业技术能力、组织管理和协调能力等多个方面。为实现这一目标，夯实社会应急力量的能力基础，需结合有力的政策引导与资金扶持，推动社会组织运营的规范化，并促进常态化的合作与培训体系建立，确保其在面对突发性公共事件时能够迅速转换至高效应急状态，构建起一个协同紧密、富有韧性的应对体系[1]。具体而言，首要任务是加大对应急志愿者的能力培育力度，提升其专业素养。政府应主导组织一系列业务培训、实战演练及经验分享活动，并特别为审核合格的社会救援力量预留参与名额。通过考虑志愿者的身体状况、兴趣方向及可用时间等因素，为其量身定制应急救援技能培训方案，以加强政府与社会救援力量之间的沟通与协作，共同提升应急响应的专业水平。其次，需研究制定并出台相关政策法规，旨在推动社会应急救援工作的标准化、制度化和常态化发展。这包括探索多样化的合作模式，如鼓励政府救援队伍与社会组织共享救援资源（如装备与训练场地），并将政府更新换代的可用装备转交给社会救援力量使用，既实现了资源的优化配置，又显著增强了社会救援力量的实战能力。最后，构建完善的网络信息平台与志愿者队伍数据库至关重要。通过精细化分类管理，根据志愿者的专业背景与技能特长进行归档，进一步完善志愿者注册登记制度。此举不仅有助于快速调度与匹配最适合的救援力量，还能促进志愿服务的精准化、高效化，为应对各类突发事件提供更加坚实的人力支持与保障。

---

① 向春玲、吴闰、张雪：《社会组织参与应急管理的作用与对策研究》，《广东青年研究》2023年第3期，第48—58页。

第七章　西北地区自然灾害应急管理能力建设历程

新中国成立后，党和国家一直高度重视应急管理工作，不断调整和完善我国的应急管理体系，这使我国的自然灾害应急管理能力持续提升，成功应对了一系列重大自然灾害[1]。总的来说，可以将自然灾害应急管理能力建设历程大致分为计划经济体制时期、改革开放时期、综合性应急管理能力建设时期和以总体国家安全观为统领的应急管理能力建设时期四个阶段。整个历程中，我国应急管理能力建设逐渐趋于规范化、专业化和科学化。

第一节　计划经济体制时期
（1949—1977 年）

新中国成立之初，我国发生了多起重大自然灾害，造成了巨大的损失。例如，1950年，淮河流域发生洪灾，受灾人口达900多万人，死亡人数400余人，摧毁房屋89万间[2]。1954年，长江流域特大水灾导致京广铁路中断100多天，死亡3.3万人[3]。1963年，海河流域发生特大洪水，全流域洪涝灾害面积409.7万 hm²，造成约30亿 kg 粮食和250万担棉花减产，房屋倒塌1450余万间，冲毁铁路75 km，其他损失60余亿元[4]。1966年，邢台大地震，造成8000多人死亡，接近4万人受伤，倒塌房屋508万余间[5]。

在计划经济体制时期，自然灾害应急管理能力建设处于起步阶段，逐步扭转了经济社会发展整体上受自然灾害影响十分严重的不利局面[6]。

① 刘智勇、陈莘、刘文杰：《新中国成立以来我国灾害应急管理的发展及其成效》，《党政研究》2019年第3期，第28-36页。

② 刘长生：《1950年淮河流域水灾与新中国初步治淮》，《安阳师范学院学报》2008年第1期，第85-89页。

③ 杨义文、魏则安、艾秀：《1998年与1954年长江洪水的对比和思考》，《气象科技》1999年第1期，第17-20页。

④ 詹国器：《海河流域1963年特大洪水的抗洪斗争》，《海河水利》1993年第5期，第42-45页。

⑤ 卞吉：《追忆1966年邢台地震》，《中国减灾》2006年第9期，第42-43页。

⑥ 李宏、闫天池：《新时代政府应急管理能力建设研究》，中国人民公安大学出版社，2021，第28页。

一、新中国成立之初到"文革"前（1949—1966年）

这一时期，我国灾害应急管理工作主要凸显了党的一元化领导。由中共中央与政务院①统一领导，内务部②则作为协调机构，负责统筹安排各项减灾救灾工作的有序进行。同时，特别设立的减灾机构与多个相关部门紧密协作，共同推进减灾救灾事业的发展。这种集中统一的领导体制确保了应急管理的高效和有序运行。

在这个过程中，各级政府组建了生产救灾委员会，明确了政府的救灾责任和义务。1956年，在国务院的领导下，中央救灾委员会作为减灾救灾工作的主要领导机构，全面承担起全国范围内减灾救灾工作的协调与指挥职责。与此同时，国家地震局、中央气象局、水利部、林业部、国家海洋局等多个专业部门也各司其职，在各自领域内承担起防灾减灾的重要任务。为了更高效地执行任务，部分部门还进一步细化了组织结构，设立了二级机构，并组建起专业的救援队伍，从而形成了一个既保持部门独立负责、分散管理，又能在特定灾害发生时迅速集结力量、实施单项应对的灾害应急管理模式③④。

此外，这一时期的灾害应急管理还鲜明地倡导了"生产自救"的理念，将群众运动作为抗灾救灾工作的重要形式，促进包括军队在内的社会各界力量的广泛参与，极大地增强了应急响应的广度和深度。在实践中，我国在灾民安置、临时救济⑤以及集体互助救灾等方面积累了丰富经验。1963年，党中央和国务院共同发布了《关于生产救灾工作的决定》，为人民公社时期的防灾减灾能力建设进行了部署。其中，"扶持"理念的提出反映了重要的战略转变，即灾害应急管理不再是单纯的救济，而是要通过发展生产和增加收入来提高抵御自然灾害的能力。

---

① 1954年9月后，政务院改为国务院。

② 中华人民共和国内务部的前身是成立于1949年的"中央人民政府内务部"，1954年改称"中华人民共和国内务部"，1969年撤销。

③ 刘智勇、陈苹、刘文杰：《新中国成立以来我国灾害应急管理的发展及其成效》，《党政研究》2019年第3期，第28-36页。

④ 江田汉：《我国应急管理工作基本概况的发展历程——从单项应对到综合协调，再到防灾减灾与应急准备》（2019-10-10），中国应急信息网：https://www.emerinfo.cn/2019/10/10/c_1210306687.htm，访问日期：2023年9月5日。

⑤ 临时救济，如紧急赈灾、医疗防疫等。

二、"文革"时期至改革开放前（1966—1977年）

这一时期，中央应急领导机构和政府机构遭受了严重的冲击，1969年内务部被撤销后，政府防灾减灾救灾职能受到了削弱，其主要负责的灾害应急管理工作被分散到其他各个部门，应急管理领导机构成为单纯的拨款单位。救灾、救济和优抚等工作交由财政部负责，而在遭遇重大灾害时，中央农业委员会则承担起全国抗灾救灾工作的组织协调工作[1]。面对不同灾情的需要，中央与地方政府设立了多个临时性的灾害应急机构。以1976年唐山大地震为例，抗震救灾指挥部迅速成立，国务院设立了专门的抗震救灾办公室，河北省也组建了前线及后勤指挥部等应急机构。同时，在此次地震中，军队在救灾行动中扮演了更重要的角色，其军事化的指挥与部署确保了灾害应对行动的高效性。特别是在地震的救援行动中，党政军高度一体化展现了全国动员体系的集权式管理特点[2]。此外，在地震和气象灾害等领域的防灾减灾策略中，强化了"预防为主"的原则，灾害应急的组织动员能力得到显著提升，且"对口支援"的模式也在多个地区得到了有效推广和实践。

然而，从1970年的云南地震和1976年的唐山大地震等灾害的应对实践来看，一方面，基层防灾减灾能力十分薄弱，基础设施依然很不完善，群众住房不具备抗震条件，集体经济发展难以有效应对各类灾害冲击；另一方面，在对人与自然的关系以及防灾减灾任务复杂程度的认识等方面也存在着明显的不足。以防震减灾为例，"群测群防"虽然体现了"预防为主"和"全民动员"的理念，但也由此引发了盲目测报和低水平的重复建设等一系列问题。尤其是1976年唐山大地震发生后，"群测群防"逐渐推向高潮。相关统计表明，1979年我国设立了1344个地县地震办公室，数万个群防群测报告点，有10万人以上的业余测报人员。然而，后续实践证明，其中大量报告点监测能力不足、布局不合理。不仅造成人力、物力和财力的浪费，也易产生信息搜集与分析报告的混乱[3]。

总体上看，整个计划经济体制时期，我国应急管理能力建设不仅形成了政府主导的原则，也明确了集体和个人的责任；在国家进行救济与扶持的同时，也强调预防和生产自救，使得我国的防灾减灾救灾能力得到了显著的提升，有力地促进了社会的安

---

① 刘智勇、陈苹、刘文杰：《新中国成立以来我国灾害应急管理的发展及其成效》，《党政研究》2019年第3期，第28-36页。

② 钟开斌：《中国应急管理体制的演化轨迹：一个分析框架》，《新疆师范大学学报》（哲学社会科学版）2020年第6期，第73-89页。

③ 李宏、闫天池：《新时代政府应急管理能力建设研究》，中国人民公安大学出版社，2021，第28页。

全与稳定。新中国成立之初设立的中央救灾委员会和各级人民政府组建的生产救灾委员会开启了应急管理体制建设的先河。但与此同时，从整体风险防范的角度看，也存在一些不足之处，如对于灾害整体态势研判能力不足、思想较为滞后、顶层设计仍不够健全、职能过于分散以及部门间协调难度较大、应急慈善协会等民间救助组织以及国际灾害援助缺失等①②。

第二节　改革开放时期
（1978—2002年）

以党的十一届三中全会为转折点，1978年以后中国进入了改革开放的新时期，经济和社会结构发生巨大变革，推动了我国从政治主导演进为经济主导，从封闭型国家转变为开放型国家，从农业社会向工业社会深刻变迁，从计划经济过渡到市场经济③，这为促进我国自然灾害应急管理能力建设创造了必要条件。国民经济与社会发展水平的快速提升，赋予了我国政府更多的可支配财力。1978年，我国的救灾支出为3.68亿元；1990年，中央和地方政府实际支出的救灾款达到了13.3亿元，发放社会救济金5.2亿元。而到了1998年，中央下拨用于洪水灾害的救灾资金则达到了83.3亿元④。在加大投入的同时，在机构设置、法制建设以及国际合作等方面也取得了重要的进展。

在机构建设方面，为加强部门的统筹协调，改革开放后进行了多次国家机构改革，增设了与灾害应急相关的常设机构和非常设机构⑤，如表7-1所示。机构职能进一步整合，撤销了原来负责组织协调全国抗灾救灾工作的中央农业委员会，其职能先后划归到国家经贸委、国家计委。将原属国家经贸委的组织与协调职能重新划归民政部，从而使民政部再次具备了组织协调救灾、统一发布灾情与管理救灾物资以及拟定和组织实施减灾规划等职能⑥。虽然这些调整对这一时期的应急管理能力提升起到了重要的促进作用，但仍然暴露出了一些不足之处。一方面，机构覆盖面很广，较为庞杂。出一

---

① 李宏、闫天池：《新时代政府应急管理能力建设研究》，中国人民公安大学出版社，2021，第28页。

② 刘智勇、陈莘、刘文杰：《新中国成立以来我国灾害应急管理的发展及其成效》，《党政研究》2019年第3期，第28-36页。

③ 钟开斌：《中国应急管理体制的演化轨迹：一个分析框架》，《新疆师范大学学报》（哲学社会科学版）2020年第6期，第73-89页。

④ 田一颖：《1949—1978年我国应对自然灾害的救灾款问题述论》，《农业考古》2015年第3期，第135-139页。

⑤ 1993年前称为非常设机构。在1993年国务院机构改革中，这些非常设机构改名为议事协调机构和临时机构，2008年统称为议事协调机构。

⑥ 李宏、闫天池：《新时代政府应急管理能力建设研究》，中国人民公安大学出版社，2021，第28页。

个任务，设一个机构，成为当时机构成立的显著特征。另一方面，机构的设立显示出较大的灵活性，其数量、命名、职能乃至存续状态时常在短期内发生变动。例如，1993年取消了全国安全生产委员会，随后在2001年又成立了国务院安全生产委员会，该委员会在2003年3月被撤销，但同年10月又再次设立。另外，由于机构众多，各自的权责划分不够明确，导致不同机构在职能执行上常常出现交叉重叠，如国务院抗震救灾指挥部、国家防汛抗旱总指挥部以及国家减灾委员会都承担了自然灾害管理的综合协调任务[①]。

表7-1　改革开放时期灾害应急相关的部分机构

成立年份	机构
1978年	民政部(前身为内务部)，加强对农村的救灾救济工作
1979年	国务院抗旱领导小组
1981年	国家劳动总局成立矿山安全监察局
1982年	劳动人事部，在劳动总局、国家人事局和科级干部局的基础上成立，加强安全生产和劳动卫生监督管理工作
1985年	全国安全生产委员会
1987年	中央森林防火总指挥部(后更名为国家森林防火指挥部)
1988年	国家防汛总指挥部(办事机构设在水利部，后更名为国家防汛抗旱总指挥部)
1989年	中国国际减灾十年委员会(2000年更名为中国国际减灾委员会，2005年改名为国家减灾委员会)，为响应联合国"国际减灾十年"(1999—2000)行动号召
1991年	全国救灾工作领导小组，办公室设在国务院生产办公室，1992年与国家防汛总指挥部合并组建国家防汛抗旱总指挥部
2001年	国家安全生产监督管理局，在原安全生产局等的基础上成立

在法制建设方面，这一时期相继出台了一系列自然灾害应急管理专门性法律法规和大量相关法律法规。其中，专门性法律法规的出台是我国应急管理能力建设得以加快发展的重要原因和显著标志。专门性法律法规采取一事一立法的思路，就应对某类突发事件作出的规定，更具针对性，包括《中华人民共和国防沙治沙法》《中华人民共和国防洪法》《破坏性地震应急条例》等。此外，很多其他立法中的部分条款也涉及突发事件的应对，包括自然灾害类的《中华人民共和国水法》《中华人民共和国森林法》，事故灾难类的《中华人民共和国劳动法》《中华人民共和国煤炭法》，公共卫生事件类

---

① 钟开斌：《从强制到自主：中国应急协调机制的发展与演变》《中国行政管理》2014年第8期，第115-119页。

的《中华人民共和国食品卫生法》《中华人民共和国动物防疫法》，社会安全事件类的《中华人民共和国国家安全法》《中华人民共和国国防法》等①（见表7-2）。

表7-2　改革开放时期灾害应急相关的法律法规②

性质	年份	法律法规名称
专门性法律法规	1984年	《中华人民共和国水污染防治法》，于1996年修正
	1986年	《中华人民共和国民用核设施安全监督管理条例》
	1987年	《中华人民共和国大气污染防治法》，于1995年修正、2000年修订
	1988年	《森林防火条例》
	1989年	《中华人民共和国传染病防治法》
	1990年	《海上交通事故调查处理条例》
	1993年	《核电厂核事故应急管理条例》
	1995年	《中华人民共和国固体废物污染环境防治法》
	1995年	《破坏性地震应急条例》
	1996年	《中华人民共和国环境噪声污染防治法》
	1997年	《中华人民共和国防洪法》
	1997年	《中华人民共和国防震减灾法》
	2001年	《中华人民共和国职业病防治法》
	2001年	《中华人民共和国防沙治沙法》
相关法律法规	1983年	《植物检疫条例》，于1992年修正
	1984年	《中华人民共和国森林法》，于1998年修正
	1986年	《中华人民共和国国境卫生检疫法》
	1986年	《中华人民共和国渔业法》，于2000年修正
	1987年	《化学危险物品安全管理条例》
	1988年	《中华人民共和国水法》，于2002年修正
	1989年	《中华人民共和国环境保护法》
	1989年	《中华人民共和国进出口商品检验法》，于2002年修正
	1989年	《铁路运输安全保护条例》
	1991年	《中华人民共和国水土保持法》

① 王万华：《略论我国社会预警和应急管理法律体系的现状及其完善》，《行政法学研究》2009年第2期，第3-9页。

② 本表由作者自行整理，数据来源于北大法宝法律数据库：https://www.pkulaw.com/。

续表7-2

性质	年份	法律法规名称
	1991年	《中华人民共和国进出境动植物检疫法》
	1992年	《中华人民共和国矿山安全法》
	1993年	《中华人民共和国国家安全法》
	1994年	《中华人民共和国劳动法》
	1995年	《中华人民共和国食品卫生法》
	1995年	《国防交通条例》
	1996年	《中华人民共和国煤炭法》
	1996年	《中华人民共和国人民防空法》
	1997年	《中华人民共和国动物防疫法》
	1997年	《中华人民共和国国防法》
	1998年	《中华人民共和国消防法》
	1999年	《中华人民共和国气象法》
	2001年	《农业转基因生物安全管理条例》
	2002年	《中华人民共和国安全生产法》
	2002年	《危险化学品安全管理条例》

　　我国在国际合作应急管理能力建设方面也取得了突破性的进展。一方面，在联合国开展的国际减灾十年活动推动下，我国于1989年3月成立了中国国际减灾十年委员会[1]，使我国的减灾救灾工作与国际接轨，通过学习国外经验，应急管理工作的规范性、科学性有所提升。另一方面，党的十一届三中全会以后，将灾害应急管理认为是一项具有国际社会互助性质的事业。为此，在1980年的《关于接受联合国救灾署援助的请示》中提出，我国在遭遇自然灾害时，可以实时向联合国救灾署通报灾情，并在灾害较为严重时主动寻求援助。此后，我国开始接纳国际社会的救灾援助[2]。1987年6月9日，我国又发布了《关于调整接受国际救灾援助方针问题的请求》，其中明确指出应有选择地积极争取国际人道主义援助，接受来自国外政府、机构以及国际组织的救灾援助[3]。

---

①《国务院关于成立中国"国际减灾十年"委员会的批复》(1989-03-01)，中华人民共和国中央人民政府：https://www.gov.cn/zhengce/content/2011-03/24/content_8025.htm，访问日期：2023年9月5日。

② 孙绍骋：《中国救灾制度研究》，商务印书馆，2004，第79页。

③ 林毓铭、李瑾：《中国防灾减灾70年：回顾与诠释》，《社会保障研究》2019年第6期，第37-43页。

总体而言，改革开放初期的自然灾害应急管理能力建设，已经进入了一个快速发展的阶段，面向单灾种的灾害应急管理能力更加成熟，在此基础上，也开始关注综合性应急管理能力建设。例如，在应急资源调度能力方面，开始注重有效整合。20世纪末期，我国将消防、公安、交警、医疗、防洪、防震等政府部门整合到同一个指挥调度系统，建立了社会应急资源统一中心，而2002年5月广西南宁市社会应急联动系统的正式建立，更是标志着"应急资源整合"的思想落地①。然而，这一时期的自然灾害应急管理能力与"综合的应急管理能力"之间仍存在明显差距②。当重特大事件发生时，通常通过成立临时性协调机构开展工作，但跨部门协调工作量大，机构处于膨胀状态，应急效率表现不佳。这种分散协调、临时响应的应急管理模式严重影响了应急能力的提升和应急效能的转化。

第三节　综合性应急管理能力建设时期
（2003—2012年）

进入21世纪以来，我国接连遭受了2003年"非典"危机、2008年南方低温雨雪冰冻灾害和"5·12"汶川地震以及后续的雅安地震、2010年玉树地震与舟曲特大泥石流等重大灾害的冲击③。这些事件不仅考验了国家的韧性，也深刻影响了我国应急管理体系的发展轨迹，尤其是2003年的"非典"疫情，尤为深刻地揭示了我国在应急管理机制上的不足，成为推动应急管理工作全面加强的转折点。"非典"疫情的暴发，不仅让全国付出了沉重代价，更深刻地警醒了我们，必须增强危机意识，加强应急管理体系的建设。为此，国家迅速采取措施，在2003年全国防治非典工作会议上明确表示，我国在应对突发事件的机制上存在不足，危机处理与管理能力有待提升，部分地方政府和部门在应对突发事件方面缺乏准备与能力，并强调在接下来的3年左右时间内，建立健全突发公共卫生事件应急机制，提高突发公共卫生事件应急能力④。同年10月，《中共中央关于完善社会主义市场经济体制若干问题的决定》提出了建立和完善各类预警及应急机制，以增强政府面对突发事件和风险的处理能力。在此背景下，中国开始积极探索并实践综合性的应急管理体系，逐步摆脱了过去分部门、分灾种的单项应对模

① 江田汉：《我国应急管理工作基本概况的发展历程——从单项应对到综合协调，再到防灾减灾与应急准备》（2019-10-10），中国应急信息网：https://www.emerinfo.cn/2019/10/10/c_1210306687.htm，访问日期：2023年9月5日。

② 李宏、闫天池：《新时代政府应急管理能力建设研究》，中国人民公安大学出版社，2021，第28页。

③ 林毓铭、李瑾：《中国防灾减灾70年：回顾与诠释》，《社会保障研究》2019年第6期，第37-43页。

④ 《全国防治非典工作会议在京举行》，《人民日报》2003年7月29日第1版。

式，实现了应急管理工作由分散向统一的转变。

这一转变的核心在于"一案三制"的提出与实施，即应急预案、应急管理体制、应急管理机制和应急管理法制的有机结合，为我国的应急管理工作提供了有力保障。由此，2003年成为全面加强应急管理工作的起步之年[①]。

一、应急预案建设

预案，作为一种事前规划的行动方案，其编制时依据国家及地方法律法规和规章制度，紧密结合部门或单位自身的经验与实践，同时充分考虑特定地域、政治、民族、民俗等背景因素，旨在为应对各类突发事件事前准备的一套应急行动方案。该方案旨在确保在突发事件发生时，能够迅速、高效、有序地采取措施，以最大程度地减少损失、控制事态并解决问题。因此，应急预案是政府组织管理、指挥协调应急资源和应急行动的整体计划和程序规范[②]。

这一时期，我国政府针对应急预案建设发布了相应的政策文件，不仅规范了应急预案的制修订工作，还推动了应急预案框架体系的初步形成，使得灾害应急管理工作逐步走向规范化。为了有效指导应急预案的制定与修订流程，国务院办公厅在2004年接连发布了《国务院有关部门和单位制定和修订突发公共事件应急预案框架指南》与《省（区、市）人民政府突发公共事件总体应急预案框架指南》两个重要文件。2005年初，国务院正式审议并批准了《国家突发公共事件总体应急预案》（简称《总体应急预案》）。《总体应急预案》明确了我国突发公共事件应急预案体系不仅包括国家层面的总体应急预案，还有针对某类或某几类突发事件制定的专项应急预案、根据部门职责所制定的部门应急预案、各个地方政府和企业事业单位依据前述预案和自身职责所制定的地方应急预案，以及面向大型会展、文艺活动等重大活动的应急预案，以有效发现和应对突发事件[③]。可以看出，《总体应急预案》在强调政府主导的同时也充分考虑到各部门、各地区和各个行业等不同层面的实际需求，将防范和处置应对四大类突发事件的组织体系、基本原则和应对流程给予统一和规范。

在一系列规范性文件的指导下，2005年5月至6月，我国针对自然灾害、事故灾难、突发公共卫生事件以及社会安全事件这四大类突发公共事件，相继发布了共计25件专项应急预案与80件部门预案，这些预案广泛涵盖了我国可能面临的各类主要突发

---

① 钟开斌：《回顾与前瞻：中国应急管理体系建设》，《政治学研究》2009年第1期，第78-88页。

② 钟开斌、张佳：《论应急预案的编制与管理》，《甘肃社会科学》2006年第3期，第240-243页。

③《国家突发公共事件总体应急预案》（2006-01-08），中华人民共和国中央人民政府：https://www.gov.cn/yjgl/2006-01/08/content_21048.htm，访问日期：2023年9月5日。

事件。至2005年底，全国应急预案编制工作已基本完成。进一步统计显示，截至2007年11月，全国范围内已累计制定了超过130万件各级各类应急预案，实现了从国家到地方各级政府的全面覆盖，包括所有省级政府、97.9%的市级政府以及92.8%的县级政府均已完成其应急预案的编制工作。此外，各地还根据实际情况，灵活编制了大量专项及部门应急预案，从而构建起了一个"纵向到底、横向到边"的应急预案体系[1]。此后，为满足救灾工作的现实需要，不断开展对已有预案的修订工作。2011年，我国首次对《国家自然灾害救助应急预案》进行了修订。2012年，为了进一步增强应对地震灾害的能力，《国家地震应急预案》也进行了全面修订，此次修订明确了国务院抗震救灾指挥机构的构成与职责划分，确立了四级响应机制的详细框架，并详细规定了地震应急期间应采取的各项措施。

二、应急管理体制建设

应急管理体制的核心在于明确应急管理机构的组织架构，这涵盖了从综合性应急管理组织到各专项应急管理组织，再到各地区、各部门应急管理组织的全面布局。它不仅界定了这些组织在法律上的地位，还详细规定了它们之间在权力分配上的相互关系，以及各自独特的组织形式[2]。应急管理体制旨在确保在应对突发事件时，各层级、各领域的应急管理机构能够协调一致、高效运作。

2005年4月，中国国际减灾委员会正式更名为国家减灾委员会，此举标志着我国开始探索建立综合性应急管理体制[3]。2006年4月，为加强应急管理工作的执行与协调，国务院办公厅设立了应急管理办公室（亦称国务院总值班室），该机构承担起值守应急、信息整合与综合协调等职能。随后，这一模式在地方层面迅速推广，各地相继成立了相应的应急管理办公室。据统计，截至2007年底，所有的省级政府、96%的市级政府和81%的县级政府都成立或明确了应急管理办事机构[4]。与此同时，我国不断深化国务院安全生产委员会、国家减灾委员会、国务院抗震救灾指挥部等高级别议事协调机构的职能优化，针对洪涝、干旱、地震、森林火灾、安全生产等特定领域，建立

---

① 钟开斌：《回顾与前瞻：中国应急管理体系建设》，《政治学研究》2009年第1期，第78-88页。

② 钟开斌：《回顾与前瞻：中国应急管理体系建设》，《政治学研究》2009年第1期，第78-88页。

③ 江田汉：《我国应急管理工作基本概况的发展历程——从单项应对到综合协调，再到防灾减灾与应急准备》(2019-10-10)，中国应急信息网：https://www.emerinfo.cn/2019-10/10/c_1210306687.htm，访问日期：2023年9月5日。

④ 钟开斌：《回顾与前瞻：中国应急管理体系建设》，《政治学研究》2009年第1期，第78-88页。

并完善了专门的应急指挥系统[①]。至此，全国初步形成了"统一领导、综合协调、分类管理、分级负责、属地管理为主"的应急管理体制。

其中，"统一领导"指的是无论在任何地方任何时候，应对各类突发事件都必须坚持由政府来统一领导和统一指挥，各级政府都以应急指挥机构的指挥来协调和统一行动；"综合协调"针对的是不同的参与主体之间，包括政府部门、企事业单位、社会组织、公民个人等，都需要以确保自身职责的履行为基础做好相互协调，以提高突发事件应对效率；"分类管理"指的是四大类突发公共事件各自都有牵头和主导的部门，如自然灾害对应水利、地震、林业、农业、民政等部门，事故灾难对应安监部门，公共卫生事件对应卫生部门，而社会安全事件则对应公安等部门；"分级负责"是指按照不同的等级标准，特别重大等级的突发公共事件对应国务院，重大等级对应省级政府，较大等级对应地市级政府，而一般等级突发公共事件则对应县及县级以下政府处置；"属地管理"指的是无论何种等级的突发公共事件，所在地政府都必须第一时间介入，做好信息报送和应急响应以控制事态的发展，当本级政府无法应对时就应立即请求上级政府的介入。这一综合性应急管理体制的建立，弥补了以往各自为政、管理分散的缺陷，促使我国在灾害应对方面实现了从被动反应到主动预防的深刻转变，同时也推动了应急管理工作由单一的专项应对向全面的综合统筹迈进。更重要的是，这一体制将工作重心从以往的事后救援前置到了事前预防与管控[②]，显著提升了我国在灾害应对中的整体效能与水平。

三、应急管理机制建设

应急管理机制指的是在突发事件的整个应对过程中，涵盖事前预防、事发处置、事中应对以及事后恢复的系统化、制度化、程序化和规范化的管理方法和措施。在这一时期，政府发布了一系列政策文件，明确了我国应急管理机制建设的方向。《中共中央关于加强党的执政能力建设的决定》《中共中央关于制定国民经济和社会发展第十一个五年规划的建议》《中共中央关于构建社会主义和谐社会若干重大问题的决定》先后提出要建立健全分类管理、分级负责、条块结合、属地为主的应急管理体制，形成统一指挥、反应灵敏、协调有序、运转高效的应急管理机制。此外，多次政府会议、工作报告、相关法律法规文件、专题会议等，都强调了应急管理机制建设的重要性。2008年11月28日，在由中央组织部、国务院办公厅和国家行政学院共同举办的省部级

---

① 刘智勇、陈莘、刘文杰：《新中国成立以来我国灾害应急管理的发展及其成效》，《党政研究》2019年第3期，第28-36页。

② 李宏、闫天池：《新时代政府应急管理能力建设研究》，中国人民公安大学出版社，2021，第28页。

领导干部"突发事件应急管理"专题研讨班上，时任国家行政学院院长马凯强调了加强综合协调、实现快速反应和高效运转，建立协调有效的应急管理机制的重要性。相继出台的《国家突发公共事件总体应急预案》(2006)、《国务院关于全面加强应急管理工作的意见》(2006)、《中华人民共和国突发事件应对法》(2007)和《"十一五"期间国家突发公共事件应急体系建设规划》(2007)等法律法规文件，都对完善应急管理机制提出了具体要求。这一系列措施的落实，为中国特色应急管理机制建设打下坚实基础①。

在城市应急联动方面，部分地区开始探索建立跨区域的应急协作。2002年，南宁市城市应急联动系统投入运营，这是中国第一套应急联动系统。该系统基于C4I概念②的信息系统，整合数字化和网络化技术，将各类报警平台（如急救、交通事故、市长热线等）以及防洪、防震、防空和水、电、气等公共事业的应急救助纳入统一指挥调度系统。通过资源共享，实现跨部门、跨警种和不同警区的协同指挥，在全国首创"统一接警，统一处警"模式，一定程度上在市政府部门之间建立起高效的应急联动机制，提高了应对突发事件的能力和效率③。2008年，广东省先后与香港、澳门特别行政区签署了"应急管理合作协议"，这一举措象征着粤港、粤澳在应急管理联动机制建设上实现了重要进展。2009年，广东省与泛珠三角区域的其他八省（区）共同签署了合作协议，建立了全国首个省级区域性应急管理联动机制，为我国应急管理区域合作的发展积累了宝贵经验。在此基础上，2011年4月，泛珠三角区域的九省（区）的41个相邻市在梧州签署了应急联动合作协议，旨在通过更紧密的区域资源整合与协作，共同应对可能发生的突发事件，实现应急管理和响应能力的整体提升④。

此外，晋冀蒙六城市、陕晋蒙豫四省区等地的应急管理联动机制建设也取得一定的进展⑤。2010年7月，包括赤峰市、朝阳市、锦州市、唐山市、锡林郭勒盟、承德市、张家口市、葫芦岛市、阜新市、秦皇岛市在内的蒙冀辽"9市1盟"区域合作峰会在锡林浩特市举行，就完善合作互动机制、建立解决区域合作障碍的协调机制开展了

① 闪淳昌、周玲、钟开斌:《对我国应急管理机制建设的总体思考》,《国家行政学院学报》2011年第1期,第8-12页。

② C4I中的C4是指挥(Command)、控制(Control)、通信(Communication)、计算机(Computer);I是信息(Information)。

③《广西省南宁应急联动:用高科技构筑平安城市》(2005-11-26),中华人民共和国中央人民政府:https://www.gov.cn/jrzg/2005-11/26/content_109535.htm,访问日期:2024年9月13日。

④ 钟开斌:《从强制到自主:中国应急协调机制的发展与演变》,《中国行政管理》2014年第8期,第115-119页。

⑤ 刘智勇、陈苹、刘文杰:《新中国成立以来我国灾害应急管理的发展及其成效》,《党政研究》2019年第3期,第28-36页。

交流，并签署合作备忘录①。2011年9月，黄河中游四省（区）应急联动工作座谈会在西安召开，陕、晋、蒙、豫四省（区）联合签署了《黄河中游四省（区）应急管理合作协议》，有助于促进区域间各级应急管理机构合作交流的常态化，推动区域间应急管理合作不断向全领域、深层次发展②。

在监测预警方面，我国已建立了从中央到地方包括自然灾害中的水文、气象、地震、地质、海洋、生物和森林类，公共卫生突发事件以及环境、事故等突发事件的监测预警系统。在气象灾害的监测与预警方面，全国性的气候灾害监测与预报系统由遍布全国的2600多个气象站点共同构成，这些站点涵盖了中国气象局、各区域气象中心及省级气象台等多个层级。该系统深度融合了以计算机技术为主的实时业务系统、卫星云图处理系统、数字化天气雷达以及高频电话辅助通信网络等技术，形成了一个全面覆盖的气象灾害监测预报服务网络③。在地质灾害的监测预警上，截至2012年，我国已建成国家级预警系统1个、省级预警系统26个，实现国家级预警精度达到10 km×10 km，区域或局地易发区空间精度达到5 km×5 km④。在森林与草原火灾的监测预警方面，2003年，我国建立了森林与草原火灾的遥感监测预警系统，为全国及其周边区域的森林与草原火灾的防范与应对提供全方位监测服务。该系统集成了森林草原火灾危险性预测、火点自动定位、火势跟踪监测及火灾损失综合评估等核心功能，形成了一整套标准化、系统化的监测流程与信息服务架构。面对国家森林草原防火工作的挑战，该监测预警系统的运作能够有效发挥监测与预警的功能⑤。

在信息发布与舆论引导方面，我国政府发布了相关政策文件来完善信息发布制度，并在具体实践中取得了成效。2004年2月11日，国务院召开第39次常务会议，通过《关于改进和加强国内突发事件新闻发布工作的实施意见》，以改进和加强国内突发事件新闻发布工作。2008年在汶川地震灾害应对中，我国政府针对信息发布采取了高度透明的做法，允许境内外记者进入灾区进行采访报道⑥。

在对口支援领域，我国应急管理实践历经长期发展，逐步形成了具有本国特色的

①《晋冀蒙6城市探索跨区域应急救援》(2010-07-19)，内蒙古新闻网：https://inews.nmgnews.com.cn/system/2010/07/19/010472833.shtml，访问日期：2024年9月13日。

②《陕晋蒙豫四省（区）签署黄河中游应急管理合作协议》(2011-09-30)，中华人民共和国中央人民政府：https://www.gov.cn/gzdt/2011-09-30/content_1960513.htm，访问日期：2024年8月24日。

③《应急管理概论（九）监测与预警》(2011-09-09)，湖南省人民政府：https://www.hunan.gov.cn/xxgk/yjgl/yjzs/201301/t20130108_4694712.html，访问日期：2024年9月13日。

④肖锐铧、刘艳辉、陈春利，等：《中国地质灾害气象风险预警20年：2003—2022》，《中国地质灾害与防治学报》2024年第2期，第1-9页。

⑤张维平：《中美日三国预警机制比较评述》，《中国减灾》2006年第4期，第34-35页。

⑥钟开斌：《回顾与前瞻：中国应急管理体系建设》，《政治学研究》2009年第1期，第78-88页。

支持体系。追溯至1976年，为加速救援和灾后重建进程，我国启动了灾后地方政府间的对口支援机制。经过唐山大地震后的恢复与重建工作，该机制明确了各地方政府的具体支援对象，增强了救助工作的针对性与实效性，从而避免了援助过程中的无序与混乱，在促进资源的合理调配与利用的基础上，显著提升了唐山地震灾区整体重建工作的效率与成果。在汶川地震灾害应对期间，政府推行了中央财政帮扶体制，并出台了《汶川地震灾后恢复重建对口支援方案》。该方案的制定与执行，确保了汶川灾区的重建工作得以依法有序地进行，已成为中国灾害应急管理领域的成功范例[1][2]。

此外，这一时期，我国的保险补偿机制也得到了较为快速的发展。自2004年以来，中国开始在农业生产领域推行政策性保险试点，江苏、山东、浙江等地率先开展多种形式的农业保险试点工作。2007年，农业保险试点在更多省份铺展开来，包括湖北、福建、青海、吉林、内蒙古、北京、湖南等地，同时进一步加大了财政支持力度[3]。在抗灾救灾、恢复生产等环节发挥了重要的经济补偿作用[4]。与此同时，我国也开始探索巨灾保险制度。2013年11月发布的《中共中央关于全面深化改革若干重大问题的决定》和2014年8月发布的《国务院关于加快发展现代保险服务业的若干意见》相继提出了建立巨灾保险制度的要求，这标志着巨灾保险制度正式被纳入国家层面来部署[5]。

四、应急管理法制建设

应急管理法制是在突发事件发生时，如何处理国家权力之间、国家权力与公民权利之间，以及公民权利相互之间的社会关系的法律准则和规范的总和[6]。中国应急管理法律体系长期面临的问题是虽然部门立法众多，但缺乏统一法。在2003年之前，中国已经出台了35部涉及应对突发事件的法律、37项行政法规、55个部门规章以及111份相关法规性文件[7]。然而，这些法律规范大多仅针对特定领域的突发事件，具有较强的

---

① 赵明刚：《中国特色对口支援模式研究》，《社会主义研究》2011年第2期，第56-61页。

② 刘智勇、陈苹、刘文杰：《新中国成立以来我国灾害应急管理的发展及其成效》，《党政研究》2019年第3期，第28-36页。

③ 潘勇辉：《财政支持农业保险的国际比较及中国的选择》，《农业经济问题》2008年第7期，第97-103页。

④ 钟开斌：《中国应急管理体制的演化轨迹：一个分析框架》，《新疆师范大学学报》（哲学社会科学版）2020年第6期，第73-89页。

⑤ 卓志：《改革开放40年巨灾保险发展与制度创新》，《保险研究》2018年第12期，第78-83页。

⑥ 薛澜、张强、钟开斌：《危机管理：转型期中国面临的挑战》，清华大学出版社，2003，第157-158页。

⑦ 韩大元、莫于川：《应急法制论——突发事件应对机制的法律问题研究》，法律出版社，2005，第10-14页。

部门特征,缺乏普遍的指导意义①。

为了解决这一问题,我国进行了一系列应急管理相关立法工作。2003年5月,国务院发布《突发公共卫生事件应急条例》,旨在处理突发公共卫生事件时,确保建立信息传递畅通、响应迅速、指挥有力、责任清晰的应急法律制度,并提出国家要建立统一的突发事件预防控制体系。2004年3月,十届全国人大二次会议通过《中华人民共和国宪法修正案》,把"戒严"改为"紧急状态",进一步对由四种类型突发事件所引起的紧急状态作了原则性规定,确立了中国的紧急状态制度,为突发事件应急管理法制建设奠定了宪法基础。面对突发事件的频发,我国在突发事件应急处置领域制定的众多法律法规之间缺乏协调统一,导致在面对重大、复杂突发事件时难以展现出整体的应对能力。为解决这一问题,2003年国务院法制办着手起草《中华人民共和国突发事件应对法》(时称《紧急状态法》),2007年正式通过我国首部系统应对突发事件的法律《中华人民共和国突发事件应对法》,并于当年11月开始施行,改变了我国过去应急法律体系混乱的状况,标志着我国应急法律体系初步形成②。该法律被称为"非常时期的小宪法""龙头法"和"兜底法",作为我国应急管理领域的基本法,其施行为应急管理工作提供了法律保障和规范,是我国应急管理法治化进程中的一个重要里程碑。

因自然灾害具有复杂性,我国突发事件应急相关法律法规需要与时俱进,结合具体法律实施中存在的问题,需要进行一系列修订工作。2008年12月,修订了《防震减灾法》,新增有关防震减灾规划和监督管理等方面的内容。2010年,国务院颁布《自然灾害救助条例》,以规范自然灾害救助工作,保障受灾人员基本生活。在新形势新任务和新挑战的背景下,为了积极回应实践需求,更好满足人民群众需求,2024年6月,十四届全国人大常委会通过了修订后的《突发事件应对法》,此次修订在巩固突发事件应对领域基础性、综合性法律定位的基础上,充分体现了"于法有据、于法周全"的立法理念,实现了对突发事件整体性协同应对的目标,为我国应对各类突发事件提供了更加完善的法律保障③。我国应急管理法制构建了一个以《中华人民共和国宪法》为依据,以《突发事件应对法》为行动指南,同时结合专项法律、行政法规以及部门规章等构成的应急管理法律法规体系④⑤。综上可以看出,作为综合性应急管理体系与能

① 钟开斌:《回顾与前瞻:中国应急管理体系建设》,《政治学研究》2009年第1期,第78-88页。

② 李娜:《〈突发事件应对法〉的解读与反思》,《法制博览》2015年第26期,第112-113页。

③《巩固基础性综合性法律地位,实现突发事件整体性协同应对》(2024-08-23),中华人民共和国应急管理部,https://www.mem.gov.cn/gk/zcjd/202408/t20240823_498416.shtml,访问日期:2024年9月13日。

④ 钟开斌:《回顾与前瞻:中国应急管理体系建设》,《政治学研究》2009年第1期,第78-88页。

⑤ 丛梅:《加强中国应急管理体系的法制建设》,《理论与现代化》2009年第5期,第119-122页。

力建设的行动指南，应急管理法制建设的不断加强与完善，为确保政府应急管理能力建设的合法性与规范性提供了重要保障。

"一案三制"构成了应急管理体系中紧密相连的有机整体，是中国应急管理体系中不可或缺的重要组成部分。预案是前提，体制是基础，机制是关键，法制是保障，这四个要素相互影响、相互补充，共同组成一个复杂的人机互动系统。应急管理的体制与机制对法制和预案具有规范作用，同时，法制和预案的建设也促进了体制与机制的稳固与进步。我国通过颁布一系列法律法规，确立了以党和政府统一领导、部门分工负责、灾害分类管理、属地管理为主的灾害应急管理体制机制，"一案三制"应急管理体系基本建成。

第四节　以总体国家安全观为统领的应急管理能力建设时期（2012年至今）

以2012年党的十八大为开端，中国特色社会主义进入新时代，提出了一系列治国理政的新理念、新思想、新战略，应急管理成为国家治理体系和治理能力的重要组成部分[1]。以2014年总体国家安全观的提出为标志，我国开始从国家战略的高度来决策部署应急管理工作[2]。应急管理能力建设以专门化、专业化、规范化、科学化为典型特征，在机构整合、救援队伍建设、科技与信息化发展、法律法规和标准化等多个方面全面展开。

一、应急管理部门的专门化建设

在我国，由应急管理部门牵头负责自然灾害与事故灾难管理，卫健部门和公安部门则分别负责公共卫生事件、社会安全事件的管理，这构成了专门化三大子系统。专门性不同于专业性[3]，后者强调知识和技能方面的专业化程度，而专门性则侧重于从结构的角度来描述应急管理机构在应急管理体系中的特征。应急管理部门的专门性建设能够有效整合分散在各个部门、机构的应急管理职能，使得应急管理工作更加高效，

---

① 钟开斌：《国家应急管理体系：框架构建、演进历程与完善策略》，《改革》2020年第6期，第5-18页。

② 闪淳昌、周玲、秦绪坤，等：《我国应急管理体系的现状、问题及解决路径》，《公共管理评论》2020年第2期，第5-20页。

③ 张海波：《中国第四代应急管理体系：逻辑与框架》，《中国行政管理》2022年第4期，第112-122页。

防灾、减灾、救灾应急成本进一步降低[1]。

2018年4月16日，中华人民共和国应急管理部正式成立。应急管理部对消防、水利、农业、林业、地震、森林防火等领域的应急资源，以及国家安监总局、国务院办公厅、公安部、民政部、中国地震局、国家防汛抗旱总指挥部、国家减灾委员会、国务院抗震救灾指挥部、国家森林防火指挥部等的职责进行了优化和整合[2][3]。此外，近20万武警官兵进行了转制，地方层面也设立了相应的应急管理专门机构。应急管理部承担的主要职责可以概括为以下几个方面：一是负责应急预案相关工作，包括组织制定国家层面的应急总体预案和规划，对各地区和各部门在突发事件应对方面进行指导，并推动应急预案的完善和演练。二是负责灾情管理、应急协调和灾害救助工作，包括建立灾情报告系统，并确保灾情信息的统一发布；统筹协调应急力量的建设、物资的储备，以及它们在救灾行动中的统一调度；组织灾害救助体系的建设，并指导安全生产和自然灾害的应急救援工作，同时，还承担国家在应对特别重大灾害时的指挥部职责。三是负责自然灾害防治工作，指导火灾、水旱灾害、地质灾害等自然灾害的防治工作。四是负责安全生产综合监督管理工作和工矿商贸行业的安全生产监督管理工作[4]。

应急管理部的成立标志着我国在管理职责、管理流程和应急救援资源方面实现了高度的整合与统一。首先是应急管理职能的统一。过去，我国在灾害应对上存在着严重的碎片化现象，这导致了我国应急管理体制上的复杂性。应急管理部的成立实现了对应急管理工作的统一领导和指挥，提升了应急管理的统筹协调能力。其次是应急管理过程的统一。这次改革不仅赋予应急管理部整体规划和指导的全过程应急管理职责，也明确了其在自然灾害和事故灾难类事件的物资准备、预案演练、指挥应对和善后恢复的全过程管理职能，有助于打破突发事件在事前、事中、事后的组织困境[5]。最后是应急救援资源的整合。转制前，公安消防部队是在武警总部与公安部的双重领导下，主要负责火灾扑救和社会救援工作；武警森林部队是在武警总部与国家林业局的双重领导下，主要参与森林火灾扑救工作。转制之后，公安消防部队、武警森林部队与安

① 刘智勇、陈苹、刘文杰：《新中国成立以来我国灾害应急管理的发展及其成效》，《党政研究》2019年第3期，第28-36页。

②《应急管理部组建以来，中国应急管理体制如何"脱胎换骨"？》（2022-04-29），南方都市报：http://static.nfapp.southcn.com/content/202204/29/c6449323.html，访问日期：2024年9月13日。

③ 王宏伟：《现代应急管理理念下我国应急管理部的组建：意义、挑战与对策》，《安全》2018年第5期，第1-6页。

④《〈中共中央关于深化党和国家机构改革的决定〉〈深化党和国家机构改革方案〉辅导读本》，人民出版社，2018，第50-51页。

⑤ 高小平、刘一弘：《应急管理部成立：背景、特点与导向》，《行政法学研究》2018年第5期，第29-38页。

全生产等应急救援队伍一并由应急管理部统一管理，实现了若干种应急救援力量的集中整合，有助于提升整体应急救援能力。此外，应急管理部的成立还改善了先前不同应急部门物资重复储备或储备不足等问题，提高了应急物资的储备及其使用效率[1]。

二、应急救援队伍建设

加强应急救援队伍建设是提升应急管理能力的基本实现途径[2]。在中央政治局第十九次集体学习中，提出了建设一支具备专业性、常态性、灵敏性和高本领的应急救援队伍的目标。《"十四五"国家应急体系规划》进一步明确了构建中国特色应急救援力量体系的方向，即以国家综合性消防救援队伍为核心，专业救援队伍为协同，军队应急为突击力量，社会力量为辅助，旨在确保应急救援能力的全面提升，以应对各种突发事件的挑战。

2018年，应急管理部成立后，根据《组建国家综合性消防救援队伍框架方案》，公安消防部队、武警森林部队转制，组建了国家综合性消防救援队伍[3]。截至2022年6月，近20万人的队伍成功完成了转隶移交、身份转改、职级调整、授衔换装、落编定岗等工作，组建了国家消防救援局。该局实施统一领导和分级指挥的机制，确立了"中央主建、地方主用"的原则，建立了"条块结合、以条为主"的双重管理体制。同时，出台配套改革政策共计462项，规划了6个区域应急救援中心，组建了航空救援队伍和机动队伍，消防救援站的数量从7032个增加至9657个，总力量规模达到22万人[4]。

专业应急救援力量体系基本形成。截至2022年6月，组建了应急管理部自然灾害工程应急救援中心和救援基地，完善国家级的危险化学品、优化隧道施工应急救援队伍布局，建成包括地震、矿山、隧道施工、工程抢险、航空救援等在内的90余支国家级应急救援队伍，总人数超过2万人。此外，各地还组建了抗洪抢险、森林（草原）灭火、地震和地质灾害救援以及生产安全事故救援等专业应急救援队伍，约3.4万支，总

---

① 王宏伟：《现代应急管理理念下我国应急管理部的组建：意义、挑战与对策》，《安全》2018年第5期，第1—6页。

② 刘楠：《建立健全应急救援队伍是提升新时代应急管理能力的关键》，《中国应急管理》2019年第12期，第15—16页。

③《习近平向国家综合性消防救援队伍授旗并致训词》（2018-11-09），中华人民共和国应急管理部：https://www.mem.gov.cn/xw/szzl/tt/201811/t20181109_232096.shtml，访问日期：2024年9月13日。

④《国家综合性消防救援队伍组建五年来全力防风险保安全护稳定》（2023-11-08），中华人民共和国应急管理部：http://www.mem.gov.cn/xw/xwfbh/2023n11y7rxwfbh/mtbd_4262/202311/t20231108_468049.shtml，访问日期：2024年9月13日。

人数超过130万人，共同构成灾害事故抢险救援的重要力量①。此外，随着社会的不断发展，各种灾难环境不断升级，更为复杂，专业应急救援队伍也在不断拓展自己的任务和职能，在突出加强专业能力建设基础上，兼顾综合能力建设。以矿山应急救援队伍为例，这些队伍不仅肩负着矿山灾害事故的紧急救援任务，同时也参与抗震救灾等自然灾害的救援工作，在应对地震、泥石流、滑坡等自然灾害的抢险救援行动中发挥着关键性的作用②。

军队在抢险救灾行动中扮演着关键的突击角色，其主要职责包括多个方面：首先，军队负责解救、转移疏散受困人员，保护关键目标的安全；其次，军队承担抢救和运送重要物资的任务；此外，军队还参与道路抢修、海上搜救、核生化救援等专业抢险行动，负责排除和控制其他重大危险情况③。近年来，中国军队在各种突发性的抢险救灾任务中发挥了极为重要作用。据了解，为应对2024年上半年湖南、重庆、四川、陕西等地持续出现的强降雨，截至2024年7月24日，解放军和武警部队官兵共出动9.2万人次、民兵共出动8.4万人次、车辆和工程机械装备7535台次、舟艇1989艘次，协助地方开展转移受灾群众、加固堤坝、封堵决口、搜救人员、转运物资等行动④。

社会应急力量建设积极稳步发展。社会应急力量是我国应急救援队伍建设中不可忽视的组成部分⑤，为使其能够及时参与到灾害应急抢险救援中，应急管理部官网专门设置了"社会力量参与抢险救灾网上申报系统"入口。截至2022年6月，民政部等部门登记的社会应急力量超过1700支，共计4万余人。这些队伍以其志愿公益性质、与群众紧密联系、响应迅速和各自的专业特长，参与山地、水上、航空、潜水、医疗辅助等抢险救援和应急处置，这些社会应急力量在生命救援和灾民救助等方面发挥了显著的作用⑥。据不完全统计，2018—2020年，全国社会应急力量累计参与救灾救援约30

① 《应急管理部关于印发〈"十四五"应急救援力量建设规划〉的通知》（2022-05-06），中华人民共和国应急管理部：https://www.mem.gov.cn/gk/zfxxgkpt/fdzdgknr/202206/t20220630_417326.shtml，访问日期：2024年9月13日。

② 孙颖妮：《适应全灾种、大应急任务需要加强专业应急救援队伍综合能力建设》，《中国应急管理》2019年第7期，第32-33页。

③ 国务院：《军队参加抢险救灾条例》（2005年6月7日）。

④ 《2024年7月国防部例行记者会文字记录》（2024-07-25），中华人民共和国国防部：http://www.mod.gov.cn/gfbw/xwfyr/lxjzh_246940/16327063.html，访问日期：2024年9月13日。

⑤ 《提升防汛抗旱专业技术支撑 优化社会专业应急救援力量》（2024-07-23），人民政协网：https://www.rmzxb.com.cn/c/2024-07-23/3581964.shtml，访问日期：2024年9月13日。

⑥ 《应急管理部关于印发〈"十四五"应急救援力量建设规划〉的通知》（2022-05-06），中华人民共和国应急管理部：https://www.mem.gov.cn/gk/zfxxgkpt/fdzdgknr/202206/t20220630_417326.shtml，访问日期：2024年9月13日。

万人次，参与应急志愿服务约180万人次，已逐步成为应急救援力量体系的重要组成部分。据不完全统计，2022年8月，重庆21起山火中参与救火的志愿者达2.4万余人次，志愿服务组织达286家；2024年2月，贵州221起山火救援中，共计动员2.4万余人次参与救援，其中，基层党员干部、民兵、群众及志愿者1.5万余名[1]。这表明社会应急力量在我国应急管理工作中发挥着越来越重要的作用，有效提升了我国应急管理体系的整体能力。

三、应急法规与标准化建设

应急管理标准化与应急管理法规之间存在着密不可分的内在联系，二者共同支撑应急管理体系的行动运转。法规作为刚性约束，为应急管理工作提供了明确的法律依据和行为规范；而标准化工作则在应急管理的现代化进程中发挥着战略性、引领性和基础性的作用，对安全发展、国家应急管理体系的支撑保障效益显著。在这一时期，随着国家对应急管理工作的日益重视，我国应急法规体系日益完善，应急管理的标准化工作也在不断推进。

近年来，突发事件应对管理工作面临着诸多新情况与新挑战，2007年颁布的《突发事件应对法》一定程度上不适应现阶段的要求，亟待修订。面对新形势新任务新挑战，2024年6月，新修订的《突发事件应对法》高票通过，自2024年11月1日起正式施行。其主要从六个关键方面进行了系统性的修改与完善。一是健全管理与指挥体制。强调党对突发事件应对工作的全面领导，完善有关管理体制，明确各方责任，规定建立统一指挥、专常兼备、反应灵敏、上下联动的应急管理体制和综合协调、分类管理、分级负责、属地管理为主的工作体系。二是完善突发事件信息报送和发布制度。建立健全突发事件信息发布和新闻采访报道制度、完善网络直报和自动速报制度，加强应急通信系统、应急广播系统建设，保障突发事件相关信息及时上传下达。三是完善应急保障制度。建立健全应急物资储备保障制度，完善应急运输保障、能源应急保障等体系，加强应急避难场所的规划、建设和管理，为突发事件应对工作提供坚实的物质基础。四是加强突发事件应对管理能力建设。明确国家综合性消防救援队伍是应急救援的综合性常备骨干力量，规定应急预案的制定、完善、演练，并强调发挥科学技术在突发事件应对中的作用。五是充分发挥社会力量在突发事件应对中的作用。建立健全突发事件应对管理工作投诉举报制度、表彰奖励制度，以及突发事件专家咨询论证制度，支持、引导志愿组织与志愿者等社会力量参与应对突发事件，充分调动社会各

---

[1] 唐溢：《提升社会应急力量山火救援的应对效能》，《中国减灾》2024年5月下，第44-45页。

方力量参与突发事件应对工作的积极性。六是保障社会各主体合法权益。加强个人信息保护的相关内容，严格规范个人信息处理活动，明确突发事件应对优先保护特殊群体原则，新增政府对特殊人群应急处置提供帮助的责任，明确政府对伤亡人员的落实保障与组织救治责任，新设开展突发事件心理援助的规定等内容，充分保障突发事件应对中社会各主体合法权益①②。

应急管理标准是法律法规的延伸，是统一的技术规范③。针对应急管理的实际需求，加强应急管理标准化工作，旨在解决标准化工作进程中存在的不统一、不规范等问题，对于提升我国综合防灾减灾救灾及应急救援能力具有基础性且至关重要的意义④。

《国家标准化发展纲要》《"十四五"时期推动高质量发展的国家标准体系建设规划》《"十四五"国家应急体系规划》《"十四五"国家综合防灾减灾规划》以及《"十四五"应急管理标准化发展计划》等一系列相关规章制度的发布，为应急标准化建设提供了行动指导。此外，《应急管理标准化工作管理办法》等则规范了标准的制订修订、贯彻实施与监督管理过程。

自2018年机构改革实施以来，应急管理部已整合并承担起对全国安全生产标准化技术委员会、全国个体防护装备标准化技术委员会、全国消防标准化技术委员会、全国减灾救灾标准化技术委员会的归口管理职责⑤。其中，全国减灾救灾标准化技术委员会于2007年11月16日正式成立，秘书处设在国家减灾中心。至2022年1月，为更好地适应应急管理与减灾救灾工作的新需求，全国减灾救灾标准化技术委员会更名为全国应急管理与减灾救灾标准化技术委员会，主要负责减灾救灾与综合性应急管理领域国家标准的制修订工作⑥。

在全国应急管理与减灾救灾标准化技术委员会的组织指导下，根据《应急管理标准化工作框架》，初步构建了包括8个子体系的《应急管理与减灾救灾标准体系框架（第一版）》。2022年9月，为深入贯彻落实《"十四五"应急管理标准化发展计划》等文件要求，《减灾救灾与综合性应急管理标准体系框架（第二版）》修订形成，由9

---

①《一图读懂突发事件应对法》（2024-07-29），中华人民共和国应急管理部：https://www.mem.gov.cn/gk/zcjd/202407/t20240729_496295.shtml?menuid=247，访问日期：2024年9月13日。

②《十三届全国人大常委会第三十二次会议审议多部法律草案》（2021-12-21），人民网：http://hb.people.com.cn/n2/2021/1221/c194063-35059973.html，访问日期：2024年9月13日。

③沈科萍、窦芙萍：《应急管理标准化现状及建议》，《中国标准化》2021年第16期，第22-25页。

④《〈应急管理标准化工作管理办法〉出台背景及其主要内容解读》（2019-07-22），中华人民共和国应急管理部：https://www.mem.gov.cn/gk/zcjd/201907/t20190722_325232.shtml，访问日期：2024年9月13日。

⑤沈科萍、窦芙萍：《应急管理标准化现状及建议》，《中国标准化》2021年第16期，第22-25页。

⑥陈夏：《全国应急管理与减灾救灾标准化技术委员会介绍》，《中国减灾》2023年2月上，第28-31页。

个子体系构成（见表7-3）。按照"先急后缓"的原则加强统筹，集中力量修订与人民生命安全关系最直接的标准。具体而言，在基础通用方面，加快制修订应急管理术语、符号、标记和分类等基础通用标准，以及其他与防灾减灾和综合性应急管理相关的基础通用标准。在风险监测与管控方面，研制预警响应等级、监测预警系统设计、风险隐患信息报送相关标准，研制自然灾害综合风险普查对象和内容、调查指标体系、重点隐患综合分析、综合风险评估、综合防治区划等相关标准，探索建立自然灾害综合风险监测预警、自然灾害综合风险普查标准体系。在防汛抗旱应急管理方面，构建防汛抗旱防台风应急管理技术规范和标准体系，编制和修订完善洪涝干旱灾害防范应对、调查评估，以及防汛抗旱应急演练等相关标准。在地震灾害应急救援方面，修订完善地震应急救援标准体系，重点制修订地震应急准备、抗震救灾指挥、地震救援现场管理、城市搜救与救援队伍装备建设、城镇救援队能力建设、地震救援培训等相关标准，同时制修订应急避难场所的术语、标志、分级分类等基础标准，应急避难场所评估认定、管理运维等相关标准。在地质灾害应急救援方面，梳理地质灾害应急救援标准体系，重点制定地质灾害应急救援术语、险情灾情速报、灾害紧急避险、救援现场规范、应急救援队伍建设等相关标准。在应急装备方面，顺应应急装备智能化、轻型化、标准化的发展方向，研究提出统一规范的应急装备标准体系，强化装备分类编码、术语定义、标志标识等基础性、通用性、衔接性标准，数字化战场、应急通信、无人机、机器人等实战需求迫切的专业性标准，以及测试、检测、认证等辅助性标准的编制供给，优化应急装备研、产、用标准体系的衔接，提升常用装备性能，促进人工智能等先进技术装备的实战应用。在应急管理信息化方面，制定应急管理数据治理和大数据应用平台技术规范，构建与应急管理信息化相适应的基础设施及应用领域标准体系，

表7-3　减灾救灾与综合性应急管理标准体系框架

1	基础通用标准
2	风险监测和管控标准
3	水旱灾害应急管理标准
4	地震灾害应急救援标准
5	地质灾害应急救援标准
6	应急装备标准
7	应急管理信息化标准
8	救灾和物资标准
9	综合性应急管理标准

重点加强网络、云平台、应用、安全等领域标准体系建设,推动应急遥感产品标准体系和应急遥感评估技术规范标准制定,以信息化推进应急管理现代化。在综合性应急管理方面,为规范救援协调和预案管理工作,制定应急救援现场指挥、应急预案编制、应急演练、专业应急救援队伍和社会应急救援力量建设、航空应急救援等相关标准,推动应急救援事故灾害调查和综合性应急管理评估统计规范、应急救援教育培训要求等相关标准制修订[①]。截至2023年底,归口管理的现行有效的应急管理标准共计1156项,其中,国家标准529项、行业标准627项。

四、应急管理科技与信息化建设

应急管理科技与信息化的发展,是我国应急管理现代化进程中的关键驱动力。中共中央政治局第十九次集体学习时强调,要强化应急管理装备技术支撑,优化整合各类科技资源,推进应急管理科技自主创新,依靠科技提高应急管理的科学化、专业化、智能化、精细化水平。在这一过程中,科技信息化不仅需要将先进技术应用到应急管理领域,还需要将应急管理信息化转变为智慧应急,并培育相应的产业生态。

(一)应急管理科技支撑

2019年11月29日,中共中央政治局第十九次集体学习时提出,要适应科技信息化发展大势,以信息化推进应急管理现代化,提高监测预警能力、辅助指挥决策能力和社会动员能力[②]。

1.监测预警

为提高自然灾害防治能力,近年来,我国增加了自然灾害风险监测站点的布设,优化了重点地区气象观测站网和水文监测站点[③]。截至2022年1月,各部门已在全国范围内建设了6万多个自动气象站、12.1万处水文监测站、28.6万处地质灾害隐患点群测群防体系、3245个森林火险要素监测站、9312座瞭望塔、约1400个地震监测台站[④],

---

①《应急管理部关于印发〈"十四五"应急管理标准化发展计划〉的通知》(2022-05-06),中华人民共和国应急管理部:https://www.mem.gov.cn/gk/zfxxgkpt/fdzdgknr/202205/t20220506_413015.shtml,访问日期:2024年9月13日。

②《习近平主持中央政治局第十九次集体学习》(2019-11-30),中华人民共和国应急管理部:https://www.mem.gov.cn/xw/ztzl/xxzl/201911/t20191130_341797.shtml,访问日期:2024年9月13日。

③ 郑国光:《推进防灾减灾救灾事业高质量发展》,《中国应急管理报》2022年5月12日第3版。

④ 郭桂桢、廖韩琪、孙宁:《我国自然灾害风险监测预警现状概述》,《中国减灾》2022年2月上,第36—39页。

地震预警网已经在重点地区推广覆盖[①]。与此同时，基于对汶川地震、甘肃舟曲泥石流等自然灾害的实践经验，我国先后于2013年、2015年相继成立了国家应急广播中心平台和国家预警信息发布中心平台，建立了山洪灾害监测预警系统、森林草原火灾监测预警系统、通信保障系统等各类突发事件监测预警体系[②]，使得我国短历时暴雨洪水预警可靠度超过70%，主要江河关键期洪水预报精度达90%以上[③]。

2008年以来，我国迅速建立了一个相对全面的天基灾害应急监测系统。该系统包括基于卫星、无人机（UAV）、站点和野外调查的综合观测。这一系统的发展从三个方面增强了中国的灾害应急监测能力。首先，确保了卫星数据采集以用于灾害应急准备和响应。中国国内目前至少有20多颗民用卫星用于监测灾害，包括环境与灾害监测和预报小卫星星座。国际上，在重大灾害应急阶段，中国可以通过启动《国际空间与重大灾害宪章》机制免费获得全球18个航天机构的遥感卫星数据。2008年，汶川地震发生后，国家减灾中心通过国内外的23颗卫星（其中5颗来自中国）获取了1000多景震前灾区遥感数据，用以快速估算房屋、交通线路和农田的破坏程度。2021年，在"7·20"河南郑州特大暴雨灾害的应急管理中，依靠北斗卫星系统，救灾人员在8天时间内接收到大量灾情数据，为灾害的预警、应急救援人员的调度和抗洪抢险提供了及时准确的信息。其次，基于高分辨率图像数据的重要应急响应和灾害管理产品已得到广泛应用，包括建筑物、道路和农作物的破坏分布图、洪水分布图以及灾区的三维场景图。2017年，九寨沟地震发生后，遥感技术被用于地震引起的建筑物损坏探测，同时，这一技术还被用于监测2008年汶川地震和2010年玉树地震之后的重建进度。再次，重大自然灾害综合评估的及时性、准确性和针对性得到了提高。使用中、高分辨率卫星提供的遥感数据，可以核实财产损失，从而在结合损失统计数据和野外调查时，保证了损失数字的准确性。与此同时，综合灾害损失评估需要的时间可大幅减少，评估所需时间从2008年汶川地震时的两个月缩短到了2015年尼泊尔地震（中国西藏灾区）时的两周[④]。

与此同时，地方层面的政府部门也对城市安全风险监测预警进行了积极的探索，

---

① 张海波、戴新宇、钱德沛，等：《新一代信息技术赋能应急管理现代化的战略分析》，《中国科学院院刊》2022年第12期，第1727–1737页。

②《党领导新中国防灾减灾救灾工作的历史经验与启示》，《中国应急管理》2021年第11期，第7–11页。

③ 张海波、戴新宇、钱德沛，等：《新一代信息技术赋能应急管理现代化的战略分析》，《中国科学院院刊》2022年第12期，第1727–1737页。

④ 世界银行、全球减灾与灾后恢复基金：《灾害风险管理的中国经验》（2022–05–26），https://open-knowledge.worldbank.org/bitstream/handle/10986/34090/Learning%20from%20experience_CH.pdf?sequence=6，访问日期：2024年9月13日。

为之后在全国范围内的推广打下了基础。例如，上海基于人工智能技术开发了"智能巡屏"功能，构建起城市玻璃幕墙的数字地图，并能够对周边的多个风险因子进行精准分类监管，守护市民生命财产安全①。南京的"181"信息平台，即1个信息化平台、8个业务子系统和1个智能化手机终端，平台覆盖了城市生命线、公共安全、生产安全、自然灾害4个板块20多个领域的30个系统，实现了72家危化品重大危险源企业在线监测系统异常报警"全天候出警"机制。合肥聚焦预防燃气爆炸、桥梁垮塌等重大安全事故，依托大数据、云计算、区块链、人工智能等技术，率先建成城市生命线安全运行监测系统，建立"前端感知—风险定位—专业评估—预警联动"城市生命线工程安全运行与管控精细化治理创新模式，实现风险快速精准定位、及时预警处理防范②。2021年9月23日，国务院安全生产委员会办公室印发《城市安全风险综合监测预警平台建设指南（试行）》的通知，在吸收上海、南京、合肥等城市的经验基础上，积极推进城市安全风险综合监测预警体系的建立③，实现对城市各类风险的早期识别、预警和防范。

2.指挥决策

应急指挥决策最大的难点是短时间内搜集到完备的信息，在新一代信息技术的加持下，为破解这一难题提供了工具和手段。应急管理部开发的应急指挥"一张图"将灾害事故救援指挥所需要的各类信息基于地图进行一张图展示，为灾情研判分析和应急力量的部署提供了非常重要的依据④。2022年9月5日，四川泸定发生6.8级地震，人口热力分布、房屋受损的遥感影像、铁搭大数据标注的通信中断、"翼龙"无人机的灾情侦察和中继通信、消防前突队伍的回传视频等不同渠道的信息在应急管理部应急指挥"一张图"上集中呈现，极大地帮助了应急工作人员作出决策⑤。在"应急使命·2022"抗震救灾演习中，依托通信技术、物联感知、仿真推演、边缘计算等信息技术，构建了以智能化指挥调度系统为核心、应急战术互联网为骨干、应急物联感知网为神

---

① 陈水生:《数字时代平台治理的运作逻辑:以上海"一网统管"为例》，《电子政务》2021年第8期，第2-14页。

② 张楠、丁继民、程璐:《城市生命线安全工程"合肥模式"》，《吉林劳动保护》2021年第9期，第39-42页。

③ 张海波、戴新宇、钱德沛,等:《新一代信息技术赋能应急管理现代化的战略分析》，《中国科学院院刊》2022年第12期，第1727-1737页。

④ 杨文佳、黄秋霞:《应急指挥"一张图"》，《中国纪检监察报》2022年8月6日第3版。

⑤ 张海波、戴新宇、钱德沛,等:《新一代信息技术赋能应急管理现代化的战略分析》，《中国科学院院刊》2022年第12期，第1727-1737页。

经的应急救援数字化战场体系①，为应急救援实战提供了参照。

2023年12月18日，甘肃省临夏州积石山县发生6.2级地震。在此次地震救灾工作中，应急管理部和甘肃省应急管理厅研建的"应急指挥一张图"信息化系统为灾情研判分析和应急救援行动开展提供了重要技术支撑。灾情发生后，"应急指挥一张图"信息化系统通过快速调阅各类基础信息，辅助指挥部人员作出各类研判和决策；同时，系统充分利用大数据、物联网、卫星等先进技术，迅速了解灾区附近受灾人群的分布、灾区受损、灾区地貌等情况，收集各类舆情信息以及灾民发布的求助求救信息、视频图片，协助救援人员开展应急工作。此前，"应急指挥一张图"在2022年"6·1"雅安地震、2019年"利奇马"台风、2019年"11·18"平遥煤矿瓦斯爆炸事故、2020年"2·3"成都地震、2022年"9·5"四川泸定地震等多次灾难救援中均发挥重要作用。

3.社会动员

新一代信息技术，如多平台信息发布系统和智能语音对话系统的应用，使得灾害预警信息能够精准、快速的发布，有效提高了社会动员的效率。2020年，应急管理部面向基层信息员和社会公众，发布了"灾害事故E键通"小程序。该程序构建了灾害事故现场信息的社会化采集渠道，灾害事故发生后，基层信息员和社会公众可以第一时间向应急管理部门提供现场信息，为应急管理部门快速获取现场情况提供了有力支撑。2021年8月25日，浙江省开发的智慧型语音叫应系统在嵊州市遭遇灾害性强对流天气时，通过突发天气分钟级智慧报警、靶向式网格管理、多人次同步叫应等多项功能，在灾害发生前成功叫应当地乡村应急责任人，安全转移人员两千余人②。中国移动与广东省应急管理厅面向全省应急人员，推广应急必达通知技术在应急预警、防灾减灾场景试点。这一技术应用到2022年6月至8月的防汛应急响应、台风预警等实际场景中，信息发送成功率达99.2%，用户返回已阅状态占比98.78%③。

（二）智慧应急

随着信息技术日新月异的发展，AI、云计算、物联网、大数据等新技术推动应急管理发生深刻变革，应急管理工作呈现信息化、智能化、智慧化多层并进的发展态势。

①《"应急使命·2022"高原高寒地区抗震救灾实战化演习系列解读》（2022-05-11），中华人民共和国应急管理部：https://www.mem.gov.cn/xw/yjglbgzdt/202205/t20220511_413380.shtml，访问日期：2024年9月13日。

②《打好预警"提前量" 发挥气象防灾减灾防线作用》（2022-05-20），人民网：http://finance.people.com.cn/n1/2022/0520/c1004-32426333.html，访问日期：2024年9月13日。

③《中国移动创新打造必达通知、高效必达通知时代到来》（2022-09-21），搜狐网：https://www.sohu.com/a/586760464_120528151，访问日期：2024年9月13日。

1.应急管理信息化

该阶段主要关注信息传输网络和基础指挥平台的建设，侧重于实现信息的快速传递和图文视频的互联互通。早期应急管理平台多为这种初级信息化平台。例如，应急管理部成立之初，由于整合了多个部门，信息化程度较低，但经过数年发展，已建立了相对完善的通信网络体系、大数据中心和综合应用平台，基本实现了信息化。当前，多数地方和行业的应急管理信息化也达到了这一水平[①]。

2.应急管理智能化

该阶段是指全面利用信息化技术，实现数据感知、动态监测、智能预警和精准监管，以实现扁平化、快速、精准的应急指挥和快速处置。自2018年应急管理部成立以来，面对信息化基础薄弱的现状，以及新时代应急管理工作的高要求，党和国家对应急管理信息化的高度重视为其发展提供了历史性机遇。2018年12月编制的《应急管理部信息化发展战略规划框架（2018—2022年）》，提出了"两网络、四体系、两机制"的框架。该框架是典型的应急管理智能化整体解决方案，旨在全国范围内统一推进应急管理信息化建设。其中，"两网络"是全域覆盖的感知网络和天地一体的应急通信网络；"四体系"指先进强大的大数据支撑体系、智慧协同的业务应用体系、安全可靠的运行保障体系、严谨全面的标准规范体系；"两机制"指统一完备的信息化工作机制和创新多元的科技力量汇集机制。该框架采纳了协调、集中、开放、高效的设计理念，解决了政府部门在信息化进程中遇到的问题。通过整合新一代信息技术，促进了这些技术与应急管理业务的深度结合，进而推动了应急管理信息化的跨越式发展。

3.应急管理智慧化

智慧应急是应急管理信息化的高级阶段，作为信息技术应用的一个演进阶段，它依托全方位全过程的信息化技术，涵盖了风险感知与评估、决策执行等关键环节，并着重于人工智能技术的深入应用[②]。2018年至2020年是智慧应急建设的准备阶段。在这一阶段，通过实践与探索，智慧应急实现了从0到1的转变，为应急管理工作的现代化奠定了坚实的基础。应急管理部通过集中力量攻关，采用创新技术和模式，建立了异地一体化的数据中心和云计算平台，实现了部、省、市、县四级指挥信息网络的互联互通，为应急管理部门开辟了专属的信息通道。此外，云视频系统还建立了部指挥中心与全国的视频直连通道，能够最短在3分钟内实现与基层应急管理部门及现场的视

---

①《中国智慧应急现状与发展报告》，腾讯研究院：https://www.tisi.org/24449，访问日期：2024年9月13日。

②《中国智慧应急现状与发展报告》，腾讯研究院：https://www.tisi.org/24449，访问日期：2024年9月13日。

频连接，该系统在多次救援指挥中发挥了关键作用[1]。

此外，通过试点先行的方式，集约应用建设，推动转型升级。2020年9月，应急管理部公布"智慧应急"试点建设名单，确定天津、河北、黑龙江、江苏、安徽、江西、山东、湖北、广东、云南等10个省（直辖市）为建设试点单位[2]。试点建设阶段是智慧应急的第一阶段，鼓励有条件的地区通过创新驱动打造应急管理信息化应用的样板，目的是为全国范围提供可以复制和推广的成熟经验的做法。

作为试点省份之一，山东省启动了"电眼工程"的试点建设工作，建立了一种基于电力大数据的业务模式，能够精确识别异常行为，并有针对性地进行监管执法[3]。2021年1月，在山东省烟台市五彩龙金矿发生爆炸事故之后，临沂市应急管理局对辖区内的所有非煤矿山企业下达了停产检修的通知。然而，通过"电眼工程"对用电量数据追溯分析，发现某企业在12日至25日期间的日用电量始终处于正常生产水平，直到1月26日才开始下降。经过调查核实，该企业未按照要求及时停产检修，存在违规行为。目前，"电眼工程"不仅在整个山东省得到推广，而且为全国"电力助应急"监测系统积累了宝贵经验，成为"以点带面"推广策略的典范。

经过实践探索，各试点单位不仅增强了信息化支撑能力，还开发了超过30个智能化的应用模式，并强化了专业化保障队伍，构建了"智慧应急"建设的生态系统。这些举措在应急管理实际工作中取得了显著的应用效果，并在智慧应急示范引领方面发挥了积极作用。同时，试点单位的成功经验还为其他地区和部门提供了可借鉴的模式，进一步推动了智慧应急在全国范围内的推广和应用。

（三）应急产业

应急产业作为国家战略性新兴产业和科技先导产业，专注于为突发事件预防与准备、监测与预警、处置与救援提供专用产品和服务。这一产业的兴起，是社会经济发展达到特定阶段的必然产物，体现了社会化分工的进一步深化，旨在积极适应新时期社会主要矛盾的变化，推动经济社会更高质量发展[4]。

为促进应急产业的发展，我国相继出台了一系列的扶持政策。2011年，国家发改

---

[1]《从传统治理到现代"智"理："智慧应急"试点建设情况综述（上）》，光明时政：https://politics.gmw.cn/2022-03/14/content_35585776.htm，访问日期：2024年9月13日。

[2]《从传统治理到现代"智"理："智慧应急"试点建设情况综述（上）》，光明时政：https://politics.gmw.cn/2022-03/14/content_35585776.htm，访问日期：2024年9月13日。

[3]《山东临沂供电公司推广多业务领域数字化应用》（2022-12-05），中国电力网：http://mm.chinapower.com.cn/dlxxh/dxyyal/20221205/178135.html，访问日期：2024年9月13日。

[4] 吴勇、李蕊：《我国应急产业发展分析与实践——基于某国有产业集团的研究》，《中国应急管理科学》2021年第5期，第71-79页。

委发布《产业结构调整指导目录（2011年本）》，正式将"公共安全与应急产品"纳入鼓励类产业范畴。2012年，工信部与国家安全生产监督管理总局联合发布《关于促进安全产业发展的指导意见》，进一步细化了应急及相关安全产业的发展方向。2014年，国务院出台《关于加快应急产业发展的意见》，对应急产业的发展作出明确规划。2016年，在《中共中央国务院关于推进安全生产领域改革发展的意见》中，特别强调要健全投融资服务体系，鼓励并引导企业集聚发展灾害防治、预测预警、检测监控、个体防护、应急处置、安全文化等技术、装备和服务产业。2017年，国务院发布的《国家突发事件应急体系建设"十三五"规划》与工信部印发的《应急产业培育与发展行动计划（2017—2019年）》中均明确指出，要大力发展应急产业，打造产业集群。2021年，《中华人民共和国国民经济和社会发展第十四个五年规划和2035年远景目标纲要》中，提出要提升应急产业链供应链现代化水平，应急产业建设和发展的战略意义愈发凸显。

中国工信部2020年12月发布的《安全应急产业分类指导目录（2020年版）（征求意见稿）》，将我国应急产业细化为四大核心类别。一是安全防护类，细分为个体防护类、安全材料类、专用安全生产类等；二是监测预警类，包括自然灾害、事故灾难、公共卫生事件、社会安全事件等类别的监测预警；三是应急救援处置类，细分为现场保障类、生命救护类、环境处置类、抢险救援类等；四是安全应急服务类，包括评估咨询类、检测认证类、应急救援类、教育培训类等（见表7-4）。

表7-4 我国应急产业具体分类

类型	具体类目
安全防护类	个体防护类、安全材料类、专用安全生产类
监测预警类	自然灾害、事故灾难、公共卫生事件、社会安全事件等类别的监测预警
应急救援处置类	现场保障类、生命救护类、环境处置类、抢险救援类等
安全应急服务类	评估咨询类、检测认证类、应急救援类、教育培训类等

随着社会对应急产品需求的增加，我国逐渐形成了由上游、中游、下游三部分组成的应急产业链。其中，上游包括应急处理硬件设备支持和信息技术服务平台；中游部分主要包括应急产业中的四大类应急产品；产业链下游是应急体系的不同应用场景，如自然灾害、事故灾难、公共卫生事件、社会安全事件等[1]（见图7-1）。

---

[1]《2024年中国应急产业全景图谱》（2024-04-08），前瞻产业研究院：https://www.qianzhan.com/analyst/detail/220/240408-abbd1134.html，访问日期：2024年9月13日。

图7-1　我国应急产业链

从我国应急产业的发展现况来看，《2022—2023年中国安全应急产业发展蓝皮书》结果显示，2022年我国应急产业总产值超过1.9万亿元，较2021年增长约11.5%[1]。从2013年到2021年，先后有6个国家安全产业示范园区、20个国家应急产业示范基地获批。在这些示范园区（基地）的引领下，我国应急产业分布已初步形成了"两带一轴"的总体空间格局。具体而言，"两带"分别指从松花江至粤港澳大湾区的产业"东部发展带"和从天山脚下到云贵高原的产业"西部崛起带"；"一轴"则聚焦于中部地区，指包括安徽、江西、湖北、湖南的中部产业连接轴[2]。

随着西部大开发政策的深入实施及"一带一路"倡议带来的历史性机遇，西部地区的安全与应急产业迎来了前所未有的发展机遇，陕西、新疆等省（区）积极响应国家政策导向，充分利用多项优惠政策红利，加速推进产业规划与布局。新疆凭借其独特的地理位置与资源优势，在城市安全预警监控、个体防护装备、特种安全设施及应急救援装备等多个方面展现出优势。陕西则根据本地实际情况，精准施策，构建起以矿山安全装备、消防装备、交通安全产品、电力安全设备为主的安全和应急产业体系，形成了独具特色的产业发展格局。为进一步加快应急产业发展步伐，陕西不仅发布了《关于加快应急产业发展的实施意见》（陕政办发〔2016〕91号），还于2019年9月会同工业和信息化部、应急管理部，共同签署了《关于共同推进安全产业发展战略合作协议》，旨在通过多方合作，推动安全应急产业迈向更高水平[3]。

① 高宏：《我国安全应急产业的回顾与展望》，《科技与金融》2024年第3期，第11-17页。

②《2024年中国应急产业全景图谱》（2024-04-08），前瞻产业研究院：https://www.qianzhan.com/analyst/detail/220/240408-abbd1134.html，访问日期：2024年9月13日。

③《2021年中国及31省市应急产业发展情况对比》（2021-07-05），前瞻产业研究院：https://www.qianzhan.com/analyst/detail/220/210705-8cef0945.html，访问日期：2024年9月13日。

第八章　国外自然灾害应急管理能力经验借鉴

频发的自然灾害是全球各国均需要面对的焦点问题，美国、英国、日本、德国等发达国家已经在应对自然灾害方面积累了许多重要的经验。对这些经验进行总结和分析，对提升我国西北地区自然灾害应急管理能力具有重要意义。

第一节　美国的自然灾害应急管理能力建设

一、美国的应急管理模式

作为全球自然灾害最为频发的国家之一，美国对于突发事件的处理已经形成了一套成熟的体系，体现出制度化、规范化、法律化、社会化的特点①。

（一）应急管理体制

从联邦层面来看，1979年，美国联邦应急管理局（FEMA）成立，整合国家消防局、国家气象服务与社区筹备计划局等单位，标志着美国的应急管理体系开始走向综合性、一体化的发展道路。"9·11"事件发生后，美国正式进入了以国土安全为代表的全面国家安全时代。美国联邦政府为加强组织间的沟通和协调，提高针对各类危机事件的处置能力和快速响应能力，于2003年将美国联邦应急管理局与美国联邦调查局、美国移民局等机构整合，组建了国土安全部。

美国联邦应急管理局下设署长办公室、情报与风险分析部、应急响应部、灾后恢复部、区域分局管理办公室等主要机构，负责管理自然灾害、环境事件、公共卫生事件、核安全事件等公共危机事件。通过对军队、警察、消防、医疗等资源的统一指挥、调度、协调，对国土安全部所规定的危机事件的各个阶段进行处置，同时还负责面向

---

① 贾群林、陈莉：《美国应急管理体制发展现状及特点》，《中国应急管理》2019年第8期，第62-64页。

社会做应急宣传教育与培训工作（见图8-1）[①]。

图8-1　美国联邦应急管理局的机构设置示意

从州与地方层面来看，美国联邦应急管理局在华盛顿设有总部，并将全国划分为10个区域，设有10个地方办公室，用以组织各区域内的日常防灾减灾工作，以及在灾

① "Offices & Leadership", Federal Emergency Management Association, accessed August 5, 2024, https://www.fema.gov/zh-hans/node/598800.

害发生时负责与州政府开展联络、协作工作。同时，美国各州、县、市、社区政府下也都设有专门的应急管理部门，对当地的突发事件进行管辖，在遵循相关法律法规的基础上，可以根据实际情况制定相应的应急制度及防灾减灾规划等。

（二）应急管理机制

美国形成了"属地原则"＋"分级响应"结合的应急管理机制，根据灾害等级、造成危害的不同，由不同级别的单位负责指挥与响应。2004年，美国国土安全部出台了全国突发事件管理系统（National Incident Management System，简称NIMS），2017年更新至第3版。该系统将突发事件分为五个层级（见图8-2），分别对应不同的指挥与协调方式，旨在促进联邦、州、地方五级政府部门和机构、非政府组织及私人部门等相关主体共同参与应急管理活动，力图针对美国国内发生的全类型、多规模的突发事件进行有效处理[1]。

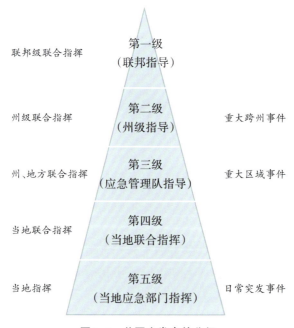

图8-2　美国突发事件分级

美国联邦应急管理局制定的美国自然灾害应急管理工作流程如图8-3所示[2]：

① "National Incident Management System（Third Edition）"，Federal Emergency Management Association，accessed August 5，2024，https://www.fema.gov/sites/default/files/2020-07/fema_nims_doctrine-2017.pdf.

② 赵来军、霍良安、周慧君，等：《世界主要国家应急管理体系与实践及启示》，科学出版社，2023，第11页。

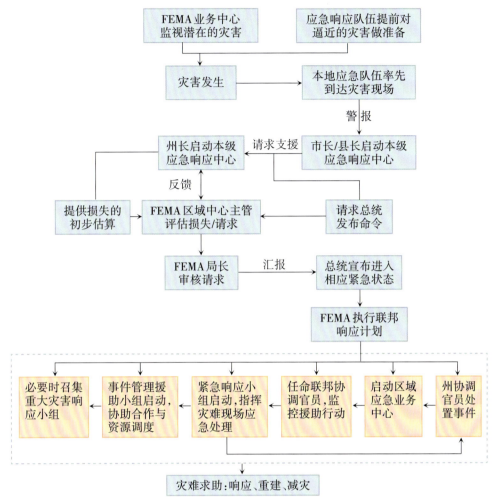

图8-3　美国联邦应急管理局制定的美国自然灾害应急管理工作流程图

除了联邦层面制度之外，美国各州及地方政府之间也很重视互助、协调机制，通过签署互助协议等形式，以期在应对灾害时可以相互支持。例如，1992年，安德鲁飓风席卷了佛罗里达州、路易斯安那州等地，造成了严重后果，此事件使得美国南部各州长开始意识到州际协作应对突发事件的重要性。1993年，美国东南部的16个州率先开展行动，签署了《南部区域应急管理互助协议》，以确保在面对严重和特大灾害时，成员州之间互帮互助、共享资源，以保障社会与公众的安全，并积极开展灾后重建与恢复工作。1995年，更多的州开始成为这一协议的成员州，形成了称作《州际应急管理互助协议》（EMAC）的协定。截至目前，几乎所有的州都已成为《州际应急管理互助协议》的成员[1]。

───────────

① 游志斌、魏晓欣：《美国应急管理体系的特点及启示》，《中国应急管理》2011年第12期，第46-51页。

（三）应急管理法制

美国应急管理的相关立法不仅诞生早，历史悠久，其体系结构也较为完整与周密。整体而言，美国的应急管理法律可以分为专门应急管理法律、相关应急管理法律和其他应急管理法律等三个类型，可以从联邦和州两个层面进行归纳[①]（见图8-4）。

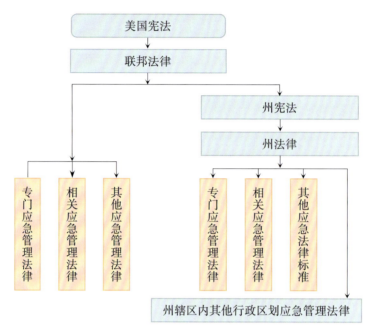

图8-4　美国应急管理法制体系

从联邦层面来看，第一，国家宪法作为美国一切法律的根本，将应急管理纳入其中，对应急情景下联邦、州、地方的各级处置权限以及个人行为作出基本规定。第二，专门应急管理法律。美国在联邦层面出台的最早的应急管理法律是1803年的《国会法》，这也被认为是应对灾害问题的首次立法尝试。此外，还有1950年颁布的《民防法》（1981年修改、扩充为《联邦民防法》）、1976年制定的《国家紧急状态法》、2002年制定的《国土安全法》、2004年制定的《全国响应计划》（2008年改进为《全国响应框架》）、2013年制定的《"桑迪"恢复改进法》等，它们的根本任务是在各州面对灾害时对其提供必要的帮助。第三，相关应急管理法律。主要指应对各类型灾害的转向法案，如《地震危害减灾法》《国家飓风计划》《国家洪水保险法》《国家堤坝安全计划》等。第四，其他应急管理法律。主要强调一些法律里的特殊条款，只有在美国总统宣布国家进入紧急状态时才会生效，如对医疗资源等进行紧急征用。

---

① 吴大明、宋大钊：《美国应急管理法律体系特点分析与启示》，《灾害学》2019年第1期，第157—161页。

从地方层面看，美国各州由于自然环境、经济状况、发展水平存在差异，在美国宪法以及联邦层面的法律指导下，针对自身状况因地制宜地进行立法。

二、美国应急管理中的特色经验

（一）美国联邦应急管理局与美国的应急管理教育

美国联邦应急管理局自成立以来，一直致力于应急管理教育的发展，注重三个方面的工作（见图8-5）：首先，强调面向民众的全民应急管理教育，其目的是推动整个社会更为高效地应对各类灾害风险；其次是针对应急管理从业人员的专业培训，以提升其工作的专业性；最后是专业的应急管理领域人才培训，以学历学位教育的形式开展培训①。

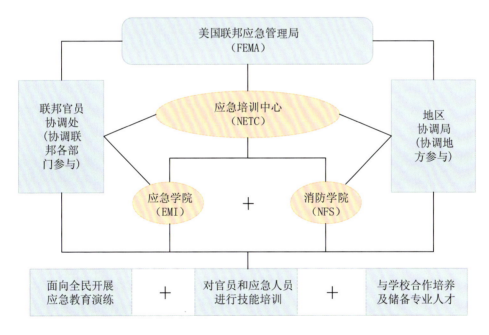

图8-5　美国联邦应急管理局应急管理教育组织架构及其相关职能示意图

1.构建了应急管理教育组织体系

美国联邦应急管理局不仅能够直接提供应急管理相关的教育与培训，同时也能够对全国的应急教育与培训工作进行指导与管理。美国联邦应急管理局下设的应急准备与复原局（联邦协调官员处）、联邦消防管理局培训处、地区协调局等机构也能够负责

① 陆继锋、曹梦彩：《FEMA对美国应急管理教育的贡献与启示》，《防灾科技学院学报》2017年第4期，第45-53页。

应急管理教育的协调与准备工作。此外，美国联邦应急管理局在每个州都设立了专门负责应急管理教育的官员，以更好地对地方应急教育工作进行组织与指导。

美国联邦应急管理局面向全美50个州建立了紧密、完整的应急管理教育培训网络，可以实时地为每个州的应急管理从业人员（如消防、救援人员）提供课程辅导与远程指导。同时，还专门在马里兰州设立了国家应急培训中心（National Emergency Training Center，简称NETC），作为各州应急管理培训机构与学校的总管单位。该中心还肩负着美国联邦应急管理局内部工作人员的培训工作以及联邦政府、地方政府及其他机构、社会组织以及志愿者的应急教育培训任务。此外，该中心图书馆也号称拥有全美最全面的应急资源，提供大量线上、线下学习资源①。

国家应急培训中心在同一个校园②下设美国国家应急管理学院（EMI）和国家消防学院（NFS）两个学院。美国国家应急管理学院既能在线下开展课堂理论讲授与教学实践工作，也能够依托网络平台提供网络授课与远程指导工作。国家消防学院隶属于消防管理局，主要面向公众开展与防火相关的宣传教育以及演练指导工作，也能够为职业消防队伍以及公众自发组织的志愿消防队伍提供免费的教育和培训服务③。

2.面向全民开展应急教育与演练

美国注重强化公众对灾害风险的感知意识，并注重提升灾害发生时的自救能力以及互救能力，从而动员全社会力量共同参与，系统地提升应急管理能力。为了达到这一目标，不仅美国联邦应急管理局、美国国家应急管理学院、国家消防学院等专业机构在其中发挥关键作用，企业、非政府组织等社会主体也积极参与，贡献重要力量。

3.对官员和应急人员进行技能培训

专业化应急是美国应急管理的核心理念之一。在这一理念指引下，无论是应急管理队伍还是救援队伍，抑或是政府官员以及参与突发事件处置的人员，都注重提升应急专业技能。国家应急培训中心负责为全美的官员和应急人员提供培训。其中，美国国家应急管理学院的主要培训对象为以下四类人员：一是各级政府官员；二是国土安全部及美国联邦应急管理局的相关工作人员；三是相关职业领域的专业人士，如专家学者；四是高等教育机构的行政工作人员。美国国家应急管理学院提供了内容多元、形式丰富的综合类课程，涵盖了应急管理总体规划的思路与实施方案、危机情境下的

---

① "National Emergency Training Center Library", U.S. Fire Administration, accessed August 5, 2024, https://www.usfa.fema.gov/library/.

② 游志斌、魏晓欣：《美国应急管理体系的特点及启示》，《中国应急管理》2011年第12期，第46–51页。

③ "National Fire Academy", U.S. Fire Administration, accessed August 5, 2024, https://www.usfa.fema.gov/nfa/.

领导和指挥、应急效能评估与优化方案动态设计、多主体灾害应急协调准备等内容。国家消防学院的培训对象主要分三类：各级政府官员、消防单位行政人员与领导人员、一线职业消防人员。培训尤其重视灾害情景下的仿真模拟演练，主要通过模拟火灾真实环境，使参与培训的人员能够身临其境地进行演练，进而全面、高质量地提升消防工作的专业性，提升从业人员的职业素养。

4. 与学校合作培养储备专业应急人员

美国联邦应急管理局注重与高校合作，开展系统的应急管理专业教育，为国家培养和储备专门的应急管理人才。一是面向大中小学，开设应急管理相关的理论与实践课程，内容上做到层层递进、层层衔接，使应急教育覆盖各年龄段。二是推动应急管理学历学位教育，探索全面的学科设置方式、学位授予体系，培养高层次人才。三是通过与高校共建专业的应急管理教育机构，发挥机构所具备的实践优势以及高校所具备的科研积累、教育教学积累优势，构建高水平的教育平台[1]。

（二）全面高效的灾害信息管理体系

1. 多源数据融合的灾害监测预警体系

灾害的信息监测与预警是美国联邦应急管理局的关键任务之一。在灾害到来之前及时发布预警并采取相应措施，能帮助社会及时响应，进而减少灾害所带来的损失。这便对灾害监测预警体系提出了较高的要求。

美国的灾害信息监测来源多样，包括天地一体的各类终端设备采集的自然环境信息、专业信息采集人员与专家通过现场采集与研判获取的信息，以及公众在网络平台上传的各类灾害信息、网络舆情信息等。现有的预警体系由总统警报、突发事件警报、公共安全警报、安珀警报、预警发布系统测试五大类信息组成，基于所获取的灾害信息进行相应发布。除此之外，美国的灾害预警机制还具有一些业务特点：一是预警的灾害类型从单灾种转向多灾种综合；二是发布内容从致灾因子预警转向灾害影响预警；三是实现了中长期预警和短期预警的有机协同；四是采取中央和地方分级发布预警的发布方式；五是采取公共预警和专业预警分类的发布方式[2]。

2. 多媒介结合的信息传播方式

美国联邦应急管理局主导的灾害信息传播的媒介可以分为传统渠道与电子渠道两种。其中，传统渠道包括纸媒（报纸、杂志等）、无线电通信、新闻发布会，电子渠道包括政府门户网站、社交媒体网站、手机短信服务、移动 App 应用等。通过多媒介融

---

① 陆继锋、曹梦彩：《FEMA 对美国应急管理教育的贡献与启示》，《防灾科技学院学报》2017年第4期，第45-53页。

② 和海霞、胡鑫伟：《美国自然灾害预警现状及启示》，《城市与减灾》2021年第6期，第59-62页。

合的方式，可以为灾害发生的各个阶段以及涉及的各大主体提供信息支持与信息保障。同时，还通过采用多种语言模式、设置弱势群体服务发布渠道等方式，体现出信息发布工作的"人文关怀"[①]。

第二节　英国的自然灾害应急管理能力建设

一、英国的应急管理模式

英国漫长的海岸线和丰富的降水导致其地区性洪水、城市内涝、暴风雪等自然灾害频繁发生，威胁着国民安全。英国政府注重危机处置中的协调效率，并不断增强中央与地方的纵向协调效率、部门与部门之间的横向协调效率，为高效开展联动工作和应急资源协调工作奠定基础。

（一）应急管理体制

首先，在国家层面，英国首相担任应急管理的最高行政长官，直接管辖有关国家安全的最高管理机构——国家安全委员会，承担包括自然灾害在内的国家总体的安全责任[②]。该机构下设由各级大臣与官员组成的国民紧急事务委员会，国民紧急事务委员会下设国家应急管理事务的常设机构国民紧急事务秘书处。此外，非常设机构内阁紧急应变小组和各政府部门都会投入灾害应急管理工作。

国民紧急事务秘书处负责日常状态下的一般应急管理工作，在较为紧急的情况下，可以作为指挥或决策主体，构建统一平台，主导跨部门、跨机构协调的应急行动，为内阁紧急应变小组、国民紧急事务委员会提供支持。其工作流程如下：其一，对应急管理的工作体系进行整体设计和部署，包括物资准备、人员调配、装备准备、预案编写、演习方案制定等内容；其二，基于对自然环境、社会环境的监测，对可能发生的危机和风险进行实时评估与预警，为应对危机做好准备；其三，在危机发生后，负责制定总体应对方案和政府部门参与人员名单，协调所涉及的其他单位或组织共同参与应急管理工作，并决定是否启动内阁紧急应变小组；其四，对应急管理工作进行复盘，针对应急处置的

---

① 陈艳红、钟佳清：《美国联邦应急管理局的应急信息发布渠道研究》，《电子政务》2017年第9期，第101-109页。

② "National Security Council", GOV. UK, accessed August 5, 2024, https://www.gov.uk/government/groups/national-security-council.

开展情况及其成效展开评价，从战略层面的高度提出改进意见，并以此为基础，协调推进相关立法的制定与完善；其五，负责组织应急管理人才的培训。

在危机情景下，内阁紧急应变小组通常在面临重大危机并且需要跨部门协同应对时成立，是应急管理协调和决策的最高机构，根据突发事件的性质和严重程度，由相关层级的官员参加，以召开紧急会议的方式运作，负责及时准确地掌握危机的现实情况，制定应急管理的战略性目标，快速形成应急决策。

其次，在行政区层面，设有区域韧性团队。区域韧性团队由各级市政厅、地方政府部门与各机构的代表组成，负责区域内跨地域、跨部门的风险评估和应急规划，并在一定程度上支持抢险救援工作开展，充当中央与地方政府之间的沟通渠道。根据灾害情况的不同，可以成立区域协调组负责事件响应与灾后恢复，或成立区域应急委员会应对整个地区的应急处置与恢复活动。

最后，在地方层面，核心单位为地方应急服务和地方韧性论坛，核心成员包括警察、消防、急救、海岸警卫队等部门的主要官员，负责开展应急服务的战略协调，可以根据实际情况选择召集地方战略协调小组以及地方战术协调小组[1]。（见图8-6）

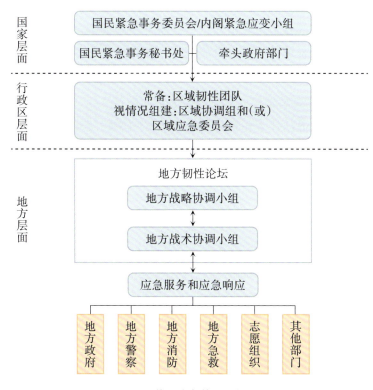

图8-6 英国应急管理机构设置

[1]赵来军、霍良安、周慧君、等：《世界主要国家应急管理体系与实践及启示》，科学出版社，2023，第90-103页。

（二）应急管理机制

英国的应急管理体系遵循属地化原则，即在地方层面实施应急管理，但中央和地方政府之间也建立了一套完整的应急处理机制。当灾害发生时，各级政府分工明确，紧密协作，确保应急管理工作高效推进。英国政府规定，突发事件的处置和灾后恢复与重建工作主要由地方政府负责，实行属地管理。然而，在涉及较大规模的灾难等紧急事件时，中央政府会根据事发地方政府的请求提供支援。

在国家层面，英国也采取了三级救援响应机制。一级响应机制在灾害造成的影响与范围超过地方的处置能力时触发，由相关中央政府部门协助处理响应事宜，但决策权仍在地方，相关协助部门不直接参与应急决策工作。二级响应机制在发生更大范围灾难，达到需要非常设机构内阁紧急应变小组、常设机构国民紧急事务秘书处等主体的参与条件时触发，上述主体将在中央部门的调动之下参与到应急响应工作之中，负责协调、调动各级应急资源。此时总决策权依然在地方，但中央拥有了一定的指导权力。三级响应机制则在发生更大规模、可能造成灾难性后果的灾害事件时触发，届时将由中央政府全权主导决策任务，能够调动全国资源应对灾害事件。

在地方层面，地方政府采用兼备战略层、战术层和操作层的"金、银、铜"三级处置机制，可实现对突发事件应急处置的统一、高效，解决各部门之间长期存在的命令程序、处置方式不同和通信联络不畅、缺乏协作配合等突出问题。

"金级"响应的主体由负责应急处置的政府部门派代表组成，没有常设机构，其运作模式为召开会议，由部门代表轮班作为负责人。"金级"响应从宏观视角考虑问题，包括灾害危机的发生原因，对国家政治、经济、文化、社会等领域可能产生的负面影响以及响应灾害、减轻影响的具体措施，还有对措施本身进行的评估，包括合法性、负面影响等，以期达到整体控制。此外，"金级"的高权力使得在进行决策时，决策者有权直接调动军方加入应急行动，有权对更大范围内的应急资源的分配与使用方式进行制定，并将制定的目标和行动计划下达给"银级"。

"银级"响应主要解决执行层面的问题，在属地化原则的基础上，由事发地相关部门的负责人组成。"银级"也不存在常设机构，由专人负责，并轮班更换。这一层级的决策者以"金级"下达的战略目标为整体的指导，关注如何将其落实为切实可行的"战术"，具体的工作包括调配区域内的物资、人员以及分配相关任务，并有权向"铜级"直接下达执行命令。

"铜级"响应则负责战术的具体实施，由灾害一线的指挥人员、处置人员等组成，直接对各类资源进行使用，以响应"银级"的命令，在操作层面负责任务的具体执行①。

（三）应急管理法制

英国应急管理的法制建设最早可以追溯至1920年出台的《紧急状态权力法》。在《紧急状态权力法》出台后的80余年里，尽管英国政府有对其进行修订，同时也在不断出台其他相关法律法规，但频发的自然灾害、恐怖袭击等事件仍然给其造成了巨大的人员伤亡及财产损失，暴露出英国应急管理的法制建设存在着巨大的漏洞。2004年，英国最高级别的应急管理立法文件《国民紧急状态法》出台。该法对突发事件进行了界定与分类，针对各类事件的减缓、准备、响应、恢复过程中的工作任务、主体权责等进行详细划分，同时规定在紧急条件之下，政府拥有临时立法权。自此，英国的应急管理法治建设走向了新发展阶段。2008年开始，英国将应急管理纳入了国家"大安全"的整体框架。2010年，英国成立国家安全委员会，将内阁国民紧急事务秘书处纳入国家安全委员会内，旨在构建以"大国家安全"为目标的应急管理框架②。

从结构来看，英国的应急法律体系可以分为五层。第一层是最高层文件，即《国民紧急状态法》。第二层是针对最高层文件的补充法案，如《2005年国内紧急状态法案执行规章草案》《中央政府应对紧急状态安排：操作框架》等。第三层是各种应急管理指南和执行标准，是整个英国应急管理法律法规体系之中最为关键的部分之一。它们对各类原则、规范性质的法律法规，乃至半官方的、民间的标准文件进行详细、周密的解读，将具体的操作性内容提炼、细化至可执行的层面。第四层包括各种规划文件和总结性材料，例如各级部门必须指定的风险登记书、应急计划书以及业务持续性计划书。第五层则涵盖了各类经验教训总结材料，包括经验、教训和研究方面的各种文件和报告等③。

二、英国应急管理中的特色经验

英国在灾害管理与应急管理方面通常采用"Resilience"这一术语，可译作"恢复""系统抗逆力"或"系统复原力"等。其中，注重社区防灾减灾工作，推动社区恢复力（Community Resilience）建设是英国应急管理体系中的特色。需要指出的是，英国的社区（Community）概念包含的范围，相较于我国的基层社区，更为宽泛，可能包含到市/

---

① 翟良云：《英国的应急管理模式》，《劳动保护》2010年第7期，第112-114页。

② 王燕青、陈红：《应急管理理论与实践演进：困局与展望》，《管理评论》2022年第5期，第290-303页。

③ 李雪峰：《英国应急管理的特征与启示》，《行政管理改革》2010年第3期，第54-59页。

镇一级。

（一）政府指导和支持社区应急能力建设

英国政府重视社区应急能力建设，通过统一规划，颁布各种政策和法规，对面对危机与灾害时社区内的个人、家庭、群体、组织等主体的行为进行规范，为社区成员参与防灾减灾救灾工作提供制度保障。例如，英国内阁办公室发布了《关于形成社区系统抗灾力的战略框架》，对于个人、家庭等社区主体如何参与社区应急管理工作进行了行为层面的规范，并就可能达到的效果、具体的分工方案，以及上级政府与中央政府帮助社区开展应急工作的协作模式进行了规定，并提供一定的财政和人力支持。

（二）理念上推动形成"社区自救"的应急能力

英国政府强调积极引导和培育社区在面对灾害时的自救能力，即社区从自身出发，强调主动、系统性地行动，以提升在危机预警、准备、响应、恢复各个阶段的应对能力，并且不断地进行总结、反思与学习，持续增强建设能力。英国政府还主导搭建了促进公共服务一体化的网站，广泛汇集了各类应急知识，以及有关灾害预防、灾后恢复、保险索赔、紧急求助等在线服务方案，并鼓励居民充分了解和利用社区应急资源。

（三）完善社区服务中心功能，加强与社会组织的合作

英国社区服务中心与政府机构、非营利组织、慈善机构和志愿者协作，共同构建了完善的社区服务网络。在应急管理体系建设中，政府将社区服务中心视为社区宣传减灾救灾知识的重要平台。政府还积极引导并大力发展社区非营利组织，以进一步加强社区的减灾和救灾能力。

（四）建立"我为人人，人人为我"的社区互动减灾救灾模式

近年来，英国政府加速了职能的转移，试图让更多的公共服务的成本由社会组织或个人来承担。在社区减灾救灾模式的构建中，政府协调社会组织和个人的力量，以"联合生产"的方式，通过充分沟通与协作，共同管理社区公共事务，提供社区公共服务。政府更多地在宏观层面调控，赋予社区更大的自治权，充分调动社会资源，鼓励和引导社会组织与个人参与社区管理与服务。社区居民在社区运作中同时扮演设计者、提供者和使用者的角色。

（五）建立"地区防灾论坛"，推广先进应急经验

英国政府在内阁办公室设立了"地区防灾论坛"（Local Resilience Forums），该论坛

面向公众开放，其中收录了大量关于社区应急管理的最佳实践案例和其他类型案例的相关经验总结。这些信息将有助于公众、社区开展系统性学习、改进与创新，并为社区制定发展计划、方案，提升应急管理能力提供有效的经验借鉴①。

（六）建立"社区应急方案模板"

为了形成统一、完整的社区应急管理模式，英国内阁办公室制定了"社区应急方案模板"（Local Emergencies Plan Template），供社区或社区居民下载。"社区应急方案模板"包括社区风险评估、社区资源和技能评估、应急避难场所地址选取、应急联系人员及沟通联系方式"树状图"、社区中可提供服务的组织机构名称、应急响应机制、社区应急小组会议地点、联络中断的备用方案等内容。此外，英国政府还建立了"社区灾害回馈机制"。英国社区充分利用"社区灵活论坛"平台，定期召开由消防、警察、地方医疗机构等组成的"社区灾害回应员"群体，定期分析和排查社区里的灾害隐患，并帮助补充形成完整的应急方案②。

第三节　日本的自然灾害应急管理能力建设

一、日本的应急管理模式

作为世界上最容易受灾的国家之一，日本位于欧亚板块、太平洋板块、菲律宾板块的交界处，同时还位于环太平洋火山带，常受到地震、台风、火山、洪水、暴雪等多种自然灾害的影响。这些灾害对日本社会的生产生活安全、公众生命与财产安全都造成了巨大危害，但同时也促使其探究更为高效的应急管理方案，并最终形成了一套系统全面、具有高执行力的应急管理体制。

（一）应急管理体制

日本实施中央政府、都道府县、市町村三级分级应急管理体制，每级机构均设有常设机构防灾会议、防灾局，以及非常设机构灾害对策本部。

从常设机构来看，在国家层面，由日本首相担任应急管理工作中的最高行政长官，

---

① "Local Resilience Forums: Contact Details", GOV.UK, accessed August 5, 2024, https://www.gov.uk/guidance/local-resilience-forums-contact-details.

② 宋雄伟：《英国应急管理体系中的社区建设》，《学习时报》2012年9月24日第2版。

全面负责领导各项工作。中央防灾会议是日本中央政府进行危机决策的主要机构，由内阁总理大臣担任会长，由防灾担当大臣、各省厅大臣、其他公共部门首长以及相关领域的专家学者担任委员，负责防灾减灾工作的组织、方案制定、重要事项审议、综合性防灾对策推进等任务。防灾局是防灾减灾的主管行政机关，由防灾担当作为总负责人，负责辅佐防灾担当大臣开展各项事务，以及部分政策的制定、危机时刻的应对措施调整和各部门间的工作协调等任务。在地方层面，与中央政府对应，各都道府县设有地方防灾会议，各都道府县、市町村设有防灾局，管理本辖区的防灾减灾事务。

从非常设机构来看，当重大自然灾害发生时，日本政府可以设置临时机构来统筹全局，开展应急决策工作，包括地方灾害对策本部、非常灾害对策本部、紧急灾害对策本部。其中，地方灾害对策本部是地区层面开展灾害救援工作的总指挥部，拥有灾害信息收集与传播、应急资源协调分配和向上级政府、同级政府与机构或其他组织寻求帮助等权力。当面临较大灾害时，地方灾害对策本部有权直接向内阁总理大臣进行报告，以请求国家层面的支持，国家层面可以选择成立非常灾害对策本部，由防灾担当大臣任负责人；当面临更大规模、后果更严重的灾害时，国家层面将成立紧急灾害对策本部，由内阁总理大臣直接担任负责人，统筹协调各部门以及各地资源用以应对灾情[1]。

（二）应急管理机制

在灾害发生之前，日本主要开展防灾减灾体系建设以及应急知识科普两方面工作。防灾减灾体系建设方面的工作包括灾害信息网络体系建设、专项物资储备与保障、应急预案制定等。同时，中央政府、地方政府均设置了相应的防灾减灾规划，以满足应对不同灾害在不同发展阶段的管理需求。应急知识科普工作开展的形式多样，覆盖群体范围广，将在后文中进行具体介绍。

灾害发生时，一般采取属地管理原则，由所属地方负责处置工作，国家相关部门提供必要的帮助。同时，日本建有完善的应急信息体系，可以对各地在各个时刻发生的灾害情况进行实时监测、汇总与发布。当灾害造成的危害超过了地方的应对能力，将启动国家层面的响应。日本在国家层面的灾害应急响应机制如图8-7所示[2]：

---

① 赵来军、霍良安、周慧君，等：《世界主要国家应急管理体系与实践及启示》，科学出版社，2023，第111-122页。

② 王德迅：《日本危机管理体制机制的运行及其特点》，《日本学刊》2020年第2期，第1-7页。

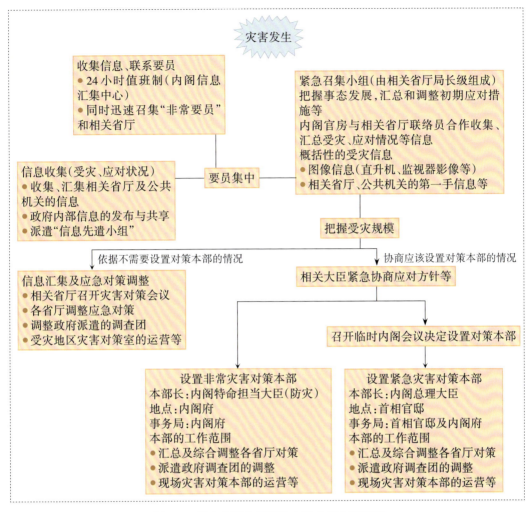

图8-7　日本在国家层面的灾害应急响应机制

在事后恢复阶段，除了投入大量资金开展灾后恢复重建外，日本也十分重视危机后的反思与学习，即对过去的灾害处置工作不断进行复盘与总结，并对制度优化提出意见，以期进一步提升应急响应水平。例如，2011年日本东部发生"3·11"大地震后，日本2012年度的《防灾白皮书》总结了关于灾害的估计及灾害对策基本思路、大规模跨地区灾害应对能力、于灾民援助机制不完善三方面的经验教训，并提出了相应的改进方案，同时，不断开展修法、立法工作，对《灾害对策基本法》《建筑物耐震改修促进法》等6部已有法规进行了较大幅度的修正，出台了《海啸对策推进法》《大规模灾害复兴法》《首都直下型地震对策特别措置法》等6部法律[1]。

---

[1] 王德迅：《日本灾害管理体制改革研究——以"3·11东日本大地震"为视角》，《南开学报》（哲学社会科学版）2016年第6期，第86-92页。

（三）应急管理法制

日本作为一个法制比较健全的国家，将防灾减灾、公共事件应对等关系国计民生的重大事项都纳入到法制化轨道予以规范。总体而言，可将日本的应急管理法律分为四个大类。第一大类是基本法，如1961年颁布并持续修正的《灾害对策基本法》，这是日本防灾抗灾的根本大法；第二大类是灾害预防方面，对于台风、滑坡、火山、地震、暴雪、洪水等灾害均配有相应的预防制度；第三类是灾害对策方面，如《灾害救助法》《消防组织法》等；第四类是灾害恢复和复兴方面，如各类灾害之后的补偿方案、灾区重建方案及相关的金融方案等。

二、日本应急管理中的特色经验

（一）全民防灾知识普及

日本在应急防灾知识普及方面在全球范围内领先于其他国家，呈现出清晰可见的成功路径。实践证明，日本民众通过接受应急防灾知识的培训，不仅掌握了应急技能，而且已将这些技能转化成为日常生活的习惯。在突发事件发生时，他们能够以从容有序的方式进行应对，而在事件后，又能够快速、有效地在最短时间内恢复生产和生活秩序。这些先进经验具有十分重要的借鉴意义。

1.日本防灾知识普及的主体

日本参与防灾知识普及的主体众多，包括政府、媒体、社会组织、企业以及学校。

首先，是政府层面的防灾知识普及。日本中央设有应急防灾知识普及组织网络，能够统合各界情报资讯进行应急防灾知识普及，教育部门也在探索使用多种教学方式相结合的方法来推动防灾减灾的全民教育。其次，是媒体层面的防灾知识普及。不论是传统媒介，如报纸、书籍、电视、广播，还是新媒体，都会积极对防灾知识以及相关政策进行宣传。再次，是社会组织与企业参与防灾知识普及。日本政府十分重视培育防灾相关的社会组织，通过提供资金、场所等方式，鼓励它们通过各类多元的活动形式进行知识的宣传，并支持日常的应急演练活动。同时，也鼓励各类企业在内部组建相应的防灾减灾和应急救灾机构，并积极举办各类宣传活动、演练活动，调动企业参与应急管理的积极性。最后，是学校层面的防灾知识普及。日本规定，学校领导与老师必须掌握一定的危险信息判别能力以及应急处置能力，定期在各级学校开展规模不等、形式不一的应急知识科普与防灾演习活动。

2.日本防灾知识普及的形式

一是面向不同宣传对象编制防灾教材、卡片与指南。日本各都道府县普遍制定了《危机管理和应对手册》《防灾手册》或《应急教育指导资料》，用于指导社区展开应急教育和防灾知识普及培训。此外，日本文部科学省还编写了一系列指导性教材，如《学校防灾手册（地震、海啸）编写纲领》《提高生存能力　推进防灾教育》，供校园师生学习参考；政府各级和相关部门定期制作多种类型的应急防灾知识卡片，并通过公益讲座传播，以普及灾害防治对策和基本防护知识，提高民众的主动应对能力①。

二是为了提高国民的防灾减灾意识，日本政府设立了"防灾与志愿者日"，即每年的1月17日，以纪念阪神大地震。在这一天，日本在全国范围内举行市民和专业应急人员参与的防灾应急训练活动，并通过电视专题节目传播防灾应急知识。除了全国性的活动外，地方政府还会根据实际需要设立专门的地方性节日和活动来普及应急防灾知识。

三是组织各种形式的应急防灾演习演练，包括综合性演练以及专项演练（海上应急演练、核事故应急演练、公共卫生突发事件处置演练等）。一方面，应急演练加强了政府一般部门和灾害管理组织机构的协调和协同作战能力；另一方面，在全国范围内进行综合性大规模演练，引入了角色扮演和模拟的理念和方法，真实地应用于演习实践②。公众通过参与实地演练或通过电视和网络观看相关活动，接触基本的应急知识，学到应急技能。

四是借助各种馆所或基地普及应急防灾知识，如在博物馆、展览馆、纪念馆（公园）等场合进行转向展览，或直接建立应急防灾教育基地、市民体验中心，为市民开展现场教育，使其身临其境地感受相应情境，以增强对灾害的认知以及判断能力、决策能力。

此外，日本还十分重视应急避难所的建设，并在各大场所张贴海报、系统标志以强调应急避难所的功能与重要作用。日本也十分注意利用一些建筑、场所的细节处如电梯内、车站内，张贴有关灾害应对的知识宣传标志，同时还提供盲文标志以服务视障人群学习相关知识。

（二）完善的灾害信息管理体系

日本是全球应急管理信息化水平最高的国家之一。早在1996年，日本政府就设立

---

① 张光辉：《日本的灾害防治机制与应急新闻报道及对我国的启示》，《河南社会科学》2009年第6期，第166-167页。

② 刘文俭、李勇军：《日本地震对我国沿海城市应急管理工作的启示》，《中国应急管理》2012年第4期，第28-35页。

了内阁信息中心，专门负责应急信息规划，收集和传达与灾害相关的信息。日本不仅拥有完善的应急信息化基础设施，还通过信息技术构建了适应国情的高效而严密的应急管理信息体系，并在长期的实践中积累了丰富的经验。

日本充分运用先进的监测预警技术系统，各相关部门实时追踪和监测天气、地质、海洋、交通等变化。通过分析可能发生的重大灾害的时间、地点和频率，制定预防灾害的计划。定期组织专家和相关人员对灾害形势进行分析，并向政府提供防灾减灾建议。

在灾害发生后，各地政府首脑（知事）和紧急防灾对策本部的所有成员将在指挥中心协同进行救灾指挥，以确保对灾害的紧急处置能够高效实现。同时，积极研究建立全民危机警报系统，以便在地震、海啸等自然灾害以及其他突发事件发生时，相关政府机构可以直接利用该系统向全国发出警报，而无须通过各级地方政府。

日本各地方政府也非常重视信息化建设，纷纷在都道府县设立了紧急防灾对策本部指挥中心。如日本兵库县防灾中心结合地震频发的特点，开发了全日本最完善的灾害应急管理系统（Phoenix Disaster Management System）。该系统24小时运行，不但及时响应各种灾害，还能整合并发布各种灾害信息。系统除了链接相关应急管理部门进行服务决策外，还面向公众开放，为居民提供必要信息，普及灾害应急的相关知识，例如受灾幸存居民获取救助对策、因灾死亡人员所需服务对策、伤员获取医疗护理救助对策等[①]。

第四节 德国的自然灾害应急管理能力建设

一、德国的应急管理模式

德国位于欧洲西部，地处大西洋东部的西风带，气候介于大陆性气候与海洋性气候之间，经常面临强降雨、飓风、冰雹、洪水、森林火灾等灾害。德国在处置危机的过程中十分重视自然灾害应急管理工作，各级政府、单位之间分工明确，运作有序，形成了一套具有特色的防灾救灾应急管理体制。

---

① 帅向华、杨桂岭、姜立新：《日本防灾减灾与地震应急工作现状》，《地震》2004年第3期，第101-106页。

（一）应急管理体制

德国的灾害应急管理体制，可以分为政府层面和非政府层面两大层面[1]。政府层面主要包括联邦政府、州政府与地方政府。联邦政府的应急管理核心机构为联邦安全委员会，由内阁直接进行领导，负责总体制度的设计以及协调部门间的合作。联邦内政部下设联邦公民保护与灾难救助署、技术救援署、联邦警察等部门，用以直接应对各类突发灾害事件。此外，包括联邦国防军应急救援部队在内的其他联邦机构也是德国灾害应急工作的主要参与者。在州政府、地方政府层面，也设有应急指挥中心以及包括警察、消防在内的各级部门，用以与联邦政府的管理机构相适应。除政府之外，德国将其他主体，包括企业、民间组织、非官方独立研究所等也纳入了应急管理的组织体系之中[2]。德国的灾害应急管理体制结构如图8-8所示。

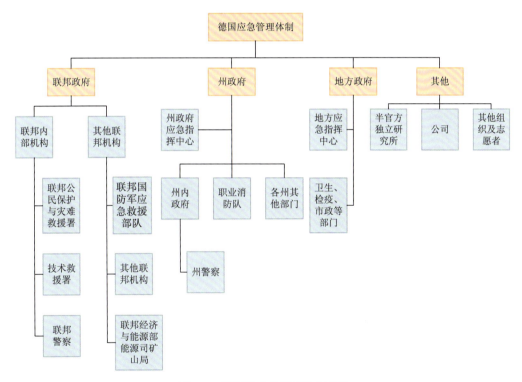

图8-8　德国的应急管理体制结构

---

[1] "Crisis Management", Federal Ministry of the Interior and Community, accessed August 5, 2024, https: //www.bmi.bund.de/EN/topics/civil-protection/crisis-management/crisis-management-node.html.

[2] 赵来军、霍良安、周慧君，等：《世界主要国家应急管理体系与实践及启示》，科学出版社，2023，第69-71页。

（二）应急管理机制

德国的应急响应强调属地管理的原则，一般的灾害由当地政府直接负责处置，若灾害涉及多个州，则由州与州之间协调解决。当危机造成的影响超出了州一级的应对能力，联邦政府将参与处置，具有内容如图8-9所示[①]。

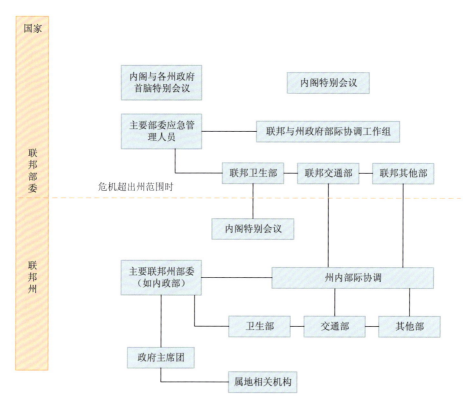

图8-9　德国政府应急管理分级响应体系

（三）应急管理法制

德国目前在应急管理层面已经形成了较为完备的法律体系，具体可分为六大类。

第一类是基本法，即《德意志联邦共和国基本法》，也是德国的宪法；第二类是综合专门法，由联邦议院制定的涉及国家应健全的各种综合性专门法律，如《平民保护法》《刑法典》等；第三类是重大事故与自然灾害的单项法律，体系较为完善，包括《水资源管理法》《联邦污染保护法》《化学品法》《航空安全法》等；第四类是公共卫生单项法，如《传染病防治法》；第五类是社会安全单项法，用以防范各类社会性事

① 赵来军、霍良安、周慧君，等：《世界主要国家应急管理体系与实践及启示》，科学出版社，2023，第76-79页。

件，如《反恐怖主义法》《军事反间谍法》；第六类是应急安全行政规范，对社会运行以及生产生活中的各类相关行为进行规制[①]。

二、德国应急管理中的特色经验

（一）社会力量广泛参与的应急救援

德国的应急管理系统主要由警察、军队、消防部门（中坚力量）、急救人员等专业人士，以及包括志愿者、社会组织在内的志愿力量组成。据统计，德国国内有100余个具备应急管理职能的社会组织，全国8200万人口中有约180万人接受过一定程度的专业应急技术训练[②]。这些力量不仅是对于官方应急力量的重要补充，也能够服务到更多细节之处，为全面提升应急管理效能作出重要贡献。

德国应急救援中的社会力量主要包括消防、联邦技术救援署、红十字会、马耳他骑士战地服务中心、工人助人为乐联盟、生命救助协会、约翰尼特事故救援团等综合救援、技术救援、医疗救护和专业救援等组织和机构[③]（见表8-1）。

表8-1　德国应急救援队伍构成

组织名称	成立时间	救援类别	响应类别	人数/万人
消防（DFV）	各地不同	综合救援	第一时间	138.37
联邦技术救援署（THW）	1950年	技术救援	按需响应	8.37
红十字会（DRK）	1864年	医疗救护	第一时间/按需响应	45
马耳他骑士战地服务中心（MHD/Malteser）	1953年	医疗救护	按需响应	3.39
工人助人为乐联盟（ASB）	1888年	医疗救护	按需响应	3.1
生命救助协会（DLRG）	1913年	水上救援	按需响应	4.7
约翰尼特事故救援团（JUH）	1952年	交通救援	第一时间/按需响应	2.83

上述救援组织和机构都是相互独立的，但彼此之间也都有相互联系。这种联系也

---

① 刘胜湘，等：《世界主要国家安全体制机制研究》，经济科学出版社，2018，第538-539页。

② 赵来军、霍良安、周慧君，等：《世界主要国家应急管理体系与实践及启示》，科学出版社，2023，第84页。

③ 陈丽：《德国应急管理的体制、特点及启示》，《西藏发展论坛》2010年第1期，第43-46页。

反映了德国应急救援队伍建设的特点，具体可用五个"相结合"来归纳[1]，即分别是救援与救护相结合、综合与专业相结合、专职与兼职相结合、政府与社会相结合、地方与联邦相结合。这些救援队伍具有专业化的应急救援知识和技能，并且呈现出网格化分布的形式，反应迅速，他们的技术装备实行标准化配备，能够在几分钟内到达灾害现场，实施救援[2]。

（二）现代化的装备技术支撑

得益于优秀的工业基础，德国的应急救援装备普遍先进，不论政府组织还是民间组织的救援队伍都配备大量专业化的消防车、抢险车，甚至企业的消防队伍也配有相应救援车辆，这些车辆都是由地方政府提供，州政府、联邦政府给予一部分补偿，这些车辆也拥有严格的管理制度、更新制度、养护制度[3]。

同时，依托计算机、数据库、地理信息、卫星定位与预警、遥感和视频系统等技术，德国已经建立起一套反应灵敏的预警系统，并致力于研发风险分布地图，以实时展示不同地区、不同等级的风险。

此外，德国也十分注重应急装备的信息化、标准化建设，不仅在产品的研发、制造方面积累了大量先进经验，也积极推动全球相关产业的发展。德国主办的汉诺威国际消防安全展览会是全球安全应急产业最享有盛名的展会，每四年举办一次，并在世界各地都设有分会场和各类活动，为推动全球应急装备的智能化、现代化作出了重要贡献。

第五节　国外经验对西北地区应急管理能力
建设的启示

美国、英国、日本、德国等国家在自然灾害应急管理能力建设方面形成的先进经验对于我国西北地区具有重要的参考价值。在总结本章前四节内容的基础上，本节从法律法规体系、全社会力量参与、信息管理体系建设以及应急管理教育和科普机制构建四个部分为西北地区应急管理能力建设总结出相关启示，以期能够增强防灾韧性，

---

① 凌学武：《德国应急救援中的志愿者体系特点与启示》，《辽宁行政学院学报》2010年第5期，第9-10页。

② 昌业云：《德国专业化应急救援志愿者队伍建设经验及其借鉴》，《中国应急管理》2010年第8期，第48-52页。

③ 赵来军、霍良安、周慧君，等：《世界主要国家应急管理体系与实践及启示》，科学出版社，2023，第86页。

提升抵御灾害或突发事件的能力，提升从灾害或突发事件中高效恢复的能力以及对灾害或突发事件的适应能力，并切实指导实践工作。

一、从整体层面推动应急管理能力提升

美国、英国、日本、德国等国家十分重视应急管理的体制、机制、法制建设，并能够根据形势发展不断对其进行调整、完善和补充，为全方位、多层次地应对多种类型的自然灾害提供了有力的制度支持与保障[①]。我国西北地区也应因地制宜地加强应急管理的相关制度建设，以提高自然灾害应急管理能力。

（一）加快建立健全应急管理制度建设

西北地区的各级行政单位应在《中华人民共和国宪法》《中华人民共和国突发事件应对法》《中华人民共和国防震减灾法》等国家层面的法律法规指导下，最大限度地根据地方现状，发挥相应职能，从整体层面推进自然灾害应急管理制度建设。

从灾害类型视角来看，西北地区的自然灾害涉及地质地震灾害、气象灾害、水旱灾害、森林和草原火灾等，各省（区）应结合各自的自然环境和社会环境，进行周密研判，分析得出各级各类自然灾害可能造成的影响、损失以及面临的困境，因地制宜地编制应对制度，并突出针对性。其间明确涉及参与主体、规范化处置与应对流程、主体间权责分配等关键问题，要突出可操作性。同时，也要积极思考、打通不同灾害间的关系及其造成的影响，探索包括耦合风险、级联风险在内的复合型风险的应对措施，为有效控制与应对各类自然灾害及其后果做到有制可参。

从参与主体的视角来看，首先是纵向关系层面，各级政府均应结合自身的情况及所具备的处置能力，编制应对不同等级、不同类别的自然灾害应对策略，且这些策略需要层层适配，并对自然灾害处置过程中的救灾不力或不法行为依法严肃追究责任，以便在应对自然灾害风险时能够做到层层落实责任。其次，是横向关系层面，各级主导单位之间也要积极建立信息通信、应急资源分配、应急处置的互助与协作机制，破除空间割裂所造成的信息鸿沟问题及权责不明晰问题，共同处置自然灾害。

此外，也要十分重视各地的预案编制和演练、演习，帮助组织和个人更加迅速、有序、有效地应对危机，保护人民群众的生命和财产安全。

总之，自然灾害应对制度的制定并非一劳永逸，西北五省（区）还需要以"小步快走"的方式进行制度的动态完善，既要稳定、踏实地开展工作，又要不断适应环境

---

① 万婧、李勇辉、陈清光，等：《国外防灾减灾综合能力建设情况》，《中国安全生产》2020年第1期，第60-61页。

变化，才能不断提高应急管理应对能力。一方面，需要贯彻动态思维，在密切关注国家与各地的政策变化、科研进展、自然环境变化、社会环境变化等基础上，不断反思并完善现有的自然灾害应对制度；另一方面，制度的建设与完善也需要在不断的实践工作中进行检验，才能够了解其所具备的优势和不足。这要求各地不仅要在自身应对自然灾害时切实检验已有的制度效力并开展总结，也要不断关注区域内的其他地区乃至国内外相似地区的自然灾害应对情况，并持续进行取长补短，做到"为我所用"。

（二）加强建设应急管理专业人才培育与设备管理制度

应急管理涉及工程科学、信息科学、环境科学、管理科学、政治学、心理学、新闻学、法学等多学科的交叉融合，内容丰富，知识面广，应不断增强应急管理学科建设，建立健全各大高校、科研院所的人才培养体系并支持科研水平的不断提升，为培养专业化、高端化的应急管理人才奠定重要基础。培养内容既要范围广，即需要引导学生从多角度进行学习以把握灾害危机的系统特征，又要突出特色，在细分领域持续突破、持续创新。同时，也要注重推动从业人员、政府官员、企业高管等主体不断提升专业水平，建立终身学习机制，促进相关人员能够更好地从理论与实践相结合的角度出发投入应急管理实践中去。

同时，加强设备管理制度建设。科学、高效的管理制度对于开展应急管理工作具有十分重要的影响。设备的清单制定、需求分析、采购管理、使用管理、调配等工作方式都需要继续完善，可以在结合人工智能等新一代信息技术的基础上，进行精准管理与运输分配，促进装备管理与配备的高效化，避免资源的浪费。

（三）加强基层应急能力的建设

在面对自然灾害、大规模事故或突发事件时，快速、高效的基层应急救援能力是维护国家安全和社会稳定的重要组成部分。通过提升基层应急救援能力，能够更好地应对各种紧急情况，减少灾害造成的社会动荡和安全隐患，保障人民群众的生命和财产安全。

西北地区的地形地貌多样、环境复杂，不同地区的状况也有所区别。应根据各地区特征，个性化地制定基层应急队伍建设要求，包括人员配备、装备配备方案等，并持续开展培训与演练，使得工作能够全方位、多层次地涵盖预防、准备、响应和恢复等各个环节。同时，也要积极培养个人、家庭、组织层面的应急意识与自救互救能力，以便更有效地应对自然灾害等危机。

（四）关注地区人民特殊需求

西北五省（区）幅员辽阔，气候环境复杂多样，文化底蕴丰厚，涉及的民族较多，习俗各不相同。这就要求在进行制度建设的过程中，需要保持敏感性，尽可能地关注到不同群体的特殊需求，以免造成矛盾、冲突，甚至引发社会性事件。例如，在应急管理的各流程中要尽可能地关注少数民族、少数群体与其他群体的关系与互动状况，尝试制定矛盾与冲突的调解方案；在进行社会力量动员、保护性开发建设、开展救援过程中需要对环境与建筑进行破坏时，要采取适当方式开展告知与风险沟通工作；在应急物资分配过程中，也应该尽量尊重少数民族的饮食、起居习惯，避免造成各类负面影响。

二、组织协调全社会力量广泛参与自然灾害应急管理

组织协调全社会力量广泛参与到自然灾害应急管理工作之中也是各发达国家能够高效处置危机的重要手段。在这一过程中，不仅要促进政府各部门之间的协调联动，也要注重发挥公众、企业、社会组织等其他社会主体的重要作用。

（一）推动跨部门的应急管理协作

自然灾害应急管理工作的开展涉及政府、消防救援部门、医疗部门、公安部门、公共卫生部门、交通部门、通信部门、自然资源部门等，同时也涉及不同层级、不同地区间的合作。然而，在开展实际工作时面临诸多问题，例如部门间职能重合易造成资源的冗余和浪费，部门间职能模糊易产生"盲区"或造成推诿现象[①]，权责分配不明晰易造成部门在"权衡利弊"后，为避责而失去担当作为，与"全力保障人民群众的生命和财产安全"这一理念完全相悖。

为了解决这一现实问题，可以参考日本的应急管理体制中所推行的常设机构与非常设机构相结合的办法，由政府根据灾害情况考虑设立临时机构来统领全局，开展应急指挥与决策工作，机构内可以包括各级政府及各级部门领导人、专家学者、群众代表、企业代表、社会组织代表等，能够统一实现灾害信息搜集与传播、资源调配、应急知识与决策共识生成、综合协调与保障等功能，为实现跨部门的应急管理合作提供统一平台。为了实现这一目标，也需要在国家相关法律法规的总体指导下，编制相应的制度开展保障与支持，其中需要明确设立条件、参与者组成结构、参与机制、权责

---

① 钟开斌：《找回"梁"——中国应急管理机构改革的现实困境及其化解策略》，《中国软科学》2021年第1期，第1—10页。

分配方式等内容，确保非常设机构能够切实发挥作用。

（二）推动社会力量的应急管理参与

除了政府及相关部门之外，推动包括企业、公众、社会组织在内的社会力量的参与，也是提升西北地区自然灾害应急管理能力的重要因素。

首先，社会力量可以作为应急设备、应急物资的重要来源。如企业可以在充分调研自然灾害应急市场需求的基础上，结合科技研发与成果转化，为自然灾害应急管理工作提供功能性更强、适配性更强的应急产品与应急物资。此外，企业、公众、社会组织等主体也可以通过众筹、捐赠等方式为开展应急管理工作提供更多资金支持、产品与设备支持、物资支持，以更好地响应应急需求。

其次，社会力量可以作为应急力量的有力补充。如企业可以通过应急咨询与培训的方式提高其参与应急管理工作的主体的专业化水平；公众与非专业从事应急管理工作的社会组织是能够调动的关键志愿力量，能为自然灾害的监测预警、物资准备、通信、救援、重建等工作提供重要的补充；专业从事应急管理的社会组织则是政府部门开展相关工作的有力支持与协作对象，能够为政府应急管理工作提供全方位的、专业性强的支持。例如，德国具有专业的供水队伍、维修队伍、心理干预组织，有效地弥补了政府在这些领域力量的不足。政府应该大力支持这些社会力量，引导其不断地提升专业性水准，支持其在细分方向提供更高水平的支持。

最后，社会力量可以成为应急决策的可靠参与者。公众、企业、社会组织拥有丰富的信息收集与信息获取途径，也是决策共识、知识生成过程中的可靠力量，能够促使政府部门决策更为科学，更为全面地关注到人民群众的切实利益。

还需要注意到，政府也应该设立相应机制以保护社会力量的权益。在进行资源征用、征集时要充分落实相应的补偿机制，通过多方位、多形式地建设奖励、奖赏机制和宣传机制，增强公众、企业、社会组织参与者的获得感、荣誉感，从而引导、激发更为广泛的社会力量参与到自然灾害应急管理工作中去。

三、加强信息技术深度赋能自然灾害全生命周期管理

总结诸多发达国家的应急管理经验可知，信息技术，尤其是以云计算、物联网、人工智能为代表的新一代信息技术的重要性不言而喻，来源途径多样的数据、先进的分析方法、科学的管理手段，都是不可或缺的重要因素。故于我国西北地区而言，注重信息技术深度赋能是实现自然灾害应急管理效能的重要手段。

（一）丰富信息来源与处理方法

自然灾害应急管理不仅需要丰富的自然环境数据，社会环境数据也是关键的信息来源。

在自然环境数据层面，需要依托国土调查数据、各级风险普查数据、相关项目数据、历史案例数据以及调查报告数据，对自然灾害的历史状况以及涉及的区域环境有所把握，这样才能为掌握现状、开展情景构建与决策做到有历史经验可循。同时，也要加强实时数据的收集，通过高精度的遥感技术、更为广泛铺设的传感器、通信设备以及开展巡检、风险排查等工作，广泛地获取实时的、动态的自然环境监测数据（如水文、地质、温度、湿度等）。

在社会环境数据层面，需要深入了解地区的人口情况、经济社会运行情况、风俗习惯情况等信息，也需要在社交媒体对舆情进行监测与动态分析，同时还应面向社会通过开放网络问政平台等方式向公众提供信息反馈途径。

这些数据不仅来源多样，而且结构多样（如有文本数据、图片数据、音频数据、视频数据），还存在着数据间语义、表示、质量、存储、格式、协议、接口异构等问题。需要在结合前沿技术的基础上不断探究如何利用机器学习、人工智能等方法，实时地对于多源异构的数据进行融合处理，以开展更为高效、系统的分析，在系统集成的基础上产生更多有价值的知识，同时也要强调对于决策者的可理解性。

（二）完善信息共享与传递机制

在获取大量的信息并进行处理的基础上，应考虑如何完善信息的共享与传递方法，从而提高信息的利用价值、科学性以及主体之间的协作效率。

一方面，应注重综合应急信息一体化平台的搭建，这有利于自然灾害应急管理的各大参与主体进行全方位、全渠道的信息整合和共享。目前，我国并未对开展应急管理工作所需要的数据、信息资源体系进行规范，所以开展这一工作的关键任务在于针对所需的数据、信息进行全面策划与标准化定义，为工作的有序开展奠定基础。基于此，制定不同参与者的参与准则，基于系统内不同级别的权限，对信息的收集、上报、处理等活动进行规制，以促进工作的规范程度。同时，也要注重针对不同主体的专业化操作与使用培训，以便在实际应对危机时能够进行精准操作，以保障应用效率和协作效率。

另一方面，也应该注重对危机信息的公开与传递机制的设计。全社会的知情权需要得到保障，政府有权、有义务向公众公开相关信息，回应公众关切的问题，包括灾情现状、受灾群众及地区的伤亡和损失情况、救灾行动等内容。在这一过程中，媒体应发挥积极作用，既要采取适当的沟通与表达方式进行自上而下的信息发布和传播，回应诉求，又要注重塑造政府在危机管理中的良好形象；同时，也要作为社会各界与政府部门的沟通桥梁，自下而上地传递诉求，以促进应急管理工作开展的精准化，提升公众对政府的信任程度。此外，在信息披露的过程中，要十分注重、谨慎对待涉及国家安全、国家机密以及其他敏感社会问题的相关内容，从而保障信息安全乃至国家安全。

（三）深入推动新一代信息技术赋能应急管理

当下，新一代信息技术在自然灾害应急管理中的应用程度不断加深，除了上文所述的一体化应急平台，以贯穿灾害管理全周期的量化风险评估，多灾种耦合与多领域协同的监测预警技术，跨区域、跨层级、跨部门深度融合的应急处置技术为代表的领域也成为未来发展的重要方向[1]。

对于我国西北地区而言，要顺应新一代信息技术发展的前沿趋势，并与其本身的地区特色相结合，针对其常见的各类自然灾害，探究新一代信息技术如何精准赋能不同类型灾害的全生命周期管理。具体而言，基于所获取的多源数据体系，打造适应自然环境特征、社会环境特征的应急管理全生命周期风险量化评估模式，为各流程的工作开展提供直观参照；剖析复合类型的风险灾害的发生特征，综合考量不同自然灾害在各领域的影响和后果，使用情景建模与仿真推演对灾害的可能发生状况和影响进行推测，能够很好地支持实时风险预警与监测，为决策者精准开展"情景-应对"式决策提供有力抓手；积极探究能够支持多元主体协作的方案设计，以期构建基于"数据-模型-知识"融合的精准应急决策理论和实践策略，实现持续性地、精准地进行人员分配、物资分配、协作流程设计等功能。

四、重视应急管理教育及科普机制构建

美国所拥有的完善的应急管理教育体系和日本所拥有的全民防灾知识普及体系均为增强全社会的风险认知水平、应对能力形成了良好助力，使得公众在灾害来临时能够更为从容、高效地应对各类挑战，在危机结束后也能够更为快速地进行重建、调整与恢复，并积极从过去的经历之中总结经验，为更有力地抵御未来可能发生的风险做准备。

---

[1] 刘奕、张宇栋、张辉，等：《面向2035年的灾害事故智慧应急科技发展战略研究》，《中国工程科学》2021年第4期，第117-125页。

（一）覆盖全年龄、多主体的应急教育普及

本部分所论述的应急教育有别于上文中提及的专业人才培养模式，主要讨论如何将应急管理教育在全社会更好地普及。

首先，需要构建出一套应急管理的教育组织体系，依托教育部门与应急管理部门的平台，建设专门开展应急管理教育的领导组织，汇聚多方力量，从整体规划、教材编写、学制制定、课程制定等方面为各地开展应急教育普及化进行整体指导。

其次，在具体实施层面，一是应考虑将应急管理教育作为课程在大中小学范围内广泛普及，并考虑以必修课、选修课等形式纳入各级学生的培养体系。理论层面的讲授内容包含常见的危机类型、成因以及不同情境下的应对策略等，实践层面要求学生深度参与，开展面向不同灾种的演练、预案制定等工作，并向学生教授各类急救措施〔如心肺复苏、除颤仪（AED）使用等〕及相关操作技术要领，从而全方位提升学生在不同情境下应对多种灾害的相关意识与响应能力，以期达到理论与实践相结合的效果。在这一过程中，积极鼓励教师、学校探索创新讲授模式、实践课模式、考核模式（如线上线下相结合的授课模式、沙盘模拟与对抗模式等），并结合当地特征开展特色应急教育（如地处山区的学校可以开展侧重于应对滑坡、泥石流等地质灾害的理论与实践课程，地处高寒地区的学校可以开展侧重于应对寒潮、雪灾等气象灾害的理论与实践课程）。二是在各地区设立学院性质的培训机构，面向社会开放各类有关自然灾害应急管理的讲座、课程，进行实践与演练活动，并主导搭建具备专业性强、可用性高的开放性应急知识服务平台，以文字、视频等多种形式为公众提供在灾害发生时如何应对的讲解与服务；同时，各大单位也应依托这一平台，积极组织工作人员参与有关应急知识的讲座、课程、演练等活动。此外，课程教材内容与实践内容也需要考虑到不同年龄、不同主体的需求，在面向儿童、青少年、中青年、老年，以及包括残疾人在内的特殊人群等不同主体时，需要考虑到年龄、认知水平、体能、社会分工等层面的差异性，在内容侧重点、表达方法等方面也要注意有所不同，才能更为有针对性地、有效地达到开展应急教育所期望的成效。

（二）多元主体协作的应急宣传与科普

应急宣传与科普是一项由政府、媒体、企业、社会组织等主体共同参与的工作。政府从整体层面对应急宣传与科普工作的开展方案、预期目标进行规划，并为参与主体提供资金、人员、平台、空间支持。政府还可以建设与自然灾害应急管理相关的博物馆、教育基地、体验馆、展览馆、纪念馆等，并面向全社会开放。媒体也应通过报刊、书籍、电视节目、社交媒体、新媒体等多种平台，通过新闻类、综艺类、生活类、

文化类等不同的节目形式，加强自然灾害应急管理相关政策和防灾减灾知识的宣传。鼓励政府、企业与社会组织经常性地开展内部的应急管理宣传与科普活动，或面向公众开放可以广泛参与的大型应急知识科普活动（包括但不限于现场参观、讲座、座谈会、知识竞赛、辩论赛、趣味游戏等），以及各种形式的演练活动，吸引公众广泛地、切实地参与其中。还应在各大公众场合、公共空间增强应急知识宣传科普的资料，如张贴海报、标语、标识等，以便更好地加强公众对灾害风险的认知，在全社会营造积极向上的应急文化。

第九章　西北地区自然灾害应急管理能力建设路径

第一节　理念角度:坚持全面统筹安全与发展

统筹发展和安全是党中央基于新形势、新征程及新任务背景下的特征和挑战,为防范化解各类重大风险,以中国式现代化全面推进中华民族伟大复兴而提出的重大战略方针。党的十八大以来,党中央对国家安全与经济发展作出全面部署,高度重视统筹发展和安全战略,将其作为治国理政的重要方略。党的十九大报告指出,统筹发展和安全,增强忧患意识,做到居安思危,是我们党治国理政的一个重大原则。党的十九届五中全会审议通过的《中共中央关于制定国民经济和社会发展第十四个五年规划和二〇三五年远景目标的建议》首次将"统筹发展和安全"列为指导思想的重要内容,并设专章对"统筹发展和安全,建设更高水平的平安中国"加以部署[1][2]。党的二十大对"统筹发展和安全"提出更高要求,强调"推进国家安全体系和能力现代化,坚决维护国家安全和社会稳定",就"提高公共安全治理水平"作出"建立大安全大应急框架""推动公共安全治理模式向事前预防转型""提高防灾减灾救灾和重大突发公共事件处置保障能力"等科学规划和重要部署。由此可见,在国家治理体系和治理能力现代化加快推进的新发展阶段,"安全"维度成为中国经济社会发展的又一重要考量[3][4]。统筹发展和安全,已然成了中国式现代化的必要之举。

---

① 黄东:《"统筹发展与安全"的理论意涵》,《人民论坛》2021年8月中,第86-89页。

②《中共中央关于制定国民经济和社会发展第十四个五年规划和二〇三五年远景目标的建议》(2020-11-04),中华人民共和国商务部:https://www.mofcom.gov.cn/srxxxcgcddsjjwzqhjs/tt/art/2024/art_f065c51afa40428fb5c0b0e31cf74c3a.html,访问日期:2024年8月15日。

③ 许玉久、李光龙、王登宝:《统筹发展和安全的财政韧性研究——基于财政应急治理的视域》,《地方财政研究》2023年第5期,第14-27页。

④ 高培勇:《构建新发展格局背景下的财政安全考量》,《经济纵横》2020年第10期,第12-17页。

一、牢固树立安全发展理念

安全发展理念是建立在对于安全和发展辩证关系正确认识基础上的科学理念。这一理念的核心内涵主张发展必须建立在安全的基础之上，坚持只有确保安全，才能获得更好发展的原则，发展过程中如果因不安全导致或者可能导致事故，就可能出现一系列问题。马克思主义强调，最首要的生产力是人本身，在发展中如果离开了对于人的生命安全和身体健康这一价值的追求，单纯追求经济价值和其他别的价值，就失去了发展的应有价值和本真意义①。发展和安全犹如一体之两翼、驱动之双轮，安全是发展的前提，发展是安全的保障，两者辩证统一、相互支撑、互促共进，统一于坚持和发展中国特色社会主义的伟大实践，统一于人民对美好生活的向往，统一于我们党的初心使命。当前，我国发展进入战略机遇和风险挑战并存、不确定难预料因素增多的时期，统筹发展和安全，不断提高防范化解重大风险水平，让发展和安全两个目标有机融合，实现高质量发展和高水平安全良性互动，才能实现好、维护好和发展好改革发展稳定大局②。

对于自然灾害风险较高、经济发展缓慢的西北地区而言，要准确把握发展形势，避免盲目赶抄近道发展经济，坚持安全发展贯穿于经济社会发展和社会治理各方面、全过程，根据各类重大风险，科学划定经济社会发展的底线和红线，真正从源头上消除风险隐患，从本质上提高安全水平③。坚持把全员参与、全面发力、全方位覆盖的"大安全"理念渗透到发展中，运用法治思维和法治方式，深化安全发展理念，扎实推进安全理念创新、管理创新、机制创新和科技创新并贯穿到自然灾害风险评估和综合防治中，多措并举，标本兼治，构建人防、物防、技防"三位一体"安全保障体系，在发展中平稳化解风险，在化解风险中优化发展。

二、重视自然灾害风险普查与评估

作为风险管理最基础的工作，风险识别和评估是灾害防治的关键环节。2020年6

---

① 方世南、戴明新：《牢固树立安全发展理念 坚持统筹发展和安全》，《辽宁日报》2022年12月29日第5版。

② 郑国光：《坚持统筹发展和安全 全面提升自然灾害风险综合防范能力》，《中国减灾》2023年5月上，第10-13页。

③ 郑国光：《坚持统筹发展和安全 全面提升自然灾害风险综合防范能力》，《中国减灾》2023年5月上，第10-13页。

月，国务院办公厅印发《关于开展第一次全国自然灾害综合风险普查的通知》，于2020—2022年开展第一次全国自然灾害综合风险普查，全面掌握中国自然灾害风险隐患情况，这是国家"综合减灾"理念的一次重要实践。开展全国自然灾害风险普查，目的是全面掌握承灾体、致灾因子、孕灾环境的基础数据和信息，为灾害防治提供基础性支撑，维护人民群众的生命财产安全。自然灾害风险评估是一个综合性的过程，主要是评估自然灾害可能对特定的区域造成的潜在损失和影响程度，可以更好地理解不同自然灾害事件的概率和影响范围，揭示潜在的风险隐患，评估其对人类、环境和经济的潜在影响，从而提前采取相应的防范和减灾措施。统筹安全与发展，必须把风险普查和评估工作放在工作之首，切实推进风险的"关口再迁移"。

（一）识别区域内可能发生的重点安全风险

西北地区自然灾害高发，灾害种类多，分布区域广，造成损失重。一直以来，干旱、洪涝、暴雨、沙尘暴等气象灾害，滑坡、泥石流、地震等地质地震灾害几乎连年不断，不仅给人民群众生命财产带来严重损失，而且也是制约西北地区经济发展的重要因素。在全球气候变暖的背景下，极端天气、气候灾害呈明显增加趋势，高温、干旱和洪涝灾害风险交织叠加，灾害链特征日益突出，各类自然灾害应急管理工作仍要面临诸多新情况、新问题和新挑战。如应急处置不当，就有可能产生"放大效应""链发效应"，催生更大的政治、经济、社会安全风险[1]。对此，不仅需要建立多维度的风险识别模型，综合考虑历史数据、地理特征、气候环境和社会因素等，全面评估可能存在的各类风险，包括自然灾害、人为事故、公共卫生事件等，还需要依靠专家咨询、公众访谈、社会调研等方法全面识别可能对区域安全产生根本威胁或重大影响的危险因素。

（二）定期开展区域内的自然灾害风险普查

自然灾害的形成机理主要由三要素构成，即孕灾环境（孕育灾害的环境）、致灾因子（导致发生灾害的因素）、承灾体（承受灾害的客体）。自然灾害致灾因子涉及干旱、洪涝、风雹、低温冷冻、雪灾、地震、地质、森林草原火灾、生物9大类50多个灾种；承灾体包括人员与房屋、道路、港口、机场、管道、网络等各种结构实体，也包括农作物、自然环境等非结构实体，以及各类设备、仪器、文物等财产，自然资源与生态环境等资产；孕灾环境包括岩石圈、大气圈、水圈、生物圈、冰冻圈、人类圈等组成的地球圈层。在第一次全国自然灾害综合风险普查的基础上，应积极探索各灾种风险

---

[1]郑国光:《坚持统筹发展和安全 全面提升自然灾害风险综合防范能力》,《中国减灾》2023年5月上,第10-13页。

评估指标及标准化方法，构建用于多灾种风险评估的指标体系，建立灾害风险定期普查和评估制度，通过识别风险、规避风险、转移风险来强化灾害风险的管理。

第二节　治理视角：从传统的应急管理走向韧性治理

在任何国家、任何时代，自然灾害应急管理都是一项复杂的系统工程。事实上，重大自然灾害治理，需要调动政治、法律、经济、社会、文化等多种要素来共同完成。在诸多因素当中，中央与地方政府的统筹联动、国家和社会力量的协同合作，始终发挥着不可或缺的角色。在我国传统的自然灾害治理体系中①，历朝政府从一开始就成为灾害治理活动的责任主体，并在整个体系中扮演着制度制定与推广、财政支付与兜底、运行检查与监督等重要角色。为了保障灾害治理措施的有效实施，从中央到地方普遍设有负责灾害治理的相关官职，并在防灾救灾中发挥核心作用。在之后的历史时期，自然灾害应急管理的地位逐渐凸显，地方政府的救灾职能也更加条文化、法律化②。地方官员主持或参与救灾的记载不绝于史。整体来看，我国传统社会的自然灾害治理机制的运行主要依托于强大的行政体系。从历代救灾实效来看，中央各部门之间、中央与地方政府之间职责明确、统筹协作、高效运转，在一定程度上为灾害治理提供了重要的制度保障。而在治理框架下，传统依靠官僚机构实施的应急管理亟须向多方联动、互助合作的治理共同体转变，这也是风险社会背景下风险治理的必然要求。

一、主体韧性：打造治理主体的合作互助联盟

灾害背景下的韧性治理有赖于政府、企业、社会组织、社区、公众等力量的共同参与，需要充分整合各方资源，打造合作互助联盟，形成全社会协同治理的合力。一方面政府内部上下级组织之间、横向部门之间相互协作，打造应急响应的无缝隙政府；另一方面，由政府向社会增权赋能，提升城市及社区系统在复合型灾害风险冲击下的自组织、自适应能力。通过协同合作，政府自身及其与各方的关系得到更好发展，进而打造应急治理的合作互助联盟。

（一）搭建应急管理部门间的协同行动框架

西北地区自然灾害的应对涉及多个部门和组织单位，因此建立一个紧密协作的机

---

① 张涛：《中国古代灾害治理的历史经验》，《理论学刊》2022年第5期，第123-134页。

② 赵晓华：《救灾法律与清代社会》，社会科学文献出版社，2011，第79页。

制框架至关重要。该框架应该涵盖跨部门之间的合作与沟通，以应对多样化的安全挑战和紧急情况。一是建立跨部门的工作组织或委员会，由各相关部门的代表组成，包括政府机构、救援团队、医疗机构等，以促进信息共享、资源整合和有效决策。二是制定明确的责任分工和协作机制，确保在紧急情况下快速响应和行动。三是建立定期的联合演练和培训机制，以加强各部门间的配合与默契。四是注重信息共享和技术支持，利用先进技术手段提高应急响应的实时性和精准度，以及快速传播风险信息的能力。五是建立机制来持续监测和评估协同行动框架的有效性，通过回顾和反思经验教训，不断完善和优化跨部门协作模式。通过这些措施，搭建起部门间紧密协同的行动框架，将有助于提高西北地区自然灾害应急管理的整体效率和应对突发事件的能力。

（二）完善企业参与应急管理的公私协作机制

企业在提供物资保障、信息支撑等方面具有天然优势。在这方面，西北地区应努力完善企业参与应急管理的公私协作机制，建立紧密合作的框架。一是公私合作应建立在互信和信息共享的基础上，确保政府和企业在灾害和紧急事件发生时能够迅速有效地协同行动。二是政府应该提供必要的政策支持和引导，鼓励企业参与应急管理，并明确相关责任和义务。企业则需要加强风险意识，积极参与培训和演练，提高应对突发事件的能力。三是建立健全应急信息沟通渠道，确保政府和企业能够及时、准确地共享风险信息和灾害预警，以便迅速作出相应反应。四是政府与企业还应共同制定应急预案和措施，明确应对突发事件时的角色和责任，以确保公私合作在应急响应中的协调和配合。五是持续评估和改进公私协作机制，吸取经验教训，不断完善合作模式和机制，以提高应对各种灾害和紧急情况的整体效率和应变能力。

（三）优化各类社会组织参与应急管理的方式

以社会组织为代表的社会力量在紧急时刻可以弥补国家力量缺位的不足，建立"政府—社会组织"协同行动框架已成为各国自然灾害应急管理的基础共识。对此，需要建立有效的合作机制和参与框架。一是政府可提供激励措施和支持，为社会组织提供必要资源和培训，同时建立公开透明的合作机制。二是建立多层次、多领域的社会组织网络，以整合不同类型的社会组织资源，如非政府组织、志愿者团体、慈善机构等，形成协同合作、信息共享的网络结构。三是提高社会组织的应急管理能力，政府可以组织针对社会组织的培训课程，提供专业知识和技能，增强其在灾害发生时的快速响应和应对能力。四是加强政府与社会组织之间的沟通和协作，建立定期沟通机制，促进信息交流和资源共享。通过明确政策引导、建立合作网络、提升能力水平、加强沟通协作，可以优化各类社会组织参与应急管理的方式，使其更加高效、协同，为灾害和紧急事件的处置提供更有力的支持。

（四）丰富居民个人参与应急管理的制度渠道

居民是自然灾害应急管理过程中自救、互救能力的重要来源，在应急管理中有着无可替代的作用。建立多元化和可操作性强的参与机制，激发居民的参与热情，提高应急管理的全民参与度。一是政府通过教育和宣传活动向居民普及应急知识和技能，提高其自救、互救、抗灾能力。二是建立有效的信息发布和沟通渠道，让居民及时了解灾害预警和应急措施，提高居民的信息获取渠道和应对能力。三是设立居民参与的志愿服务平台，鼓励并组织居民参与志愿服务活动，建立志愿者队伍，为社区提供紧急救援、物资运送、临时安置等服务。四是建立居民参与应急决策的渠道，让居民能够参与制定和评估应急预案，提供意见和建议，增强居民对应急管理的参与感和责任感。

（五）加速多元主体共同参与应急管理的共同体发展

加速多元主体共同参与应急管理的共同体建设，是实现西北地区整体社会应急响应能力提升的重要路径。因此，建立开放包容的参与机制至关重要，这需要政府、企业、社会组织等多元主体共同参与，打破部门壁垒，促进资源共享和信息流通，形成多方参与、协同应对的应急管理共同体。政府可以搭建跨部门、跨行业的协调平台，促进不同主体之间的合作与交流，制定共同的标准和规范，提高协同作战的效率和协调性。数字时代，风起云涌的技术创新和专业的人才队伍为共同体发展提供了重要支撑。各方主体通过共享先进技术和信息资源，形成一支专业化、多元化的紧急响应团队，将极大提升应对灾害的专业支撑能力。

二、过程韧性：加快建立链式行动逻辑框架

韧性治理以链式行动框架来实现快速的信息沟通和行动响应机制，强调即时性和分布式决策，以更快回应问题和风险[1]。这就需要从以下两个方面考虑构建一个内外链接的韧性治理环境和链式行动逻辑框架。一方面，强化组织与外部环境、公众的联系，建立环境监测框架，力促组织在灾害风险管理方面实现早发现、早诊断和早解决，实现危机管理的"关口迁移"；另一方面，要树立协同联动的理念，使政府、企业、社会组织、社区、公众等充分动员起来，快速沟通信息，协同参与应对处置行动。

---

① 牛朝文、谭晓婷：《从韧性科学到韧性治理：理论探赜与实践展望》，《四川行政学院学报》2023年第1期，第35—47页。

（一）强化组织和环境的联系以更好识别风险

强化组织和环境的联系是识别风险并有效应对挑战的重要一环。一方面，建立起密切联系的组织结构和环境监测系统至关重要。组织结构应确保各部门间信息共享和沟通顺畅，形成高效协作的机制，同时也要完善环境监测系统，包括气象、地质、水文等多方面监测手段，实时掌握环境变化和风险源信息。另一方面，重视风险评估和预警系统的建设对于风险的早发现、早处理也尤为关键。通过建立健全的风险评估体系，制定科学合理的风险评估指标和方法，同时建立预警系统，及时发布风险预警信息，为决策者提供决策依据，以使损失和影响最小化。整体来看，西北地区具有地广人稀的特征，因此和外部环境建立良好的联系对于构建"环境—安全—响应"的链式结构极为重要。

（二）树立协同联动的行动理念以快速展开行动

自然灾害覆盖一定的地理范围，各级政府的应急预案即使再完备，应急演练再充分，也无法全面准确预判自然灾害的冲击和危害，外部力量的输入则是快速自我调适的最佳助力。这种链式行动逻辑框架资源主要来自两个方面：一是上级政府及有关部门统筹部署给予的支援和帮助。比如2020年陇南洪涝灾害，应急管理部和国家消防救援局先后多次调度应急救援情况，甘肃省应急管理厅、消防救援总队、气象局等部门在省政府的领导下及时调派救援力量赶赴现场、共享各自掌握的灾情数据及研判分析、发布相关预警信息等。二是与周边政府的自主链接。这是建立在共享、协同理念上的互助合作，比如西北地区的青海省和甘肃省，毗邻市或县可以建立韧性城市建设联盟，在应对自然灾害风险时，可以互相支援，形成合力，增强彼此抵御风险的能力。

（三）增强与公民的关系以更好提供应急公共服务

在增强与公民的关系以更好地提供应急公共服务方面，建立有效的互动和沟通机制至关重要。这可以通过公民参与会议、网络平台、社区讨论会等形式进行，以了解公民对应急服务的期望和需求。此外，也可以通过公众教育和宣传工作、公众参与的反馈信息、社区组织和志愿者队伍建设等组织活动强化政府与公民之间的关系，真正了解各方需求，持续改进和优化服务品质。当然，从价值角度来讲，政府部门应根据公众的反馈和需求，及时调整应急服务策略和措施，不断提升服务质量和效率，满足公众需求。西北地区在提供应急公共服务方面整体推进较慢，未来应着力弥补这方面的缺失。

三、技术韧性：运用新兴信息技术赋能应急管理实践

自然灾害的韧性治理应着眼未来，并以"大范围""全方位""立体化"理念加快自然灾害应对信息化建设的步伐。立足地区发展实际和自然灾害应急管理现状，坚持统筹发展和安全，引导和促进大数据、物联网、云计算、通信技术等前沿科技进步成果最先或同步运用于自然灾害治理领域，赋能政府积极应对自然灾害的不确定性，为防灾减灾在相当程度上普及数字化、信息化、智慧化等重要技术助力。注重灵活运用信息技术在重塑科层结构、优化要素配置、创新应急产业发展以及增赋个体权能等方面的优势，强化自然灾害治理的结构韧性、过程韧性、功能韧性和价值韧性，使自然灾害治理主体从一元走向多元互动，利用信息技术共享便捷的优势，深化组织间的横向协同和对治理终端信息的获取，形成多元行动者的组织化统合、点对点链接的风险信息匹配的治理格局。

（一）加快自然灾害应对的智慧应急建设

加快西北地区自然灾害应对的智慧应急建设是提高该地区灾害响应能力和减少损失的关键举措。一方面，利用物联网、人工智能、大数据等技术手段，建立智能监测系统，实时监测自然灾害预警信息，提高对灾害的准确感知和快速响应能力。另一方面，要推动智慧城市建设与应急管理融合发展。通过智能化设施和城市管理手段，提高城市的抗灾能力和灾后恢复能力，最大限度地降低自然灾害对城市的影响。此外，加强信息化建设、智慧救援体系建设及智慧应急系统的建设对于提升西北地区的应急管理智慧能力也至关重要。

（二）数智技术赋能应急管理模式变革

近年来，数智技术在应急管理领域的广泛运用为应急管理模式变革带来了全新的发展机遇。利用人工智能、大数据分析等数智技术，构建智能化的灾害预警系统，可实现对自然灾害、突发事件的及时监测和预测。数智技术为应急管理带来更高效的信息化手段。通过建立集成化的信息平台，实现多部门、多源数据的整合和共享。数智技术也推动了智慧救援模式的创新。无人机、机器人等技术的应用提升了救援效率，可在受灾区域进行远程监测、物资运送和搜索救援。此外，从治理角度来看，数智技术还赋能了数据驱动的应急评估与决策。利用大数据分析技术，对灾害事件的发生、演变和影响进行深度分析，为决策者提供科学依据和灵活应对策略，促进灾后评估和应急管理模式的不断优化与改进，为政府循证治理提供了重要支持。概言之，数智技

术的赋能为应急管理带来了更加智能化、信息化和高效化的发展路径。

（三）关注技术的自反性以更好驾驭技术

贝克指出，技术的自反性是现代风险社会生成的重要原因之一，因此在运用技术的同时也必须关注技术本身带来的威胁。首先，自反性要求我们审视技术带来的社会影响，包括但不限于对人们生活方式、劳动方式以及社会结构的改变。其次，技术的自反性也涉及技术对环境和可持续性的影响。在追求技术发展的同时，需要认识到技术带来的资源消耗、能源需求以及环境影响。最后，技术的自反性需要促进对技术发展过程的透明性和公众参与。倡导开放的技术讨论平台，吸纳多方意见，提高公众对技术发展过程的了解和参与度，从而建立更加负责任和可信赖的技术发展环境。

四、制度韧性：建构基于命运共同体的整体型责任机制

韧性治理强调超越组织、部门、岗位以及个体，建构一种基于命运共同体的伦理和职能责任，以强化目标群体对于责任的敏感性和忠诚度，通过推动"序列型责任"向"整体型责任"转变，重新找回治理的整体性与公共性[①]。目前，从中央到地方的应急管理机构改革，提升了应急管理工作的整体性、系统性和协同性，这使城市治理在面对风险时有了统一行动的组织载体，为自然灾害韧性治理奠定了体制基础。未来，应从统筹发展和安全的战略高度进行谋划，推进自然灾害韧性治理的制度化、规范化，构建"整体型责任"机制，减少发展过程中的不确定性和脆弱性，实现可持续发展，亦可考虑制定自然灾害韧性治理的法律规范、配套政策、指导标准等，做到有政策、有标准、有考核。对自然灾害韧性治理的具体过程和环节，根据不同的责任主体，细分责任，出台相关考核标准和规范，对不同主体实施自然灾害韧性治理的行动进行监督和评估，以此深化自然灾害韧性治理工作。

（一）明确多元主体参与应急管理的主体责任

明确多元主体参与应急管理的主体责任是构建有效灾害响应机制的重要一环。首先，明确各参与主体的责任范围和职责，确保各方能够清晰理解并切实履行自身职责。在这方面，政府应提供明确的指导方针和法律法规，企业和社会组织则需承担起相应的社会责任，共同参与应急管理。其次，应建立跨部门、跨领域的协作机制，促进各主体之间的有效协同合作。政府部门、企业和社会组织应加强信息共享和资源整合，

---

①牛朝文、谭晓婷：《从韧性科学到韧性治理：理论探赜与实践展望》，《四川行政学院学报》2023年第1期，第35—47页。

形成紧密合作的网络。再次，强调风险意识与应急能力的培养也是责任的重要体现。最后，强调责任的共担和共享。无论是政府、企业还是社会组织，都应当意识到在应急管理中需共同承担风险，分担责任，互相支持和合作，以应对各类灾害和突发事件，确保公众的安全和福祉。公共安全事关人民群众生命财产安全，需要各参与主体共同承担责任、协同合作，才能更好地保障公众的安全和福祉。

（二）健全自然灾害应对的组织问责体系

健全自然灾害应对的组织问责体系意味着依靠反作用力压实主体责任。在这方面，首先，应建立清晰明确的责任分工和问责机制，各级政府部门应明确责任边界和工作职责，确保责任不可推诿，形成层层负责的组织体系。其次，力促信息透明和监督机制的建立，倡导信息公开，让公众了解灾害应对的相关信息，推动建立公开透明的监督机制，加强社会监督。此外，关注评估和总结经验教训，要定期开展灾后评估和总结，及时发现问题、总结教训，为未来灾害应对提供经验借鉴和改进方向，不断完善应急管理体系。综合而言，只有建立监督与问责相结合的机制，要求各级组织和部门承担责任，配套有效的监督机制，才能以监督促进治理，推动责任体系的全面落实。

（三）优化自然灾害应急管理的评价体系

积极的绩效管理具有驱动社会治理革新的作用，也有助于激发风险管理参与主体的积极性与整体活力。建构一个具有激励性的评价体系应充分考虑指标的综合性，且指标应当具备科学性、可操作性，能够全面客观地评估应急管理的各个环节。当然，评价体系也应该具有动态性和灵活性。随着灾害类型和程度的变化，评价指标和标准也需要不断调整和更新，以适应不同场景下的应急管理需求。根据绩效管理理论，多元化的评价方法也是必不可少的，除了定性和定量指标外，还可以结合专家评审、模拟演练、社会满意度调查等方式，形成多维度、多角度的评价体系，更全面地反映应急管理的实际情况。此外，在现实的绩效评价运作中，应该建立公开透明的评价机制，定期向公众公开评价过程和结果，增强社会监督力度，提高应急管理工作的透明度和信任度。

第三节　层级视角：联结不同层次的应急管理能力

应急管理能力是应急管理主体为履行应急管理职能、实现应急管理使命而应具备的知识、资源和技能的总和。应急管理能力可以从区域、组织和个人三个层面进行辨析和梳理。在区域层面上，应急管理能力来源于国家治理能力强调对重大危机的回应；在组织层面上，应急管理能力主要是指在平时开展的以减少突发事件为目的、以履行保护人民群众生命财产安全为使命的风险治理能力，以及在突发事件发生之后有效应对的能力，是常态管理和非常态管理相结合的管理状态；在个人层面上，应急管理能力主要体现为应急管理人员的职业素养和专业技能。面向中国实践和西北地区实际的应急管理能力建设应统筹兼顾这三个层次，一方面优化政府部门层面的职能发挥和治理体系以释放应急治理效能，另一方面强化应急管理队伍建设以保障组织层面的部署和要求落地见效。通过联结不同层次的应急管理能力，系统提升西北地区的应急管理水平。

一、以区域实力为依托发展区域层面的应急管理能力

以区域实力为依托发展区域层面的应急管理能力意味着利用区域内部的资源、技术、人才和基础设施等优势，以更有效、有序的方式应对各类风险和灾害。事实上，区域层面的应急管理能力是以国家能力和区域实力为依托的，可以具体分解为两个维度[①]：一是作为紧急状态下国家能力延伸部分的应急管理能力；二是紧急状态下国家呈现出的特定能力。提升区域整体的应急管理能力，具体可围绕提升政治和社会动员能力、应急资源储备和生产能力、应急装备和科研水平及区域整体的危机学习能力来进行。

（一）提升区域的政治和社会动员能力

提升区域的政治和社会动员能力包括加强政府部门、社会组织、企业在应急管理中的作用，以及激发公民参与和支持的能力。一是建立高效的决策机制和指挥系统，确保在紧急情况下能够迅速作出决策，并有效指导和协调各部门合作应对突发事件。二是通过宣传教育、培训演练等方式提升公众的应急意识和自救互救能力，鼓励社区组织、志愿者团体等参与灾害管理和应急救援工作。三是加强与企业联系，发展应急产业，保证紧急状态下社会生产生活及应急物资供应的基本稳定。西北地区经济基础薄弱，自然灾害频发，各级政府必须通过应急演练、科普教育和安全文化培育等方式积蓄应急状态下的政治和社会动员势能，确保紧急关头政府各部门、社会组织以及人民群众能够迅速投入应急救援状态，发挥实质作用。

---

① 韩自强：《应急管理能力：多层次结构与发展路径》，《中国行政管理》2020年第3期，第137–142页。

（二）提升区域的应急资源储备和生产能力

提升区域的应急资源储备和生产能力是依靠持续的物资保障应对各类紧急情况的重要思路。具体来看，提升区域的应急资源储备和生产能力，首先要充分评估各种类型的应急资源需求并建立储备机制，确保必要的资源在紧急情况下能够快速调用和分配。其次，是通过技术创新和资源整合，增加应急物资的生产能力和供应效率，以满足突发事件期间的需求。同时，也要加强与公共和私人部门的合作，促进资源储备和生产能力的共同发展，提高整个区域的抗灾能力和灾后恢复能力。西北地区应抓牢国家西北区域应急救援中心建设契机，结合各自辖区灾害特点，储备应急救援资源和生产能力。同时，还要运用好西北区域应急救援中心平台，开展应急救援演练、业务培训和技能提升等活动，提高西北地区协同应急能力。

（三）提升区域的应急装备和科研水平

提升区域的应急装备和科研水平意味着更新和完善应急装备、重视提升科研水平及建立紧密的应急装备更新和科研成果转化机制。通过提升应急装备和科研水平，区域能够更加有效地预防和减轻灾害带来的损失，提高应对灾害的应急能力和韧性。对此，应努力发展西北地区各省（区）优势互补的应急产业，依托高校和科研院所提升西北地区应急管理科研水平，使得应急产业既要成为西北地区经济的支柱之一，同时也要提升西北地区应急装备建设水平，加大新型救援器材配备。推进高精尖特种装备配备。整合空中救援力量，推动应用直升机、无人机、多用途飞机等力量，强化空中救援指挥调度和综合保障机制，扩展自然灾害应对范围。

（四）提升区域整体的危机学习能力

危机学习是指从当前或过去的危机中吸取经验教训，确定危机发生原因，在评估应对措施的优缺点的基础上采取补救措施，旨在提高组织弹性、降低危机影响[①]。在西北地区，面对频发的自然灾害，从历次危机中汲取智慧已成为重要的应对策略。这一过程不仅要求区域深入反思，提炼每一次危机中的教训与成功经验，更要将这些知识转化为前瞻性的应对策略与即时响应的应急措施。值得注意的是，危机学习并非一蹴而就，而是一个持续深化、动态调整的过程，尤其是在当前日益复杂多变的环境下，每一次危机都是接近未知的一次认知与探索，上一次危机的结束为下一次危机的应对

[①] 张美莲、郑薇：《政府如何从危机中学习：基本模式及形成机理》，《中国行政管理》2022年第1期，第128-137页。

留下了宝贵的经验财富①。从表面上看，危机学习似乎侧重于事后反思，但其本质更在于为下一次潜在危机做好充分准备。这种准备不仅仅是技术层面的，更包括提升意识、优化机制、强化合作等多维度内容。鉴于西北地区自然灾害的高发态势与广泛影响，掌握危机学习能力对于提升区域自然灾害应急管理水平至关重要。它不仅能够增强区域在面对自然灾害时的快速响应与有效处置能力，还能促进区域间的协调合作，构建一个安全屏障更高、韧性更强的社会环境。因此，将危机学习视为一项长期任务，提升区域整体的危机学习能力，是西北地区应对未来不确定性的必然选择。

二、以组织效能为目标优化组织层面的应急管理能力

以组织效能为目标优化组织层面的应急管理能力，意味着将提高组织整体效率和运作能力作为优化应急管理能力的目标。这也意味着组织致力于通过改进管理体系、提升内部协作与沟通、加强资源配置以及优化决策流程等方式，来增强应对紧急情况的能力。

（一）提升组织的风险治理能力

在风险治理阶段，组织需要具有的能力包括风险评估、危险源和隐患识别与处置、长期脆弱性评估与减缓能力。具体来看，首先，组织需要具有建立健全风险识别和评估机制，能够深入分析各种风险源及其可能对组织和社会带来的影响。其次，具有加强风险管理的决策能力，确保对各种风险能够采取合适的预防和控制措施。同时，通过定期演练和案例研究，不断提升团队应对各种风险挑战的能力进而积累经验。最终，提升应急管理组织的风险治理能力旨在确保在面对不确定性和各类突发事件时，能够更为敏锐地洞察风险、有效应对挑战，最大限度地降低可能的损失并保障人民群众的安全与利益。总之，风险治理能力意味着组织力争将危机扼杀在风险的萌芽状态，防止其发展成为显性危机。

（二）提升组织的应急准备能力

在应急准备阶段，组织需要具有的能力包括应急预案的编制，社区和城乡韧性建设、专业教育、培训和演练，以及面向公众的风险与危机沟通、宣教和预警等方面。提升组织的应急准备能力，首先意味着组织要建立灵活、实用的行动计划，吸纳各方意见，制定有效的应急预案。其次，通过基础设施、资源配置和社区组织的有效性建

---

① 李宁环、文佳媛、于鹏：《事件属性、组织特征与环境压力：政府危机学习路径的组态分析》，《管理评论》2024年第6期，第266-276页。

设提升治理韧性。再次，通过专业教育、培训和演练提高应急人员和团队的技能水平，以更好地应对紧急情况。最后，面向公众的风险与危机沟通、宣教和预警则是提高社会大众的风险意识和危机应对能力，通过有效的信息传递和教育引导民众做好自救互救准备。提升组织的应急准备能力不仅仅是组织内部能力的强化，更重要的是与社区和公众一起构建起全方位的、紧密合作的应对体系。

（三）提升组织的应急响应能力

应急响应阶段需要具备的能力可分为两类：一类是主导型能力，包括消防、搜救、突发事件实时态势与演化评估、后勤与物质保障以及民生保障；另一类是支持型能力，具体包括交通保障支持、基础设施与生命线运行支持、环境安全与危化物处置支持、现场秩序维护支持以及伤亡、急救、公共卫生保障支持等。但从根本上来看，组织的应急响应实质上涉及两个关键议题：一是组织如何进行紧急状态下的应急决策；二是组织如何开展救援行动，以尽可能地挽救生命，降低生命财产损失等。

组织的应急决策能力是指在应对紧急情况和突发事件时，能够迅速准确地作出有效决策的能力。这种能力需要在应急管理的各个层面建立敏捷、高效的决策机制。首先，需要建立合适的决策流程和框架，确保在紧急情况下能够快速形成决策，包括信息的收集与分析，决策的制定和执行。其次，需要依靠专业知识和经验，以便在压力下作出明智的选择。最后，应急决策能力需要与各个部门和团队形成有效的协作与沟通，确保决策能够迅速传达和执行。此外，还包括探索建设与"大国应急"相匹配的应急管理高素质专业化管理人才队伍，以提高应对突发自然灾害的能力和水平。

从西北地区防灾减灾救灾阶段性特征来看，应急救援仍然是目前工作中的重点，摸排、统筹辖区各救援力量，建立统一、协调、高效的自然灾害应急救援指挥机制是提升队伍应急救援能力的基础。加强国家综合性消防救援队伍建设，大力推进管道、地震、矿山等行业应急救援队伍建设，鼓励并支持社会应急救援队伍建设，统一纳入应急救援调度体系。立足西北地区实际，加强区域应急资源共享共建，从交通、医疗、应急物资补给、机械工具调用等方面建立"绿色通道"，简化审批程序和常规手续，以快捷、高效、优质的通关服务，确保救灾车辆及相关物资优先使用。同时，辅以空中应急物资投放，打造应急救援物资"空地互补绿色通道"大格局。

三、以职业素养为基础培养个人层面的应急管理能力

随着应急管理部的成立，我国应急管理的专业化进程显著加速。有效应对突发事件，是国家实力与政府效能的体现，更离不开个体应急管理能力的持续提升。在大力

推进国家治理体系和治理能力现代化的背景下，如何有效提升个人应急管理能力也是新时代面临的主要课题之一。

（一）国内外应急管理人员能力现状探讨

在美国，对应急管理人员的能力构建经历了三次重要的探讨与研究（见表9-1）。第一次是1979年联邦应急管理局成立后进行的。丹佛大学的德拉贝克（Thomas Drabek）深入剖析了第一代应急管理人员的特质，为新入职的应急管理人员提出了12条建议，强调应急管理人员应当具备良好的个人信誉和特质、专业能力以及沟通协作能力。第二次是2001年"9·11"事件及美国国土安全部成立后关于应急管理职业化与学科建设的讨论。美国科学院组织了一系列活动，明确了未来应急管理人员须具备适应新技术、识别环境变化、跨领域知识整合、全灾种全过程管理及高效跨部门协作等方面的能力。第三次是2016年前后，美国联邦应急管理局聚焦未来趋势，组织专家深入研究，指出下一代应急管理人员应具备3大类13项核心能力。

表 9-1　美国关于应急管理人员需要具备的能力的三次重要讨论

第一次讨论	第二次讨论	第三次讨论
1979年，美国联邦应急管理局成立后	2001年，"9·11"事件以及美国国土安全部成立之后	2016年前后，为了更好地进行应急管理远景规划
丹佛大学的德拉贝克	美国科学院	美国联邦应急管理局
1.认识当地政府或机构的主要负责人； 2.花时间精力研究属地情况； 3.明确应急管理范围； 4.建立良好的个人信誉； 5.充分总结过去经验； 6.与其他部门多开展增进共识的活动； 7.多用协作的姿态和工作方式，少用或不用命令控制方式； 8.增加公众意识和知识； 9.建立良好的媒体关系； 10.不断保持专业学习； 11.建立专业社交网络； 12.应急管理是长远的事情，保持韧性和毅力	1.接受、利用新技术的能力； 2.识别社会、机构、环境和技术变化的能力； 3.了解掌握更广泛的知识，比如司法、公共管理和社区规划等； 4.拥有全灾种、全过程理念和管理能力； 5.与各个政府部门以及学术界进行良好沟通协作的能力	3大类13项核心能力 　第一大类是个人层面：应急管理理论和知识、辩证思维和批判性思维、遵从职业操守以及保持持续学习的能力； 　第二大类是知识素养：科学素养、地理信息技术素养、社会文化知识素养、技术导向素养和系统思维素养； 　第三类是对外关系建立和维护的能力：灾害风险管理、社区动员和参与、协作治理和领导力

国内关于应急管理人员应该具备何种能力的讨论还相对较少。但从清华大学公共

管理学院、中央党校（国家行政学院）应急管理培训中心等机构对应急管理人员的培训内容来看，主要侧重于应急基本理论与技能、应急流程、专业技能、沟通协调能力及公众/志愿者教育培训等五个方面。

（二）应急管理人员能力提升

综合来看，未来职业化的应急管理人应是集应急管理专业知识、宏观公共管理意识、良好科学素养及领导特质于一身的复合型人才。培养个人层面的应急管理能力可以从提升应急管理人的专业知识水平、科学素养水平和个人领导力三方面展开[①]（见表9-2）。

表9-2　应急管理人职业素养与能力

知识体系	科学素养	领导力
1.应急管理的基础理论和知识； 2.公共管理基本知识和法律政策安排； 3.信息技术应用知识	1.系统思维能力； 2.辩证思维和批判性思维能力； 3.终身学习能力	1.政治担当能力； 2.开放沟通和积极合作的能力； 3.以人为本的职业操守； 4.内外沟通互动的能力； 5.合作协同能力； 6.危机学习能力

1.提升应急管理人员的专业知识水平

专业知识不仅为应急管理人员提供了科学决策的基础，还确保了他们在复杂多变的应急场景中能够迅速而准确地行动。具体来说，应急管理人员应当掌握三类知识体系。第一，应急管理的基础理论和知识，包括对突发事件类型、风险评估、危机管理周期、应急预案设计与实施等内容，这些知识为应急管理者提供了应对突发事件的全面视角和理论指导。第二，公共管理基本知识和法律政策安排，要求应急管理人员深入理解并熟练掌握应急管理相关的法律法规、政策导向及其实践应用，保证应急管理者在应急过程中依法行事，确保行动的合法性与合理性。第三，信息技术应用知识。随着信息技术的飞速发展，信息技术应用在应急管理中的作用日益重要，对此，应急管理人员还需提升利用信息技术的能力，利用科技手段提升应急响应的效率和准确性。例如，通过大数据分析、智能预警系统等技术手段，可实现对潜在风险的预测和快速响应等。

2.提升应急管理人员的科学素养水平

除了掌握应急管理的专业知识之外，应急管理人员还应该具备一定的科学素养。科学素养不仅有助于应急管理人员在复杂的信息中保持理性思考，还能促进创新，推

---

① 韩自强：《应急管理能力：多层次结构与发展路径》，《中国行政管理》2020年第3期，第137-142页。

动问题解决。应急管理人员须具备系统思维、辩证思维和批判性思维以及终身学习的能力，以应对多样化和不确定性的灾害和突发事件。系统思维能力要求应急管理者从全局出发，理解和分析灾害事件的复杂性，考虑各种因素之间的相互关系和影响。这种思维方式有助于建立综合性、多层次的灾害防范和应对方案，考虑到各种潜在因素对整个系统的影响。辩证思维和批判性思维能力则要求应急管理人员通过不断审视问题的多面性和复杂性，避免"一刀切"的解决方案，在面对各种观点和信息时，能够作出独立、客观的判断。而终身学习能力是应急管理人员适应快速变化环境的重要保障。在灾害管理领域，技术和方法不断推陈出新，应急管理人员需要不断学习新知识、掌握新技能，以跟上时代发展的步伐，通过参与培训课程、研究案例、关注最新技术进展等，不断提高自身应对突发事件的能力和水平。

3.提升应急管理人员的个人领导力

在应急管理过程中，个人领导力是有效进行危机沟通、协调各方资源、推动应急工作顺利进行的关键因素。应急管理人员的个人领导力不仅体现在政治担当、开放沟通与合作意识以及以人民为本的职业操守等方面，更在应急实践中，通过内外沟通互动能力、合作协同能力及危机学习能力等方面得到具体展现。其一，内外沟通互动能力是应急管理人员有效传达信息、协调各方的重要技能。在与内部团队保持紧密沟通、确保信息传达准确无误的同时，还需与外部利益相关者、媒体及公众进行有效互动，及时回应关切，稳定社会情绪，为应急工作赢得更多理解和支持。其二，合作协同能力则要求应急管理人员在复杂多变的应急环境中，迅速整合各方资源，组建高效协同的应急团队。以良好的组织协调能力和团队合作精神，激发团队成员的潜能和创造力，形成合力共同应对危机挑战。其三，危机学习能力是应急管理人员在应急实践中不断成长和提升的关键。通过对历次灾害事件的经验总结和案例研究，提高自身应对灾害事件的能力和水平，为未来的应急工作做好准备。

第四节　过程视角：推进全生命周期的应急管理过程建设

基于应急管理生命周期理论的经典模型，可以将应急管理能力概括为减缓、准备、响应和恢复四种能力的复合，具体包括灾害监测与准备、预案编制、预案启动、应急决策、响应、恢复重建等行动[①]。在实践中，各项应急管理能力内嵌于应急管理周期演变的整个过程。

---

① 田军、邹沁、汪应洛：《政府应急管理能力成熟度评估研究》，《管理科学学报》2014年第11期，第97-108页。

一、关口前移：增强针对各类灾害事件的风险应对能力

风险预警能力不足长期制约着应急响应体系的有效性。该问题来源于传统应急管理体系对突发事件发生模式与演变路径的过度解析，这种思维模式与突发事件本身固有的突发性、多变性存在天然张力。现有认知框架往往将难以精准诠释的危机视为偶然且不可预测的，进而忽视了风险萌芽期的预防与减缓措施。随着风险社会的加速形成，突发事件的根源愈发错综复杂，基于线性因果逻辑的应对策略显得捉襟见肘[1]。在此背景下，数字技术的飞速发展，特别是其模型解析与预测能力的显著增强，为风险应对策略开辟了新路径。即在面对复杂多变的情景时，应急决策可以聚焦于"现状描述"而非深入探究"深层原因"。这一转变利用了数字技术强大的数据分析能力，通过挖掘变量间的实际关联性，实现从因果推理向相关性分析的转变。

在这个转变过程中，先进的数字技术展现出了其独特的优势，能够捕捉到那些人工难以辨识的细节，依托数据模型评估风险状况，实现了监测工作的自动化与智能化，有效摆脱了传统人力排查模式在成本及持久性方面的桎梏。尤为关键的是，当应急管理全链条、多场景的数据被全面汇聚后，人工智能的模式识别能力得以施展，它能迅速且准确地提炼数据中的规律，不仅助力决策者洞察事件背后的可能因果链，满足公众对事件因果逻辑的探求；同时，在面临数据无法直接映射到现有因果框架时，数据驱动的方法也为揭示未知风险规律提供了可能。在常规监控的环境下，算法与模型充当了智能探索者的角色，它们自动挖掘潜藏于数据之中的风险因子，分析这些因子间的相互作用与周期性规律，进行风险预测与趋势分析。这一过程不仅强化了突发事件预警的时效性与准确性，还促进了从预防到应对的全链条应急管理体系的完善。

该模式在公共卫生突发事件应对中的实际应用颇为广泛，且成效显著。回溯至2009年，谷歌（Google）通过挖掘高频搜索数据，比美国疾病控制与预防中心（Centers for Disease Control and Prevention，简称CDC）的常规监测手段提前一周，成功预警了流感的暴发，这一案例彰显了数据驱动预警的前瞻性。这一系列实践，通过对突发事件中相关关系的关注，打破了"未知原因即无法有效管理"的传统认知壁垒，实现了预警监测、风险追溯等关键环节的有效实施，构建了以数据为核心驱动力的智能治理体系。数字技术的发展不仅推动了应急管理"关口前移"理念的深入实践，还标志着应急管理模式在数字时代下的深刻转型，即从传统的应急响应为主，转向更加注重风险监测与预防的前瞻性治理策略。

---

① 郁建兴、陈韶晖：《从技术赋能到系统重塑：数字时代的应急管理体制机制创新》，《浙江社会科学》2022年第5期，第66-75页。

二、即时响应：提升针对各类突发事件的响应处置能力

在面对各类突发事件时，即时响应至关重要。敏捷应急管理为实现即时响应提供了有效路径。敏捷应急管理通过数字技术赋能，从敏捷识别、敏捷响应、敏捷治理到自主学习，形成不断优化的循环过程。同时，敏捷应急管理能有效避免响应失灵，防止因信息不足、资源错配等导致的响应不及时和不准确，提升针对各类突发事件的响应处置能力，推动应急管理体系和能力现代化。

（一）敏捷应急响应

敏捷应急响应作为现代应急管理体系的核心环节，是数字技术深度融入应急管理实践的体现。它不仅仅是一种技术手段的革新，更是应急管理理念与模式的根本性转变[①]。敏捷应急响应以其快速、精准、协同的特性，成为维护社会稳定、保障人民生命财产安全的重要屏障。在敏捷应急管理的框架下，敏捷应急响应占据了举足轻重的地位。它基于风险类型信息和流程规范，通过数字应急平台迅速启动响应流程，无须过度依赖复杂的算法优化，而是强调流程的高效执行与部门间的无缝协作。这种以数字化手段为驱动，以制度完备性为保障的响应机制，确保了响应活动的规范性与高效性，为应对各种突发事件提供了强有力的支持。

敏捷应急响应的重要性不言而喻。在紧急情况下，每一秒的延误都可能带来不可估量的损失。而敏捷应急响应通过消除时空限制，实现了各部门之间的即时沟通与协同作战，极大地缩短了响应时间，提高了处置效率。同时，它还促进了政社之间的有效互动，形成了全社会共同参与的应急格局，进一步增强了应急管理的整体效能。

更重要的是，敏捷应急响应与应急管理体系的其他环节相互促进，共同推动了敏捷应急管理的深入发展。在敏捷识别的支持下，风险信息得以快速感知与准确分析，为敏捷应急响应提供了坚实的数据基础；在敏捷治理的推动下，整合治理资源，形成政社合作的治理模式，确保了应急处置的全面性与有效性；而自主学习则通过对案例的总结归纳，不断完善制度规范，提升了应急管理的适应性与创新能力。

（二）避免应急响应失灵

应急响应的效能高低直接关系到后续处置的顺利与否以及最终结果的成败，一旦

---

① 任丙强、孟子龙：《敏捷应急管理：理论内涵、价值取向与实践路径》，《求实》2024年第4期，第4-15。

应急响应失灵，不仅会导致事态迅速恶化，还可能引发公众恐慌[①]。应急响应失灵本质上呈现为不相称性，即应急响应措施与事件的性质、严重程度以及发展阶段无法实现良好匹配[②]。

成功的应急响应需具备"相称性"特征，所谓"相称性"主要涵盖三个维度。其一，针对不同类型的突发事件，准确识别问题并选择恰当的应对方案，确保方案与问题相适应。其二，强调响应措施的力度与突发事件的危害程度保持一致，实现成本与收益的平衡。这需要对突发事件进行科学评估，以确定合理的响应级别，避免响应不足或过度。其三，响应及时，既不能过早也不能过迟，并且能够随着事态发展动态调整响应措施。时间在应急响应中具有关键意义，突发事件的严重性和伤害程度随时间变化，及时响应可以降低应对难度和负面影响，而不恰当的响应时间则可能改变事件性质，增加危害程度。

应急响应失灵的原因可归结为疏忽大意和急于求成两类错误。疏忽大意可能导致缺乏准备、方案不当、反应不足或反应迟缓。例如，风险意识不强可能使决策者在突发事件发生时手足无措，无法组织有效的应对方案；认识能力不足可能导致将突发事件视为超自然现象，从而无法正确识别问题和采取措施。急于求成则可能引发问题判断错误或反应过度。如急于求成的心态可能促使决策者在未充分了解事态的情况下采取过度严厉的措施，或者在事态未明时过早行动，导致不可挽回的后果。

为避免应急响应失灵，需从多方面着力。首先，强化风险意识与提升认识能力是基础。决策者应加强对各类突发事件的研究与学习，提高对潜在风险的敏感度，避免因认识不足而导致问题识别错误或措施不当。其次，科学决策是关键。运用科学的方法对突发事件进行分析评估，确保所采取的手段与问题相适应，避免用正确的方法解决错误的问题。再次，合理权衡成本与收益是重要环节。在确定响应措施时，充分考虑各种因素，实现成本与收益的优化平衡，防止响应不足无法有效控制事件，或反应过度影响其他重要社会价值。最后，精准把握时间维度至关重要。响应需要根据事态发展状况或阶段适时进行，避免过早或过迟，同时在处置过程中持续动态调整措施，以适应不断变化的情况。

应急响应的理想类型就是在不同维度同时满足相称性的标准。这意味着在面对突发事件时，能够准确识别问题，采取正确的应对措施，响应措施的力度与突发事件的危害程度相匹配，并且在恰当的时间启动和调整响应措施。只有达到这种理想状态，

① 张美莲:《危机处置领导力不足的关键环节——基于六起特大事故灾难应急响应失灵的分析》，《社会治理》2017年第2期，第43-52。

② 王家峰:《论应急响应失灵:一个理想类型的分析框架》，《南京师大学报》(社会科学版)2022年第2期，第130-138页。

应急响应才能真正发挥其应有的作用，最大程度地减少突发事件带来的损失和危害。

总之，深入剖析应急响应失灵的根源，旨在强化应急管理能力，通过实施精准有效的策略来预防失灵现象的发生，并积极追求构建高效、协同的应急响应模式。这不仅提升了应急管理能力的科学性与实效性，还显著降低了突发事件对社会、经济及环境造成的潜在损失与危害，对于增强响应速度与恢复能力具有重要的学理意义和现实价值。

三、危机学习：培育针对各类危机事件的反思学习能力

危机学习是指组织从一个或多个危机事件中吸取教训，改变组织架构或相应的政策，进而应对未来的灾害与危机[1][2]。通过危机学习，政府可以记录过去应对危机的过程并从中提炼出影响危机应对效果的因素，进而在不断变化的危机环境中不断成长和成熟[3]。危机学习是组织学习与危机管理理论发展结合的产物。组织学习是一类常规活动，而危机学习则强调危机发生是引发学习的动因，是一种有目的的努力过程。在应急管理研究领域中，危机学习的英文一般译为 Learning from Crisis 及 Crisis Learning[4]。厘清危机学习的模式，探索公共部门危机学习需要注意的问题，并理解内嵌于应急管理全过程的危机学习，是推动危机学习成为预防和化解公共危机、培育和提升系统能力的关键。

（一）危机学习的模式

尽管应急管理部门认识到危机学习的正向效应，但在具体危机学习模式上，即使针对同一突发事件，地方政府危机学习的力度和方式也不相同。博罗兹奇（Borodzicz）和瓦恩（Van）从谁是进行危机学习的主体视角将危机学习模式划分为个人学习和组织学习[5]。德弗雷尔（Deverell）根据在什么时候进行危机学习的过程视角将危机学习模

---

① Faulkner B., *Towards a Framework for Tourism Disaster Management*, *Managing Tourist Health and Safety in the New Millennium*(UK：Routledge，2013)，pp.155–176.

② Farazmand A., *Learning from the Katrina Crisis: A Global and International Perspective with Implications for Future Crisis Management*, *Crisis and Emergency Management*(UK：Routledge，2017)，pp. 461–476.

③ Le Coze J. C., "What Have We Learned about Learning from Accidents? Post-Disasters Reflections," *Safety science* 51，no.1(2013)：441–453.

④ 石佳、郭雪松、胡向南：《面向韧性治理的公共部门危机学习机制的构建》，《行政论坛》2020年第5期，第102–108页。

⑤ Borodzicz E. Van Haperen K., "Individual and Group Learning in Crisis Simulations," *Journal of contingencies and crisis management* 10，no.3(2002)：139–147.

式划分为事前学习、事中学习和事后学习①。文宏和李风山则基于央地关系中地方自主性和议题属性层面上危机事件的工具性价值，按照地方自主性的大小和工具性价值的高低，将中国地方政府危机学习模式划分为五种类型，分别为象征应付型学习、行政控制型学习、权宜调适型学习、倡议引导型学习和自驱主动型学习②。

1. 象征应付型学习模式

象征应付型学习往往是危机事件发生后，上级政府较为关注并自上而下地要求地方政府总结事件的经验教训，提升未来对危机事件的应对能力。但地方政府出于成本和效益的考虑，或觉得此类事件是小概率事件，不会在当地发生，从而忽略危机学习的重要性，没有开展实质性学习，只是在程序上走形式敷衍了事。这类危机学习模式的特点是学习压力来自上级行政部门，地方政府的学习动力不足，本质上是地方政府根据自身情况调试压力作出的策略性选择。

2. 行政控制型学习模式

行政控制型学习一般是在重大突发事件发生后，上级政府高度重视并发布危机学习的明确要求，而地方政府也具有较高的学习积极性。影响范围广、时间长、危害大的重大突发事件的工具性价值较高，一旦此类事件暴发，中央政府就会重点关注并强制地方政府认真进行危机学习。虽然面临上级行政部门急剧增加的压力，但地方政府也不会特别排斥，而是将危机事件看成降低风险，提高预防和应对危机事件能力的"机遇"，会主动总结事故教训、反思事故原因，确保风险得到严格管控。这类危机学习模式的特点是中央政府强制施压，地方政府也表现出自觉进行危机学习的意愿。

3. 权益调适型学习模式

权益调适型学习是在面对工具性价值较低的危机事件时，上级政府往往不会过多干预，地方政府就会拥有较大的自主权，可以选择危机学习的要点。地方政府对于简单容易解决的问题，会积极主动地学习并改进，但对于比较困难需要耗费大量时间去处理的难题，就会倾向于忽略或干脆不加以学习。这揭示了地方政府缺乏长期规划的战略视野，不会深入剖析危机事件中的问题，没有践行"未雨绸缪，防患未然"的理念，导致危机发生时，依然因为应对能力不足而难以化解。这类危机学习模式的特点是中央政府施加的压力相对不大，地方政府对危机学习具有"自由裁量权"，能够选择性学习。但这种自由容易造成危机学习出现悖论：当对危机学习存在迫切需求和高期望时，由于公共部门混乱的组织制度安排和低下的领导力，不能满足危机学习的条件。

---

① Deverell E., "Crisis-Induced Learning in Public Sector Organizations" (PhD diss., Försvarshögskolan, 2010).

② 文宏、李风山：《中国地方政府危机学习模式及其逻辑——基于"央地关系–议题属性"框架的多案例研究》，《吉林大学社会科学学报》2022年第4期，第81–92页。

4.倡议引导型学习模式

倡议引导型学习是在上级政府没有强制性要求的情况下，地方政府认为该危机事件具有较高的工具性价值，深刻吸取事故教训，认真进行反思学习。面对影响不大的危机事件，中央政府在关注过后就不会强制施压、倒逼地方政府进行危机学习。然而，地方政府却认为该类事件不是偶然的，是有规律性的，再次发生的可能性较大。因此，地方政府会深入调查事故发生的原因、应对中存在的缺陷，强调重视源头治理，以减少类似危机事件的发生。这类危机学习模式的特点是中央政府不会施加压力，地方政府自觉开展深度危机学习，通过完善法律法规、健全组织规章制度、改进应对行为等提高危机学习效果。

5.自驱主动型学习模式

自驱主动型学习往往是在上级政府没有下达强制要求前，地方政府就自觉发挥学习的内生动力，积极主动地进行危机学习。一般在面对复杂多变、破坏性强、不可预测的危机事件时，地方政府迫于治理压力，为了降低突发事件带来的风险，有效应对危机，就会主动借鉴其他地方的先进经验，避免造成更大的危害。这类危机学习模式的特点是在没有上级政府的压力下，地方政府具有强烈的危机学习意愿，彰显地方政府的主观能动性。

（二）公共部门危机学习需要注意的问题

随着社会复杂性的日益增加，危机变得越来越常态化，危机学习的目标也开始转变。危机学习不再局限于传统的在危机发生后的碎片化、静态式的总结与问责，而是聚焦于构建贯穿危机全周期，强调适应性、包容性和预见性并存的公共危机治理策略。未来，我国公共部门完善危机学习领域的实践，还需要着重关注以下三个方面的问题：

1.注重多元主体在危机认知的差异性方面可能导致的学习困境

目前，我国危机学习的推进主要由公共部门和技术专家引领，一定程度上忽略了其他社会主体可能有不同的价值取向，对危机和风险的认知上存在差异性。这种少数主体参与的缺陷，往往会使得关于危机学习的讨论仅仅局限在技术方法层面，没有形成多样化的学习思路。事实上，危机学习的出发点是如何更加有效地维护和分配公共安全这一核心价值，实现全社会的主体共同对公共安全进行深刻反思。在缺乏多方利益协商的危机学习过程中，一旦在风险责任归属和危机学习对象等类似的问题上产生分歧和争议，就容易遗忘或模糊危机学习本来的价值导向，从而陷入危机学习的困境。为了破解这一重要难题，关键就在于如何科学、全面、高效地协调并整合多元主体的各方利益诉求，通过不断的沟通和理解，逐渐缩小彼此的认知差异，形成共识。因此，推动构建一个以政府为主导，鼓励公众、社会组织等多方主体积极参与、互帮互助的危机学习体系，为化解危机学习的困境、提升社会整体危机应对能力开辟了一条可行之路。

2.推动危机学习成果落地转化成为政策变迁的常态动力

危机学习不仅是对单一突发事件的回应，更是推动政策完善与变迁的常态动力。每一次危机事件的发生，给公共部门带来了新的挑战，同时也提供了新的危机学习机遇。危机事件后，公共部门会意识到原有的管理机制乃至政策体系还存在不足之处，需要进行改进和完善，这是逐渐削弱原有政策适用性并激发学习动力的过程。然而，我国目前没有建立"危机学习—政策变迁"这一长效机制，导致类似的危机事件还在重复发生。因此，面对常态化的风险社会，应该以《中华人民共和国突发事件应对法》为指导原则，深入剖析危机事件从暴发到结束的全过程，查清危机事件发生的原因，总结危机事件应对工作中的经验，推动危机学习成果转化为相关的公共政策或法律法规并得到有效落实。

3.立足我国社会实际构建符合时代的安全文化

在完善危机学习的过程里，不仅要改进管理和技术层面，更要认识到安全文化是凝聚危机学习共识、将个体智慧汇聚形成集体智慧的基石。因此，如何持之以恒地建设安全文化，成为一个值得深入探讨和实践的重大课题。相关的研究表明，对危机事件的深刻反思能够造就安全文化，在良好向上的安全文化环境里，能够有效促进组织安全状况的改善，激励多方主体共同形成积极的安全价值观与认知。2019年，习近平总书记在省部级主要领导干部坚持底线思维着力防范化解重大风险专题研讨班开班式上，分析了我国今后面临的安全形势并强调防范化解重大风险的重要意义[①]。这一举措为我国党政干部树立了构建安全文化的鲜明导向，是一次重要的思想启蒙。未来，在总体国家安全观的指引下，积极探索并创新安全文化教育的方式，通过情境模拟、沉浸式体验等现代技术手段，结合新媒体平台的影响力与传播力，将正视风险、增强忧患意识、勇于从失败中汲取教训的安全文化理念，从公共部门这一核心向外辐射，逐步渗透至社会的各个角落，形成全社会共同参与、共筑安全防线的良好氛围。

（三）内嵌于应急管理全过程的危机学习

联通主义学习理论认为知识以节点的形式存在，而学习就是连接知识的过程。学习并不是孤立的，是内部认知神经网络、概念网络和社会网络间连接并相互协同的过

---

① 《习近平在省部级主要领导干部坚持底线思维着力防范化解重大风险专题研讨班开班式上发表重要讲话》(2019-01-21)，中华人民共和国中央人民政府：https://www.gov.cn/xinwen/2019-01/21/content_5359898.htm，访问日期：2024年8月22日。

程①。由此可知，知识的本质架构是连接，学习则是一种系统活动的复杂认知，故应急管理领域中的危机学习应该要对应急管理过程各个阶段的进行全面学习②。由于危机具有突发性、复杂性、非线性等特点，基于事前预防、事中应对和事后反思的危机经典三阶段论，构建"未知""已知""可能"的分析框架，全面剖析危机学习的每个阶段，确保危机学习贯穿应急管理的全过程，形成闭环式的知识积累和应急管理能力提升③。

1.基于未知的学习

危机一般是由突发事件暴发所引起的，具有未知性、不确定性的特点。但这种未知是差异化的，分为不同的类型，在某种程度是可以探索的，不是完全不可知的，这就给危机学习提供了学习的机会和空间。首先，是"绝对不可预知的未知性"。在现代社会动态演进的复杂性下，人们对事物的认知是存在边界的，而有的危机事件是超乎人类想象的。当人们认为这是一件不可能发生的事情，完全猜想不到事件的发生，那么就不存在危机学习。或者说，这种时候的危机学习转化为一种自我适应和潜能挖掘的提升过程。其次，是"可认知的未知性，但难以识别的具体风险"④。在长期的社会发展过程中，人们从过去的历史中获取经验、总结知识框架、探索科学规律，能够认识到某些事件可能带来的风险，但对风险详细的表现形式、发生时间和地点还是没有办法预测。例如，"5·12"汶川地震后，虽然预想到地震可能会再次暴发，但无法精确推测出具体情形，对于危机的学习还是停留在风险的预防和准备阶段。最后，是"可认知的未知性，可识别的具体风险"。当某些危机事件的暴发或某项决策与特定的风险息息相关，甚至很大可能性会引发相应的风险，就可以预料到具体的危机和风险。这时，危机学习一般发生在缩减危机风险的阶段，试图通过精准的识别和干预，降低危机发生的可能性以及减少危机带来的损失。

2.基于已知的学习

危机往往具有很强的紧迫性，需要在极短的时间内整合并调配所有的资源，采用合理的措施降低风险带来的损失，从而更好地应对和控制危机。首先，因为地方政府的实践经验和个人的知识能力存在一定的局限性，需要组织和个人借助自我反思、过往案例和其他先进经验等，通过已知的学习来应对日益复杂的危机，这对传统的治理

---

① 余新宇:《联通主义学习中群体协同知识创生过程与分析研究》,硕士学位论文,江南大学人文学院,2023。

② Wang J.,"Developing Organizational Learning Capacity in Crisis Management,"*Advances in Developing Human Resources* 10,no.3(2008):425-445.

③ 王庆华、孟令光:《价值、管理与行动:理解危机学习的三重面向》,《行政论坛》2023年第5期,第114-121页。

④ Feduzi A.,Runde J.,Schwarz G.,"Unknowns, Black Swans, and Bounded Rationality in Public Organizations,"*Public Administration Review* 82,no.5(2022):958-963.

模式是一个严峻的挑战。其次，按照危机的性质可以分为自然灾害、事故灾难、社会安全事件及公共卫生事件，但传统的应急治理模式是由应急管理、公安、卫生健康等部门对危机分门别类进行管理。这种界限分明的部门分工模式已经难以适应非常规危机的应对需求，需要跨部门协同合作或成立更高级别的统一指挥机构才能应对愈加复杂的危机。区别于以往单一、连续的传统危机，现代危机常常展现出紧迫性和复杂性时空交织的特征。因此，由于危机的紧急性和复杂性，在应急管理过程中学习如何应对危机和提升处置能力是不可或缺的。

3.基于可能的学习

危机学习不仅需要做到应对"已知"，还需要兼顾"可能"。首先，风险社会孕育着的"不确定性"实则是"人类基于过往经验对事物未来发展的预判与理解"，这并不意味着其带来的一定是负面影响，也有可能通过系统科学地学习掌握相关的风险知识[1]。其次，危机的不确定性中蕴含的资源是开展危机学习的重要载体。因为不确定性的危机在暴发时，也有可能遵循着某种特殊的生成逻辑和演化规律。最后，危机不仅是"危险"，同时也是"机遇"，二者之间可以相互结合和动态转化。如果从消极的视角来看，危机和"突发事件""灾难""事故"等概念是相近的，只是在范畴界定上略有差异。如果从积极的视角来看，危机发生过后或许有可能让某些地区开启跨越发展的新篇章。比如，一些重大的自然灾害虽然摧毁了物质的建筑设施，但在经过几年的灾后恢复重建后，该地的基础设施会焕然一新，比原有的城市规划超前了几十年[2]。近年来，社区等基层治理单元作为"治理神经末梢"，在突发公共卫生事件的应对中展现重要价值，有可能在未来形成一种创新的治理模式，对深化应急管理体系改革具有深远意义。

四、过程均衡：推进全生命周期的应急管理过程建设

全过程均衡理念认为应急管理生命周期的每一个阶段都需要得到关注，任何一个环节的忽视或弱化都有可能触发失败的连锁反应，导致人员伤亡、财产毁损及社会秩序动荡等严重后果。这凸显了应急管理对过程均衡的高度敏感，这主要是因为应急管理复杂适应系统的特点决定了需要追求集体效能的最大化。我国应急管理经过长期的

---

① 文军、刘雨航：《面向不确定性：新发展阶段中国社会治理的困境及其应对》，《地理科学》2022年第3期，第390—400页。

② 顾林生、崔西孟：《汶川地震灾后重建发展的四川创新实践与中国方案》，《中国应急救援》2018年第4期，第4—9页。

发展，综合应急管理能力得到了显著的提升，但应急管理全过程的不均衡始终存在[1]，即便是在整体上作为"强项"的应急响应，其内部过程也不均衡。可以说，应急管理全过程的不均衡是目前我国以及西北地区应急管理体系和能力建设最被诟病的短板。

针对我国西北地区应急管理实践存在的不均衡现象，可以从战略维度实施三大策略以促进全面均衡：短期内"补短板"，加速完善应急管理体系的构建；中期需"促整合"，深化自然灾害与事故灾难管理的综合化进程，并强化四大应急管理体系间的互联互通与协同作战能力；长期则致力于"强基础"，不断推动应急管理体系与能力的现代化转型，为长期稳定与高效应对自然灾害奠定坚实基础[2]。

（一）补短板：弥补全过程机制中应急管理关键环节的薄弱

由于区域经济差异等因素，在当前应急管理工作实践中，西北地区在应急预案建设、应急预警信息处置、部门协调工作等方面仍存在一些问题和短板弱项，一定程度上影响了应急管理能力体系的建设。第一，应急预案信息化水平低。虽然西北地区市、县都制定了相应的应急预案，但没有建立应急预案管理系统，导致上级领导部门对其应急预案的情况了解甚少，而且其中一些编制内容照抄照搬、不切实际、缺乏演练等现象层出不穷。第二，应急预警信息处置不当。在日常预警工作中，一些应急管理部门为了应对预警信息及时发布的要求，缺乏信息的前置分析研判，往往没有针对性地完善预警信息，做不到预警信息分级分类处置，只是习惯性地转发信息，缺乏对基层应对措施的有效指导[3]。第三，部门协调不充分。由于应急管理指挥体系没有在不同的部门间实现横向统一，在中央和地方的纵向关系上也没有完善上下联动的指挥体系，导致基层部门协同不足，增加了指挥难度，在危机发生后难以实现统筹规划。例如，近年来，消防救援队伍被划归由应急管理部门直接领导，但在西北部分市、县消防还没有成功转隶，依然是独立管理，尚未和应急部门建立上下级关系。因此，在发生火灾时，应急管理部门无法指挥消防，也没有权力调度队伍，出现职权划分不清、部门协调困难等问题[4]。由此可见，西北地区应急管理体系呈现出显著的不均衡，存在多个关键环节的缺失或薄弱，需要进一步系统性优化与强化。

---

① 张海波、童星：《中国应急管理的结构变化及其理论概化》，《中国社会科学》2015年第3期，第58-84页。

② 张海波：《应急管理的全过程均衡：一个新议题》，《中国行政管理》2020年第3期，第123-130页。

③ 罗顺龙：《西北市县当前应急管理信息化建设及应急预警信息处置的一些实践探究》，《产业科技创新》2023年第2期，第27-29页。

④ 关辉国、张雅淇：《县域应急管理体系建设困境及对策分析》，《西北民族大学学报》（哲学社会科学版）2021年第5期，第148-156页。

（二）促整合：实现防与救、平与急、自然灾害与事故灾难管理的有机整合

应急管理的发展是连续统的过程，每个环节都是关键且必不可少的，而且环节间存在联动、相互交织的关系。解决西北地区应急管理全过程中的非均衡问题，还需要做到防与救、平与急、自然灾害与事故灾难管理的有机整合。首先，连贯防与救的关系。在应急管理部门机构改革后，部门间协调不足，负责预防的部门和负责救援的部门是分散的，导致预防与救援之间缺乏紧密联系，部分职责界限模糊。如对山洪的监测预警一般是由气象部门联合发布，但救援工作主要由消防、公安、应急等部门联合参与[①]。其次，规范平与急的转换。应对复杂多变的突发事件，需要建立一套科学且灵活地从平时状态转换紧急状态工作机制。在制定了相应的应急预案后，虽然日常进行培训与演练，但在危机事件突然暴发的紧急情况下，如何处理分工合作、交流反馈和资源保障等问题还是要进行规范，实现一体化高效衔接[②]。最后，融合自然灾害与事故灾难管理体系。现有的应急管理部整合了原安全生产监管局、地震局、消防救援局、民政系统及应急办公室等部门的多项职能，但由于整合时间尚短，还未形成统一的应急管理联动体系。因此，需强化应急管理部与气象、地震、水利、民政等关联部门的协作机制，构建协同作战体系，确保灾害应对的即时性与高效性。同时，可借鉴美国联邦应急管理局的模式，构建集成预警、指挥、调度、评估等多功能于一体的综合应急指挥系统，促进信息互通与决策优化。深化应急管理体系间的互联互通，特别是在省级层面设立应急管理委员会等长效协调机构，以强化重大灾害的决策指挥与协调联动能力，确保面对复合型灾害时能够迅速、有效地进行应对[③]。

（三）强基础：强化应急管理法律法规和人员的实际能力

应急管理体系与能力现代化的两大基石，在于应急法律法规体系的健全与应急管理人员专业素养的提升。当前，应急管理部正积极推进涵盖应急管理、自然灾害防控、应急救援组织、国家消防救援力量以及危险化学品安全监管等领域的法制建设，不断完善相关法规体系。例如，2024年6月28日，新版《中华人民共和国突发事件应对法》的颁布，进一步明确了突发事件应对的基本原则、组织架构、预防准备、监测预警、处置救援及恢复重建等各个环节的法律法规。西北地区各省（区）积极响应国家号召，

---

① 《青海大通县公布"8·18"山洪灾害成因、救援安置等情况》（2022-08-19），央视网：https://news.cctv.com/2022/08/19/ARTIFxmwsjpoGdDoXmOiY9ep220819.shtml，访问日期：2024年8月23日。

② 容志、陈志宇：《结构性均衡与国家应急管理体系现代化》，《上海行政学院学报》2023年第5期，第4-17页。

③ 张海波：《应急管理的全过程均衡：一个新议题》，《中国行政管理》2020年第3期，第123-130页。

结合地域特色，制定了包括《陕西省气象灾害防御条例》（2024修订）、《宁夏回族自治区气象灾害防御条例》（2020修订）、《甘肃省自然灾害救助办法》（2020修正）、《青海省地震安全性评价管理条例》（2020修正）等法律法规，为区域应急管理构筑了坚实的法律防线，确保了应急响应工作的规范与法治化。面对不断变化的形势，这些法律法规也在持续迭代优化，以适应应急管理工作的新需求。此外，应急管理人员，特别是领导干部的理念革新、知识深化与技能提升，是推进应急管理体系现代化的关键环节。当前，虽然案例教学在培训中展现成效，但体系化知识构建尚显不足，全过程均衡管理理念尚未全面融入领导干部知识体系。针对各主体的应急管理教育短板，深化应急管理培训与教育体系，构建全社会应急管理共识，为跨领域、多主体的协同应对奠定坚实的认知基础[1]。

第五节　策略视角：加速"工程—非工程"措施的有效融合

一般来说，减灾策略可以分为工程和非工程类两种[2]。工程减灾是指涉及物理建筑的减灾措施和方法，如修建防洪抗旱工程，改善建筑物耐震材料等。工程减灾注重减灾的过程性，强调灾害的发生和解决与人类工程技术的发展过程直接相关，关注的是自然脆弱性。而非工程减灾则是通过非技术层面的规划和教育等途径进行防灾减灾的措施或方法，如土地使用规划、灾害防救教育、保险等措施，关注的是社会脆弱性。

过去很长一段时间，人们更加重视推行工程减灾，为此国家也投入了大量的财力和物力，但是自然灾害造成的损失并没有因工程技术的大量使用而降低。同时，对于灾害高发地区，无限制地投入工程技术减灾设施及费用是不可能的。相比而言，非工程减灾措施成本更低，往往也更为长效。但是，仅仅依赖工程性措施或者非工程性措施都无法有效降低风险后果。

随着大应急时代的来临，对这两种措施的使用不断地朝综合化与整体化方向发展。二者相辅相成，共同作用，才能发挥最佳的风险减缓效果。对此，西北地区在结合实施"十四五"应急体系规划和"十四五"综合防灾减灾规划等的过程中，不仅需要持续推进一批强基础、增功能、利长远的防灾减灾基础设施工程，也需要进行工程、非工程措施的有效融合，以更全面、多层次地提升灾害防范与应对能力，提高应急管理的有效性。

---

① 张海波：《应急管理的全过程均衡：一个新议题》，《中国行政管理》2020年第3期，第123–130页。

② 周利敏：《非结构式减灾：西方减灾的最新趋势及实践反思》，《国外社会科学》2013年第5期，第85–98页。

一、以工程技术为核心打造结构性减灾传统

工程减灾是涉及物理建筑的减灾措施与方法，又被称为结构式减灾（structural mitigation），包括实施病险水库除险加固、山洪灾害防治、抗旱供水保障、灾害应急处理装备、城市防洪和内涝治理、地质灾害综合治理、农村危房改造、地震易发区房屋设施加固、重点林区防火应急道路、智能监测系统等，以此确保建筑物、基础设施以及其他重要工程项目在面对自然灾害时具备更强的抵御和应对能力。随着技术的发展，工程减灾措施也需要结合先进技术和科技创新研发出更加高效、更加健全的工程实施措施，推动工程建设更加环保、可持续，并提高社会对灾害风险的认知和防范意识。

西北地区地广人稀，自然灾害多样且影响广泛，包括洪涝、地质灾害、沙尘暴、干旱等，通过自然灾害重点减灾工程建设可以有效加强对各种自然灾害的预防和治理，国外许多减灾工程的成功应用也为西北地区的减灾工程提供了借鉴。譬如，在洪涝灾害方面，荷兰无疑最具有发言权，由于荷兰的地形是一个低洼的三角区，一直面临着洪涝灾害的困扰，在1955年推出了全新的防洪策略——三角洲工程，构筑起贯穿整个西部海岸线的海防工程，保护了沿海地区免受海水上涨和风暴潮侵袭的危险[1]。在地质灾害方面，日本是地震频发的国家，但也是公认的抗震强国，因为自从1923年日本关东大地震之后，证明砖结构房屋不抗震，取而代之的是辅以轻型墙面材料的钢筋混凝土结构，不仅安全抗震，还能节省能源。地狭人多的日本有很多高层建筑，为了抵御地震的破坏，日本的高层建筑也普遍采用这种地基地震隔绝的技术，从而有效降低了地震造成的大面积房屋倒塌的损失。瑞士针对泥石流灾害，一种是利用人工智能预测泥石流，通过警报系统可以对泥石流暴发的可能性进行预测，或是当泥石流发生时检测到碎石与沉积物的移动；另一种防灾工程措施是修筑钢筋混凝土墙和堤坝，使房屋和基础设施免遭泥石流的破坏。

西北地区也有诸多自然灾害防治工程，如甘肃临夏的刘家峡水利枢纽工程，兼具了防洪、防凌、灌溉、养殖、发电等综合效益。河西走廊生态保护和修复工程，主要是为了全面保护草原和荒漠生态系统，加强沙化土地封禁保护、恢复荒漠植被。塔里木河流域生态修复工程注重土壤盐渍化的预防和治理，通过湿地植被恢复、护岸林带建设等综合措施，开展湿地恢复与综合治理，实施水土流失综合治理[2]。通过实施这些

---

①《与水共存，荷兰"韧性城市"建设》（2023-07-11），澎湃新闻：https://www.thepaper.cn/newsDetail_forward_23793847，访问日期：2024年8月21日。

②《北方防沙带生态保护和修复重大工程建设规划（2021—2035年）》，中华人民共和国中央人民政府：https://www.gov.cn/zhengce/zhengceku/2022-01/14/content_5668161.htm，访问日期：2024年8月21日。

重点工程项目，极大提升了西北地区的抗灾能力和自然灾害风险防范水平。同时，借鉴国内外成功的工程减灾措施，对防灾工程技术手段创新应用，能够使西北地区在未来更好地应对干旱、沙尘暴、地质灾害等自然灾害，加强应急管理能力，提高抗灾能力。

但是，无法避免的问题是自然灾害所造成的损失并没有因为减灾工程的投入使用而降低，反而年年增加，这一现象被称为"结构式减灾迷思"。美国学者怀特（G. F. White）最早承认工程防灾技术并不是处理洪水灾害的唯一方法[1]，当时美国在处理洪水灾害时不断投入大量资金和工程减灾设施，但是洪水造成的灾害并没有因此大幅减少，如1926年美国工程兵部队自豪地向民众宣布，能够抵御未来密西西比河洪水的防洪工程竣工[2]，但是，一年之后密西西比河下游洪水泛滥，堤防溃决，58万hm²的土地被淹，经济损失高达20亿美元[3]。实际上，防灾工程越大越完善，灾害所造成的损失就可能越严重，这是因为在工程防灾竣工后，导致灾害潜在地区开发密度进一步增强，使得更多的人口及资产暴露在危险区域，忽略了防灾工程一旦失效会带来更大灾难的风险。因此，越来越多的学者意识到，如果一味对抗抵御自然灾害，最后也会被自然灾害所吞噬，需要结合非工程减灾措施来辅助防御自然灾害，降低自然灾害造成的损失。

二、以非工程技术为依托锻造非结构性减灾传统

非工程减灾是指采用社会结构型方法增强防灾减灾能力，又被称为非结构式减灾（non-structural mitigation）。这一概念起源于巴罗斯（H. E. Barrows）将生态分析应用于灾害研究，认为人类对于环境的调适能力能够有效降低自然灾害的损失[4]。怀特的研究也发现人类的政治活动和经济活动直接影响了自然灾害防治工程的有效性[5]。1966年，美国众议院首次正式提出"非结构式措施"的概念，进行了非结构式措施和结构式措

---

[1] White Gilbert Fowler，"Human Adjustment to Floods: A Geographical Approach to the Flood Problem in the United States"（PhD diss.，The University of Chicago，1942）.

[2]《美国灾害管理百年经验谈——城市规划防灾减灾》（2018-09-17），搜狐网：https://www.sohu.com/a/254425278_275005，访问日期：2024年8月21日。

[3] 后立胜、许学工：《密西西比河流域治理的措施及启示》，《人民黄河》2001年第1期，第39-41页。

[4] Barrows H. H.，"Geography as Human Ecology，"*Annals of the Association of American Geographers* 13，no.1（1923）：1–14.

[5] White Gilbert Fowler，"Human Adjustment to Floods: A Geographical Approach to the Flood Problem in the United States"（PhD diss.，The University of Chicago，1942）.

施相结合的尝试①。1993年，美国密西西比河流域暴发的水灾导致减灾工程在洪水中受损严重，学界才开始正式重视非工程减灾的作用，直到2009年美国经历了莫拉克台风之后，从过度依赖工程减灾已经彻底转变为重视非工程减灾措施。

非工程减灾措施主要是依靠政府管理、社会治理、信息技术等治理手段，来降低自然灾害造成的严重损失。随着非工程减灾日益受到重视，非工程减灾工具以及有效性成为日益重要的研究话题。以施沃恩（Schwab）为代表的学者总结出了多项非工程减灾工具，将其分为紧急应变、规划工具、土地使用分区工具、细部计划管制、设计管制、财务工具和管理工具②，如表9-3所示。

表9-3　非工程减灾工具

类别	具体措施
紧急应变	灾害损失评估、临时住宅使用分区、公共设施修复优先化等
规划工具	土地征收、地役权、公共设施政策、环境影响说明、排水计划等
土地使用分区工具	未符合现行法令使用、使用许可、历史保存、密度控制、浮动分区、垂直分区、海岸管理规则、洪泛平原分区、湿地发展计划等
细部计划管制	细部计划规划、路宽/可及性、供水、坡地发展规划、开发空间需求
财务工具	特殊目的基金与借贷、政策、搬迁/迁村协助、特殊发展区、再发展计划、发展权转移
管理工具	跨行政区整合、地理资讯系统、地质调查、土壤稳定性评估、公共教育
设计管制	植被、设计检视、建筑标准

由于非工程减灾工具需要结合具体的自然灾害类型和各个国家的实际情况，不同的学者提出了不同的非工程减灾工具。一般而言，常用的工具包括土地规划、风险评估、监测、预测、预警、巨灾保险、法律法规、社会动员、数据库建设等，这些工具在非工程减灾工具中也具有更为重要的作用。土地规划是基于对地区自然环境的承载力、人口和经济现状以及未来的发展预期制定的空间规划，一般包括对基础设施、交通、经济、房屋、自然环境保护等土地配置以及实现这些目标的政策措施③。风险评估是指通过对潜在风险的分析和评估，更好地了解自然灾害的可能性及其对人口、财产

---

① 周利敏：《非结构式减灾：西方减灾的最新趋势及实践反思》，《国外社会科学》2013年第5期，第85-98页。

② Schwab J., Topping K.C., Eadie C.C., et al. "Planning for Post-Disaster Recovery and Reconstruction" (Chicago, IL: American Planning Association, 1998).

③ 张洋：《土地规划管理与安全城市的构建：美国的经验》，《国际城市规划》2011年第4期，第3-9页。

和环境的威胁。此外，还要加强自然灾害的实时监测预警，群测群防，提升防灾避灾能力。灾害保险作为非工程性减灾的关键措施，其重要性体现在通过参保者共同承担灾害风险，降低受灾概率，解决在减灾过程中"谁为灾害承担费用"的实践难题。灾害保险还能增强民众面对灾害的适应能力，为灾后恢复提供坚实的支持，并减轻政府在救灾方面的负担。由于自然灾害防灾减灾是一项社会性系统工程，涉及面十分广泛，必然要依靠法治，通过制定涵盖预防、预警、救灾、应急等减灾管理全过程的、相对健全的自然灾害综合性防灾减灾法律法规，能够规范突发事件应对活动，保护人民生命财产安全，维护国家安全、公共安全、生态环境安全和社会秩序，有效预防和减少自然灾害造成的严重社会危害。非工程减灾措施的前提是构建一个详尽的灾害信息数据库，这有利于满足不同社会领域对灾害动态数据分析的需求，制定出更为恰当和有效的减灾策略。

但是，非工程减灾也存在失灵的现象，主要是因为非工程减灾措施效益难以在短时间内显现，且不易评估量化；某些非工程减灾政策成本非常高，在实施过程中较为困难；非工程减灾工具虽然种类繁多，但实际运行效果需要不断试验、开发、验证。此外，决策者需要针对不同减灾政策的目标进行取舍，选择合适的非工程减灾工具，这需要考虑到诸多因素，如经济、社会、文化、心理等方面，这在一定程度上影响了决策者的信心和决心。由于自然灾害的复合型特征，单纯依靠工程减灾或是非工程减灾都会出现失灵现象，更加需要由工程减灾和非工程减灾共同组成减灾体系应对自然灾害。

三、以"工程—非工程"措施融合为框架铸造应急管理的减灾基础

不同学科、不同领域有不同的减灾传统，如工程学主张利用技术工程措施降低安全风险，公共管理主张利用社会减灾思路进行减灾，两种传统体现了减灾背后不同的学科范式及减灾路径。我国长期以来一直注重防灾减灾的工程性措施，然而，国民对灾害的意识仍旧薄弱，灾害造成的损失依旧严重，仅依赖工程手段无法实现防灾减灾的预期目标，非工程减灾措施对于传统的减灾观念是一个重大的冲击，有助于克服工程减灾的局限。但是不能顾此失彼，需要采取工程性减灾与非工程性减灾相结合的策略，综合利用多种手段，以实现更全面高效的自然灾害减灾和应急管理。

将工程性减灾措施和非工程性减灾措施相结合，有利于克服二者各自的不足及失灵情况。日本"3·11"地震中便展示了工程与非工程减灾措施融合的有效性，包括建筑抗震设计的工程性减灾措施，还包括公众灾害意识培养和防灾减灾训练在内的非工程性减灾措施。除了在建筑中使用抗震材料和防震设计之外，在日本的小学教育中，

有大约40个课时的防灾知识教育，这些内容被融入多门课程中，并根据不同年龄段学生的心理和生理特点进行设计，既有趣味性又具有知识性。还注重防灾教育基地的建设，设有地震体验屋、泥石流体验室、消防训练室、风速体验室、烟雾逃生训练室、紧急逃生梯训练等设施，让公众直观感受应对灾害的方法，提升他们实际的防灾技能[1]。正是这些措施使得日本在面临巨大灾难时，社会保持稳定，秩序井然，避免了因人们恐慌和社会混乱而导致灾害进一步恶化的后果。

工程性减灾措施和非工程性减灾措施的融合既能管灾又能管人，从不同的角度处理人类与自然灾害的联系。工程减灾重点在于管灾，试图控制灾害从而降低灾害风险，放任过度的人为因素。非工程减灾则是主动调整和约束人类的活动，通过协调人与自然的关系来适应自然灾害，增强人类应对灾害的适应能力[2]。在"管灾"层面，我国更新了海绵城市、城市基础设施生命线安全工程等项目，海绵城市项目是我国为解决城市面临的暴雨内涝等气候问题而进行的一项实践性创新；城市基础设施生命线工程则构成了保护市民生命财产安全的安全网，是城市抵御各类风险灾害的基石和支柱[3]。在"管人"层面，以宁波为例，宁波于2014年率先启动巨灾保险试点，十年来持续完善产品体系，健全巨灾保险制度，结合当地灾害特点，推出全国首个同时涵盖人身伤亡抚恤和家庭财产损失救助理赔的公共巨灾保险，并以自然灾害为主要保障，叠加突发公共安全事故、突发公共卫生事件、见义勇为保险，形成了"1+3"综合保障方案，保障范围覆盖宁波市1000万人口400万户居民家庭住宅[4]。通过巨灾保险这一非工程性减灾措施，分散了灾害对于单一个体造成的损失，增加了公众自我调适的能力，由国家和社会共同分担灾害带来的重大风险，提高人类社会对于灾害损失的承受能力。

因此，工程性减灾措施与非工程性减灾措施都不可偏废，应当同等重视，双管齐下，工程性减灾措施提供实际防护，非工程性减灾措施提供智力支持，两者相互融合可以更有效地减少灾害风险、提高自然灾害的整体应对能力，为自然灾害管理注入更多的科学性和综合性，真正实现防灾减灾的目标。未来在风险评估、综合防灾减灾规划及铸造安全文化领域都需要两者的融合，以此提升应急管理能力。

---

① 郑功成：《综合防灾减灾的战略思维、价值理念与基本原则》，《甘肃社会科学》2011年第6期，第1-5页。

② 周利敏：《复合型减灾：结构式与非结构式困境的破解》，《思想战线》2013年第6期，第76-82页。

③ 朱正威、赵雅、马慧：《从韧性城市到韧性安全城市：中国提升城市韧性的实践与逻辑》，《南京社会科学》2024年第7期：第53-65页。

④ 《巨灾保险"宁波样本"十年"蝶变"打造新时代"韧性"城市》（2024-02-07），浙江政务服务网、宁波市人民政府：http://jrb.ningbo.gov.cn/art/2024/2/7/art_1229024326_58898960.html，访问日期：2024年8月20日。

第十章　西北地区自然灾害应急管理能力建设对策

第一节　充分利用我国应急管理举国体制的优势

坚持全国一盘棋，调动各方面积极性，集中力量办大事，是我国国家制度和国家治理体系的显著优势之一。举国体制就是动员和组织国家力量，集中人力、物力、财力等全社会各种资源与要素，为实现国家战略目标而采取的工作体系和运行机制[①]。世界各国为了维护其发展利益和领先地位，在涉及国防安全、战略高技术等特定领域，普遍采用举国体制推动实施一系列重大项目。我国社会主义制度具有集中力量办大事的显著优势，特别是近些年来，我国在建立新型举国体制方面进行了积极探索。新型举国体制不仅继承了传统举国体制的优点，而且还依托社会主义市场经济的体制环境，在发挥社会主义制度集中力量办大事的优势方面进行了与时俱进的创新创造。举国体制的显著优势不仅体现在经济层面，还在自然灾害应急救援和传染病疫情防控等重大突发事件中得以彰显[②③]。

一、加强风险普查成果应用

2020年至2022年，我国开展了第一次全国自然灾害综合风险普查工作，这是提升自然灾害应急管理能力的基础性工作。本次普查获取了气象灾害、地质灾害、地震灾害、森林草原火灾、水旱灾害、海洋灾害等6大类23种灾害的致灾要素调查数据，以及人口和经济、房屋、基础设施、公共服务系统、三次产业、资源和环境等6大类27

---

① 许先春：《新型举国体制的时代特征及构建路径》，《马克思主义与现实》2024年第1期，第11-18页。

② 梁华：《新型举国体制在抗击疫情中的优势展现》，《理论探索》2021年第5期，第90-95页。

③ 何虎生：《内涵、优势、意义：论新型举国体制的三个维度》，《人民论坛》2019年11月中，第56-59页。

种承灾体的空间位置和属性数据。此外，还收集了3大类6种综合减灾能力数据、重点隐患数据等，以及1978年至2020年的年度历史灾害灾情数据，1949年至2020年的91场重大历史灾害事件的灾情数据。全面完成了国家、省、市、县四级灾害风险评估与区划任务，建成了分类型、分区域的国家自然灾害综合风险基础数据库①。

风险普查摸清了西北地区自然灾害风险隐患的底数，只有充分利用风险普查系列成果，才能全面提升西北地区自然灾害应急管理能力。

（一）探索风险普查数据在智慧应急建设中的应用

"智慧应急"是以数字技术创新性赋能应急管理，将传统应急管理向现代"智"理转变，推动灾害风险治理的关口前移②。数据是智慧应急的重要原料，要高效发挥智慧应急管理在西北地区自然灾害应急管理中的作用，就要充分释放自然灾害综合风险普查数据的价值，加强风险普查数据在智慧应急管理建设中的应用。

1.强化普查数据信息共享，激活数据应用价值

西北地区自然灾害应急管理需将灾害信息的收集、传输、分析与共享作为灾害应对过程中的关键节点。充分借助自然灾害综合风险普查成果，跨部门、跨领域整合相关联的数据资源，构建西北地区自然灾害信息目录，实现灾害信息的即时查询与互通，同时确保动态更新与共享。基于自然灾害信息目录，充分发挥灾害相关数据的潜在价值，并推动基层应急管理中的灾害信息互通与共享，从而实现资源的高效整合与利用，避免资源的冗余与浪费，形成应对灾害的合力。

2.融入智慧应急管理平台，赋能应急研判决策

将自然灾害综合风险普查数据与实时监测数据相结合，辅助重大自然灾害应急管理决策。以洪涝灾害应急为例，可以将风险普查中涉及的致灾因子、承灾体、减灾能力以及历史灾害数据等接入智慧应急平台，结合水系、居民点等数据进行空间可视化展示。同时，平台可融合实时监测数据，如天气预报、气象预警、水文雨量监测、气象台雨量站数据、水系汛情监测、人口热力图及相关数据分析报告，对汛情进行动态监测和预警。此外，平台还可接入相关部门的视频、防汛信息系统及灾害现场的实时图像，便于现场领导、专家和涉灾人员通过视频、语音、文字及地图协同标绘，进行洪涝灾害分析、山洪预警、次生地质灾害评估，并作出应急响应决策，统筹人员疏散、

---

① 《第一次全国自然灾害综合风险普查公报汇编》，中华人民共和国应急管理部：https://www.mem.gov.cn/xw/yjglbgzdt/202405/W020240508313655815475.pdf，访问日期：2024年8月8日。

② 姜涛、翁平平、张海港，等：《加强基层防灾减灾救灾工作推动应急事业高质量发展——基于江苏省常州市武进区第一次全国自然灾害综合风险普查成果应用的思考》，《中国减灾》2024年3月下，第42-45页。

队伍调度、物资分配及救援行动[①]。

在自然灾害综合风险普查数据成果深度挖掘的基础上，进行多灾种关联共生分析和灾害演化趋势研判。例如，针对土石坝水库溃坝事件致灾因素复杂、不确定性强、量化分析手段单一等问题，可通过深入挖掘历史溃坝数据中的潜在风险事件和破坏模式，建立土石坝溃坝事故链网络模型，利用风险事件共现矩阵定量分析典型溃坝案例中风险事件间的关联度及影响度，推算土石坝溃决事故链演化概率，利用演化结果为加强水库大坝风险防控提供决策支撑[②]。

（二）开展普查成果的数据运营并与特定场景深入结合

1.运营普查数据，科学保障特定需求风险管理

基于自然灾害综合风险普查数据成果，应急管理部门可以为西北地区不同阶段的重点工作或其他行业的特定需求提供定制化的数据服务，推动灾害风险数据管理模式革新与广泛应用。灾害综合风险普查数据主要可用于响应各行业和部门的定向普查以及风险评估需求，如国土空间布局、城市规划、大型建筑选址等风险评估。此外，西北地区的应急管理部门还可利用其他各行业和部门的灾害风险监测网络，进行补充调查，完善和细化灾害综合风险普查的数据，方便对重点项目进行更为精准的风险评估和管控，为应急指挥、力量部署、救援行动、物资调配等提供精准的信息支持[③]。

2.优化减灾资源配置，提升薄弱区域资源部署

深入分析自然灾害综合风险普查数据，全面掌握西北地区自然灾害综合风险水平及承灾体的物质属性和经济价值。通过灾害综合风险分区与防治区划信息，全面掌握各类自然灾害的空间分布、灾害等级、影响范围及潜在危害。在此基础上，开展针对西北地区自然灾害的减灾资源与能力优化配置研究。在充分了解经济条件、人口空间分布及建筑布局等基础信息的前提下，运用风险区划数据，进行减灾资源与能力的匹配性分析，识别资源配置的不足及能力建设的短板，进而提出有针对性的优化部署方案与改进策略。

3.做好全周期档案追踪治理，开展重点隐患精细化管理和消除隐患

以灾害综合风险普查数据成果为基础，全面评估西北地区基层地方的自然灾害风

---

① 韩晓栋、王曼曼、舒慧勤:《第一次全国自然灾害综合风险普查成果应用思考》,《中国减灾》2022年9月上,第37—39页。

② 赵建国、王芳、李宏恩:《基于历史数据的水库事故链演化概率研究》,《自然灾害学报》2024年第3期,第79—88页。

③ 韩晓栋、王曼曼、舒慧勤:《第一次全国自然灾害综合风险普查成果应用思考》,《中国减灾》2022年9月上,第37—39页。

险等级，识别各地的气象、水旱灾、风暴、地质灾害等重点隐患。对于高风险的隐患，制定具体的治理和消除隐患方案，进行精细化管理。同时，建立详细的灾害隐患治理档案，对每一项重点隐患进行全生命周期管理，包括预警、监测、分析和督办等。通过这种方式，大力推进重点隐患的消除工作，将风险消除在萌芽状态，推进重大自然灾害风险隐患治理关口前移，减少灾害带来的损失。

4.加强普查数据在保险业务领域的应用

根据普查数据结果，西北地区各地方政府可与保险公司及科研院所开展合作，加大自然灾害保险的覆盖范围和深度，优化并开发灾害风险评估模型，推出更成熟、覆盖面更广的政策性自然灾害保险，特别是针对风险等级高、灾害隐患多的西北农村地区的自然灾害保险。以数据分析优化政策性保险业务，通过政策性保险转移自然灾害风险，将惠农利农政策具体落实到灾害防治行动中。

二、全面提升应急动员能力

（一）加强应急组织动员，释放组织内部潜能

1.打造共识的话语体系：夯实组织动员生成的价值基础

在面临重大自然灾害时，每个个体可能都会感受到事态的严重性和紧迫性。然而，对于危机的性质、范围及应对措施，人们的认知往往存在差异，因此，难以迅速形成统一的看法和行动。在此情境下，应急管理者就需要发挥话语动员的作用，通过一系列行动和信息传播，唤起公众的共鸣，激发集体行动的力量。话语动员，不仅是一种信息传播的手段，更是一种集体意识的构建过程[①]。应急管理者通过主要领导者讲话、命令、指示等方式，向公众传递清晰的信号，指明方向，激发情感。这些信号不仅仅是对应急措施的宣传，更是一种对集体意识和行动的呼唤。帮助公众理解危机的性质，认识到自己的责任和使命，进而形成共同对抗危机的共识。

话语动员还需要运用积极的舆论宣传策略，塑造国家应对公共危机的正面形象。包括报道领导者的决策指挥、危机中的英雄人物和先进事迹，以及各地各部门的积极响应。这些正面信息不仅能够增强公众对组织动员的认同，还能够激发公众的爱国情感和集体荣誉感。此外，在特定的时间和场合，通过公共仪式来唤醒人们的集体记忆，也是话语动员的重要手段。这些仪式，如升国旗、唱国歌等，都是凝聚国家精神的重

---

① 王欢、于连锐：《话语体系与党的动员力》，《理论研究》2012年第6期，第12-15页。

要方式①。它们能够让人们深刻体验到作为集体成员的责任和使命，从而更加坚定地支持和参与应急动员行动。总之，话语动员是应急管理中不可或缺的一环。通过有效的信息传播和集体意识的构建，它能够唤起公众的共鸣，激发集体行动的力量，为应对重大突发事件提供强大的精神支持。

2.重塑扁平的组织架构：构建组织动员生成的组织网络

在常态化管理中，动员的主体与客体各自安插在不同的组织体系中，依照明确的条块职责和分工开展有序的管理。在非常态应急管理中，为了最有效地调配资源，组织的管理方式必须迅速由分散转向集中，通过集中有限的资源来应对紧急的局面。因此，应急管理的组织动员通常需要摆脱常规的条块分割管理模式，以纠正和替代陷入"公共危机响应失灵"窘境的科层官僚体系。

为了适应外部环境的快速变化，重大自然灾害应急管理的组织动员通常需要突破科层组织的传统形态和固有运行规则。举例来说，有时需要将上级部门或机关的党员干部直接派往一线灾害发生地，这样就能够打破原先按照不同条线和属地管理部门所划分的身份界限。在此情境下，成立专门的应急工作临时党委、党总支、党支部和党小组等机构，用以统一思想、协调组织和落实管理。这种非常规的组织形式能够更好地应对突发事件，确保组织的动员能力和响应效率②。

3.进行灵活化的组织激励：完善应急组织动员中的激励设计

组织动员是集中内外部力量完成特定任务目标的行动，必然要求每一位动员的参与者付出不同程度的投入，这就需要足够强度的组织激励来维系。应急组织动员主要涉及动员主体和动员对象，这两者在利益上可能存在差异。动员主体多代表公共利益，而动员对象则往往关注个体利益。当公共利益与个体利益相互契合时，组织动员通常能够更加顺畅地进行。然而，当两者不一致时，就需要我们细致地平衡这两者的利益，优化激励机制。这不仅需要深入的思想动员，还需采取激励性质的举措和实施利益导向的策略。

在应急组织动员中，激励措施可大致分为正向和负向两大类。正向激励着重于奖励和鼓舞，可分为个体和组织两个层面。对于个体，我们可以采取物质奖励、精神奖励（如荣誉称号、荣誉档案）以及职务晋升或岗位调动等策略。而对于组织，我们可以提升组织规格、扩大管理职能和规模，或者增加组织部门预算等方式进行激励。相反，负向激励则主要是通过惩罚来纠正不当行为或过失。这通常包括组织问责措施，

① 李斌：《政治动员与社会革命背景下的现代国家构建——基于中国经验的研究》，《浙江社会科学》2010年第4期，第33-39页。

② 陶振：《重大突发事件防控中的应急组织动员何以实现？——以党员干部下沉为例》，《理论与改革》2023年第2期，第135-149页。

旨在对动员过程中出现的错误或过失进行追责①。综上，有效的组织动员需要建立健全的激励机制，充分考虑动员主体与动员对象的利益诉求，结合正向和负向激励措施，确保动员工作的顺利进行，以提升组织整体效能，更好地完成重大灾害应急管理的任务目标。

（二）引导社会力量参与，形成政社协同合力

2022年2月，国务院发布《"十四五"国家应急体系规划》，重视社会力量在参与灾害救援与国家应急救援体系建设中的作用，提出"以国家综合性消防救援队伍为主力、专业救援队伍为协同、军队应急力量为突击、社会力量为辅助"的中国特色应急救援体系构建。

首先，建立应急救援社会动员机构，充分发挥社会动员的引领性影响力。在社会动员的过程中，重视社会组织和志愿者鼓励民众参与应急救援的作用，增强社会应急救援队伍的注册规模与专业素质，以满足国家应急管理体系和能力现代化建设的需求。为了实现这一目标，应急救援动员机构应与专业和社会救援队伍、志愿者群体等建立长期性、常态化、及时性的沟通机制，且在顶层设计方面制定中长期应急救援发展规划，在具体工作方面制定应急管理培训年度计划，以多种社会力量协同提升应急管理能力。

其次，建立应急协同的激励制度。从现实来看，应急救援的社会力量大多具有自愿且无偿的特点，主要开展自防自救的工作，具有显著的公益性特征。在制定激励制度时，应确保规划的科学性、实施的合理性、奖励的针对性。鉴于社会力量参与应急救援的风险性较高，建议以给予社会荣誉和称号等方式表彰宣传社会力量，同时提供物资配备、安全培训、优抚安置等保障机制。此外，对于在应急救援中可能对相关参与的社会人员造成的损失与牺牲，应提前告知，并以购买保险、定期体检等方式给予保障；对于在参与抢险救援、训练演习过程中受伤致残或牺牲的社会人士，应按照相关规定落实社会待遇。

最后，通过多渠道推广，重视新媒体平台在应急宣传中的作用。在新媒体时代，应急管理部门应善于利用微信、微博、抖音等政务新媒体进行应急宣传。这不仅有助于及时发布应急救援需求，在突发情况下发挥社交媒体的优势，也有助于形成社会共识、凝聚社会力量。在宣传形式与内容方面，应利用自主拍摄、转载视频、公布监控、现场直播、比赛解说等多种形式，加入动图、弹幕、评论等互动方式，打造特色品牌。在情感传递方面，以发布生活科普作品为切入点，使用网络热点用语，凸显亲民特色，

---

① 林鸿潮:《战时隐喻式应急动员下的问责机制变革》,《法学》2022年第9期,第62-74页。

达到情感共鸣，推进建设应急小课堂。

三、持续开展对口援建

（一）加强对口支援在应急管理中的制度化建设并持续优化

为适应重大突发事件的现实需求，在应急响应和灾后恢复等阶段广泛开展对口支援工作。以"5·12"汶川地震为例，对口支援在跨区域协同中发挥了至关重要的作用。在汶川地震后，由于四川、甘肃、陕西三省受灾严重，特别是四川省无法独立快速恢复，中央政府启动了对口支援机制，广东、江苏、山东等20个经济较为发达的省市对口支援24个灾区，采取了"一省支援一县"的方式。援助方根据受援方需求差异提供不同的援助方案，例如，江苏省在绵竹市援建了一批适应当地特色的产业园和农业园，为其提供物资、经费与知识等资源，实现了短期的针对性重建和长期的可持续发展。中央政府虽然扮演着对口支援机制启动者的角色，但其执行效果则取决于援助方和被援助方之间跨区域协同的现实水平。在汶川地震时期，中央政府对对口支援有明确的要求，但在后续的重大突发事件对口支援中，几乎没有刚性的规定，对口支援的实施更加依赖于区域协同合作[1]。

对口支援体现了中国特色社会主义制度的优越性，展现了中国应急管理体制的优势与特色。未来应推动"灾害对口支援"的制度建设，区分不同的实施层次，使其能灵活适应不同阶段的需求。在推动长效合作方面，鼓励地方政府建立合作伙伴关系，形成互帮互助制度，签订长期帮扶协议，引导对口支援由目前主流的政治动员模式转向制度激励的新模式。

（二）坚持物质援建与精神援助并重

重大自然灾害往往带来极为深重的心理创伤，严重影响人们的精神状态，导致受灾者情绪波动和认知功能异常，丧失生活的希望，产生消极、悲观甚至厌世的情绪，安全感也显著下降。如果不及时进行干预，受灾者的身心健康将面临难以弥补的损害。在灾后重建过程中，援建方应兼顾物质援建与精神援助两个方面，提高应急救援的科学性。坚持物质援建与精神援助并重是促进灾区全面恢复的关键，只有在更全面的援助框架下，灾区居民才能得到更全面、更有效的支持，早日重返正常生活，实现社会

---

① 张海波：《应急管理中的跨区域协同》，《南京大学学报》（哲学·人文科学·社会科学）2021年第1期，第102-110页。

经济的全方位复苏和发展①。

建立重大自然灾害心理危机干预系统②。在政府统一领导下，建立心理危机干预中心，整合卫健、财政、应急管理等部门资源，组建重大自然灾害心理危机干预联合小组。结合重大自然灾害的特点及心理危机干预的实施，制定符合西北地区实际情况的心理危机干预体系，为重大自然灾害后的心理危机干预、心理健康恢复等工作奠定制度基础。此外，应通过制度设计充分吸纳社会力量作为官方力量的有力补充，科学、高效且可持续地参与重大自然灾害心理危机干预工作。西北地区发生重大自然灾害后，能快速成立组织管理组、心理危机专家团队、热线电话咨询服务组、心理咨询组等进行援助，有组织、有针对性地开展心理危机干预服务，减少灾后心理健康问题发生。

开展"线上+线下"的心理危机干预援助。云计算、物联网、移动互联网、大数据、人工智能等新兴技术迅速发展，打开了医疗领域中数字技术应用的大门，特别是在精神心理领域的应用中，数字技术展现出巨大的潜力，推动了在线心理咨询、在线心理治疗以及在线心理危机干预等领域的蓬勃发展。由此，完全可以依托大数据、人工智能等新兴数字技术，开发针对重大自然灾害心理危机干预的远程医疗援助平台，助力西北地区在重大自然灾害心理危机干预的组织管理、评估干预等方面取得突破，极大地提升西北地区灾后心理危机干预的可及性和有效性。

第二节　系统补足自然灾害应急管理能力建设短板

要补足自然灾害应急管理能力建设的短板，要做到下面几点。一是健全"法"的体系，法律保障是前提。二是充实"物"的储备，兵马未动，粮草先行。三是做实"人"的文章，紧抓关键要素不放。四是发挥"数"的优势，有效防患于未然。五是完善"安全"的文化，培育公众安全意识。

① 李爽:《汶川地震中对口援建机制研究》,硕士学位论文,东北大学文法学院,2012。
② 孙艳坤、宫艺邈、黄薛冰,等:《重大自然灾害后心理危机干预体系建设探讨》,《中国科学院院刊》2023年第11期,第1710-1717页。

一、健全应急管理政策法规标准体系

（一）加强西北地区应急管理标准体系建设

加强西北地区应急管理标准化体系建设，对全面提升区域防灾减灾救灾能力至关重要[①]。2007年11月16日，全国减灾救灾标准化技术委员会（SAC/TC 307）经国家标准化管理委员会正式批复成立，主要负责全国减灾救灾、灾害救助等领域的标准化工作。2019年，应急管理部印发《应急管理标准化工作管理办法》，成为机构改革后开展应急管理标准化工作的指导性文件和构建应急标准体系的开端。2020年7月，全国减灾救灾标准化技术委员会更名为全应急管理与减灾救灾标准化技术委员会，并调整工作范围，负责减灾救灾与综合性应急管理领域国家标准制修订工作，包括应急管理术语符号和标记分类、风险监测和管控、应急预案、现场救援和应急指挥、水旱灾害应急、地震地质灾害应急、应急救援装备和信息化、救灾物资、事故灾害调查、教育培训等标准化工作[②]。2022年，为深入贯彻落实《国家标准化发展纲要》和《"十四五"国家应急体系规划》，应急管理部印发了《"十四五"应急管理标准化发展计划》，紧密围绕安全生产、防灾减灾救灾与应急管理三大中心工作，加快推进标准化与应急管理的全面融合，努力构建适应"全灾种、大应急"要求的应急管理标准化体系。2023年，应急管理部与国家市场监督管理总局联合印发《安全生产国家标准制修订统筹协调工作细则》，通过健全统筹协调机制，明确国家标准制修订程序和组织建设要求，进一步加快标准化与安全生产工作的全面融合。同年，形成《减灾救灾与综合性应急管理标准体系框架（第三版）》，由11个子体系构成。国家对应急管理标准化建设工作的重视和支持力度不断加强，因此，深入研究并不断完善应急管理地方标准体系，对筑牢夯实应急基层管理基础、防范化解重大安全风险、全面提升应急救援能力具有重要意义[③]。

当下，西北地区的应急管理地方标准体系建设还存在一些不足。一是地方应急管理标准体系建设的衔接性不强，目前尚未形成标准为法律法规提供支撑、法律法规以

---

①《〈应急管理标准化工作管理办法〉出台背景及其主要内容解读》（2019-07-24），中华人民共和国中央人民政府：https://www.gov.cn/zhengce/2019-07/24/content_5414048.htm，访问日期：2024年8月24日。

② 沈科萍、窦芙萍：《应急管理标准化现状及建议》，《中国标准化》2021年第16期，第22-25页。

③ 潘恒、王高锋、万勇，等：《湖北省应急管理地方标准体系建设现状及对策》，《中国标准化》2024年第10期，第62-68页。

标准为技术基础的有机结合机制，大大降低了法律法规和标准的整体效能①。二是标准前瞻性理论研究不够。西北地区关于应急管理地方标准体系建设方面的学术文章较少，对新行业、新业态、新形势等"三新"领域理论探索不足，缺乏解决问题的前瞻性认识与研究。三是标准供给不足。地方标准选题不合适、写作不规范等均会导致标准制修订周期较长，影响地方标准供给。大量的标准制修订速度和质量难以满足需求，存在较大供给缺口。四是标准实施和培训宣贯效果不佳。针对这些情况，可以从以下几个方面进行改进和优化。

1.强化标准体系设计

进一步完善应急管理地方标准体系架构，明确建立一批基础标准、三类通用标准和若干项方法标准的"1+3+N"应急管理地方标准体系。基础标准是作为其他标准的基础并普遍使用，在国家标准体系内此类地方标准数量不多，主要界定、约定一些与应急管理职能相关的基本概念、定义和原则。通用标准是分别针对安全生产、防灾减灾救灾与综合应急管理三类标准化对象制定的覆盖面较大的共性标准，如通用的安全管理要求和技术，通用的设计、建设要求等。方法标准是针对具体对象或作为通用标准的补充延伸制定的，重点解决某个行业子领域的安全技术要求和方法，数量较多且是标准体系的基础。每个标准项目在立项初期均应确定标准类别，通用标准和方法标准在基础标准框架下统一编排，方法标准依据通用标准制定，又作为通用标准的有益补充。结合当前应急管理的复杂性、严峻性应加快梳理整合消防、民政救灾、自然灾害防治、森林防火、灾后救援等相关业务的原有标准体系，进一步完善标准体系架构，使标准体系具有系统性、综合性和协调性，在制定应急管理地方标准时要充分考虑法律法规的需求，保持与应急管理法律法规的衔接联动，构建"结构完整、层次清晰、分类科学、协调一致"的应急管理地方标准体系架构。

2.强化标准供给及宣贯实施

建立标准起草单位管理考评机制和标准实施效果评估机制，对未按时完成的在研标准及时评估其必要性和可行性，对发布实施的标准评估其经济性和可操作性。按照"急用先行"的原则开辟绿色通道，尽量简约急需和关键的应急管理地方标准制修订程序，加快研制应急管理和安全生产突出需求的通用标准，加快协调各领域优秀方法标准的供给。建立常态化更新机制，按照《标准化管理条例》有关要求，及时清理、废止过时标准，吸取新的经验教训来修订、完善新标准。鼓励加大团体标准的供给力度，畅通团体标准与地方标准、地方标准与国家标准、地方标准与行业标准的衔接转化渠道，为标准成熟贡献宝贵行业经验。充分利用会议、期刊、网络等新媒体加大应急管

---

① 谢昱姝、代宝乾、张蓓，等:《〈安全生产等级评定技术规范〉地方标准体系构建与标准化实践》，《中国标准化》2022年第9期，第157-162页。

理地方标准宣传力度，营造重视和自觉贯彻实施应急管理地方标准的工作氛围。强化对应急管理标准化相关从业人员和标准使用人员的标准化培训，普及标准化知识，提升标准化认知，让更多的人熟悉标准、用好标准。

3.强化标准制修订人财物保障

为适应当前应急管理的新形势、新任务、新要求，迫切需要通过制定激励政策等有效措施，并充分利用省级标准化技术机构的优势，加强应急管理与标准化专业深入交流学习，提高应急专业人员的标准化素养，最终培养一批专业精、懂标准的综合型专家队伍。标准制修订是一项技术性强、耗时长的工作，需要起草单位和合作单位长期的资金投入，尤其对综合类的应急管理规程、规范，要确保其与应急管理法律法规的配套性和公正性，且地方标准在辖区内有强制性，因此应形成政府部门、社会组织和企业共同投入的机制，积极推动政府部门和大中型先进企业加大地方标准制修订的支持力度和投入保障。适度提高地方标准制修订工作经费或制定奖补政策，从而提高各方参与标准化工作的积极性，形成应急管理与标准化的良性促进。

（二）全面提升应急管理法治化水平

增强基层应急法治能力是西北地区应急管理体系和能力现代化的一个关键因素，要"在处置重大突发事件中推进法治政府建设"[1]，有效和合法地行使紧急权力。立足西北地区发展的新特征、新态势，审视基层乡镇和社会在应对突发事件法治化中所面临的碎片化困局，需要衔接国家法律体系与党内法规体系，系统构造以主体、程序及责任相配套的法治框架，并将分散、脱节的法治实施资源转化为整体、协同的力量和优势。新时代西北地区应急管理法治化建设应从以下两个方面展开[2]。

1.以主体、程序及责任为内核的法治基本构造

新时代的应急管理法治化建设蓝图为西北地区应急管理能力建设提供了明确的方向。首先，多元主体的参与是应急管理法治化的关键之一。由于各主体追求的目标和利益各不相同，如何在法治框架内协调这些主体的行动成为一个重要的议题。一方面，我们应以应急管理体制改革为契机，完善顶层设计，确保各主体在统一的法治框架内协作；另一方面，基于公私合作治理的理念，合理分配权利与义务，确保应急管理的效率与公平。这要求我们根据外部环境的变化及治理任务的需求，灵活调整应急组织的结构与职能。其次，程序的开放性在应急管理法治化中同样至关重要。面对非常规

---

① 习近平:《全面提高依法防控依法治理能力 健全国家公共卫生应急管理体系》,《求是》2020年第5期,第4-8页。

② 代海军:《新时代应急管理法治化的生成逻辑、内涵要义与实践展开》,《中共中央党校(国家行政学院)学报》2023年第4期,第139-149页。

突发事件，行政裁量权的灵活运用尤为重要。这并不意味着可以随意破坏程序，而是在不违反法律的前提下，司法对行政应急权的监督应保持一定的灵活性，合法性审查应侧重于行政裁量的过程和理由，以应对紧急情况下的需求。最后，责任的法定性构成了应急管理法治化的基石。在纵向上，我们需要明确中央与地方的事权划分，确保各级政府及其应急管理部门的职责合理划分；在横向上，不同职能部门之间的权责也需明确界定，避免应急管理的碎片化，提升应急响应的效率和质量。总之，新时代的应急管理法治化图景是一个多维度、全方位的法治体系。它要求我们在多元主体的参与、程序的开放性和责任的法定性等方面不断创新，确保应急管理在法治轨道上高效有序运行，为人民的生命财产安全提供坚实的法治保障。

2. 以内部控制和外部协同为牵引的法治实施路径

首先，应加强行政执行权的内部控制。应急管理关乎公共安全与人民生命健康，必须坚守"安全"底线，确保行政执法制度更加严密。在执法过程中，权力的自我约束体现了有限政府和依法行政的原则，应通过执法规范化建设，推动执法主体、程序、方式及责任的法定化，减少权力滥用的可能性。在重点领域，需加大执法力度以遏制重大灾害的发生，同时保持政策的稳定性和连续性，避免运动式或"一刀切"式执法。其次，应强化权力间的协同合作。应急管理涉及多个领域和部门，要求各执法主体目标一致、协调行动，以提高整体执法效能。需充分利用各级应急管理委员会和领导小组等平台，建立完善的通报、研判、信息共享和联合执法机制，增强部门协作，进一步提升执法合力。

二、加强应急物资保障能力建设

作为协调发展与安全、防范化解重大风险的基础性工作，应急物资保障在应急管理体系和能力建设中扮演着关键角色。必须坚守"领导统一、管理系统化，平时主动建设、灾时迅速应急，采购储备结合、实现节约高效，调度统筹有序、保障有力"的基本原则，着眼于弥补应急物资保障工作中的不足之处，优化相关体制机制，使其实现规范化管理，从而塑造新的工作格局，不断提升应急物资保障的能力[①]。

（一）加强政府主导的应急供应链体系建设

大力推进应急供应链体系建设是推动我国应急产业发展和提升政府应急保障能力的重要途径。构建完善的应急供应链体系，不仅能有效提升应急保障能力，还能显著

---

① 李俊华：《我国政府自然灾害应急管理能力建设研究》，硕士学位论文，郑州大学公共管理学院，2012。

降低供应链的整体成本[1]。应急供应链体系建设是一个全新的理论和实践问题，对于降低应急供应链保障成本、提高应急供应链保障效率具有重要意义。本书借鉴政府主导下的业务持续管理（Business Continuity Management，缩写BCM）应急供应链理论，探讨应急供应链体系建设的问题与进路[2]。

自2003年以来，我国应急物流管理体系快速发展，可划分为以下六个阶段（表10-1）。这六个阶段既有发展的连贯性，又具有各自的阶段性特征。

表10-1 我国应急物流发展阶段[3]

序号	时间	阶段	应急物流特征
1	1949—1977年	救灾物资基础管理阶段	生产自救、以工代赈
2	1978—2002年	应急物资统一管理阶段	接受援助、救济包干
3	2003—2006年	应急物流初级管理阶段	确立平战结合原则、应急预案体系、分级分类处理机制
4	2007—2012年	应急物流专业管理阶段	确立应急法律体系、成立应急物流专业机构、扩充应急储备、发展应急物流产业、建设应急物流工程
5	2013—2017年	应急物流战略管理阶段	制定应急物流中长期规划
6	2018年至今	应急物流创新管理阶段	传统应急物流向供应链风险防范转变、事后处置向事前预防转变

政府主导的业务持续管理应急供应链体系，由操作连续性计划（Continuity of Operations Plan，简称COOP）、风险分析（Risk Analysis，简称RA）、业务影响分析（Business Impact Analysis，简称BIA）、业务持续计划（Business Continuity Plan，简称BCP）、业务恢复计划（Business Recovery Plan，简称BRP）等要素组成[4]。

为了预防重大自然灾害发生或减轻其造成的损失，确保供应链的顺利运行，首先需要制定操作连续性计划。本书将操作连续性计划定义为预先建立的组织架构及一套防灾减灾的法律法规体系。为保障应急供应链的顺畅运作，除了配套完善的法律法规和预案外，还应成立统一领导的应急供应链领导小组和实施小组，确保物资的有效协调与供应。

---

① 龚卫锋：《应急供应链管理研究》，《中国流通经济》2014年第4期，第50-55页。

② 姜旭、郭祺昌、姜西雅，等：《基于政府主导下BCM应急供应链体系研究——以我国新冠肺炎疫情下应急供应链为例》，《中国软科学》2020年第11期，第1-12页。

③ 姜旭、郭祺昌、姜西雅，等：《基于政府主导下BCM应急供应链体系研究——以我国新冠肺炎疫情下应急供应链为例》，《中国软科学》2020年第11期，第1-12页。

④ 姜旭、郭祺昌、姜西雅，等：《基于政府主导下BCM应急供应链体系研究——以我国新冠肺炎疫情下应急供应链为例》，《中国软科学》2020年第11期，第1-12页。

其次是计划编制。计划编制包括四个主要内容：风险分析（RA）、业务影响分析（BIA）、制定业务连续性计划（BCP）和制定业务恢复计划（BRP）。一是，由供应链领导小组进行突发事件下供应链风险的分析，识别并分类各类风险。二是，通过业务影响分析（BIA）分析供应链断裂对国家和人民的潜在影响，明确关键供应链和业务，确定恢复顺序及时间目标，并识别所需的关键资源。基于风险分析和业务影响分析的结果，制定业务连续性计划，确保供应链在突发事件中的关键业务能够持续运作。三是，通过制定和执行业务恢复计划，尽快恢复原有业务流程，重点保障公共事业（如供水、供电、通信等）及与关键供应链相关的企业的正常运作，逐一解决物料供应、生产制造、设备运行、人员安全和运输调配等问题，为全面恢复创造条件。

最后是持续管理。政府主导的业务持续管理应急供应链体系是一套完整的管理流程，由各环节和要素共同构成完善的业务持续管理体系，应从宏观层面对业务持续管理的体制、机制、计划及理念进行一体化建设。通过在应急供应链中应用业务持续管理，能够提升供应链在重大突发事件中的应对能力，快速恢复关键业务，确保应急物资的及时供应，实现资源的高效利用，保障物流畅通。

（二）推动政企协同的应急物资储备实践

应急物资储备对于重大自然灾害风险防控和应对至关重要。为实现高效应急管理，政企协同成为必要选择，然而合作中通常面临信息不对称、目标不一致等挑战。为克服这些困境，需采取多方面措施。首先，建立信任体系，加强政府与企业间的沟通与互信；其次，科学设计应急物资规范管理体系，确保储备、调度和使用的规范性和高效性；最后，构建协调社会网络关系，凝聚合力形成合作共识。通过这些措施，打造"企业入库—储备方案—资源调度—平台优化"的政企协同应急物资储备平台，提升应对重大自然灾害的能力[①]。

1.助推企业入库，建立政企协同网络关系

在面对重大自然灾害时，政府储备库的应急物资通常会在第一波救灾行动后便开始告急。为了确保救灾物资的持续供应，政府必须迅速、有效地从社会企业渠道筹集物资。为了实现这一目标，提前与一批信誉良好、实力强大的企业建立合作关系至关重要。建立政企协同储备应急物资的企业目录后，政府不仅可以快速锁定有能力提供所需物资的可靠企业，还能利用其广泛的社会网络，以高效的方式进一步发掘其他潜在的应急物资生产与供应商。通过这种滚雪球的方式，政府能够迅速、精准地掌握区域内应急物资供应链的全貌，从而保证重大自然灾害救灾工作的持续进行。为了实现

---

① 樊博、姜美全：《社会资本视域下政企协同的应急物资储备探究》，《理论探讨》2023年第2期，第79-85页。

这一目标，政府应不断建立健全企业目录，并对外开放平台入口，鼓励企业积极参与。通过行业协会和龙头企业的引领作用，吸引更多企业加入，共同构建政企协同的应急物资储备体系，实现对救灾资源的最大化利用和高效配置。

2.确立储备方案，规范政企协同模式

应急物资储备方案主要涵盖实物储备和生产能力储备两种方式。在实物储备方面，政府应在灾害事件发生前与相关企业签订储备协议，委托企业具体负责物资储备，并通过补贴或事后奖惩措施激励企业履行合同义务。然而，由于实物储备无法完全满足重大灾害的不确定需求，生产能力储备成为必要。生产能力储备是指政府通过协议或合同，与企业合作，将企业的生产能力作为储备形式。在灾害发生时，政府可以快速调用企业的生产能力，确保物资供应的可持续性。此方式特别适用于占地较大、生产周期短、无法长期储存或转换生产速度快的物资[①]。

3.规范资源调度，实现企业动态"补位"

重大自然灾害发生后，应急管理进入响应阶段，此时应急资源的调度至关重要，这也是衡量应急物资储备效率和应对突发事件能力的核心环节。调动应急物资依赖于政府与企业之间协作的供应链系统。在这一过程中，应以资源调度方案和应急预案为指导，以确保应急物资能够在最短时间内，以最低成本、最佳路线和最优方式供应。此外，需建立供应企业的优先替补顺序，从而保证应急物资储备体系的稳定性和弹性，当应急物资供给不足或物资质量存在问题时，可迅速进行替换或补充，以弥补供应链中的缺口。

4.整合社会关系网络，优化政企协同储备平台

灾后恢复阶段，应重视应急物资储备的反馈与优化。评估储备效果后，需优化政企协同储备方案和平台，改善僵化的政企关系，吸纳新企业，建立新的互动联系与社会资本。同时，要评估应急物资的种类和储备方式，鼓励具备相应资质的多元主体加入应急物资储备网络，为未来的应急管理工作奠定坚实基础。

三、全面推进应急管理人才队伍建设

西北地区应急管理人才队伍建设，基础在教育，关键在培训。必须统一指导和规划应急管理教育培训，加大投入力度，强化顶层设计，推进管理创新，增强部门间的联动和协同，提升社会参与度。助力提升西北地区应急管理人才队伍的专业素养和技

[①] 吴晓涛、张永领、吴丽萍：《基于改进熵权TOPSIS的应急物资生产能力储备企业选择》，《安全与环境学报》2011年第3期，第213-217页。

能水平，为应急管理体系和能力现代化建设提供有力保障①。

（一）建设应急管理专业人才培养体系

据统计，我国目前从事公共安全教育的人数约为 7 万，而按照日本防灾教育从业人员占全国人口比例推算，我国应急防灾教育人才的需求量应在 157 万人左右，存在巨大的人才缺口。此外，生产安全、消防安全、地质灾害、水灾、旱灾、草原沙化、森林防火、地震、气象灾害、公共卫生、交通安全、社会安全、食品安全及防灾物资管理等众多领域都急需应急专业人才。根据估算，我国应急专业研究和应急监控技术人员的岗位缺口约为 22 万人，且应急科研与监控领域的人才需求非常旺盛。同时，政府部门也对应急管理人才有一定需求，每年系统内需补充 1 万人左右的应急管理人员②。尽管近年来我国在应急管理学科建设和人才培养方面取得了一定进展，但作为一门多学科交叉融合的学科，应急管理不仅涉及管理学和工学，还涵盖社会学、经济学、政治学、新闻传播学、心理学和医学等多个领域，亟须建立复合型的应急管理人才培养体系③。

1. 加强顶层设计，确立应急管理人才培养总体目标

应急管理人才培养需要考虑其学科交叉特征，注重培养学生解决复杂问题的综合能力。应急管理的本质是多主体协作活动④，旨在维护社会系统的有序状态，因此，除了综合知识和技能之外，还需要重视学生的协作能力，以整合各种应急资源形成应急管理合力。同时，应急管理人才培养需以实践应用为导向，符合应急管理的实践需要。致力于培养具有深厚理论基础、多门学科知识、多种应用技能、创新思维和跨界沟通能力的综合应急管理人才⑤。

2. 制定应急管理核心能力框架，推进课程内容标准化改革

推进应急管理课程内容标准化改革，需要制定应急管理核心能力框架及其课程要

---

① 肖来朋、郑小荣：《分类分层培训 整合培育资源——看陕西省西安市如何推动应急管理教育培训体系建设》，《中国应急管理》2021 年第 12 期，第 76—79 页。

② 陈风：《应急管理人才需求量将突破百万——从应急管理行业发展前景看人才培养需求方向》，《中国应急管理》2020 年第 3 期，第 62—63 页。

③ 孙科技、郭歌：《从"多学科"到"跨学科"：高校应急管理人才培养质量的提升策略》，《宏观质量研究》2023 年第 5 期，第 117—128 页。

④ 张海波：《应急管理实践教学的初步探索——以南京大学应急管理学科为例》，《学位与研究生教育》2022 年第 2 期，第 51—57 页。

⑤ 王雪、何海燕、栗苹，等：《"双一流"建设高校面向新兴交叉领域跨学科培养人才研究——基于定性比较分析法（QCA）的实证分析》，《中国高教研究》2019 年第 12 期，第 21—28 页。

求①。孙科技等人提出的核心能力框架可作参考②（见图10-1），其中包括预防与应急准备能力、监测与预警能力、应急处置与救援能力、事后恢复与重建能力等基本能力。每一种基本能力可以分解为具体能力，例如应急处置与救援能力可以细分为快速评估能力、决策指挥能力、应急指挥系统运用能力、协调联动能力等。根据这些基本能力和具体能力的整体要求，可以设置相对应的课程，如应急处置与救援能力对应的课程包括应急决策理论与方法、应急指挥系统建设与应用、应急沟通与舆情管理、风险评估等。

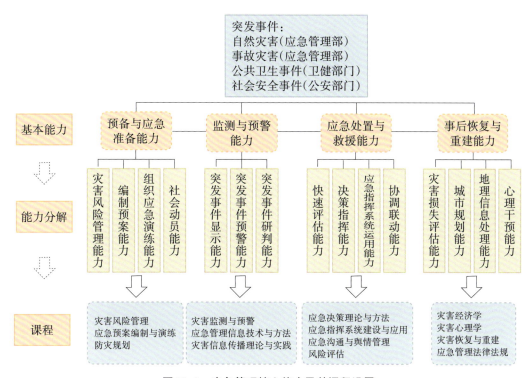

图10-1　应急管理核心能力及其课程设置

3.学训结合推进应急技能培养

应急管理专业人才不仅需要提升理论和素养，还需要具备监测预警、预案演练、应急指挥和应急处置等综合技能。可以通过整合学校内部资源和联合外部社会组织两种方式进行综合技能的培养③。首先，学校可以搭建综合性的应急技术与实践平台，配备必要设施。整合校内既有资源，促进学科交叉融合，帮助学生将课堂所学的理论知

---

① 钟启泉：《基于核心素养的课程发展：挑战与课题》，《全球教育展望》2016年第1期，第3-25页。

② 孙科技、郭歌：《从"多学科"到"跨学科"：高校应急管理人才培养质量的提升策略》，《宏观质量研究》2023年第5期，第117-128页。

③ 王丽、陈文涛、关文玲，等：《面向国家需求的应急技术与管理专业人才培养体系研究》，《中国安全科学学报》2024年第5期，第9-16页。

识应用于实践。其次，可以广泛与校外相关单位、企业开展合作，建立应急管理实习实训基地，开展实景实训教学，让学生在具体实践中掌握来自各行各业的应急技能和知识。

4. "政产研"融合促进实践创新能力

高校可与地方政府和应急管理部门建立紧密联系，获取应急管理最新实践、政策规定和技术标准，确保教学内容的实用性，也可与行业领先的相关企事业单位建立实践教学合作，了解应急技术的实际应用和发展趋势[1]。这种多方位协同育人模式[2]（见图10-2），可以加强对应急管理人才的培养。

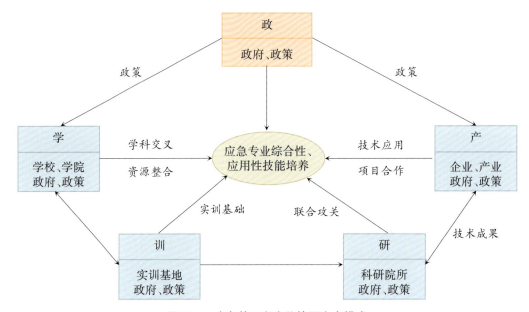

图10-2　应急管理多方位协同育人模式

（二）建立整建制应急管理干部培训模式

从我国应急管理干部教育培训发展历程来看，经历了2003—2012年地方分散培训的摸索期和2012—2022自上而下培训体系具备雏形的过渡期两个阶段[3]。

具体而言，2003年党中央提出提高应急能力，应急能力开始被视为国家治理能力的重要组成部分。国务院成立应急办，将应急管理培训列为重点工作，应急管理干部

① 范涛、宋英华、梁传杰：《高校学科交叉的探索与实践——以武汉理工大学公共安全与应急管理学科为例》，《学位与研究生教育》2018年第9期，第32-38页。

② 王丽、陈文涛、关文玲，等：《面向国家需求的应急技术与管理专业人才培养体系研究》，《中国安全科学学报》2024年第5期，第9-16。

③ 杨柳：《应急管理干部教育培训二十年：过程变迁与路径优化》，《中国应急管理科学》2023年第3期，第87-95页。

教育培训被纳入顶层设计，各地区各部门开始进行分散式探索。在2011年之前，国家出台了一系列宏观指导文件，为应急管理干部教育培训工作提供了指导。这些文件包括《国务院2006—2010年应急管理培训工作总体实施方案》《2009年安全生产应急管理和应急救援队伍培训班计划》和《中央组织部关于2008—2010年大规模培训干部工作的实施意见》等。这些文件强调了提高新任"一把手"危机管理能力的重要性。2012年，国家行政学院建立了国家应急管理人员培训基地，标志着应急管理培训工作的进一步发展。2018年，应急管理部成立后，开展了大规模的培训工作，整合了部门培训机构，初步建立了自上而下的培训体系。目前，应急管理部干部培训学院（党校）与全国党校（行政学院）系统互为支撑、横纵联合，地方应急管理部门整合资源、开放办学，机构格局初步确定，全国应急管理干部教育培训体系的雏形已经具备。

2016年12月，国家行政学院首次举办了整建制应急能力提升培训班。整建制应急管理培训是为了有效应对各类突发事件，提高学员的团队协作能力，强化不同层级和相关部门整体应对能力开展的新型培训模式。该模式具有讲、练、评相结合，真实感强，参与度高，更强调团队学习、行动学习等特点和优势，德国、英国、欧盟等国家和国际组织的经验也证明整建制应急管理培训具有多种优点[①]。西北地区也应在应急管理干部整建制培训方面进行更多尝试和改革。

1.改革组织调训方式

积极探索与整建制培训相适配的调训模式。改变应急管理培训传统由应急办或人事部门单独负责的方式，让指挥部门、宣传部门、人事部门、综合协调部门等共同参加，协调承担应急管理调训工作。除对应急管理各专项部门进行调训，还应推动跨区域、跨层级、跨部门的协同培训，以提升应急管理的整体协作、综合应急能力。此外，西北地区可以根据历史灾害特点和重要灾害风险，举办跨省、跨市的具体灾害事件主题应急管理培训活动，全面增强区域应急力量的协同配合能力。

2.优化应急演练师资队伍

整合政府应急管理部门、高校科研机构、企业等相关资源，拓宽应急演练培训师资渠道，打造一支专兼结合、动态管理的高质量师资队伍，支撑整建制应急管理培训需求。建立与应急管理相关的党政领导干部、技术骨干、专家学者等组成的培训师资库，并根据需要对师资库进行及时更新和动态管理；同时，依托干部培训平台机构，培养内部的培训师资，并借助国家、省市等科研创新项目，不断提升师资力量的业务素质和创新水平。

---

① 翟慧杰、龚维斌：《借鉴国外经验建立整建制应急管理培训新模式》，《行政管理改革》2018年第2期，第56-59页。

3.完善数字化体系方法

探索和完善以真实发生的重大自然灾害情景模拟、应对演练和案例分析为核心内容的沉浸式参与培训方法。具体来说，可以在数字技术的辅助下，开发各种典型灾害事件案例，如破坏性地震、山洪泥石流、特大暴雨、雪崩、跨境灾害等，通过情景构建、情景模拟和情景推演，让培训在具体的灾害应对模拟中提升跨域合作、紧急救援、物资调配、人员转移、新闻宣发等方面的能力。

4.打造整建制培训基地

积极推动西北地区应急管理部门、高校科研机构、国家搜救基地、企业培训机构等各方应急管理培训优势资源和力量的整合，打造科目齐全、力量雄厚、体系完备的整建制应急管理培训基地。此外，与相关企业、机构等合作，持续升级和优化基础设施和智能培训平台，整合模拟演练、沙盘推演、远程指挥、灾情分析等功能。

四、加速推进应急管理数字化转型

（一）加速应急数据资源汇聚融合与服务[1]

1.厘清应急数据流与业务流的协同逻辑[2]

推动西北地区应急管理数字化转型，须厘清应急数据流与业务流的协同逻辑，将灾害管理全过程形成的完整应急数据流与灾害事件的减缓、准备、响应、恢复业务流协同融合。

首先，需要明确应急数据流的框架。这包括制定涵盖应急全过程管理所需的数据产品目录及标准规范，确保数据资源的定义、覆盖范围、采集与存储方式、筛选标准和清洗规则等。同时，需要构建数据工程体系，以确保数据流通环节的独立性和关联性，实现数据的采集、管理、传输、分析、挖掘及服务产品开发的工程化和自动化。其次，需要梳理以数据驱动的应急管理业务流程。这包括构建事前防范管理机制、事中决策管理机制和事后评估管理机制。通过利用大数据和科学评估，实现平时与灾时的无缝转换，指导基础设施、公共服务和民居的灾后重建，并提炼经验教训，进一步提升应急管理能力。最后，需要实现应急数据流与业务流的融合。通过整合数据流，构建灾害演化链条，重塑灾害预警、响应和救援的工作机制与生态，推动大数据驱动

---

① 张耀南、田琛琛、任彦润，等：《自然灾害应急响应科学数据工程体系建设》，《数据与计算发展前沿》2024年第1期，第46-56页。

② 韩立钦、张耀南：《特大暴雨灾害情景下的数据应急内涵与逻辑结构》，《灾害学》2023年第3期，第182-186页。

的技术逻辑与应急管理组织逻辑的有效衔接，助力西北地区自然灾害应急管理迈向智慧应急的新时代。

2.加快应急数据资源引接与整合

针对西北地区各类型的自然灾害，组建专业化的应急数据工作团队对接各部门各机构的相应数据资源，启动应急数据接引工程①。首先，构建数据标准体系，实现政府部门、行业企业、事业单位、互联网企业和社会组织等数据的汇聚、整合及标准化、规则化。其次，打造一套完备的数据产品体系。该体系不仅仅是对基础地理、卫星遥感以及土壤数据等自然信息的汇集，更是对人口分布、经济状况、建筑物结构等社会层面数据的整合。更进一步，将灾害相关数据纳入其中，形成一个集成多元信息的数据网络。在这一框架下，衍生出气象数据产品、遥感数据产品，以及涵盖自然灾害监测、预警、预报和评估的产品与服务。同时，关注灾害社会舆情的重要性，开发公众求救、社会热点等社会舆情信息产品与服务，形成一套完整且高效的应急数据集成与产品服务输出机制。

（二）推动数字技术与组织业务深度互嵌

推动数字技术在灾害应急管理体系的深度嵌入，是提升西北地区应急管理能力和推动应急管理智慧化进程的必要途径。从技术嵌入理论视角看②，数字技术系统内含的流程重要性认定、节点互动关系、使用者权限等其实是新的行为规则和办事流程，数字技术的嵌入使应急管理相关部门的组织管理流程、组织成员角色和权限、组织成员之间的互动关系等要素发生变化，进而改变了组织的结构化条件。组织的结构化条件改变后，产生了新的行为模式和互动关系，而组织原有的制度将和这些新行为模式与互动关系产生交互影响：与原有制度相符的行为模式和互动关系被强化；与原有制度相悖的行为模式和互动关系给组织带来冲击，引发制度变革的需求。即数字技术嵌入应急管理部门往往伴随着技术的迭代升级与功能拓展、组织的流程再造与结构调适、制度的逻辑冲突与制度再生产等。

"数实融合"应该是一个双向互动、渐进调适的过程。因此，在西北地区自然灾害风险治理数字化转型进程中，一方面，需借助新兴数字技术，优化灾害风险治理手段，优化升级传统人工巡查、监测、预警、分析等方式。另一方面，需要充分发挥人的主观能动性作用，根据灾害风险治理的目标、外部环境要求和技术附带的冲击力，识别

---

① 张耀南、田琛琛、任彦润，等：《自然灾害应急响应科学数据工程体系建设》，《数据与计算发展前沿》2024年第1期，第46—56页。

② Volkoff O., Strong D. M., Elmes M. B., "Technological Embeddedness and Organizational Change," *Organization Science* 18, no.5 (2007): 832–848.

技术逻辑和组织原有制度逻辑、业务逻辑等的潜在冲突，对组织进行适当的制度变革与业务流程塑造，规划技术应用，推动数字技术与组织业务的深度互嵌，以促进灾害风险治理的目标实现[①]。

（三）强化数字技术工具理性与价值理性耦合

价值耦合是应急管理数字化转型的要义之一，数字化转型的技术工具理性需与灾害风险治理的价值理性保持高度一致。因此，西北地区自然灾害应急管理数字化转型的过程，既不是简单地从工具包里选取某种技术工具，也不是简单地将自然灾害的应急管理需求和数字技术的具体功能进行"供—需"匹配，而需要数字技术的工具理性与应急管理的价值理性耦合，以获得政府与社会的双重认可[②]。

推进应急管理数字化转型，不能单纯依赖技术手段，忽视"以人为本"的理念。在大力推进数字化建设的同时，需注意价值层面的统领。统筹高效精准的技术理念与以人民为中心的价值理念，实现工具理性与价值理性的有机结合。一方面，西北地区自然灾害应急管理的数字化转型直接与技术使用者挂钩，需提升数字技术的应用水平，明确数字技术的应用方向，确保"数字"与"数治"切实惠及民生、便捷百姓。另一方面，各个阶段和情境对技术应用的需求存在差异，因此应破除"技术决定论"的思维，精准识别技术应用的场景需求。根据实际的应急需求，感知、分析并整合应急管理平台系统中的关键数据和信息，准确把握突发公共事件的发展趋势和规律，避免使用单一技术手段应对所有灾害事件，真正实现"技术为民、护民、惠民"，切实提高自然灾害管理的智能化和人性化水平[③]。

五、培育完善安全文化

为最大限度提升政府应急管理效能，迫切需要加强灾害安全文化的建设，以预防和减少灾害发生，并引导公众有效参与各类风险治理活动。

（一）强化应急文化体系建设

应急文化的培育和发展对提高公众应急能力，提升新时代综合防灾减灾救灾能力，

---

① 邵娜、张宇：《政府治理中的"大数据"嵌入：理念、结构与能力》，《电子政务》2018年第11期，第93-100页。

② 马丽：《技术赋能嵌入重大风险治理的逻辑与挑战》，《宁夏社会科学》2022年第1期，第54-62页。

③ 温志强、付美佳：《基层应急治理能力提升：类型、梗阻与策略——基于"主体—情境—技术"分析框架》，《上海行政学院学报》2024年第3期，第28-38页。

实现总体国家安全具有重大的现实意义。应急文化依据内容、主体、过程、层次等可以划分为多种类型（见表10-2），组成应急文化的丰富体系。

表10-2　应急文化类别划分

划分依据	划分类别	具体体现
内容	应急科学文化	应急常识、知识的科普;应急装备、机器和系统的操作;应急精品工程建设;应急产业驱动;应急协同管理等
	应急技术文化	
	应急工程文化	
	应急产业文化	
	应急管理文化	
主体	国家应急文化	国家整体安全应急文化;企业安全生产等文化;安全意识和应急能力的文化等
	企业应急文化	
	社会公众应急文化	
	社区应急文化	
	家庭应急文化	
过程	应急预备预防文化	在灾害危机前的预备预防;灾害发生时的救援处置;灾害后的恢复文化
	应急救援文化	
	应急恢复文化	
层次（结构）	应急意识理念文化	应急意识理念;应急法律法规、行为规范;应急行为方式;应急文化场所、设施、途径等
	应急规则制度文化	
	应急行为文化	
	应急物质文化	

　　温志强等学者构建了一个应急文化双螺旋模型，其基本框架由"常态-安全"链（简称为S链）和"非常态-应急"链（简称为E链）两条主链构成。同时，模型中的精神文化、制度文化、行为文化和物质文化作为四种碱基，共同组成了双螺旋结构（见图10-3）[①]。

[①] 温志强、李永俊:《"常态-安全"与"非常态-应急":基于双螺旋递升模型的应急文化研究》,《上海行政学院学报》2022年第5期,第28-38页。

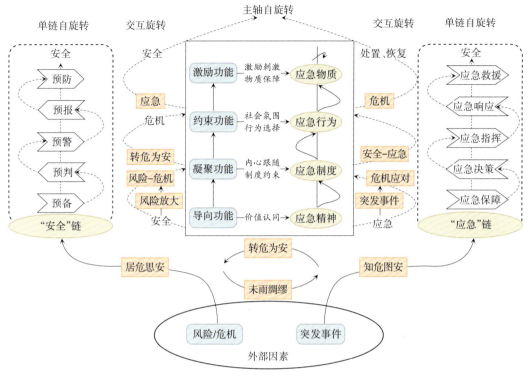

图10-3 应急文化双螺旋模型

1.主轴螺旋：构建以"安全教育＋应急科普"为轴心的应急文化协同传播体系

进入风险社会，增强公众的风险意识尤为重要。为此，应大力推动"安全教育＋应急科普"融合发展。首先，将安全教育与应急科普纳入课程思政体系，逐步构建从小学到大学的一体化应急文化培育模式。此外，结合国家安全教育日、全国防灾减灾日、国际减轻自然灾害日、国难日等重要时间节点，开展安全知识讲座、防灾减灾知识竞赛、逃生演练等形式多样的安全及应急科普活动。其次，推进"安全教育＋平安校园"建设，以平安校园建设为载体，创建校园安全文化，辐射大安全与大应急，使学生形成处处留心安全、人人能会应急的良好氛围。通过这些举措，逐步提升公众的风险意识和应急能力，推动西北地区应急管理的有效治理。

2."安全"链螺旋：实现居安思危的安全意识螺旋重塑

"安全"是人最基本的要求之一[①]，这种需求驱使人们采取措施降低或抵御生活和生产环境中的安全威胁[②]。因此，推进安全应急科普队伍建设和安全科普宣传进基层建设至关重要。首先，需要推进安全应急科普队伍建设。通过遴选应急管理专家，参与

---

① Maslow A. H., "A Theory of Human Motivation", *Psychological Review* 50, no.4（1943）:370.

② 王秉、吴超:《情感性组织安全文化的作用机理及建设方法研究》,《中国安全科学学报》2016年第3期,第8-14页。

应急科普宣传，利用重要时间节点，开展多样化的活动。其次，为不同群体量身定制个性化的宣讲方式，提升安全知识普及的精准性，同时加深公众对安全知识的科学理解。最后，要推进安全科普宣传进基层建设，通过安全主题展出、现场体验、视频宣传等方式，强化公众的体验感，使安全教育深入社会的各个角落，全面推动安全意识和知识进基层。

3."应急"链螺旋：加强推演感知转危为安的应急能力螺旋递升

培育安全文化，要提升公众的"防范"和"救援"意识。整合区域内与安全、应急相关的各种科普资源，建立应急科普知识库，为公众提供丰富的应急知识。充分利用新媒体平台，建设覆盖全渠道的应急科普传播矩阵，通过纸媒、广播、电视、微博、微信、短视频、在线直播等平台等，广泛宣传应急文化。同时，利用公益广告渠道，持续强化公众的应急意识，提升应急能力。建设综合性应急文化体验馆，开展有关防灾减灾和大安全、大应急的宣传、教育、培训活动，以及邀请市民参观和体验。科技馆、社区和乡村图书馆等场所，定期开展应急科普和安全宣传教育，确保相关内容能够被公众听到、看到并理解感知，切实提升应急科普宣传的效果和长期影响力。

4.双链耦合螺旋：建设以防为主、防救结合的双链保障体系

建立安全文化培育主体联动机制，推动政府、企业、专家学者、媒体平台等各主体通力协作，建设各主体交流合作的服务平台，形成科普宣传合力。推进宣传科普和安全信息发布的数字化、智能化转型，促进应急信息、安全知识的共享和互通，此外，加强应急广播体系和预警体系建设，提升安全信息的传输发布能力。同时，也应加强网格员、第一响应人等基层队伍建设，大力推进基层应急科普，全面提升基层应急管理能力，将安全文化落到实处。

（二）构建政府—媒体—科学家三方协作的应急科普框架

应急科普是培育安全文化的重要途径，应急科普的主体包括政府、科学家和媒体等[1]。构建政府—媒体—科学家三方协作的应急科普框架，明确政府的应急管治权、科学家的内容生产权和媒体的信息传播权的责任范畴，完善三方主体责任认定、责任追究、责任监督与失责救济体系，构建三方协同机制，为政府应急科普活动提供必要的法治保障[2]。

---

① 王明、郑念：《重大突发公共卫生事件的政府应急科普机制研究——基于政府、媒介和科学家群体"三权合作"的分析框架》，《科学与社会》2020年第2期，第30—43页。
② 王明、宋黎阳：《应急科普主体的法律责任及其保障研究——以政府、科学家、媒体三方合作为框架》，《科普研究》2022年第2期，第39—46页。

1.明确应急科普主体责任界定

政府需明确其在应急科普中的治理责任，确保对各参与方及其行为进行有效监督与管理。科学家应在法律框架和政府指导下，承担科普内容的生产责任，参与应急科普内容的创作，回应涉及科学问题的社会舆论，并为政府决策提供科学依据与建议。媒体的责任也需要得到明确，无论是官方媒体还是其他社会媒体，在突发事件中都应履行应急科普义务，遵循行政命令，接受政府指导与许可。媒体作为信息传播的工具，在应急科普中承担传达与沟通的职能，其职责在于接受监管并完成科普传播任务。

2.建立政府应急科普责任追究体系

通过立法明确应急科普的监督程序和责任追究机制，是实现应急科普工作法治化的重要举措。这一过程旨在确保政府在应急科普中依法履行职责，避免职责缺失或失职现象的发生，并为追责提供法律依据。判断是否需要追责的关键在于，政府是否有效履行了其在应急科普中的主体责任，以及其治理行为是否超出应急科普的必要范围。因此，法律的制定应紧密围绕这些核心问题展开。根据《中华人民共和国突发事件应对法》的相关规定，应进一步明确应急科普工作的组织程序和具体实施步骤，确保各级政府能够有序推进应急科普工作。此外，还需对相关法律法规进行梳理和完善，建立规范的政府责任体系，为应急科普工作的开展提供制度保障。这不仅有助于提升应急科普工作的效率和质量，也为追责提供了清晰的法律依据，确保应急科普活动能够在法治框架内高效、有序地开展。

3.完善对科学家主体责任豁免制度

科学家在灾害应急管理中扮演着关键角色，其发言不仅影响公众对科学的信任，还直接影响灾害事件的整体应急管理效果。然而，由于对科学家言论的严格要求，以及任何细微的立场偏差或表述不当可能引发的负面影响，许多科学家在参与应急科普时面临压力。在这种情况下，科学家往往选择保持沉默或减少发声，以避免因失误而承担不必要的责任。为了解决这一问题，应积极推动应急科普队伍建设，并在法律框架内明确科学家的责任和义务。同时，需建立科学合理的责任豁免机制，确保科学家在履行科普职责过程中因无意的过失或不当行为不会遭受不合理的追责。该机制应明确豁免的具体范围，特别是在引用他人知识产权作品或为政府提供应急决策建议时，避免因非故意错误而导致"因言获罪"的情况发生。此外，完善的责任豁免机制还应根据具体情境，综合考虑科学家的主观动机和社会影响，合理规制其在科普工作中的行为。通过这一容错机制的构建，营造更为宽松的舆论环境，激励科学家群体更积极地参与应急科普工作，充分发挥其专业优势。

第三节　加强自然灾害应急管理的
区域及国际合作

国际与区域合作对于应对重大灾害至关重要。当前，全球各国政府灾害管理机构和防灾减灾机构越来越重视综合减灾实践与协作[①]。西北地区是加强"一带一路"建设、推动构建新发展格局、打通"一带一路"之"深陆"通道的关键枢纽地区，应在重视区域内协同的同时，积极推动自然灾害应急管理国际合作。

一、建立跨区域应急协同框架

（一）推动跨区域应急协同治理的组织化

跨区域自然灾害协同治理是一个多层面且高度复杂的过程，超越单一行政区划范围，涵盖了多个行政区的共同利益和协调合作。在此情况下，迫切需要在西北地区设立专门的跨区域应急指挥机构。基于合作共赢的基本原则，统筹协调区域内的人力、物力和财力资源，整合各类应急管理资源，实现跨地区、跨部门的协同高效治理。具体而言，建立健全区域内各级政府和相关机构的沟通联络机制，确保信息的及时准确传递与共享。明确各参与方在灾害应急管理中的角色和责任，优化资源配置，充分发挥各自优势与特长。制定科学合理的应急预案和操作手册，定期开展联合演练，提高各参与方的实战能力和协同作战水平。建立长效的综合性应急协调治理机制，将应急管理从灾后救助延伸到灾前预防和灾中应急全过程覆盖，确保在灾害发生时能够迅速有效地进行应对与处置。通过以上多方面的努力，西北地区有望形成一个覆盖灾害治理全过程、各环节的综合性应急协调治理机制，切实提高区域内应对自然灾害的整体能力和水平。

（二）提升跨区域应急协同治理的规范化

1.硬法规制：跨区域财政权责划分

跨区域应急协同治理需要有力的制度保障，以确保应急状态下各主体的权力、责任和义务得到明确规定，从而为跨区域应急协同提供制度依据。权责划分是跨区域应急治理的核心问题，科学、合理、规范的权责划分对于消除应急协同治理中"决策—

---

① 中国减灾编辑部：《加强区域合作 共御灾害风险》，《中国减灾》2013年12月，第1页。

执行"环节的偏差至关重要。因此，需要在《中华人民共和国突发事件应对法》的指导下，以"属地管理"为基本原则，进一步完善重大自然灾害跨区域应急协同治理的相关规定。具体来说，需要明确西北地区地方政府在合作应急处置中的组织架构、权责划分以及激励约束机制。这将为跨区域府际应急协同提供坚实的制度基础，确保跨区域应急协同治理的有效性和可持续性。从理论上讲，制度保障是跨区域应急协同治理的重要组成部分。它需要考虑到不同区域之间的差异性和特殊性，确保制度的灵活性和适应性。同时，也需要考虑到制度的执行和监督，确保制度的有效性和公正性。

2.软法配合：跨区域应急互助协议

地方政府在应对重大自然灾害时，往往面临着资源和能力的限制，因此需要获取区域援助。然而，这种援助应基于自愿和互惠的原则，通过政府间援助协议实现。这种互助机制不仅能体现应急处置的自主性和灵活性，还能将应急管理纳入地方政府的常规工作，增强危机意识。更重要的是，这种机制能够通过"风险池"效应降低地方政府应急资源储备的成本①，实现风险共担，减少地方政府的财政负担。同时，也可以促进地方政府之间的合作和协调，提高应急管理的效率。在西北地区，府际协议等软法规制形式可以用来明确相关内容②。首先，规定援助条件，即根据灾害的危害程度、影响范围和损失情况确定地方政府的援助义务。其次，设定援助标准，明确地方政府援助的具体程度或是否需设定限额。再次，明确援助方式，包括资金、物资、人员和技术的支持。最后，规定援助期限，并设立退出机制，确保援助任务的顺利完成。这种互助机制的建立，可以提高西北地区地方政府应对重大自然灾害的能力，减少灾害的影响。同时，也可以促进地方政府之间的合作和协调，提高应急管理的效率。

（三）促进跨区域应急协同治理的制度化

1.体现效率：应急资源共享机制

跨区域应急协同的核心在于应急资源的共享和优化配置。通过制定跨区域应急物资调配协同制度，建立应急资源共享机制，可以迅速提升区域整体的应急处置能力。具体来说，需要打破横向府际间的行政壁垒和市场分割，依法确保应急物资跨区域调配的畅通无阻。同时，应以自然灾害的危害程度、波及范围和损失情况作为应急资源动员与调配决策的重要依据，提升跨区域物资筹措与配置的能力。同时，为了保障跨区域应急物资调配制度的落实，可建立区域性的应急物资保障平台，结合现代物流体

---

① 林鸿潮：《公共应急管理中的横向府际关系探析》，《中国行政管理》2015年第1期，第39-43页。

② 刘铁：《论对口支援长效机制的建立——以汶川地震灾后重建对口支援模式演变为视角》，《西南民族大学学报》（人文社会科学版）2010年第6期，第98-101页。

系，完善应急物资的紧急征用与跨区域调度程序，实现物资的统筹管理与合理配置①。

2.保证公平：应急援助利益补偿机制

与对口支援的"单边付出"或"友情赞助"不同，利益补偿机制是确保区域应急协同长期稳定发展的重要保障。在我国的应急治理中，应急援助的利益补偿是一个相对较少被关注的领域。然而，跨区域的利益补偿在生态、环境和能源等领域已经得到了一定的关注。为了更好地协调各主体间的利益关系、平衡成本与收益，有必要通过利益补偿机制实现各方共赢。国外的经验表明，应急互助协议中通常包含利益补偿机制。例如，美国的《州际应急管理互助协议》（Emergency Management Assistance Compact，简称EMAC）规定，当援助州完成跨州应急援助任务后，可以正式向受灾州提出经济补偿请求。这种机制可以确保援助方的利益得到公平的补偿②。

为了保障跨区域应急协同治理中地方政府的利益公平，有必要建立纵向和横向相结合的应急援助利益补偿机制。首先，通过中央财政转移支付实现纵向补偿。由于应急管理具有明显的外部性，如果没有针对这一特性的补偿，相关主体可能会减少资源投入，因此应对提供公共产品的主体给予激励或奖励。其次，通过地方政府间的协商实现横向补偿。受援地方政府可根据获得的援助情况，通过协商向援助方提供适当的补偿。这种机制可以确保地方政府的利益得到公平的补偿，促进跨区域应急协同治理的发展。

二、积极推进"一带一路"自然灾害防治和应急管理国际合作机制建设③

"一带一路"国家和地区地质环境复杂，并且受到季风气候控制，极易引发多种自然灾害，且危害严重，这也是阻碍"一带一路"国家和地区发展的重要因素。同时，"一带一路"国家和地区多为发展中国家和地区，防灾减灾能力薄弱，科技与体制机制难以满足"一带一路"倡议实施和跨境综合防灾减灾需求。新疆、甘肃等西北省份作为"一带一路"区域合作的重点省份，在推进"一带一路"自然灾害防治和应急管理国际合作机制建设方面应率先作为。

---

① 张玉磊：《重大疫情防控中的府际合作——兼论新冠肺炎疫情防控》，《上海大学学报》（社会科学版）2020年第6期，第16-33页。

② 谷松：《建构与融合：区域一体化进程中地方府际间的利益关系协调》，《行政论坛》2014年第2期，第65-68页。

③ 吴绍洪、雷雨、徐伟，等：《"一带一路"灾害风险协同管理国际合作机制探究》，《中国科学院院刊》2023年第9期，第1282-1293页。

（一）创建新型减灾合作机制

1.构建多方参与的重大灾害协同联动机制

首先，需要制定区域减灾标准和制度，建立区域灾害风险协同管理模式。这种模式应覆盖西北地区周边国家全区域、灾害风险管理的全周期，助力韧性"丝绸之路"建设，实现区域内的灾害风险管理的协同和一体化。其次，需要构建跨境防灾减灾的制度框架，从而建立起互惠互利的跨境防灾减灾机制[1]。促进区域内国家和地区之间的合作和协调，提高灾害风险管理的效率和效果。最后，需要协同国家和地区的地方子系统，充分发挥多元主体角色，优化资源利用。实现区域内的资源共享和协同，提高灾害风险管理的效率和效果。

2.建立跨境河流自然灾害风险防范合作机制

跨境河流自然灾害的风险管理是国际减灾合作领域的核心议题之一，其重要性日益凸显。针对西北地区跨境河流洪水灾害的管理合作，可沿循以下四大策略。首先，强化"全流域"管理框架下的协调机制，通过优化洪水风险治理的合作架构，促进跨国界行为主体的协同行动与策略一致性，确保资源与信息的高效整合。其次，深化洪水风险治理的顶层规划与战略部署，同时加强基层治理能力建设，确保减灾政策与措施能够精准对接实际需求，并在基层得到有效执行与监督，从而构建上下联动的治理体系。再次，注重规划引领与政策导向作用，积极促进科技成果在跨境洪水管理领域的共享与应用转化，加强智库体系构建与科技咨询服务，以科技创新为驱动，提升流域整体的减灾科技实力与科学决策效能，为灾害应对提供智力支撑。最后，致力于防灾减灾、应急救援及综合管理的全面现代化转型，通过技术创新与管理体系升级，显著增强自然灾害的综合防范与应对能力，为区域内减灾策略的高效实施奠定坚实的科技基础与制度保障，共同构建安全、韧性的跨境河流生态与社会环境[2]。

3.积极建设多边防灾减灾对话交流平台

在共建"一带一路"倡议下，推动多边合作体系中的综合防灾减灾平台建设，可充分发挥位置优势，在新疆、甘肃等地积极召开和承办与中亚、西亚、蒙古国等国家和区域的跨境防灾减灾国际会议，通过国际会议和平台建设加强与沿线国家、接壤国家之间的数据共享和信息公开，以便沿线各国能根据灾害情况采取合适的灾害预警与防灾机制。

---

[1] 宋周莺、虞洋、刘慧，等:《跨境重大自然灾害防灾减灾机制及建议》,《科技导报》2020年第16期，第88-95页。

[2] 宋周莺、虞洋、刘慧，等:《跨境重大自然灾害防灾减灾机制及建议》,《科技导报》2020年第16期，第88-95页。

（二）实施"一带一路"自然灾害风险与综合减灾国际科技行动

1.联合开展"一带一路"自然灾害风险调查，制定区域减灾规划

携手周边的"一带一路"国家和地区，开展西北地区及接壤国家相关区域的孕灾环境、灾害发育特征、受灾对象等方面的系统调查，建立国际性的灾害数据库[①]。基于系统全面的调查数据，开展灾害风险评估和趋势预测，共同制定区域减灾规划，为地区减灾协作和各自减灾方案制定提供数据支撑和科学依据。

2.构建基础数据共享机制，加强减灾技术标准融通

国际防灾减灾的成效受限于基础数据的匮乏与和数据共享的障碍，这也是西北地区与周边"一带一路"国家开展国际减灾合作亟待解决的关键问题。因此，首要任务是建立并强化基础数据与灾害信息的共享机制，打破信息孤岛，促进灾害背景资料、风险评估结果以及监测预警数据的无障碍流通，为"一带一路"框架下的灾害研究与跨境灾害风险管理奠定坚实的数据基础。此外，鉴于跨境防灾减灾工作的高度复杂性与跨国界特性，制定统一且科学的防灾减灾技术标准与规范显得尤为重要。这些标准应涵盖灾害防治的全过程，从初期的调查勘测、中期的评估规划与设计，到后期的施工实施，均需有明确的指导原则与操作细则。当前，各国及地区间技术标准的差异构成了合作障碍，故而应在"一带一路"倡议的推动下，加速防灾减灾技术标准的研发与国际对接，形成一套被广泛认可并采纳的"防灾减灾通用语言"[②]。

3.培养"一带一路"减灾人才，增强减灾人才支撑

构建国际化的人才培养体系与学习交流平台，培育国际防灾减灾领域的专业人才，是提升跨境灾害风险管理科技含量与减灾效率的核心。西北地区可启动"一带一路"防灾减灾人才发展倡议及青年学者与应急专家交流互鉴项目，聚焦于青年才俊、应急管理实务工作者及高端专家的教育培训与跨国交流。具体而言，鼓励并促进周边国家相关领域的专业人才赴西北地区应急管理部门实践交流，同时开放西部顶尖高校的应急管理专业，接纳国际学者进行学术访问与科研合作，为"安全丝绸之路"建设提供智慧资源与人力支撑，促进区域间减灾能力的共同提升与协同发展。

---

① 王卷乐、张敏、袁月蕾，等：《知识服务驱动"一带一路"防灾减灾》，《科技导报》2020年第16期，第96-104页。

② 吴绍洪、雷雨、徐伟，等：《"一带一路"灾害风险协同管理国际合作机制探究》，《中国科学院院刊》2023年第9期，第1282-1293页。

参考文献

一、中文文献

1.论著

［1］沙勇忠,等.数据驱动的公共安全风险治理［M］.北京:经济科学出版社,2023.

［2］张乃平,夏东海.自然灾害应急管理［M］.北京:中国经济出版社,2009.

［3］汪寿阳,等.突发性灾害对我国经济影响与应急管理研究:以2008年雪灾和地震为例［M］.北京:科学出版社,2010.

［4］滕五晓.应急管理能力评估:基于案例分析的研究［M］.北京:社会科学文献出版社,2014.

［5］诺曼·R.奥古斯丁.危机管理［M］.北京:中国人民大学出版社,2001.

［6］金子史朗.世界大灾害［M］.庞来源,译.济南:山东科学技术出版社,1981.

［7］陈国华,张新梅,金强.区域应急管理实务:预案、演练及绩效［M］.北京:化学工业出版社,2008.

［8］习近平.高举中国特色社会主义伟大旗帜 为全面建设社会主义现代化国家而团结奋斗［M］.北京:人民出版社,2022.

［9］薛澜,等.总体国家安全观研究［M］.北京:社会科学文献出版社,2024.

［10］习近平谈治国理政:第3卷［M］.北京:外文出版社,2020.

［11］中共中央党史和文献研究院.习近平关于总体国家安全观论述摘编［M］.北京:中央文献出版社,2018.

［12］中共中央党史和文献研究院.习近平关于社会主义社会建设论述摘编［M］.北京:中央文献出版社,2017.

［13］中共中央宣传部.习近平新时代中国特色社会主义思想学习纲要［M］.北京:学习出版社,人民出版社,2019.

［14］毛泽东.毛泽东选集:第4卷［M］.北京:人民出版社,1967.

［15］王长峰,等.智慧应急管理知识体系指南［M］.北京:电子工业出版社,2023.

[16]沙勇忠,等.信息分析[M].2版.北京:科学出版社,2016.

[17]罗伯特·希斯.危机管理[M].王成 等,译.北京:中信出版社,2004.

[18]郭亚军.综合评价理论与方法[M].北京:科学出版社,2002.

[19]李卫东.企业竞争力评价理论与方法研究[M].北京:中国市场出版社,2009.

[20]闪淳昌,薛澜.应急管理概论:理论与实践[M].北京:高等教育出版社,2012.

[21]李宏,闫天池.新时代政府应急管理能力建设研究[M].北京:中国人民公安大学出版社,2021.

[22]孙绍骋.中国救灾制度研究[M].北京:商务印书馆,2004.

[23]薛澜,张强,钟开斌.危机管理:转型期中国面临的挑战[M].北京:清华大学出版社,2003.

[24]韩大元,莫于川.应急法制论——突发事件应对机制的法律问题研究[M].北京:法律出版社,2005.

[25]《中共中央关于深化党和国家机构改革的决定》《深化党和国家机构改革方案》辅导读本[M].北京:人民出版社,2018.

[26]刘胜湘,等.世界主要国家安全体制机制研究[M].北京:经济科学出版社,2018.

[27]赵晓华.救灾法律与清代社会[M].北京:社会科学文献出版社,2011.

[28]崔珂,沈文伟.基层政府自然灾害应急管理与社会工作介入[M].北京:社会科学文献出版社,2015.

[29]赵来军,霍良安,周慧君,等.世界主要国家应急管理体系与实践及启示[M].北京:科学出版社,2023.

2.期刊

[1]朱正威,吴佳.中国应急管理的理念重塑与制度变革——基于总体国家安全观与应急管理机构改革的探讨[J].中国行政管理,2019(6):130-134.

[2]周利敏.灾害管理:国际前沿及理论综述[J].云南社会科学,2018(5):17-26.

[3]周利敏,龙智光.大数据时代的灾害预警创新——以阳江市突发事件预警信息发布中心为案例[J].武汉大学学报(哲学社会科学版),2017,70(3):121-132.

[4]钟开斌.国家应急管理体系:框架构建、演进历程与完善策略[J].改革,2020(6):5-18.

[5]郑国光.深入学习贯彻习近平总书记防灾减灾救灾重要论述全面提高我国自然灾害防治能力[J].旗帜,2020(5):14-16.

[6]赵俊虎,陈丽娟,章大全.2021年夏季我国气候异常特征及成因分析[J].气象,2022,48(1):107-121.

[7]张新文,罗倩倩.自然灾害救助中政府职能探讨[J].郑州航空工业管理学院学

报,2011,(4):115-120.

[8]张文霞,赵延东.风险社会:概念的提出及研究进展[J].科学与社会,2011(2):53-63.

[9]张继权,张会,冈田宪夫.综合城市灾害风险管理:创新的途径和新世纪的挑战[J].人文地理,2007(5):19-23.

[10]张辉,刘奕.基于"情景-应对"的国家应急平台体系基础科学问题与集成平台[J].系统工程理论与实践,2012,32(5):947-953.

[11]张海波.应急管理的全过程均衡:一个新议题[J].中国行政管理,2020(3):123-130.

[12]张海波,童星.应急能力评估的理论框架[J].中国行政管理,2009(4):33-37.

[13]张广泉.风险交织叠加防范刻不容缓——近年我国自然灾害特点及其影响分析[J].中国应急管理,2020(7):14-15.

[14]张乘祎.关于我国灾后心理干预问题的研究[J].前沿,2012(17):124-126.

[15]张宝军,马玉玲,李仪.我国自然灾害分类的标准化[J].自然灾害学报,2013,22(5):8-12.

[16]游志斌,包欣欣,叶乐锋.应急管理恢复阶段工作研究[J].公安学刊(浙江警察学院学报),2010(2):25-29.

[17]杨志娟.近代西北地区自然灾害特点规律初探——自然灾害与近代西北社会研究之一[J].西北民族大学学报(哲学社会科学版),2008(4):34-41.

[18]杨雪冬.风险社会理论述评[J].国家行政学院学报,2005(1):87-90.

[19]薛澜.中国应急管理系统的演变[J].行政管理改革,2010(8):22-24.

[20]薛澜,周玲.风险管理:"关口再前移"的有力保障[J].中国应急管理,2007(11):12-15.

[21]肖风劲,徐良炎.2005年我国天气气候特征和主要气象灾害[J].气象,2006,32(4):78-83.

[22]夏保成.美国应急管理的顶层设计及对我国的启示[J].安全,2021(8):1-9.

[23]习近平.高举中国特色社会主义伟大旗帜 为全面建设社会主义现代化国家而团结奋斗——在中国共产党第二十次全国代表大会上的报告[J].党建,2022(11):4-28.

[24]王绍玉.城市灾害应急管理能力建设[J].城市与减灾,2003(3):4-6.

[25]汪波,樊冰.美国安全应急体制的改革与启示[J].国际安全研究,2013(3):139-154.

[26]童星.应急管理研究的理论模型构建方法[J].阅江学刊,2023(1):28-41.

[27]童星,张海波.基于中国问题的灾害管理分析框架[J].中国社会科学,2010(1):

132-146.

［28］童星,陶鹏.论我国应急管理机制的创新——基于源头治理、动态管理、应急处置相结合的理念［J］.江海学刊,2013(2):111-117.

［29］滕五晓.试论防灾规划与灾害管理体制的建立［J］.自然灾害学报,2004,13(3):1-7.

［30］滕五晓,夏剑霞.基于危机管理模式的政府应急管理体制研究［J］.北京行政学院学报,2010(2):22-26.

［31］唐波,刘希林,尚志海.城市灾害易损性及其评价指标［J］.灾害学,2012,27(4):6-11.

［32］石兴.自然灾害风险可保性研究［J］.保险研究,2008(2):49-54.

［33］秦豪君,杨晓军,马莉,等.2000—2020年中国西北地区区域性沙尘暴特征及成因［J］.中国沙漠,2022,42(6):53-64.

［34］彭珂珊.我国主要自然灾害的类型及特点分析［J］.北京联合大学学报,2000(3):59-65.

［35］马恩涛,任海平,孙晓桐.源于自然灾害的财政风险研究:一个文献综述［J］.财政研究,2023(7):46-63.

［36］卢文刚,舒迪远.基于突发事件生命周期理论视角的城市公交应急管理研究——以广州"7·15"公交纵火案为例［J］.广州大学学报(社会科学版),2016,15(4):19-27.

［37］李子佳.面对自然灾害要做到"未雨绸缪"［J］.防灾博览,2022(4):68-71.

［38］李学举.中国的自然灾害与灾害管理［J］.中国行政管理,2004(8):23-26.

［39］李明国,孟春.美国综合防灾减灾救灾体制变迁的启示［J］.政策瞭望,2017(7):48-50.

［40］李明.突发事件治理话语体系变迁与建构［J］.中国行政管理,2017(8):139-144.

［41］李辉霞,陈国阶.可拓方法在区域易损性评判中的应用——以四川省为例［J］.地理科学,2003,23(3):335-340.

［42］李湖生.应急管理阶段理论新模型研究［J］.中国安全生产科学技术,2010,6(5):18-22.

［43］李虹,王志章.地震灾害救助中的地方政府角色定位探究［J］.科学决策,2010(10):39-46.

［44］贾慧聪,王静爱,杨洋,等.关于西北地区的自然灾害链［J］.灾害学,2016,31(1):72-77.

[45]侯俊东,李铭泽.自然灾害应急管理研究综述与展望[J].防灾科技学院学报,2013(1):48-55.

[46]韩自强.应急管理能力:多层次结构与发展路径[J].中国行政管理,2020(3):137-142.

[47]哈斯,张继权,佟斯琴,等.灾害链研究进展与展望[J].灾害学,2016,31(2):131-138.

[48]顾建华,邹其嘉.加强城市灾害应急管理能力建设确保城市的可持续发展[J].防灾技术高等专科学校学报,2005(2):1-4.

[49]古扎丽奴尔·艾尼瓦尔,玛伊莱·艾力,刘沈芳.南疆和田地区"3·12"强沙尘暴天气过程诊断分析[J].自然科学,2021(2):218-233.

[50]葛懿夫,翟国方,何仲禹,等.韧性视角下的综合防灾减灾规划研究[J].灾害学,2022,37(1):229-234.

[51]高小平.中国特色应急管理体系建设的成就和发展[J].中国行政管理,2008(11):18-24.

[52]高奇琦.国家数字能力:数字革命中的国家治理能力建设[J].中国社会科学,2023(1):44-61.

[53]冯百侠.城市灾害应急能力评价的基本框架[J].河北理工学院学报(社会科学版),2006,(4):210-212.

[54]邓云峰,郑双忠.城市突发公共事件应急能力评估——以南方某市为例[J].中国安全生产科学技术,2006(2):9-13.

[55]迟娟,田宏.我国自然灾害的空间分布及风险防范措施研究[J].城市与减灾,2021(1):35-39.

[56]陈振明.中国应急管理的兴起——理论与实践的进展[J].东南学术,2010(1):41-47.

[57]陈新平.社区应急能力评价指标体系研究[J].中国管理信息化,2018(7):166-171.

[58]钟开斌.统筹发展和安全:理论框架与核心思想[J].行政管理改革,2021(7):59-67.

[59]张晓杰,韩欣宏.社区复原力理论:基于稳态维持的社区抗灾应急治理框架[J].华侨大学学报(哲学社会科学版),2021(3):59-70.

[60]张维平.突发公共事件应急机制的体系构建[J].中共天津市委党校学报,2006(3):84-88.

[61]张海波.中国总体国家安全观下的安全治理与应急管理[J].中国行政管理,

2016(4):126-132.

[62] 姚晗.习近平总体国家安全观的系统原理[J].中国政法大学学报,2022(2):77-88.

[63] 杨丽娇,蒋新宇,张继权.自然灾害情景下社区韧性研究评述[J].灾害学,2019,34(4):159-164.

[64] 王明生.从传统安全观到总体国家安全观:中国安全观的演变、成就及世界议程[J].亚太安全与海洋研究,2024(3):36-54.

[65] 王宏伟.总体国家安全观视角下公共危机管理模式的变革[J].行政论坛,2018(4):18-24.

[66] 刘跃.非传统的总体国家安全观[J].国际安全研究,2014(6):3-25.

[67] 凌胜利,杨帆.新中国70年国家安全观的演变:认知、内涵与应对[J].国际安全研究,2019(6):3-29.

[68] 李营辉,毕颖.新时代总体国家安全观的理论逻辑与现实意蕴[J].人民论坛·学术前沿,2018(17):84-87.

[69] 李彤玥.韧性城市研究新进展[J].国际城市规划,2017(5):15-25.

[70] 李建伟.总体国家安全观的理论要义阐释[J].政治与法律,2021(10):65-78.

[71] 黄弘,李瑞奇,范维澄,等.安全韧性城市特征分析及对雄安新区安全发展的启示[J].中国安全生产科学技术,2018,14(7):5-11.

[72] 范维澄,晓呐.公共安全的研究领域与方法[J].劳动保护,2012(12):70-71.

[73] 范维澄,刘奕,翁文国.公共安全科技的"三角形"框架与"4+1"方法学[J].科技导报,2009(6):3.

[74] 戴慎志.增强城市韧性的安全防灾策略[J].北京规划建设,2018(2):14-17.

[75] 左晨,汪伟,祁云,等.基于熵权法和BP神经网络的煤矿应急管理能力评价[J].山西大同大学学报(自然科学版),2024(2):116-120.

[76] 朱正威,胡增基.我国地方政府灾害管理能力评估体系的构建——以美国、日本为鉴[J].学术论坛,2006(5):47-53.

[77] 周文浩,曾波.灰色关联度模型研究综述[J].统计与决策,2020(15):29-34.

[78] 郑晶晶.问卷调查法研究综述[J].理论观察,2014(10):102-103.

[79] 张永领.基于模糊综合评判的社区应急能力评价研究[J].工业安全与环保,2011(12):14-16.

[80] 张益天,赵晶,陈蒋洋,等.基于局部空间深度特征的SAR遥感图像变化检测方法[J].北京航空航天大学学报,2024(1):1-12.

[81] 张海波.体系下延与个体能力:应急关联机制探索——基于江苏省1252位农村

居民的实证研究[J].中国行政管理,2013(8):99-105.

[82]张风华,谢礼立,范立础.城市防震减灾能力评估研究[J].地震学报,2004,26(3):318.

[83]于震,丁尚宇,杨锐.银行情绪与信贷周期[J].金融评论,2020,8(2):64-78.

[84]闫继华.探析法社会学中问卷调查法的实证性[J].法制与社会,2014(28):8-10.

[85]许钰彬,朱广天.高中生物理学习焦虑的结构化访谈研究[J].中学物理,2021(15):2-5.

[86]徐健,杜贞栋,林洪孝,等.基于序关系分析法的节水型社会评价指标权重的确定[J].水电能源科学,2014(10):132-134.

[87]徐华宇,徐敏,刘伟伟,等.北京公众灾害应急能力调查研究[J].城市与减灾,2011(4):8-11.

[88]吴晓涛.中国突发事件应急预案研究现状与展望[J].管理学刊,2014(1):70-74.

[89]温志强,王彦平.情景—演练—效能:中国特色应急管理能力现代化的行动逻辑[J].理论学刊,2024(2):62-71.

[90]王志,袁志祥.农村突发公共事件应急管理问题研究——基于汶川8.0级地震绵阳灾区的调研报告[J].灾害学,2010,25(3):104-109.

[91]王兴平.应急管理中社会公众的应急能力研究[J].商业时代,2012(2):118-119.

[92]王石,魏美亮,宋学朋,等.基于改进CRITIC-G1法组合赋权云模型的高阶段充填体稳定性分析[J].重庆大学学报,2022,45(2):68-80.

[93]王绍玉,孙研.基于AHP-Entropy确权法的城市公众应急反应能力评价[J].哈尔滨工程大学学报,2011,32(8):992-996.

[94]王青华,向蓉美,杨作廪.几种常规综合评价方法的比较[J].统计与信息论坛,2003(2):30-33.

[95]王鸣涛,叶春明,赵灵玮.基于CRITIC和TOPSIS的区域工业科技创新能力评价研究[J].上海理工大学学报,2020,42(3):258-268.

[96]王梦晨,房明,谭玥.城市社区公众突发事件风险感知能力影响因素研究——以佛山市三水区Y社区为例[J].住宅与房地产,2023(16):60-65.

[97]王磊,高茂庭.基于改进CRITIC权的灰色关联评价模型及其应用[J].现代计算机(专业版),2016(23):7-12.

[98]王乐艺,高嘉良,陈立新,等.长沙市经济技术开发区与马坡岭街道的空气质量

分析与评价[J].低碳世界,2024(4):21-23.

[99]王博,常宁,吴春水,等.延庆冬奥赛区外围森林火灾应急情景构建研究[J].森林防火,2022(2):7-12.

[100]田军,邹沁,汪应洛.政府应急管理能力成熟度评估研究[J].管理科学学报,2014,17(11):97-108.

[101]孙劲松,李月琳,潘正源.基于公众视角的突发公共卫生事件应急信息公开质量评估研究[J].图书馆建设,2024(1):1-21.

[102]苏桂武,马宗晋,王若嘉,等.汶川地震灾区民众认知与响应地震灾害的特点及其减灾宣教意义——以四川省德阳市为例[J].地震地质,2008,30(4):877-894.

[103]施建刚,李婕.基于前景值评价法的上海住房保障政策效应研究[J].系统工程理论与实践,2019,39(1):89-99.

[104]邱稳嫣,沈玖玖.高校图书馆应急信息服务可及性评价研究[J].图书馆研究,2023(4):50-62.

[105]潘文文,胡广伟.电子政务工程项目绩效评估方法研究:闭环管理的视角[J].电子政务,2017(9):110-118.

[106]牛秀敏,郑少智.几种常规综合评价方法的比较[J].统计与决策,2006(5):142-143.

[107]马学鹏,赖桂瑾,武丁杰.基于序关系分析法的管制员培训评价模型[J].航空计算技术,2019(2):66-69.

[108]陆秋琴,王雪林.基于模糊Petri网的气象灾害应急能力评估[J].河南理工大学学报(自然科学版),2018(3):32-37.

[109]鲁平俊,唐小飞,丁先琼.重大突发公共卫生事件下多形态基层社区应急管理能力研究[J].中国行政管理,2023(2):124-134.

[110]刘智慧,张泉灵.大数据技术研究综述[J].浙江大学学报(工学版),2014,48(6):957-972.

[111]刘晔,王海威.中国特色应急管理制度化建构的演进过程及规律分析——基于网络爬虫技术的1949—2020年我国应急管理政策文本计量分析[J].中国应急管理科学,2020(12):4-17.

[112]刘晓旭.主题网络爬虫研究综述[J].电脑知识与技术,2024(8):97-99.

[113]刘天畅,李向阳,于峰.案例驱动的CI系统应急能力不足评估方法[J].系统管理学报,2017,26(3):464-472.

[114]刘沁萍,张雪丹,田洪阵.遥感技术在应急管理中的应用研究进展与展望[J].中国应急管理科学,2023(11):78-96.

［115］刘杰,胡欣月,杨溢,等.云南省社区应急能力指标体系构建及评估应用［J］.安全与环境学报,2023,23(4):1209-1218.

［116］刘传铭,王玲.政府应急管理组织绩效评测模型研究［J］.哈尔滨工业大学学报(社会科学版),2006(1):64-68.

［117］李阳力,陈天,臧鑫宇.基于GIS技术的城市地震应急能力研究［J］.世界地震工程,2018,34(2):1-9.

［118］李学龙,龚海刚.大数据系统综述［J］.中国科学:信息科学,2015,45(1):1-44.

［119］李建军,李俊成.“一带一路”基础设施建设、经济发展与金融要素［J］.国际金融研究,2018(2):8-18.

［120］姜秀敏,陈思怡.基于五维模型的城市社区突发事件应急能力评价及提升——以青岛市X社区为例［J］.甘肃行政学院学报,2022(4):63-77.

［121］江田汉,邓云峰,李湖生,等.基于风险的突发事件应急准备能力评估方法［J］.中国安全生产科学技术,2011,7(7):35-41.

［122］贾俊,李志忠,郭小鹏,等.多源遥感技术在降雨诱发勉县地质灾害调查中的应用［J］.西北地质,2023,56(3):268-280.

［123］贾婧,窦圣宇,范国玺,等.基于熵权法和灰色关联分析法的海岛地震应急能力评价研究［J］.世界地震工程,2020,36(3):233-241.

［124］黄佳,姚启明,宋明顺,等.顾客需求信息驱动下基于HFGLDS的产品概念设计方法研究［J］.工业工程与管理,2024(1):1-19.

［125］胡信布,杨雨欣.重大突发公共事件中公众应急能力的影响因素研究——基于32个案例的fsQCA分析［J］.行政与法,2024(2):77-90.

［126］胡德鑫,邢喆.“双高”计划背景下高职院校人才培养质量的评价指标建构与水平测度研究［J］.现代教育管理,2023(11):85-97.

［127］贺山峰,高秀华,杜丽萍,等.河南省城市灾害应急能力评价研究［J］.资源开发与市场,2016(8):897-901.

［128］郭小燕,金晓燕,赵文婷,等.基于模糊综合评价法的护理技能综合训练情景模拟教学质量评价［J］.护理研究,2021,35(8):1492-1495.

［129］龚柯,徐惠梁,刘鑫磊,等.西部社区山地灾害风险认知与应急管理能力评价——以四川省彭州市小鱼洞镇为例［J］.水土保持通报,2018,38(2):183-188.

［130］冯志泽,胡政,何钧.地震灾害损失评估及灾害等级划分［J］.灾害学,1994,9(1):13-16.

［131］范德志,王绪鑫.突发公共卫生事件应急能力评价研究——以华东地区为例［J］.价格理论与实践,2020(6):170-173.

[132]丁建闯,钟海仁,许礼林,等.三种方法的乡镇减灾能力评估结果比较——以某市区18个乡镇为例[J].灾害学,2024,39(1):80-88.

[133]邓云峰,郑双忠,刘功智,等.城市应急能力评估体系研究[J].中国安全生产科学技术,2005,1(6):33-36.

[134]邓砚,聂高众,苏桂武.县(市)绝对地震应急能力评估方法的初步研究[J].地震地质,2011,33(1):36-44.

[135]邓砚,聂高众,苏桂武.县(市)地震应急能力评价指标体系的构建[J].灾害学,2010,25(3):125-129.

[136]程砚秋.基于区间相似度和序列比对的群组G1评价方法[J].中国管理科学,2015,23(S1):204-210.

[137]陈世保.基于直接连接的分布式数据库查询优化实现方法研究[J].计算机时代,2011(7):16-17.

[138]陈蓉,张放,管至为,等.基于"情景-任务-能力"的长三角传染病区域协同处置能力提升[J].中国卫生资源,2023,26(6):674-677.

[139]陈萍,牛萍,徐辉,等.中国科技专员服务企业评价机制的构建[J].科技管理研究,2024(12):70-77.

[140]陈景信,代明.知识要素与创业绩效——基于PVAR模型和区域的视角[J].经济问题探索,2020(1):38-48.

[141]曹玮,肖皓,罗珍.基于"三预"视角的区域气象灾害应急防御能力评价体系研究[J].情报杂志,2012,31(1):57-63.

[142]曹惠民,黄炜能.地方政府应急管理能力评估指标体系探讨[J].广州大学学报(社会科学版),2015,14(12):60-66.

[143]杨青,田依林,宋英华.基于过程管理的城市灾害应急管理综合能力评价体系研究[J].中国行政管理,2007(3):103-106.

[144]钱永波,唐川.城市灾害应急能力评价指标体系建构[J].城市问题,2005(6):76-79.

[145]揣小明,杜乐乐,翟颖超.基于应急管理全过程均衡理论的城市灾害应急能力评价[J].资源开发与市场,2023(4):385-391.

[146]张勤,高亦飞,高娜,等.城镇社区地震应急能力评价指标体系的构建[J].灾害学,2009,24(3):133-136.

[147]史培军.四论灾害系统研究的理论与实践[J].自然灾害学报,2005,14(6):1-7.

[148]程书波.中国地震应急管理典型案例分析——以玉树地震为例[J].河南理工

大学学报(社会科学版),2012(4):435-438.

[149]宋劲松,邓云峰.中美德突发事件应急指挥组织结构初探[J].中国行政管理,2011(1):74-77.

[150]曹莉莉.陕西:多措并举开展减灾示范社区创建活动[J].中国减灾,2012(1):46-48.

[151]崔梦丽.易地搬迁安置地妇女生计重建的路径及经验探讨——以陕西省白河县"新社区工厂"为例[J].河北科技师范学院学报(社会科学版),2019(4):15-20.

[152]董浩阳,苏晓军,窦晓东,等.甘肃舟曲县2019年"7·19"牙豁口滑坡复活成因及机理[J].兰州大学学报(自然科学版),2021,57(6):760-766.

[153]董亚明.切实加强陕西省减灾救灾体制机制建设[J].中国减灾,2016(5):44-47.

[154]杜兴军.我国农村社区应急管理能力提升策略探究[J].中国应急管理科学,2022(1):20-27.

[155]姜文学.陕西:"五法"形成"五力"推动综合减灾示范社区创建[J].中国减灾,2022(11):56-58.

[156]乐章,田金卉.疫情冲击下的城市空巢老人:生计风险与生计重建[J].新疆农垦经济,2020(8):54-60.

[157]李喜童,马小飞.甘肃重特大自然灾害应急机制建设研究——以"8·8"舟曲特大山洪泥石流、"7·22"岷县漳县6.6级地震为例[J].中国应急救援,2017(3):4-8.

[158]李雪峰."大会战"式自然巨灾应对——从芦山地震到积石山地震应对的观察与思考[J].中国应急救援,2024(4):10-17.

[159]李智,张桃梅.韧性治理何以实现:城市社区应急管理的困境与因应[J].理论导刊,2024(5):69-78.

[160]石玉成,高晓明,景天孝.甘肃积石山6.2级地震应急处置及灾后重建对策[J].地震工程学报,2024,46(4):751-758.

[161]唐钧,熊家艺.指挥调度环节"全局优化"应急救援的路径研究[J].中国减灾,2024(7):45-47.

[162]田琳.细化标准树立规范精心创建平安家园——西安市咸东社区打造全市综合减灾示范社区样本[J].中国减灾,2018(17):52-55.

[163]向春玲,吴闫,张雪.社会组织参与应急管理的作用与对策研究[J].广东青年研究,2023,37(3):48-58.

[164]颜烨,王爱军.结构-功能:社会组织的应急能力及困境改善途径[J].中共福建省委党校(福建行政学院)学报,2023(1):106-114.

[165] 杨麒麟,高甲荣,王颖.泥石流灾害对策分析——以甘肃舟曲"8·7"特大山洪泥石流灾害为例[J].中国水土保持科学,2010,8(6):19-23.

[166] 殷跃平,张永双,马寅生,等.青海玉树 M_S7.1级地震地质灾害主要特征[J].工程地质学报,2010,18(3):289-296.

[167] 俞青,牛春华.县级政府在特大自然灾害应对中的"短板"研究——以舟曲特大山洪泥石流灾害应急处置为例[J].开发研究,2012(2):62-65.

[168] 张宝军.社区灾害信息共享与服务平台建设[J].中国减灾,2018(7):27-28.

[169] 张健.紧扣"一流、三聚、四实"深入推进综合减灾示范社区创建工作[J].中国减灾,2019(1):50-53.

[170] 郑超,李瑞,杨火木,等.表征与非表征视角下民族村寨居民灾后情感恢复机制研究——以报京侗寨为例[J].人文地理,2023,38(3):69-78.

[171] 刘智勇,陈苹,刘文杰.新中国成立以来我国灾害应急管理的发展及其成效[J].党政研究,2019(3):28-36.

[172] 刘长生.1950年淮河流域水灾与新中国初步治淮[J].安阳师范学院学报,2008(1):85-89.

[173] 杨义文,魏则安,艾秀.1998年与1954年长江洪水的对比和思考[J].气象科技,1999(1):17-20.

[174] 詹国器.海河流域1963年特大洪水的抗洪斗争[J].海河水利,1993(5):42-45.

[175] 卞吉.追忆1966年邢台地震[J].中国减灾,2006(9):42-43.

[176] 田一颖.1949~1978年我国应对自然灾害的救灾款问题述论[J].农业考古,2015(3):135-139.

[177] 钟开斌.从强制到自主:中国应急协调机制的发展与演变[J].中国行政管理,2014(8):115-119.

[178] 王万华.略论我国社会预警和应急管理法律体系的现状及其完善[J].行政法学研究,2009(2):3-9.

[179] 林毓铭,李瑾.中国防灾减灾70年:回顾与诠释[J].社会保障研究,2019(6):37-43.

[180] 钟开斌,张佳.论应急预案的编制与管理[J].甘肃社会科学,2006(3):240-243.

[181] 钟开斌.回顾与前瞻:中国应急管理体系建设[J].政治学研究,2009(1):78-88.

[182] 闪淳昌,周玲,钟开斌.对我国应急管理机制建设的总体思考[J].国家行政学院学报,2011(1):8-12.

[183] 肖锐铧,刘艳辉,陈春利,等.中国地质灾害气象风险预警20年:2003—2022[J].中国地质灾害与防治学报,2024,35(2):1-9.

[184] 张维平.中美日三国预警机制比较评述[J].中国减灾,2006(4):34-35.

[185] 赵明刚.中国特色对口支援模式研究[J].社会主义研究,2011(2):56-61.

[186] 潘勇辉.财政支持农业保险的国际比较及中国的选择[J].农业经济问题,2008(7):97-103.

[187] 钟开斌.中国应急管理体制的演化轨迹:一个分析框架[J].新疆师范大学学报(哲学社会科学版),2020,41(6):73-89.

[188] 卓志.改革开放40年巨灾保险发展与制度创新[J].保险研究,2018(12):78-83.

[189] 李娜.《突发事件应对法》的解读与反思[J].法制博览,2015(26):112-113.

[190] 丛梅.加强中国应急管理体系的法制建设[J].理论与现代化,2009(5):119-122.

[191] 钟开斌.国家应急管理体系:框架构建、演进历程与完善策略[J].改革,2020(6):5-18.

[192] 闪淳昌,周玲,秦绪坤,等.我国应急管理体系的现状、问题及解决路径[J].公共管理评论,2020,2(2):5-20.

[193] 张海波.中国第四代应急管理体系:逻辑与框架[J].中国行政管理,2022(4):112-122.

[194] 王宏伟.现代应急管理理念下我国应急管理部的组建:意义、挑战与对策[J].安全,2018,39(5):1-6.

[195] 高小平,刘一弘.应急管理部成立:背景、特点与导向[J].行政法学研究,2018(5):29-38.

[196] 刘楠.建立健全应急救援队伍是提升新时代应急管理能力的关键[J].中国应急管理,2019(12):15-16.

[197] 孙颖妮.适应全灾种、大应急任务需要加强专业应急救援队伍综合能力建设[J].中国应急管理,2019(7):32-33.

[198] 唐溢.提升社会应急力量山火救援的应对效能[J].中国减灾,2024(10):44-45.

[199] 李治.新时代我国应急管理体制发展研究[J].开封文化艺术职业学院学报,2021,41(12):114-116.

[200] 沈科萍,窦芙萍.应急管理标准化现状及建议[J].中国标准化,2021(16):22-25.

［201］陈厦.全国应急管理与减灾救灾标准化技术委员会介绍［J］.中国减灾,2023(3):28-31.

［202］郭桂祯,廖韩琪,孙宁.我国自然灾害风险监测预警现状概述［J］.中国减灾,2022(3):36-39.

［203］张海波,戴新宇,钱德沛,等.新一代信息技术赋能应急管理现代化的战略分析［J］.中国科学院院刊,2022,37(12):1727-1737.

［204］陈水生.数字时代平台治理的运作逻辑:以上海"一网统管"为例［J］.电子政务,2021(8):2-14.

［205］张楠,丁继民,程璐.城市生命线安全工程"合肥模式"［J］.吉林劳动保护,2021(9):39-42.

［206］吴勇,李蕊.我国应急产业发展分析与实践——基于某国有产业集团的研究［J］.中国应急管理科学,2021(5):71-79.

［207］刘晓燕,王世磊.中国应急产业发展水平评价研究［J］.中国市场,2024(21):1-4.

［208］党领导新中国防灾减灾救灾工作的历史经验与启示［J］.中国应急管理,2021(11):7-11.

［209］高宏.我国安全应急产业的回顾与展望［J］.科技与金融,2024(3):11-17.

［210］贾群林,陈莉.美国应急管理体制发展现状及特点［J］.中国应急管理,2019(8):62-64.

［211］游志斌,魏晓欣.美国应急管理体系的特点及启示［J］.中国应急管理,2011(12):46-51.

［212］吴大明,宋大钊.美国应急管理法律体系特点分析与启示［J］.灾害学,2019,34(1):157-161.

［213］陆继锋,曹梦彩.FEMA对美国应急管理教育的贡献与启示［J］.防灾科技学院学报,2017,19(4):45-53.

［214］和海霞,胡鑫伟.美国自然灾害预警现状及启示［J］.城市与减灾,2021(6):59-62.

［215］陈艳红,钟佳清.美国联邦应急管理局的应急信息发布渠道研究［J］.电子政务,2017(9):101-109.

［216］翟良云.英国的应急管理模式［J］.劳动保护,2010(7):112-114.

［217］王燕青,陈红.应急管理理论与实践演进:困局与展望［J］.管理评论,2022,34(5):290-303.

［218］李雪峰.英国应急管理的特征与启示［J］.行政管理改革,2010(3):54-59.

［219］王德迅.日本危机管理体制机制的运行及其特点［J］.日本学刊,2020(2):1-7.

［220］王德迅.日本灾害管理体制改革研究——以"3·11东日本大地震"为视角［J］.南开学报(哲学社会科学版),2016(6):86-92.

［221］张光辉.日本的灾害防治机制与应急新闻报道及对我国的启示［J］.河南社会科学,2009,17(6):166-167.

［222］刘文俭,李勇军.日本地震对我国沿海城市应急管理工作的启示［J］.中国应急管理,2012(4):28-35.

［223］帅向华,杨桂岭,姜立新.日本防灾减灾与地震应急工作现状［J］.地震,2004(3):101-106.

［224］陈丽.德国应急管理的体制、特点及启示［J］.西藏发展论坛,2010(1):43-46.

［225］凌学武.德国应急救援中的志愿者体系特点与启示［J］.辽宁行政学院学报,2010,12(5):9-10.

［226］昌业云.德国专业化应急救援志愿者队伍建设经验及其借鉴［J］.中国应急管理,2010(8):48-52.

［227］万婧,李勇辉,陈清光,等.国外防灾减灾综合能力建设情况［J］.中国安全生产,2020,15(1):60-61.

［228］牛朝文,谭晓婷.从韧性科学到韧性治理:理论探赜与实践展望［J］.四川行政学院学报,2023(1):35-47.

［229］钟开斌.找回"梁"——中国应急管理机构改革的现实困境及其化解策略［J］.中国软科学,2021(1):1-10.

［230］刘奕,张宇栋,张辉,等.面向2035年的灾害事故智慧应急科技发展战略研究［J］.中国工程科学,2021,23(4):117-125.

［231］张海波,童星.中国应急管理结构变化及其理论概化［J］.中国社会科学,2015(3):58-84.

［232］郑国光.坚持统筹发展和安全全面提升自然灾害风险综合防范能力［J］.中国减灾,2023(9):10-13.

［233］关辉国,张雅淇.县域应急管理体系建设困境及对策分析［J］.西北民族大学学报(哲学社会科学版),2021(5):148-156.

［234］顾林生,崔西孟.汶川地震灾后重建发展的四川创新实践与中国方案［J］.中国应急救援,2018(4):4-9.

［235］高培勇.构建新发展格局背景下的财政安全考量［J］.经济纵横,2020(10):12-17.

［236］后立胜,许学工.密西西比河流域治理的措施及启示［J］.人民黄河,2001(1):

39-41.

[237] 黄东."统筹发展与安全"的理论意涵[J].人民论坛,2021(23):86-89.

[238] 李宇环,文佳媛,于鹏.事件属性、组织特征与环境压力:政府危机学习路径的组态分析[J].管理评论,2024,36(6):266-276.

[239] 罗顺龙.西北市县当前应急管理信息化建设及应急预警信息处置的一些实践探究[J].产业科技创新,2023,5(2):27-29.

[240] 任丙强,孟子龙.敏捷应急管理:理论内涵、价值取向与实践路径[J].求实,2024(4):4-15.

[241] 容志,陈志宇.结构性均衡与国家应急管理体系现代化[J].上海行政学院学报,2023,24(5):4-17.

[242] 石佳,郭雪松,胡向南.面向韧性治理的公共部门危机学习机制的构建[J].行政论坛,2020,27(5):102-108.

[243] 王家峰.论应急响应失灵:一个理想类型的分析框架[J].南京师大学报(社会科学版),2022(2):130-138.

[244] 王庆华,孟令光.价值、管理与行动:理解危机学习的三重面向[J].行政论坛,2023,30(5):114-121.

[245] 文宏,李风山.中国地方政府危机学习模式及其逻辑——基于"央地关系-议题属性"框架的多案例研究[J].吉林大学社会科学学报,2022,62(4):81-92.

[246] 文军,刘雨航.面向不确定性:新发展阶段中国社会治理的困境及其应对[J].地理科学,2022,42(3):390-400.

[247] 许玉久,李光龙,王登宝.统筹发展和安全的财政韧性研究——基于财政应急治理的视域[J].地方财政研究,2023(5):14-27.

[248] 郁建兴,陈韶晖.从技术赋能到系统重塑:数字时代的应急管理体制机制创新[J].浙江社会科学,2022(5):66-75.

[249] 张美莲,郑薇.政府如何从危机中学习:基本模式及形成机理[J].中国行政管理,2022(1):128-137.

[250] 张美莲.危机处置领导力不足的关键环节——基于六起特大事故灾难应急响应失灵的分析[J].社会治理,2017(2):43-52.

[251] 张涛.中国古代灾害治理的历史经验[J].理论学刊,2022(5):123-134.

[252] 张洋.土地规划管理与安全城市的构建:美国的经验[J].国际城市规划,2011,26(4):3-9.

[253] 郑功成.综合防灾减灾的战略思维、价值理念与基本原则[J].甘肃社会科学,2011(6):1-5.

[254]周利敏.复合型减灾:结构式与非结构式困境的破解[J].思想战线,2013,39(6):76-82.

[255]周利敏.非结构式减灾:西方减灾的最新趋势及实践反思[J].国外社会科学,2013,(5):85-98.

[256]朱正威,赵雅,马慧.从韧性城市到韧性安全城市:中国提升城市韧性的实践与逻辑[J].南京社会科学,2024(7):53-65.

[257]陈风.应急管理人才需求量将突破百万——从应急管理行业发展前景看人才培养需求方向[J].中国应急管理,2020(3):62-63.

[258]代海军.新时代应急管理法治化的生成逻辑、内涵要义与实践展开[J].中共中央党校(国家行政学院)学报,2023,27(4):139-149.

[259]翟慧杰,龚维斌.借鉴国外经验建立整建制应急管理培训新模式[J].行政管理改革,2018(2):56-59.

[260]樊博,姜美全.社会资本视域下政企协同的应急物资储备探究[J].理论探讨,2023(2):79-85.

[261]范涛,宋英华,梁传杰.高校学科交叉的探索与实践——以武汉理工大学公共安全与应急管理学科为例[J].学位与研究生教育,2018(9):32-38.

[262]龚卫锋.应急供应链管理研究[J].中国流通经济,2014,28(4):50-55.

[263]谷松.建构与融合:区域一体化进程中地方府际间的利益关系协调[J].行政论坛,2014,21(2):65-68.

[264]韩立钦,张耀南.特大暴雨灾害情景下的数据应急内涵与逻辑结构[J].灾害学,2023,38(3):182-186.

[265]韩晓栋,王曼曼,舒慧勤.第一次全国自然灾害综合风险普查成果应用思考[J].中国减灾,2022(17):37-39.

[266]何大明,刘昌明,冯彦,等.中国国际河流研究进展及展望[J].地理学报,2014,69(9):1284-1294.

[267]何虎生.内涵、优势、意义:论新型举国体制的三个维度[J].人民论坛,2019(32):56-59.

[268]姜涛,翁平平,张海港,等.加强基层防灾减灾救灾工作推动应急事业高质量发展——基于江苏省常州市武进区第一次全国自然灾害综合风险普查成果应用的思考[J].中国减灾,2024(6):42-45.

[269]姜旭,郭祺昌,姜西雅,等.基于政府主导下BCM应急供应链体系研究——以我国新冠肺炎疫情下应急供应链为例[J].中国软科学,2020(11):1-12.

[270]李斌.政治动员与社会革命背景下的现代国家构建——基于中国经验的研究

[J].浙江社会科学,2010(4):33-39.

[271]李楠楠.跨区域应急协同治理的财政进路——以对口支援为切入点[J].中国行政管理,2022(12):127-135.

[272]许先春.新型举国体制的时代特征及构建路径[J].马克思主义与现实,2024(1):11-18.

[273]梁华.新型举国体制在抗击疫情中的优势展现[J].理论探索,2021(5):90-95.

[274]林鸿潮.公共应急管理中的横向府际关系探析[J].中国行政管理,2015(1):39-43.

[275]林鸿潮.战时隐喻式应急动员下的问责机制变革[J].法学,2022(9):62-74.

[276]刘铁.论对口支援长效机制的建立——以汶川地震灾后重建对口支援模式演变为视角[J].西南民族大学学报(人文社会科学版),2010,31(6):98-101.

[277]马丽.技术赋能嵌入重大风险治理的逻辑与挑战[J].宁夏社会科学,2022(1):54-62.

[278]潘恒,王高锋,万勇,等.湖北省应急管理地方标准体系建设现状及对策[J].中国标准化,2024(10):62-68.

[279]邵娜,张宇.政府治理中的"大数据"嵌入:理念、结构与能力[J].电子政务,2018(11):93-100.

[280]宋周莺,虞洋,刘慧,等.跨境重大自然灾害防灾减灾机制及建议[J].科技导报,2020,38(16):88-95.

[281]孙科技,郭歌.从"多学科"到"跨学科":高校应急管理人才培养质量的提升策略[J].宏观质量研究,2023,11(5):117-128.

[282]孙艳坤,宫艺邈,黄薛冰,等.重大自然灾害后心理危机干预体系建设探讨[J].中国科学院院刊,2023,38(11):1710-1717.

[283]陶振.重大突发事件防控中的应急组织动员何以实现?——以党员干部下沉为例[J].理论与改革,2023(2):135-149.

[284]王秉,吴超.情感性组织安全文化的作用机理及建设方法研究[J].中国安全科学学报,2016,26(3):8-14.

[285]王欢,于连锐.话语体系与党的动员力[J].理论研究,2012(6):12-15.

[286]王卷乐,张敏,袁月蕾,等.知识服务驱动"一带一路"防灾减灾[J].科技导报,2020,38(16):96-104.

[287]王丽,陈文涛,关文玲,等.面向国家需求的应急技术与管理专业人才培养体系研究[J].中国安全科学学报,2024,34(5):9-16.

[288]王明,宋黎阳.应急科普主体的法律责任及其保障研究——以政府、科学家、媒

体三方合作为框架[J].科普研究,2022,17(2):39-46.

[289]王明,郑念.重大突发公共卫生事件的政府应急科普机制研究——基于政府、媒介和科学家群体"三权合作"的分析框架[J].科学与社会,2020,10(2):30-43.

[290]王雪,何海燕,栗苹,等."双一流"建设高校面向新兴交叉领域跨学科培养人才研究——基于定性比较分析法(QCA)的实证分析[J].中国高教研究,2019(12):21-28.

[291]温志强,付美佳.基层应急治理能力提升:类型、梗阻与策略——基于"主体—情境—技术"分析框架[J].上海行政学院学报,2024,25(3):28-38.

[292]温志强,李永俊."常态-安全"与"非常态-应急":基于双螺旋递升模型的应急文化研究[J].上海行政学院学报,2022,23(5):28-38.

[293]吴绍洪,雷雨,徐伟,等."一带一路"灾害风险协同管理国际合作机制探究[J].中国科学院院刊,2023,38(9):1282-1293.

[294]吴晓涛,张永领,吴丽萍.基于改进熵权TOPSIS的应急物资生产能力储备企业选择[J].安全与环境学报,2011,11(3):213-217.

[295]习近平.全面提高依法防控依法治理能力 健全国家公共卫生应急管理体系[J].求是,2020(5):4-8.

[296]肖来朋,郑小荣.分类分层培训整合培育资源——看陕西省西安市如何推动应急管理教育培训体系建设[J].中国应急管理,2021(12):76-79.

[297]谢昱姝,代宝乾,张蓓,等.《安全生产等级评定技术规范》地方标准体系构建与标准化实践[J].中国标准化,2022(9):157-162.

[298]杨柳.应急管理干部教育培训二十年:过程变迁与路径优化[J].中国应急管理科学,2023(3):87-95.

[299]于明霞.新时代推进应急管理社会化参与的路径[J].城市与减灾,2023(4):32-36.

[300]张海波.应急管理实践教学的初步探索——以南京大学应急管理学科为例[J].学位与研究生教育,2022(2):51-57.

[301]张海波.应急管理中的跨区域协同[J].南京大学学报(哲学·人文科学·社会科学),2021,58(1):102-110.

[302]张耀南,田琛琛,任彦润,等.自然灾害应急响应科学数据工程体系建设[J].数据与计算发展前沿,2024,6(1):46-56.

[303]张玉磊.重大疫情防控中的府际合作——兼论新冠肺炎疫情防控[J].上海大学学报(社会科学版),2020,37(6):16-33.

[304]赵建国,王芳,李宏恩.基于历史数据的水库事故链演化概率研究[J].自然灾害学报,2024,33(3):79-88.

［305］中国减灾编辑部.加强区域合作共御灾害风险［J］.中国减灾,2013(23):1.

［306］钟启泉.基于核心素养的课程发展:挑战与课题［J］.全球教育展望,2016,45(1):3-25.

3.学位论文

［1］张葭伊.面向自然灾害的城市基层应急能力综合评价研究［D］.北京:首都经济贸易大学管理工程学院,2022.

［2］尹占娥.城市自然灾害风险评估与实证研究［D］.上海:华东师范大学资源与环境学院,2009.

［3］尹梅梅.基于风险的我国北方草原火灾应急管理能力评价体系研究［D］.长春:东北师范大学地理科学学院,2009.

［4］杨杰.我国地方政府自然灾害应急管理的能力建设研究［D］.成都:西南交通大学公共管理学院,2015.

［5］晏远春.道路运输危险品企业应急能力作用机理与提升对策研究［D］.西安:长安大学运输工程学院,2013.

［6］谢振华.县级政府应对群体性突发事件能力的评估与提升策略研究［D］.湘潭:湘潭大学公共管理学院,2015.

［7］梁承刚.上海港危险货物码头环境应急能力评估研究［D］.上海:华东理工大学资源与环境工程学院,2011.

［8］王小娟.基于三角形理论区域公共安全规划若干问题研究［D］.青岛:青岛理工大学环境与市政工程学院,2013.

［9］田丽.基于韧性理论的老旧社区空间改造策略研究——以北京市为例［D］.北京:北京建筑大学建筑与城市规划学院,2020.

［10］刘爱华.城市灾害链动力学演变模型与灾害链风险评估方法的研究［D］.长沙:中南大学资源与安全工程学院,2013.

［11］林东香.广州市自然灾害测绘应急保障研究［D］.广州:华南理工大学公共管理学院,2018.

［12］郑宇.城市防震减灾能力评价指标与应急需求研究［D］.南京:南京工业大学土木工程学院,2003.

［13］赵婧昱.淮南煤氧化动力学过程及其微观结构演化特征研究［D］.西安:西安科技大学安全科学与工程学院,2017.

［14］张宁宁.基于4R模型的中国餐饮企业网络舆情危机管理研究［D］.北京:北京交通大学经济管理学院,2018.

［15］张笠.南昌市森林火灾控制能力评估研究［D］.南昌:江西农业大学林学院,

2024.

[16] 余宣剑. 基于GA-BP神经网络的云南省地震直接经济损失评估[D]. 昆明: 云南财经大学金融学院, 2023.

[17] 叶丹丹. 农村居民突发事件应急能力评估——以江苏省为例[D]. 南京: 南京大学政府管理学院, 2016.

[18] 肖旺欣. 儿童产品伤害网络文本大数据关键挖掘方法与应用研究[D]. 长沙: 中南大学湘雅公共卫生学院, 2023.

[19] 伍毓锋. 我国城市应急管理能力评价指标体系研究[D]. 成都: 电子科技大学公共管理学院, 2015.

[20] 王博. 基于模糊综合评价法的城市社区地震灾害应急管理能力评价研究——以梧州市华洋社区为例[D]. 南宁: 广西大学公共管理学院, 2015.

[21] 佟秋璇. 城市地质灾害应急管理能力评价模型应用[D]. 哈尔滨: 哈尔滨工业大学管理学院, 2013.

[22] 罗元华. 泥石流堆积数值模拟及泥石流灾害风险评估方法研究[D]. 武汉: 中国地质大学环境学院, 1998.

[23] 刘笑可. 基于G1法与熵权法的新型研发机构备案指标筛选研究[D]. 石家庄: 河北科技大学经济管理学院, 2018.

[24] 林帅. 基于4R模型的网络群体性事件政府治理研究——以"红黄蓝幼儿园虐童事件"为例[D]. 长春: 吉林大学行政学院, 2020.

[25] 高荣柏. 基于功效系数法的春晖公司财务风险预警研究[D]. 长沙: 湖南大学工商管理学院, 2013.

[26] 高华勇. 极端暴雨情景下珠三角典型平原河网区洪涝模拟及应急响应能力评估研究[D]. 广州: 华南理工大学土木与交通学院, 2023.

[27] 翟瑞雪. 基于AHP-模糊综合评价法的南漳县政府应急管理能力评估研究[D]. 武汉: 湖北大学政法与公共管理学院, 2022.

[28] 邓铭洋. 基于改进遗传算法优化BP神经网络的折弯机补偿值预测方法研究[D]. 沈阳: 沈阳工业大学人工智能学院, 2021.

[29] 张玉婷. 基于危机生命周期理论的H监狱危机管理研究[D]. 广州: 华南理工大学公共管理学院, 2016.

[30] 王向辉. 西北地区环境变迁与农业可持续发展研究[D]. 西安: 西北农林科技大学人文学院, 2011.

[31] 唐桂娟. 城市自然灾害应急能力综合评价研究[D]. 哈尔滨: 哈尔滨工业大学管理学院, 2011.

［32］王希波.城市地震应急辅助决策系统研究［D］.南京:东南大学经济管理学院,2006.

［33］刘颉.我国地震灾害救助的供需分析——以青海玉树地震为例［D］.南昌:江西财经大学财税与公共管理学院,2012.

［34］党锐.新农村建设中陕西农村社区防灾减灾机制研究［D］.西安:西安建筑科技大学马克思主义学院,2014.

［35］翟从福.武警水电部队应急救援能力建设研究［D］.南昌:南昌大学公共管理学院,2011.

［36］樊姝芳.舟曲泥石流固体物源特征及预警预报研究［D］.兰州:兰州大学土木工程与力学学院,2018.

［37］吕新杰.汶川地震以来中国处置自然灾害政治优势研究［D］.济南:山东轻工业学院文法学院,2012.

［38］王沛.联合库存下应急物资动态配送方案研究［D］.北京:北京交通大学交通运输学院,2012.

［39］卓雅.舟曲县泥石流特征与防治现状研究［D］.兰州:兰州大学资源环境学院,2014.

［40］曹梦彩.日本应急防灾知识普及经验与借鉴研究［D］.青岛:山东科技大学文法学院,2018.

［41］余新宇.联通主义学习中群体协同知识创生过程与分析研究［D］.无锡:江南大学人文学院,2023.

［42］李爽.汶川地震中对口援建机制研究［D］.沈阳:东北大学文法学院,2012.

［43］李俊华.我国政府自然灾害应急管理能力建设研究［D］.郑州:郑州大学公共管理学院,2012.

［44］金那炫.中韩自然灾害应急管理合作研究［D］.大连:大连海事大学公共管理与人文艺术学院,2020.

4.网站链接

［1］开源地理空间基金会中文分会.自然灾害的基本特征［EB/OL］.(2016-10-24)［2024-05-10］.https://www.osgeo.cn/post/93cf1.

［2］中华人民共和国中央人民政府.中华人民共和国突发事件应对法［EB/OL］.(2024-06-29)［2024-07-14］. https://www. gov. cn/yaowen/liebiao/202406/content_6960130. htm.

［3］中华人民共和国中央人民政府.中国地震局发布青海门源6.4级地震烈度图［EB/OL］.(2016-01-14)［2024-07-21］.https://www.gov.cn/xinwen/2016/01/24/content_5035693.

htm.

［4］中国气象局.我国出现近10年来最强沙尘天气 影响范围超380万平方公里［EB/OL］.（2021-03-16）［2024-02-21］.https://www.cma.gov.cn/2011xwzx/2011xqxxw/2011xqxyw/202110/t20211030_4092587.html.

［5］中华人民共和国应急管理部.应急管理部发布甘肃积石山6.2级地震烈度图［EB/OL］.（2023-12-22）［2024-03-16］.https://www.mem.gov.cn/xw/yjglbgzdt/202312/t20231222_472849.shtml.

［6］中华人民共和国应急管理部.应急管理部发布2023年全国自然灾害基本情况［EB/OL］.（2024-01-20）［2024-02-17］.https://www.mem.gov.cn/xw/yjglbgzdt/202401/t20240120_475697.shtml.

［7］中华人民共和国应急管理部.应急管理部发布2022年全国十大自然灾害［EB/OL］.（2023-01-12）［2024-04-23］.https://www.mem.gov.cn/xw/yjglbgzdt/202301/t20230112_440396.shtml.

［8］人民网.新疆和田发生7.3级地震［EB/OL］.（2014-02-13）［2024-04-27］.http://www.people.com.cn/24hour/n/2014/0213/c25408-24341889.html.

［9］全球灾害数据平台.全球自然灾害评估报告（2022版）［EB/OL］.https://www.gddat.cn/gw/micro-file-simple/api/file/showFile/8b1a1da8-018c-1535ade1-0019-ff808081.

［10］全球灾害数据平台.全球自然灾害评估报告（2021版）［EB/OL］.https://www.gddat.cn/WorldInfoSystem/production/BNU/2021-CH.pdf.

［11］国家统计局.全国年度统计公报［EB/OL］.https://www.stats.gov.cn/sj/tjgb/ndtjgb/.

［12］中华人民共和国年鉴·区域地理［EB/OL］.https://www.gov.cn/guoqing/2005-09/13/content_2582640.htm.

［13］中国新闻网.青海玛多7.4级地震3万余人受灾,通往灾区国省干线抢通［EB/OL］.（2021-05-24）［2024-06-10］.https://www.chinanews.com.cn/sh/2021/05-24/9484432.shtml.

［14］中华人民共和国中央人民政府.截至9月22日12时四川汶川地震已确认69227人遇难［EB/OL］.（2008-09-22）［2024-06-30］.https://www.gov.cn/jrzg/2008-09/22/content_1102192.htm.

［15］中华人民共和国中央人民政府.国务院关于印发"十四五"国家应急体系规划的通知［EB/OL］.（2022-02-14）［2024-08-18］.https://www.gov.cn/zhengce/content/2022-02-14/content_5673424.htm.

［16］中华人民共和国应急管理部.国家防灾减灾救灾委员会办公室 应急管理部发布2023年全国自然灾害基本情况［EB/OL］.（2024-1-20）［2024-08-26］.https://www.mem.

gov.cn/xw/yjglbgzdt/202401/t20240120_475697.shtml.

［17］国家标准化管理委员会.关于印发"十四五"推动高质量发展的国家标准体系建设规划的通知［EB/OL］.(2021-12-06)［2024-08-20］.https://www.sac.gov.cn/xxgk/zcwj/art/2021/art_51ab9411394a44d78985f6f5efdc80a7.html.

［18］中华人民共和国中央人民政府.甘肃民勤遭遇"黑风"袭击［EB/OL］.(2010-04-25)［2024-05-16］.https://www.gov.cn/jrzg/2010-04/25/content_1591879.htm.

［19］中华人民共和国中央人民政府.地震局专家对玉树地震的成因、特点做出全面解析［EB/OL］.(2010-04-16)［2024-05-16］.https://www.gov.cn/wszb/zhibo380/content_1583368.htm.

［20］人民网.6.6级！定西地震撼动大西北［EB/OL］.(2013-07-23)［2024-05-17］.http://politics.people.com.cn/n/2013/0723/c70731-22288461.html.

［21］中华人民共和国国务院新闻办公室.5·12汶川地震与灾损评估［EB/OL］.(2008-09-04)［2024-08-31］.http://www.scio.gov.cn/xwfb/gwyxwbgsxwfbh/wqfbh_2284/2008n_13227/2008n09y04r/202207/t20220715_154469.html.

［22］中华人民共和国应急管理部.坚持中国道路,推进应急管理体系和能力现代化［EB/OL］.(2021-12-18)［2024-09-10］.https://www.mem.gov.cn/xw/ztzl/2021/xxgclzqh/zjjd/202112/t20211218_405215.shtml.

［23］中华人民共和国中央人民政府.国家突发公共事件总体应急预案［EB/OL］.(2005-08-07)［2024-09-13］.https://www.gov.cn/yjgl/2005-08/07/content_21048.htm.

［24］人民网.人民日报新知新觉 健全国家应急管理体系［EB/OL］.(2020-02-26)［2024-09-16］.http://opinion.people.com.cn/GB/n1/2020/0226/c1003-31604368.html.

［25］中华人民共和国海关总署.中华人民共和国海关总署公告2020年第129号［EB/OL］.(2020-12-18)［2024-09-16］.http://gdfs.customs.gov.cn/customs/302249/302266/302267/3476363/index.html.

［26］中华人民共和国中央人民政府.中共中央办公厅国务院办公厅关于调整应急管理部职责机构编制的通知［EB/OL］.(2023-10-31)［2024-09-20］.https://www.gov.cn/zhengce/202310/content_6912954.htm.

［27］中华人民共和国应急管理部.应急管理部发布2022年全国自然灾害基本情况［EB/OL］.(2023-01-13)［2024-08-01］.http://mem.gov.cn/xw/yjglbgzdt/202301/t20230113_440478.shtml.

［28］中华人民共和国中央人民政府.我国国家综合性消防救援队伍力量增至22万人［EB/OL］.(2023-11-07)［2024-08-06］.https://www.gov.cn/lianbo/bumen/202311/content_6914012.htm.

［29］中华人民共和国中央人民政府.中共中央、国务院关于推进防灾减灾救灾体制机制改革的意见［EB/OL］.(2017-01-10)［2024-08-14］.https://www.gov.cn/zhengce/2017-01/10/content_5158595.htm.

［30］中华人民共和国应急管理部."应急使命·2022"高原高寒地区抗震救灾实战化演习系列解读［EB/OL］.(2022-05-11)［2024-08-16］.https://www.mem.gov.cn/xw/yjglbgzdt/202205/t20220511_413380.shtml.

［31］中华人民共和国中央人民政府.地震按震级大小可分为几类?［EB/OL］.(2013-04-21)［2024-08-17］.https://www.gov.cn/rdzt/content_2384087.htm.

［32］搜狐.甘肃临夏6.2级地震"社会救援协调机制"设立低温救援成最大挑战［EB/OL］.(2023-12-19)［2024-08-18］https://www.sohu.com/a/745409485_121478296.

［33］甘肃省人民政府.甘肃临夏州积石山县6.2级地震新闻发布会(第五场)实录［EB/OL］.(2024-01-03)［2024-08-05］.https://www.gansu.gov.cn/gsszf/c114890/202401/173831202.shtml.

［34］中华人民共和国应急管理部.国家减灾委员会关于印发"十四五"国家综合防灾减灾规划的通知［EB/OL］.(2022-07-21)［2024-07-12］.https://www.mem.gov.cn/gk/zfxxgk-pt/fdzdgknr/202207/t20220721_418698.shtml.

［35］中华人民共和国中央人民政府.国务院办公厅关于印发国家综合防灾减灾规划(2011—2015年)的通知［EB/OL］.(2011-12-08)［2024-07-19］.https://www.gov.cn/zwgk/2011-12/08/content_2015178.htm.

［36］中华人民共和国中央人民政府.国务院办公厅关于印发国家综合防灾减灾规划(2016—2020年)的通知［EB/OL］.(2016-12-29)［2024-03-15］.https://www.gov.cn/zhengce/content/2017-01/13/content_5159459.htm.

［37］中华人民共和国中央人民政府.国务院办公厅关于印发国家综合减灾"十一五"规划的通知［EB/OL］.(2007-08-05)［2024-03-09］.https://www.gov.cn/gongbao/content/2007/content_764165.htm.

［38］广东省人民政府.国务院关于批转《中华人民共和国减灾规划(1998—2010年)的通知》［EB/OL］.(1998-04-29)［2024-07-19］.https://www.gd.gov.cn/zwgk/gongbao/1998/20/content/post_3359181.html.

［39］中华人民共和国中央人民政府.国务院批准并印发玉树地震灾后恢复重建总体规划［EB/OL］.(2010-06-14)［2024-07-26］.https://www.gov.cn/zxft/ft200/content_1636947.htm.

［40］临夏回族自治州人民政府门户网.临夏州永靖县全国综合减灾示范县创建工作顺利通过国家减灾办现场验收评估［EB/OL］.(2023-10-11)［2024-05-23］.https://www.

linxia.gov.cn/lxz/zwgk/bmxxgkpt/lxzyjglj/fdzdgknr/fzjz/art/2023/art_5b13097712084094be624 b617f429f25.html.

［41］湖南省地震局.铭记教训防范地震灾害风险——纪念青海玉树地震10周年 ［EB/OL］.（2020-4-14）［2024-06-17］. https://www. hundzj. gov. cn/dzj/c101319/c101334/ c101335/c101533/202004/t20200414_98983f32-393a-4d1e-af89-26086b0d3a24.html.

［42］中华人民共和国中央人民政府.青海玉树7.1级地震多部门启动应急响应部署 救援［EB/OL］.（2010-04-14）［2024-04-14］. https://www. gov. cn/jrzg/2010-04-14/content_ 1580651.htm.

［43］中华人民共和国应急管理部."应急使命·2022"高原高寒地区抗震救灾实战化 演习系列解读［EB/OL］.（2022-05-11）［2024-04-15］.https://www.mem.gov.cn/xw/yjglbgzdt/ 202205/t20220511_413380.shtml.

［44］人民网.永靖县.筑牢防灾减灾救灾人民防线［EB/OL］.（2022-04-28）［2024- 04-01］.http://gs.people.com.cn/n2/2022/0428/c403225-35246123.html.

［45］永靖县人民政府.永靖县地震灾后恢复重建群众感恩教育动员会召开［EB/OL］. （2024-7-18）［2024-08-20］.https://www.gsyongjing.gov.cn/yjx/zwdt/MTGZ/art/2024/art_e3ff1 ca551504ff2ac72f82aa70b7e6b.html.

［46］新华网甘肃.永靖县全力推动全国综合减灾示范县创建提质扩面［EB/OL］. （2023-10-12）［2024-07-14］. http://www. gs. xinhuanet. com/yongjingxian/2023-10/12/c_ 1129911944.htm.

［47］人民论坛网.永靖县综合减灾示范县创建工作领导小组会议召开［EB/OL］. （2020-03-18）［2024-07-10］.http://www.rmlt.com.cn/2020/0318/573009.shtml.

［48］永靖县人民政府.永靖县盐锅峡镇灾后恢复重建项目即将完工［EB/OL］.（2024- 07-29）［2024-08-29］.https://www.gsyongjing.gov.cn/yjx/zwdt/XZFC/art/2024/art_fd54183740 f441f38cce89161613942b.html.

［49］人民日报.综合性消防救援队伍组建五年来——全力防风险保安全护稳定［EB/ OL］.（2023-11-08）［2024-06-17］. http://www. mem. gov. cn/xw/xwfbh/2023n11y7rxwfbh/ mtbd_4262/202311/t20231108_468049.shtml.

［50］腾讯研究院.中国智慧应急现状与发展报告［EB/OL］.https://www.tisi.org/24449.

［51］搜狐网.中国移动创新打造必达通知高效必达通知时代到来［EB/OL］.（2022- 09-21）［2024-09-13］.https://www.sohu.com/a/586760464_120528151.

［52］世界银行、全球减灾与灾后恢复基金.灾害风险管理的中国经验［EB/OL］. （2022-05-26）［2024-09-26］. https://openknowledge. worldbank. org/bitstream/handle/10986/ 34090/Learning%20from%20experience_CH.pdf?sequence=6.

［53］湖南省人民政府.应急管理概论（九）监测与预警［EB/OL］.（2011-09-09）［2024-08-14］.https://www.hunan.gov.cn/xxgk/yjgl/yjzs/201301/t20130108_4694712.html.

［54］科信处.应急管理部信息化发展战略规划框架（2018—2022年）［EB/OL］.http://yjglt.jiangxi.gov.cn/module/download/downfile.jsp?classid=0&filename=3604663a0a3f4f7981b1d98fc9460336.pdf.

［55］《应急管理标准化工作管理办法》出台背景及其主要内容解读［EB/OL］.https://www.mem.gov.cn/gk/zcjd/201907/t20190722_325232.shtml.

［56］中华人民共和国应急管理部.习近平主持中央政治局第十九次集体学习［EB/OL］.（2019-11-30）［2024-08-19］.https://www.mem.gov.cn/xw/ztzl/xxzl/201911/t20191130_341797.shtml.

［57］中华人民共和国应急管理部.习近平向国家综合性消防救援队伍授旗并致训词［EB/OL］.（2018-11-09）［2024-08-24］.https://www.mem.gov.cn/xw/szzl/tt/201811/t20181109_232096.shtml.

［58］人民政协网.提升防汛抗旱专业技术支撑优化社会专业应急救援力量［EB/OL］.（2024-07-23）［2024-08-19］.https://www.rmzxb.com.cn/c/2024-07-23/3581964.shtml.

［59］中国电力网.山东临沂供电公司推广多业务领域数字化应用［EB/OL］.（2022-12-05）［2024-07-17］.http://mm.chinapower.com.cn/dlxxh/dxyyal/20221205/178135.html.

［60］中华人民共和国中央人民政府.国务院关于成立中国"国际减灾十年"委员会的批复［EB/OL］.（2011-03-24）［2024-08-27］.https://www.gov.cn/zhengce/content/2011-03-24/content_8025.htm.

［61］中华人民共和国中央人民网.广西省南宁应急联动:用高科技构筑平安城市［EB/OL］.（2005-11-26）［2024-09-11］.https://www.gov.cn/jrzg/2005-11/26/content_109535.htm.

［62］中华人民共和国应急管理部.巩固基础性综合性法律地位,实现突发事件整体性协同应对［EB/OL］.（2024-08-23）［2024-09-13］.https://www.mem.gov.cn/gk/zcjd/202408/t20240823_498416.shtml.

［63］人民网.打好预警"提前量"发挥气象防灾减灾防线作用［EB/OL］.（2022-05-20）［2024-07-15］.http://finance.people.com.cn/n1/2022/0520/c1004-32426333.html.

［64］前瞻产业研究院.2024年中国应急产业全景图谱［EB/OL］.（2024-04-08）［2024-05-25］.https://www.qianzhan.com/analyst/detail/220/240408-abbd1134.html.

［65］中华人民共和国国防部.2024年7月国防部例行记者会［EB/OL］.（2024-07-25）［2024-08-13］.http://www.mod.gov.cn/gfbw/xwfyr/lxjzh_246940/16327063.html.

［66］前瞻产业研究院.2021年中国及31省市应急产业发展情况对比［EB/OL］.

（2021-07-05）［2024-04-23］.https://www.qianzhan.com/analyst/detail/220/210705-8cef0945.
html.

［67］中华人民共和国应急管理部."应急使命·2022"高原高寒地区抗震救灾实战化
演习系列解读［EB/OL］.（2022-05-11）［2024-05-16］.https://www.mem.gov.cn/xw/yjglbgzdt/
202205/t20220511_413380.shtml.

［68］中华人民共和国应急管理部."十四五"应急救援力量建设规划［EB/OL］.（2022-
06-22）［2024-08-23］. https://www. mem. gov. cn/gk/zfxxgkpt/fdzdgknr/202206/t20220630_
417326.shtml.

［69］中华人民共和国应急管理部."十四五"应急管理标准化发展计划［EB/OL］.
（2022-05-06）［2024-06-17］.https：//www.mem.gov.cn/gk/zfxxgkpt/fdzdgknr/202205/t2022
0506_413015.shtml.

［70］南方都市报.应急管理部组建以来中国应急管理体制如何"脱胎换骨"？［EB/
OL］.（2022-04-29）［2024-06-27］. https://www. sohu. com/a/542421072_161795? tc_tab=
s_news&block=s_focus&index=s_0&t=1651218542046.

［71］中华人民共和国中央人民政府.国家突发公共事件总体应急预案［EB/OL］.
（2006-01-08）［2024-05-25］.https://www.gov.cn/yjgl/2006-01-08/content_21048.htm.

［72］中华人民共和国中央人民政府.军队参加抢险救灾条例［EB/OL］.（2005-06-
07）［2024-04-19］.https://www.gov.cn/yjgl/2005-10/09/content_75376.htm.

［73］人民网.十三届全国人大常委会第三十二次会议审议多部法律草案［EB/OL］.
（2021-12-21）［2024-08-17］. http://hb. people. com. cn/n2/2021/1221/c194063-35059973.
html.

［74］搜狐网.美国灾害管理百年经验谈——城市规划防灾减灾［EB/OL］.（2018-09-
17）［2024-05-27］.https://www.sohu.com/a/254425278_275005.

［75］宁波市人民政府.巨灾保险"宁波样本"十年"蝶变"打造新时代"韧性"城市［EB/
OL］.（2024-02-07）［2024-04-24］. http://jrb. ningbo. gov. cn/art/2024/2/7/art_1229024326_
58898960.html.

［76］中华人民共和国中央人民政府.关于印发《北方防沙带生态保护和修复重大工
程建设规划（2021—2035年）》的通知［EB/OL］.https://www.gov.cn/zhengce/zhengceku/2022-
01/14/content_5668161.htm.

［77］求是网.坚持底线思维防范化解重大风险——以党的历史上的重庆谈判为例［EB/
OL］.（2019-04-16）［2024-08-03］. http://www. qstheory. cn/CPC/2019-04/16/c_1124373554.
htm.

［78］央视新闻.青海大通县公布"8·18"山洪灾害成因、救援安置等情况［EB/OL］.

（2022-08-19）[2024-07-05].https://news.cctv.com/2022/08/19/ARTIFxmwsjpoGdDoXmOiY9ep220819.shtml.

[79]澎湃新闻.与水共存,荷兰"韧性城市"建设[EB/OL].（2023-07-11）[2024-06-17].https://www.thepaper.cn/newsDetail_forward_23793847.

[80]中华人民共和国商务部.中共中央关于制定国民经济和社会发展第十四个五年规划和二○三五年远景目标的建议[EB/OL].（2020-11-04）[2024-05-16].https://www.mofcom.gov.cn/srxxxcgcddsjjwzqhjs/tt/art/2024/art_f065c51afa40428fb5c0b0e31cf74c3a.html.

[81]中华人民共和国应急管理部.《应急管理标准化工作管理办法》出台背景及其主要内容解读[EB/OL].（2019-07-24）[2024-08-17].https://www.gov.cn/zhengce/2019-07/24/content_5414048.htm.

[82]中华人民共和国应急管理部.第一次全国自然灾害综合风险普查公报汇编[EB/OL].https://www.mem.gov.cn/xw/yjglbgzdt/202405/W020240508313655815475.pdf.

[83]中华人民共和国中央人民政府.首次全国自然灾害综合风险普查成果丰硕[EB/OL].（2024-05-09）[2024-06-13].https://www.gov.cn/lianbo/bumen/202405/content_6949941.htm.

[84]齐鲁壹点.照市岚山区应急局妙用普查成果,全面提升综合应急能力水平[EB/OL].（2021-12-02）[2024-06-23].https://baijiahao.baidu.com/s?id=1718018824093971278&wfr=spider&for=pc.

[85]中国应急信息网.我国应急管理工作基本概况的发展历程——从单项应对到综合协调,再到防灾减灾与应急准备[EB/OL].（2019-10-10）[2024-08-15].https://www.emerinfo.cn/2019-10/10/c_1210306687.htm.

5.报纸

[1]全国防治非典工作会议在京举行[N].人民日报,2003-07-29(001).

[2]马文青,何申燕.书写更高水平法治中国建设的"陕西答卷"[N].西部法制报,2023-08-24(001).

[3]郑国光.推进防灾减灾救灾事业高质量发展[N].中国应急管理报,2022-05-12(003).

[4]宋雄伟.英国应急管理体系中的社区建设[N].学习时报,2012-09-24(002).

[5]杨文佳,黄秋霞.应急指挥"一张图"[N].中国纪检监察报,2022-06-06(003).

6.其他

[1]中华人民共和国水利部.洪涝灾情评估标准:SL 579-2012[S].北京:中国水利水电出版社,2012.

[2]自然灾害分类与代码:GB/T 28921-2012[S].北京:中华人民共和国国家质量监

督检验检疫总局,中国国家标准化管理委员会,2012.

[3]朱晓丹.中国救灾物资储备结构研究[C]//中国灾害防御协会风险分析专业委员会.风险分析和危机反应中的信息技术——中国灾害防御协会风险分析专业委员会第六届年会论文集.北京:北京师范大学减灾与应急管理研究院,民政部国家减灾中心,2014:5.

[4]潘静,马宁,黄颖,等.基于AHP的森林火灾防御能力评价研究[C]//中国灾害防御协会风险分析专业委员会.中国视角的风险分析和危机反应——中国灾害防御协会风险分析专业委员会第四届年会论文集.北京:北京林业大学经济管理学院,2010:5.

[5]祁明亮,池宏,许保光,等.突发公共事件应急管理[C]//2007—2008年管理科学与工程学科发展报告.中国优选法统筹法与经济数学研究会,2008:22.

二、外文文献

1.论著

[1] MITROFF I I.Managing Crisis before Happened[M].New York:American Management Association,2001.

[2] GUNDERSON L,Holling C S.Panarchy Understanding Transformations in Human and Natural Systems[M].Washington:Island Press,2002.

[3] BUZAN B.People,states and fear:an agenda for international security studies in the post-Cold War era[M].UK:ECPR press,1991.

[4] FARAZMAND A.Learning from the Katrina crisis:A global and international perspective with implications for future crisis management,Crisis and emergency management[M].UK:Routledge,2017.

[5] SCHWAB J,TOPPING K C,EADIE C C,et al. Planning for post-disaster recovery and reconstruction[M]. Chicago,IL:American Planning Association,1998.

[6] FAULKNER B.Towards a framework for tourism disaster management,Managing tourist health and safety in the new millennium[M].UK:Routledge,2013.

2.学位论文

[1] DEVERELL E.Crisis-induced learning in public sector organizations[D].Stockholm:Försvarshögskolan,2010.

[2] WHITE GILBERT FOWLER. Human adjustment to floods:a geographical approach to the flood problem in the United States[D]. Chicago:The University of Chicago,1942.

3.期刊

［1］TURNER，BARRY A.The Organizational and Interorganizational Development of Disasters［J］.Administrative Science Quarterly，1976，21（3）：378-397.

［2］PATRICKS R.A capacity for mitigation as the next frontier in homeland security［J］.Political Science Quarterly，2009，124（1）：127-142.

［3］OTHMAN，SITI HAJAR，GHASSAN BEYDOUN，et al. Development and validation of a Disaster Management Metamodel（DMM）［J］. Information Processing & Management，2014，50（2）：235-271.

［4］JIN L，JIONG W，YANG D，et al. A simulation study for emergency/disaster management by applying complex networks theory［J］. Journal of applied research and technology，2014，12（2）：223-229.

［5］HOUSTON，J.BRIAN，et al. Social media and disasters：a functional framework for social media use in disaster planning，response，and research［J］.Disasters，2015，39（1）：1-22.

［6］HAGELSTEEN，MAGNUS，JOANNE BURKE.Practical aspects of capacity development in the context of disaster risk reduction［J］.International Journal of Disaster Risk Reduction，2016，16：43-52.

［7］FONTAINHA，THARCISIO COTTA，et al. Public-private-people relationship stakeholder model for disaster and humanitarian operations［J］.International journal of disaster risk reduction，2017，22：371-386.

［8］DALBY，SIMON. Anthropocene formations：Environmental security，geopolitics and disaster［J］.Theory，Culture & Society，2017，34（2-3）：233-252.

［9］Col J M.Managing disasters：The role of local government［J］. Public administration review，2007，67：114-124.

［10］COETZEE C，VAN NIEKERK D.Tracking the evolution of the disaster management cycle：A general system theory approach［J］.Jàmbá：Journal of Disaster Risk Studies，2012，4（1）：1-9.

［11］BRICE J H，ALSON R L.Emergency preparedness in North Carolina：Leading the way［J］.North Carolina medical journal，2007，68（4）：276-278.

［12］ALEXANDER D.Disaster management：From theory to implementation［J］.Journal of Seismology and Earthquake Engineering，2007，9（1-2）：49-59.

［13］ULLMAN R H.Redefining security［J］. International security，1983，8（3）：129-153.

［14］CUTTER S L，BARNES L，BERRY M，et al. A place-based model for understanding community resilience to natural disasters［J］.Global environmental change，2008，18（4）：

598-606.

[15] SCOTT B MILES. Foundations of community disaster resilience: well-being, identity, services, and capitals[J].Environmental Hazards,2015,14(2):103-121.

[16] QUARANTELLI E L.Disaster studies: An analysis of the social historical factors affecting the development of research in the area[J].International Journal of Mass Emergencies & Disasters,1987,5(3):285-310.

[17] NORRIS F H,STEVENS S P,PFEFFERBAUM B, et al. Community resilience as a metaphor, theory, set of capacities, and strategy for disaster readiness[J].American journal of community psychology,2008,41:127-150.

[18] LONGSTAFF P H, ARMSTRONG N J, PERRIN K, et al. Building resilient communities: A preliminary framework for assessment[J].Homeland security affairs, 2010, 6(3):1-23.

[19] HOLLING C S.Resilience and Stability of Ecological Systems[J].Annual Review of Ecology and Systematics,1973,4:1-23.

[20] DRABEK T L,MCENTIRE D A.Emergent phenomena and multiorganizational coordination in disasters: Lessons from the research literature[J]. International Journal of Mass Emergencies & Disasters,2002,20(2):197-224.

[21] ZHANG Y,ZHOU M,KONG N, et al. Evaluation of emergency response capacity of urban pluvial flooding public service based on scenario simulation[J].International Journal of Environmental Research and Public Health,2022,19(24):16542.

[22] WANG C,GAO Y,AZIZ A, et al. Agricultural disaster risk management and capability assessment using big data analytics[J].Big data,2022,10(3):246-261.

[23] TIANJIE LEI,JIABAO WANG,XIANGYU LI, et al. Flood Disaster Monitoring and Emergency Assessment Based on Multi-Source Remote Sensing Observations[J].Water,2022,14(14):2207.

[24] OGWANG T,CHO D I. Olympic rankings based on objective weighting schemes[J]. Journal of Applied Statistics,2021,48(3):573-582.

[25] LIANG Z,YANG K,SUN Y, et al. Decision support for choice optimal power generation projects: Fuzzy comprehensive evaluation model based on the electricity market[J].Energy Policy,2006,34(17):3359-3364.

[26] LI X,LI M,CUI K, et al. Evaluation of comprehensive emergency capacity to urban flood disaster: An example from Zhengzhou City in Henan Province, China[J].Sustainability, 2022,14(21):13710.

［27］KHANNA A，RODRIGUES J J P C，GUPTA N，et al. Local mutual exclusion algorithm using fuzzy logic for Flying Ad hoc Networks［J］.Computer Communications，2020，156：101-111.

［28］JAMES L W.A report to the unite states senate committee on appropriations：State capability assessment for readiness［J］.Federal Emergency，1997，6（12）：122-125.

［29］ISHIWATARI M.Institutional coordination of disaster management：Engaging national and local governments in Japan［J］.Natural Hazards Review，2021，22（1）：04020059.

［30］HAQUE C E.Risk assessment，emergency preparedness and response to hazards：the case of the 1997 Red River Valley flood，Canada［J］.Natural Hazards，2000，2（21）：225-245.

［31］DIAKOULAKI D，MAVROTAS G，PAPAYANNAKIS L. Determining objective weights in multiple criteria problems：The critic method［J］.Computers & Operations Research，1995，22（7）：763-770.

［32］WANG H，YE H，LIU L，et al. Evaluation and obstacle analysis of emergency response capability in China［J］. International Journal of Environmental Research and Public Health，2022，19（16）：10200.

［33］GEIS D E.By design：The disaster resistant and quality-of-life community［J］.Natural Hazards Review，2000，1（3）：151-160.

［34］BARROWS H H.Geography as human ecology［J］.Annals of the association of American Geographers，1923，13（1）：1-14.

［35］BORODZICZ E，VAN HAPEREN K.Individual and group learning in crisis simulations［J］.Journal of contingencies and crisis management，2002，10（3）：139-147.

［36］WANG J.Developing organizational learning capacity in crisis management［J］.Advances in developing human resources，2008，10（3）：425-445.

［37］FEDUZI A，RUNDE J，SCHWARZ G.Unknowns，black swans，and bounded rationality in public organizations［J］.Public Administration Review，2022，82（5）：958-963.

［38］LE COZE J C.What have we learned about learning from accidents？Post-disasters reflections［J］.Safety science，2013，51（1）：441-453.

［39］MASLOW A H.A theory of human motivation［J］.Psychological Review google schola，1943，2：21-28.

［40］VOLKOFF O，STRONG D M，ELMES M B.Technological embeddedness and organizational change［J］.Organization science，2007，18（5）：832-848.

4.网站链接

［1］UNITED NATIONS OFFICE FOR DISASTER RISK REDUCTION.The human cost of disasters: an overview of the last 20 years(2000-2019)[EB/OL].(2020-10-13)[2024-5-23]. https://dds.cepal.org/redesoc/publicacion?id=5361.

［2］FEMA TRAINNING.Unit four Emergency Management in the United States［EB/OL］. ［2024-07-30］. https://training.fema.gov/emiweb/downloads/is111_unit%204.pdf.

［3］ONTARIO COUNTY.Ontario County Comprehensive Emergency Management Plan ［EB/OL］.（2003-12）［2024-04-18］. https://ontariocountyny. gov/DocumentCenter/View/ 42882/CEMP-Dec-2003?bidId=.

［4］FEDERAL EMERGENCY MANAGEMENT ASSOCIATION. Mission Areas and Core Capabilities［EB/OL］.［2024-04-18］.https://www.fema.gov/emergency-managers/national-pre-paredness/mission-core-capabilities.

［5］FEMA.Are You Ready?An In-Depth Guide to Citizen Preparedness［EB/OL］.（2020-11）［2024-08-18］. https://www. ready. gov/sites/default/files/2021-11/are-you-ready-guide. pdf.

［6］FEDERAL EMERGENCY MANAGEMENT ASSOCIATION. Offices & Leadership ［EB/OL］.［2024-08-05］.https://www.fema.gov/zh-hans/node/598800.

［7］FEDERAL EMERGENCY MANAGEMENT ASSOCIATION. National Incident Man-agement System（Third Edition）［EB/OL］.（2017-10）［2024-08-05］. https://www. fema. gov/ sites/default/files/2020-07/fema_nims_doctrine-2017.pdf.

［8］U. S. Fire Administration. National Emergency Training Center Library［EB/OL］. ［2024-08-05］. https://www.usfa.fema.gov/library/.

［9］FEDERAL EMERGENCY MANAGEMENT ASSOCIATION. About EMI［EB/OL］. ［2024-08-05］. https://training.fema.gov/aboutemi.aspx.

［10］FEDERAL EMERGENCY MANAGEMENT ASSOCIATION.National Fire Academy ［EB/OL］.［2024-08-05］. https://www.usfa.fema.gov/nfa/.

［11］THE NATIONAL SECURITY COUNCIL. National Security Council［EB/OL］. ［2024-08-05］.https://www.gov.uk/government/groups/national-security-council.

［12］CABINET OFFICE.Local resilience forums: contact details［EB/OL］.（2013-02-20）［2024-08-05］. https://www.gov.uk/guidance/local-resilience-forums-contact-details.

［13］FEDERAL MINISTRY OF THE INTERIOR AND COMMUNITY.Crisis manage-ment［EB/OL］.［2024-08-05］. https://www. bmi. bund. de/EN/topics/civil-protection/crisis-management/crisis-management-node.html.

［14］INTERSCHUTZ. Interschutz［EB/OL］.［2024-08-05］. https://www. interschutz. de/ de/.

5.会议

[1] SARWAR D, RAMACHANDRAN M, HOSSEINIAN-FAR A. Disaster management system as an element of risk management for natural disaster systems using the PESTLE framework[C]//Global Security, Safety and Sustainability-The Security Challenges of the Connected World: 11th International Conference, ICGS3 2017, London, UK, January 18-20, 2017, Proceedings 11.Springer International Publishing,2016:191-204.